UTB **3423**

W0195387

Eine Arbeitsgemeinschaft der Verlage

Böhlau Verlag · Köln · Weimar · Wien
Verlag Barbara Budrich · Opladen · Farmington Hills
facultas.wuv · Wien
Wilhelm Fink · München
A. Francke Verlag · Tübingen und Basel
Haupt Verlag · Bern · Stuttgart · Wien
Julius Klinkhardt Verlagsbuchhandlung · Bad Heilbrunn
Lucius & Lucius Verlagsgesellschaft · Stuttgart
Mohr Siebeck · Tübingen
Orell Füssli Verlag · Zürich
Ernst Reinhardt Verlag · München · Basel
Ferdinand Schöningh · Paderborn · München · Wien · Zürich
Eugen Ulmer Verlag · Stuttgart
UVK Verlagsgesellschaft · Konstanz
Vandenhoeck & Ruprecht · Göttingen
vdf Hochschulverlag AG an der ETH Zürich

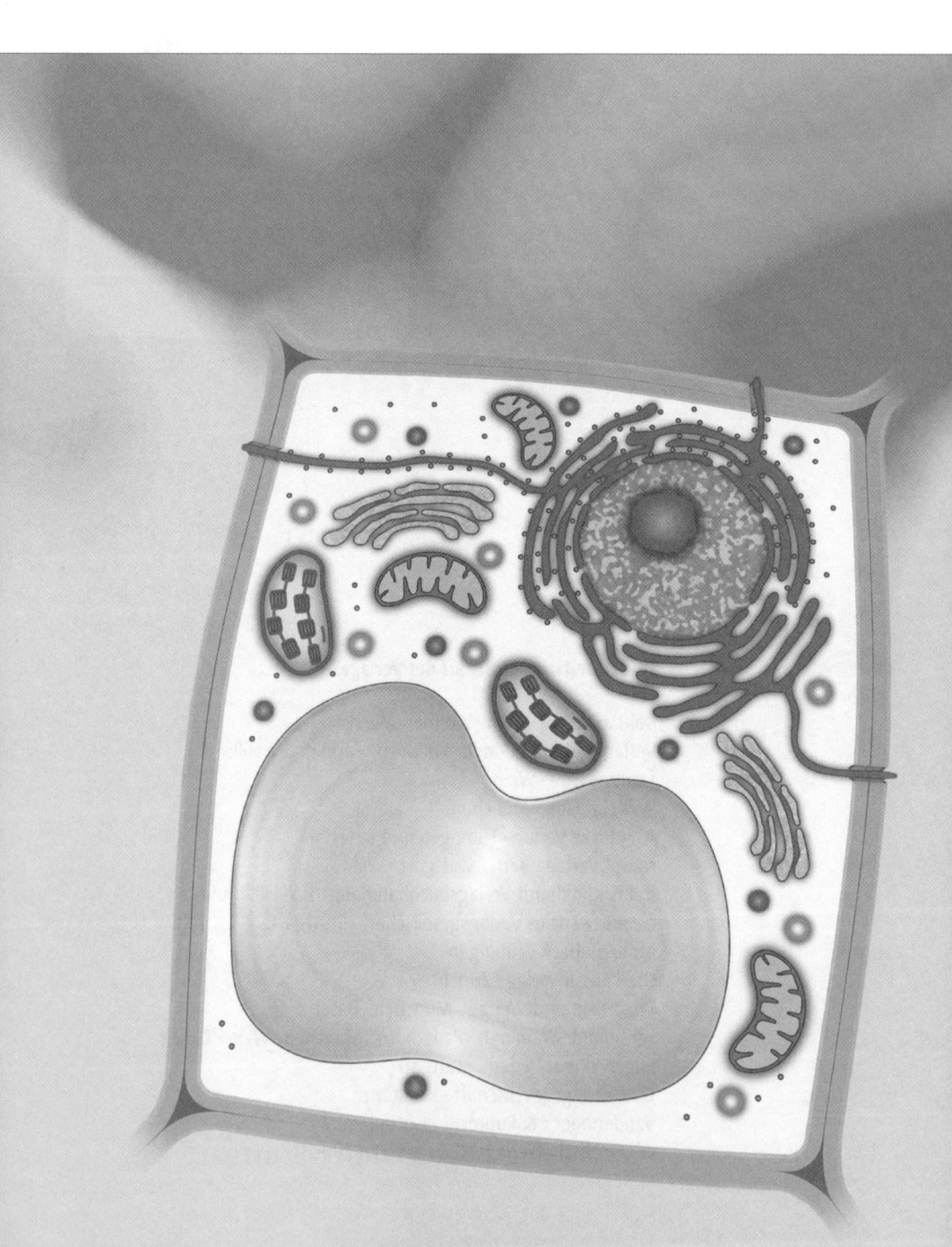

RALF-R. MENDEL

Zellbiologie
der Pflanzen

233 Abbildungen

Verlag Eugen Ulmer Stuttgart

4

Inhaltsverzeichnis

1   Grundlagen der Biochemie   9

1.1   Die Bausteine der Zelle: Proteine   10

1.2   Die Bausteine der Zelle: Nucleinsäuren   24

1.3   Die Bausteine der Zelle: Kohlenhydrate   26

1.4   Die Bausteine der Zelle: Lipide   29

2   Die Zellbestandteile   32

2.1   Cytoplasma   32

2.2   Biomembranen   33

2.3   Kompartimentierung   39

2.4   Zellkern   41

2.5   Mitochondrien   48

2.6   Plastiden   57

2.7   Peroxisomen und Glyoxisomen   68

2.8   Oleosomen   74

2.9   Ribosomen   75

2.10   Endoplasmatisches Reticulum (ER)   81

2.11   Golgi-Apparat   89

2.12   Vakuole   96

2.13   Cytoskelett   102

2.14   Zellwand   119

3   Zellteilung   132

3.1   Interphase   132

3.2   Zellzykluskontrolle   133

3.3   Mitose   135

3.4   Cytoskelett und Mitose   140

3.5   Cytokinese   144

4   Proteine   148

4.1   Faltung von Proteinen   148

4.2   Chaperone   160

4.3   Posttranslationale Modifikationen und Proteinregulation   165

4.4   Membranproteine   171
4.5   Proteinabbau   181

5   Transportvorgänge in der Zelle   189
5.1   Transportproteine und Biomembranen   189
5.2   Proteinsortierung im Überblick   197
5.3   Proteintransport durch die Kernporen   199
5.4   Proteinimport in Plastiden und Mitochondrien   203
5.5   Proteinimport in Peroxisomen   208
5.6   Der zelluläre Vesikelverkehr   210
5.7   Vesikeltransport vom ER zum Golgi-Apparat   212
5.8   Vesikeltransport vom Golgi-Apparat zum Endosom   219
5.9   Exozytose und Endozytose   223

6   Autophagie und Zelltod   229

7   Endosymbionten-Theorie   231

8   Signaltransduktion   234
8.1   Rezeptoren   235
8.2   Signaltransduktion   237

9   Phytohormone   242
9.1   Auxine   243
9.2   Cytokinine   244
9.3   Gibberelline   245
9.4   Brassinosteroide   246
9.5   Abscisinsäure   246
9.6   Ethylen   247
9.7   Jasmonsäure   247
9.8   Weitere Signalstoffe   248

10   Besonderheiten der Pflanzenzelle im Vergleich zur tierischen Zelle   249

11   *Arabidopsis thaliana* als Modellpflanze   252

12   Das Abbild der Zelle   256
12.1 Lichtmikroskopie   256
12.2 Elektronenmikroskopie   259
12.3 Fluoreszierende Proteine   261
12.4 Analyse von Protein-Wechselwirkungen in lebenden Zellen   263

13   Zelltechnologie   268

13.1 Pflanzliche Zelltechnik   268

13.2 Genetische Veränderungen in der Zellkultur   273

14   Gentransfer   275

14.1 Genvektoren, Markergene, Reportergene   276

14.2 Transiente und stabile Transformation   280

14.3 *Agrobacterium tumefaciens* erzeugt Pflanzentumore   281

14.4 Agrobakterien-vermittelter Gentransfer   286

14.5 Direkter Gentransfer   288

14.6 Nachweiskriterien für einen stabilen Gentransfer   291

14.7 Zellbiologische Anwendungen des Gentransfers   292

Weiterführende Literatur   295
Bildquellen   295
Sachregister   296

Vorwort

Das vorliegende Buch hat seine Wurzeln in mehreren Vorlesungsreihen, jeweils begleitet von mehrwöchigen Praktika, die in den vergangenen zehn Jahren für Biologen und für Biotechnologen an der Technischen Universität Braunschweig stattfanden. Das Lehrbuch vermittelt in kompakter Form die wichtigsten Grundlagen der Zellbiologie am Beispiel der Pflanzenzelle. Es ist als Einführung für Bachelor konzipiert und setzt keine speziellen Kenntnisse voraus. Allerdings nehme ich an, daß die Leser über gut fundierte Abiturkenntnisse in Biologie und Chemie verfügen. Für ein kurzes, einführendes Lehrbuch erhebt sich das Problem und der Anspruch, aus der schier erdrückenden Fülle von explosionsartig anwachsendem Detailwissen die generellen Prinzipien des Faches in der gebotenen Kürze herauszuarbeiten. Gerade in der Zellbiologie sind dazu instruktive Farbabbildungen unerläßlich, auf die ich in diesem Buch großen Wert gelegt habe.

In den internationalen Standardwerken der Zellbiologie steht die Biologie der tierischen Zelle im Zentrum, die Pflanzenzelle wird nur ganz am Rande abgehandelt. Zwar gelten für tierische und pflanzliche Zellen dieselben Grundprinzipien von Molekularbiologie und Biochemie, aber in der Zellbiologie und Physiologie treten immer größere Unterschiede zutage, die in der unterschiedlichen Lebensweise begründet sind, denn Pflanzenzellen sind autotroph. Pflanzenzellen besitzen Zellorganellen und -strukturen, die es in tierischen Zellen nicht gibt, und sie haben denjenigen Organellen, die sie mit den Tieren gemeinsam haben, oft zusätzliche, neue Funktionen zugewiesen. Das Buch legt den Schwerpunkt auf die pflanzliche Zelle, ohne jedoch die Grundlagen der tierischen Zellbiologie auszuklammern; im Gegenteil, im Vergleich zur tierischen Zelle werden die besonderen Strukturen und Leistungen der Pflanzenzelle herausgearbeitet.

Das Schreiben eines Lehrbuches ist eine besondere Herausforderung. Ich habe mich dazu während eines Forschungsfreisemesters in ein kleines Dorf im Süden Frankreichs zurückgezogen und via Internet mit der Welt Kontakt gehalten. Das war eine wunderbare Zeit und Erfahrung für mich. An dieser Stelle danke ich vielen Kollegen, die bereitwillig auf meine Fragen geantwortet haben oder Abbildungen zur Verfügung stellten. Besonderer Dank geht an meine Mitarbeiter Robert Hänsch, Jutta Schulze, Florian Bittner und Tobias Kruse für mikroskopische Originalaufnahmen und Abbildungsvorlagen. Mein ausdrücklicher Dank gilt der Zeichnerin Frau Sabine Seifert, die mit großer Professionalität und ästhetischem Einfühlungsvermögen meine Vorlagen für die Abbildungen dieses Buches digital umgesetzt hat. Schließlich danke ich Frau Alessandra Kreibaum im Lektorat und meiner Sekretärin Frau Andrea Kusserow für ihren unermüdlichen Einsatz.

Das Buch ist meiner Ehefrau Renate gewidmet als Dank für ihre nie versiegende Geduld und Unterstützung.

Braunschweig, im Sommer 2010   Ralf-R. Mendel

Grundlagen der Biochemie | 1

Pflanzen gehören zu den Eukaryonten, ihre Zellen besitzen einen Zellkern. Im Unterschied zu Tieren ernähren sich Pflanzen autotroph und haben eine sessile, also ortsgebundene Lebensweise. Daraus leiten sich erhebliche Unterschiede zur tierischen Zelle ab.

Drei Charakteristika der Pflanzenzellen sind ganz offensichtlich: Sie besitzen eine **Zellwand**, **Plastiden** und eine **Zentralvakuole**. Pflanzenzellen sind in der Regel erheblich größer als tierische Zellen und sie sind riesenhaft im Vergleich zur Prokaryontenzelle (**Abb. 1.1**). Pflanzenzellen sind **osmotroph**, das bedeutet, dass sie Stoffe nur in gelöster Form aufnehmen, im Gegensatz zu den phagotrophen tierischen Zellen, die ihre Nahrung auch in Form von Partikeln aufnehmen können. Pflanzenzellen sind **totipotent**, aus jeder Zelle der Pflanze kann eine neue intakte Pflanze regeneriert werden. Pflanzenzellen teilen sich auf an-

Abb. 1.1

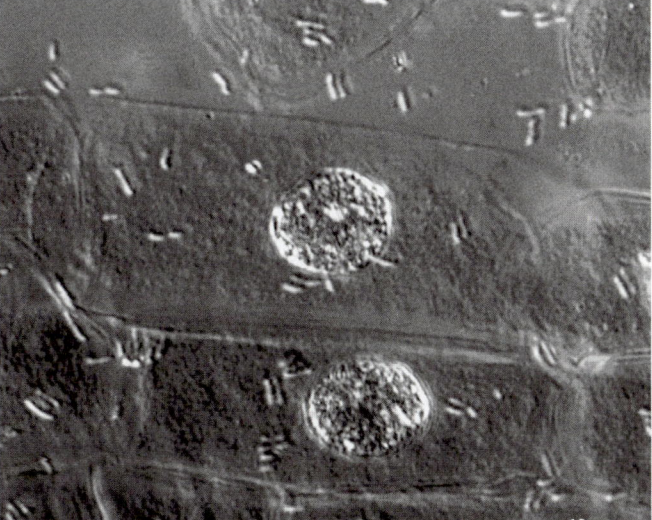

10 µm

Bakterien und Pflanzenzellen bei gleicher Vergrößerung.
Zellen der Zwiebelwurzel sind in Gegenwart von Agrobakterien (*Agrobacterium tumefaciens*) gezeigt. Am Marker für die Vergrößerung können die absoluten Größen leicht abgeschätzt werden (Originalaufnahme R. Hänsch, Braunschweig).

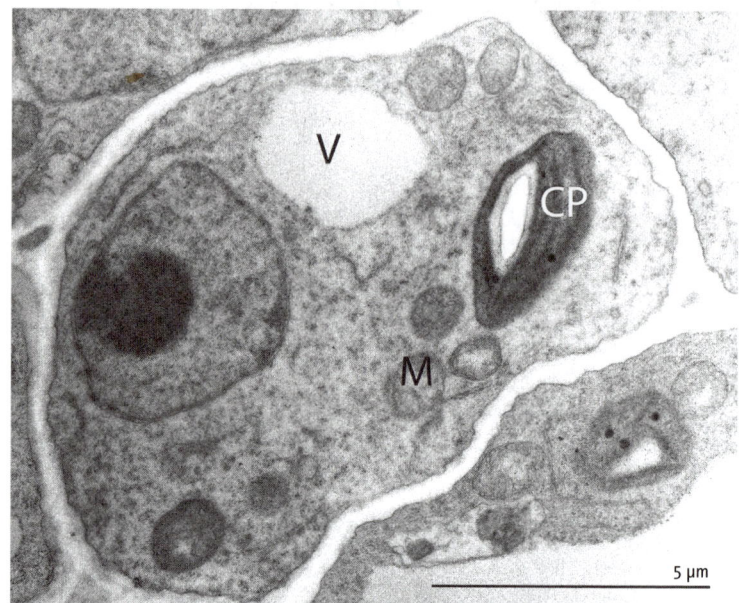

dere Weise als tierische Zellen und verbleiben an dem Ort, wo sie gebildet wurden. Sie können also innerhalb von Gewebeverbänden nicht wandern so wie tierische Zellen. **Abbildung 1.2** zeigt eine Pflanzenzelle im elektro-nenmikroskopischen Bild und in der schematischen Darstellung mit ihren Kompartimenten.

Alle Stoffwechselreaktionen laufen im wässrigen Milieu ab. Betrach-tet man die Pflanzenzelle, so besteht das Cytoplasma zu 70 % aus Wasser, zu 10 % aus Metaboliten und Ionen und zu 20 % aus Proteinen, Nuclein-säuren, Lipiden und Polysacchariden.

1.1 | Die Bausteine der Zelle: Proteine

1.1.1 | Aminosäuren

Aminosäuren sind die Grundbausteine der Proteine. Wie ihr Name schon sagt, tragen sie als funktionelle Gruppen eine Aminogruppe (-NH$_2$) und eine Carboxylgruppe (-COOH). In der allgemeinen Darstellungsform (**Abb. 1.3 A**) steht R für einen Rest, also eine Seitenkette. Das α-C-Atom ist asymmetrisch substituiert, sodass Spiegelbild-Isomere auftreten (Spiegel-

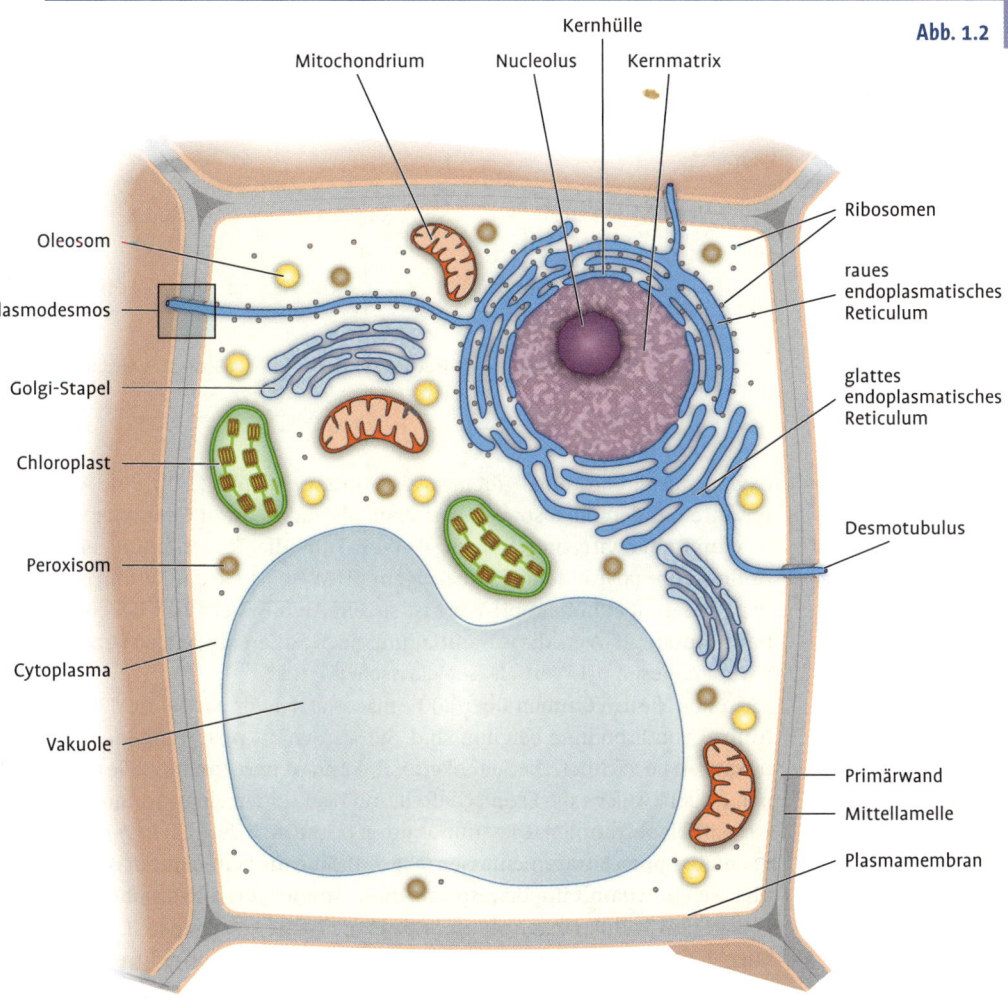

Abb. 1.2

Kernhülle

Mitochondrium   Nucleolus   Kernmatrix

Oleosom

Plasmodesmos

Golgi-Stapel

Chloroplast

Peroxisom

Cytoplasma

Vakuole

Ribosomen

raues endoplasmatisches Reticulum

glattes endoplasmatisches Reticulum

Desmotubulus

Primärwand

Mittellamelle

Plasmamembran

(B) Schema der Pflanzenzelle mit ihren Kompartimenten. Eine noch junge, wenig vakuolisierte Zelle ist gezeigt.

bild-Isomere drehen polarisiertes Licht in entgegengesetzte Richtung, die L-Form nach links, die D-Form nach rechts). Alle in Proteinen vorkommenden Aminosäuren gehören zur L-Form. Durch den Besitz der Aminogruppe und der Carboxylgruppe sind Aminosäuren ionisierbar, wobei die Aminogruppe ein Proton aufnimmt (also als Base wirkt) und die Carb-

Abb. 1.3

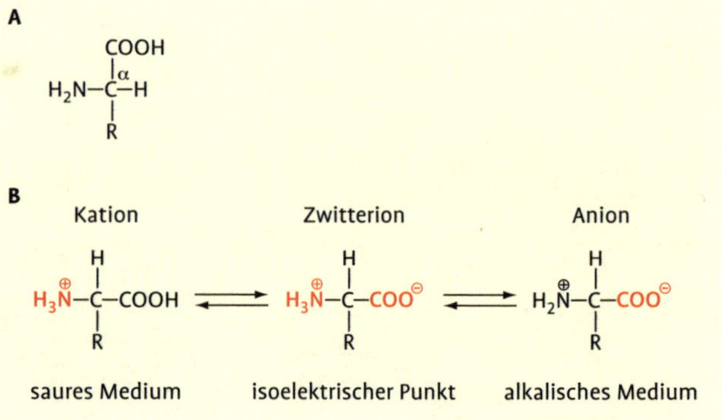

Aufbau und Ladungszustände einer Aminosäure.
(A) Allgemeiner Aufbau einer Aminosäure. Das α-C-Atom ist asymmetrisch mit vier verschiedenen Gruppen substituiert. R bezeichnet die variable Seitenkette, die unterschiedlich lang, verzweigt oder aromatisch sein kann und auch verschiedene Ladungen tragen kann.
(B) Ladungszustände einer Aminosäure.

A

$$H_2N-\overset{\displaystyle COOH}{\underset{\displaystyle R}{\overset{|}{\underset{|}{C}}}}-H \quad \alpha$$

B

Kation   Zwitterion   Anion

$$\overset{\oplus}{H_3N}-\overset{\displaystyle H}{\underset{\displaystyle R}{\overset{|}{\underset{|}{C}}}}-COOH \rightleftharpoons \overset{\oplus}{H_3N}-\overset{\displaystyle H}{\underset{\displaystyle R}{\overset{|}{\underset{|}{C}}}}-COO^{\ominus} \rightleftharpoons \overset{\oplus}{H_2N}-\overset{\displaystyle H}{\underset{\displaystyle R}{\overset{|}{\underset{|}{C}}}}-COO^{\ominus}$$

saures Medium   isoelektrischer Punkt   alkalisches Medium

Merksatz

Aminosäuren besitzen eine Aminogruppe und eine Carboxylgruppe und sind damit Zwitterionen, die je nach pH-Wert basisch oder sauer reagieren.

oxylgruppe ein Proton abgibt (also als Säure wirkt) (**Abb. 1.3 B**). Eine Aminosäure hat demnach sowohl basischen als auch sauren Charakter und ist damit ein Zwitterion. Je nach pH-Wert kann die Gesamtladung einer Aminosäure positiv sein (bei niedrigem pH-Wert ist sie ein Kation) oder negativ sein (bei hohem pH-Wert ist sie ein Anion). Hebt sich bei einem bestimmten pH-Wert die Gesamtladung nach außen hin auf, so bezeichnet man diesen pH-Wert als isoelektrischen Punkt.

In der Natur kommen über 200 Aminosäuren vor, wobei nur 20 am Aufbau von Proteinen beteiligt sind. Sie werden als **proteinogene Aminosäuren** bezeichnet. Die Seitenkette „R" kann weitere funktionelle Gruppen tragen, welche die Eigenschaften und Reaktionen einer Aminosäure wesentlich bestimmen. Die Aminosäuren lassen sich deshalb in verschiedenen Gruppen zusammenfassen (**Abb. 1.4**). Sind die Seitenketten rein aliphatisch und damit unpolar, so sind diese Aminosäuren hydrophob (z. B. Leucin und Valin). Tragen sie zusätzliche geladene Gruppen (z. B. -COOH oder -NH$_2$), so sind diese Seitenketten polar und die Aminosäure ist hydrophil. Hierunter fallen die basischen (z. B. Lysin, Arginin) und die sauren (z. B. Glutaminsäure, Asparaginsäure) Aminosäuren. Solche polaren Gruppen in der Seitenkette können aber auch OH-Gruppen (Serin und Threonin) oder Schwefelgruppen (Cystein und Methionin) sein. Schließlich gibt es noch Aminosäuren mit aromatischen Seitenketten (Phenylalanin, Tyrosin, Tryptophan). Sehr selten wurden bei einigen Pflanzen modifizierte Aminosäuren in Proteinen gefunden. Dazu zählt das Hydroxyprolin aus speziellen Strukturproteinen der pflanzlichen Zellwand, das durch nachträgliche Oxidation von Prolin am fertigen Protein entsteht. Ein spezieller Fall ist das **Selenocystein**, bei dem der Cysteinschwefel durch ein Selenatom ersetzt ist. Bei Säugetieren kommt Selenocystein in

Abb. 1.4

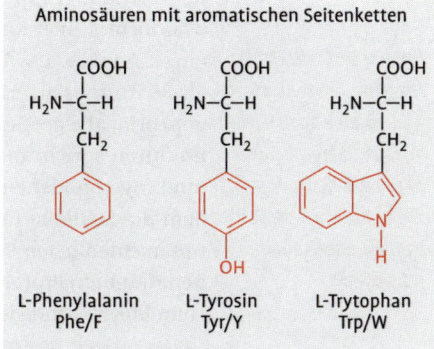

Aminosäuren mit aliphatischen Seitenketten

Glycin
Gly/G

L-Alanin
Ala/A

L-Valin
Val/V

L-Leucin
Leu/L

L-Isoleucin
Ile/I

L-Prolin
Pro/P

Aminosäuren mit aliphatischen O- bzw. S-haltigen Seitenketten

L-Serin
Ser/S

L-Threonin
Thr/T

L-Cystein
Cys/C

L-Methionin
Met/M

Aminosäuren mit aromatischen Seitenketten

L-Phenylalanin
Phe/F

L-Tyrosin
Tyr/Y

L-Trytophan
Trp/W

basische Aminosäuren

L-Lysin
Lys/K

L-Arginin
Arg/R

L-Histidin
His/H

saure Aminosäuren

L-Asparagin-
säure
Asp/D

L-Glutamin-
säure
Glu/E

Aminosäuren mit Amidgruppen

L-Asparagin
Asn/N

L-Glutamin
Gln/Q

Die 20 proteinogenen Aminosäuren. Die charakteristische Gruppe ist in rot dargestellt. Unter den Namen der Aminosäuren ist ihr Dreibuchstabencode angegeben. Dahinter steht ihr Einbuchstabencode, der in der Molekularbiologie notwendig wurde, um lange Aminosäuresequenzen übersichtlich darstellen zu können.

Merksatz
Die Seitenketten bestimmen den Charakter der Aminosäuren (hydrophob, polar, sauer, basisch).

mehr als 25 Proteinen vor, bei höheren Pflanzen wurden jedoch bisher keine Proteine mit Selenocystein als Baustein gefunden. Lediglich bei der Grünalge *Chlamydomonas reinhardtii* gibt es eine Peroxidase, die Selenocystein enthält. Bei Säugern und dieser Alge wird Selenocystein in der DNA durch ein Stoppcodon codiert, das während der Translation durch einen speziellen Mechanismus zu Selenocystein umgedeutet wird. In diesem Sinn kann man Selenocystein als 21. proteinogene Aminosäure auffassen.

1.1.2 | Peptidbindung und Hydrathülle

In Proteinen sind die Aminosäuren über Peptidbindungen linear miteinander verknüpft. Die α-Carboxylgruppe einer Aminosäure kann mit der α-Aminogruppe der nächsten Aminosäure unter Wasserabspaltung (was formal einer Kondensationsreaktion entspricht) eine Peptidbindung eingehen (**Abb. 1.5**). Das Reaktionsprodukt ist ein Dipeptid. Sind weniger als 30 Aminosäuren miteinander verknüpft, spricht man von einem Oligopeptid, alle größeren Einheiten sind Polypeptide. Ab ungefähr 70 Aminosäuren spricht man von Proteinen. Die monotone Abfolge von Peptidbindungen bildet ein stabiles und flexibles Rückgrat für das Protein, von dem die Seitenketten der verknüpften Aminosäuren abzweigen. Da die unterschiedlichen Seitenketten saure und basische Gruppen tragen können, trägt ein Protein je nach pH-Wert eine Gesamtladung und hat einen charakteristischen isoelektrischen Punkt, der vom Mengenverhältnis sau-

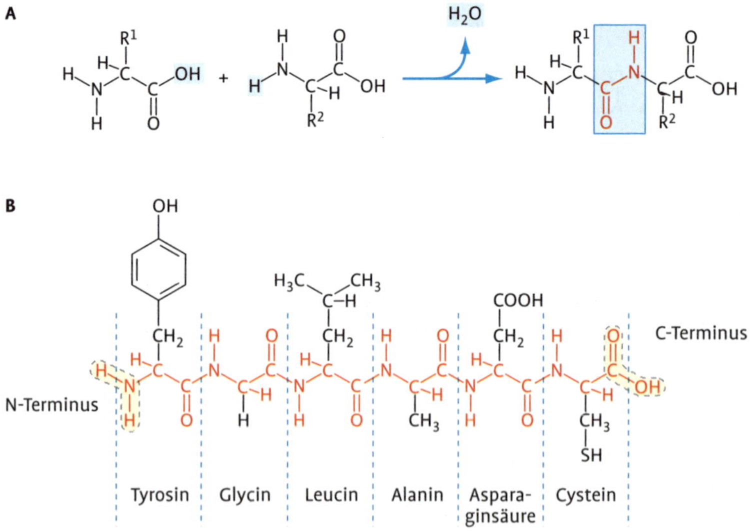

Abb. 1.5

Die Peptidbindung.
(A) Die Bildung eines Dipeptids.
(B) Darstellung eines Hexapeptids, also eines Oligopeptids aus sechs Aminosäuren. Die Aminosäurekette hat zwei Enden mit jeweils einer freien funktionellen Gruppe. Am Aminoterminus (N-Terminus) bleibt die Aminogruppe frei (daher der Name dieses Endes des Hexapeptids), am Carboxyterminus (C-Terminus) bleibt die Carboxylgruppe frei. Der Übersichtlichkeit halber sind alle Aminosäuren in ihrer undissoziierten Form dargestellt.

Abb. 1.6

A

B
Zwitterion

H_3N^+ — H—C—R — C—O

C

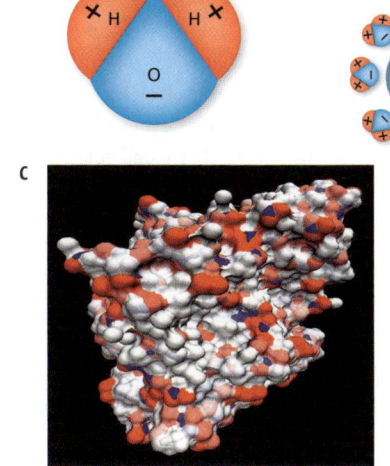

Wasserdipol und Hydrathülle.
(A) Wasserdipol. Da Sauerstoff elektronegativer ist als Wasserstoff, sind die Bindungselektronen zum Sauerstoffatom verschoben. Das führt zu einer negativen Teilladung am Sauerstoffatom und zu positiven Teilladungen an den Wasserstoffatomen.
(B) Die Aminosäure ist ein Zwitterion und umgibt sich mit einer Hydrathülle. Die Wasserdipole lagern sich in unterschiedlicher Orientierung an die funktionellen Gruppen an.
(C) Atomare Struktur des Enzyms Sulfitoxidase. Die elektrischen Ladungen auf der Oberfläche sind farblich markiert (rot = elektronegativ, blau = elektropositiv) (C: Bildbearbeitung T. Kruse, Braunschweig).

rer und basischer funktioneller Gruppen im Protein bestimmt wird. Die Verteilung der elektrischen Ladungen auf der Oberfläche eines Proteins führt dazu, dass sich eine Hydrathülle um das Protein ausbildet. Wassermoleküle sind elektrische Dipole (**Abb. 1.6 A**), die sich mit ihrem negativen Pol in Richtung positiver Ladungen (also zur Aminogruppe) orientieren und mit ihrem positiven Pol in Richtung negativer Ladungen (also Carboxyl-, Carbonyl-, Hydroxylgruppen) (**Abb. 1.6 B**). Unpolare Moleküle (also aliphatische Seitenketten) hingegen stoßen Wassermoleküle ab und sind deshalb hydrophob und damit wasserunlöslich. Damit Proteine gut wasserlöslich sind, tragen sie auf ihrer Oberfläche vor allem polare und geladene Aminosäuren (**Abb. 1.6 C**).

Merksatz
Proteine tragen auf ihrer Oberfläche vor allem polare und geladene Aminosäuren, sodass sich eine Hydrathülle um das Protein bildet.

Proteine

1.1.3

Die vielfältigen Eigenschaften von Proteinen werden nicht vom Rückgrat der Peptidbindungen bestimmt, sondern von der Abfolge der Aminosäureseitenketten, die am Rückgrat herausragen und den sich daraus ergebenden strukturellen Konsequenzen.

Primärstruktur: Die Reihenfolge der Aminosäuren in der linearen Polypeptidkette bezeichnet man als Primärstruktur des Proteins. Man spricht heute von der Aminosäuresequenz, wenn man die Primärstruktur eines Proteins meint. Da das Genom vieler Organismen in seiner Sequenz aufgeklärt ist, kann man aus der bekannten Gensequenz eines Proteins seine Aminosäuresequenz ableiten. Die Darstellung von Aminosäuresequen-

Box 1.1

Molekülmasse und N-/C-Terminus eines Proteins

Molekülmasse

Die Masse eines Proteins wird in Dalton angegeben. 1 Dalton (Da) entspricht einer Atommasse von 1. 1000 Da sind ein Kilodalton (kDa). Die meisten Proteine haben eine Masse zwischen 10 und 100 kDa. Aus der Masse eines Proteins kann man die Anzahl der beteiligten Aminosäuren recht einfach annähernd berechnen (und umgekehrt!). Die mittlere Molekülmasse eines Aminosäurerestes innerhalb einer Polypeptidkette beträgt 110 Da. Ein Protein mit 500 Aminosäuren besitzt demnach eine Molekülmasse von 55 kDa.

N-Terminus und C-Terminus

Jede über Peptidbindungen verknüpfte Aminosäurekette (egal welcher Länge) hat zwei Enden, mit jeweils einer funktionellen Gruppe: das Aminoende mit einer freien NH_2-Gruppe und das Carboxylende mit einer freien COOH-Gruppe. Man spricht vom N-Terminus und vom C-Terminus eines Proteins. Es ist für die Darstellung von Aminosäuresequenzen verbindlich festgelegt, dass der N-Terminus immer links steht. Das hat eine natürliche Ursache, denn eine mRNA wird bei der Translation in $5' \rightarrow 3'$-Richtung abgelesen und damit wird zuerst der N-Terminus des neuen Proteins synthetisiert.

zen folgt bestimmten Konventionen (**vgl. Box 1.1 Molekülmasse**). Durch Datenbankabgleiche kann man verwandte Proteine aufgrund ihrer Sequenzähnlichkeiten identifizieren. Vergleicht man die Aminosäuresequenz solcher Proteine (z. B. des Enzyms Sulfitoxidase aus **Abbildung 1.6 C**, das in allen Eukaryonten vorkommt), so findet man, dass in bestimmten Positionen immer dieselbe Aminosäure auftaucht, während in anderen Positionen ganz verschiedene Aminosäuren auftreten. Man spricht hier von hoch konservierten Aminosäuren, die wesentlich sind für die Funktion oder Struktur des jeweiligen Proteins und deshalb im Laufe der Evolution durch keine andere Aminosäure ersetzt worden sind. Ist eine solche Aminosäure von einer Mutation betroffen, so hat das oft schwerwiegende Konsequenzen für die Funktion des betroffenen Proteins und kann, sofern das Protein eine Schlüsselposition in der Zelle einnimmt, zum Tod des Organismus führen. Die Anzahl solcher hoch konservierter Aminosäuren, die in der gleichen Position auftauchen, kann man in Sequenzvergleichen prozentual ermitteln und daraus stammesgeschichtliche Verwandtschaften von Organismen ermitteln (sogenannte molekulare Stammbäume). In höheren Pflanzen kommen etwa 20 000–60 000 verschiedene Proteine vor (**vgl. Box 1.2 Omics-Technologien und Systembiologie**).

Box 1.2

Omics-Technologien und Systembiologie

Die in großem Maßstab durchgeführte Sequenzierung der DNA von Pro- und Eukaryonten hat es ermöglicht, ganze Genome verschiedener Arten miteinander zu vergleichen. Dazu war es notwendig, die enorme Datenflut wohl durchdacht in Datenbanken zu katalogisieren und Gen für Gen zu interpretieren. Bioinformatik-Programme vergleichen die DNA-Sequenzen und die daraus abgeleiteten Aminosäureabfolgen mit solchen Proteinen, deren Funktion schon eindeutig aufgeklärt worden ist (automatische **Annotation**, die allerdings nachfolgend von Hand überprüft werden muss). Damit ist es möglich geworden, das zelluläre Leben aus einem zunehmend umfassenden und ganzheitlichen Blickwinkel zu untersuchen, um schließlich mit mathematischen Modellen das Verhalten ganzer Systeme (Zellen, Organismen) zu erfassen und deren Dynamik vorhersagen zu können (= Aufgabe der Systembiologie). Den **Systembiologen** interessiert nicht das einzelne Gen, sondern der Vergleich ganzer Genome (**Genomics**). War es anfänglich nur der Vergleich von Genen, so hat die Systembiologie mittlerweile auch alle nachfolgenden Ebenen der Expression und des Stoffwechsels in ihre Untersuchungen einbezogen. Diese systembiologischen Ansätze haben eine ganze Reihe neuer molekularer und bioinformatorischer Arbeitsrichtungen hervorgebracht, die als **Omics-Technologien** bezeichnet werden. Ihnen allen ist gemeinsam, dass sie immer die Gesamtheit der jeweiligen Parameter und Daten einer Zelle zum gewählten Zeitpunkt erfassen wollen. Den Systembiologen interessiert weniger die Expression eines einzelnen oder einiger weniger Gene, als vielmehr die gleichzeitige Erfassung aller Transkripte einer Zelle zu einem gegebenen Zeitpunkt (**Transkriptom; Transkriptomics**). Ihn interessiert die Erfassung der Gesamtheit aller Proteine, die zum Analysezeitpunkt in der Zelle vorhanden sind (**Proteom; Proteomics**). Da alle Proteine miteinander in Wechselwirkung stehen und Interaktionsnetzwerke ausbilden, versucht man auch die Gesamtheit dieser Interaktionen innerhalb der Zelle zu erfassen (**Interaktom; Interaktomics**). Die nächstfolgende Ebene bilden die Metabolite. Die Gesamtheit aller Metabolite, die sich zu einem gegebenen Zeitpunkt in der Zelle befinden, nennt man das Metabolom (ihre gleichzeitige Erfassung heißt **Metabolomics** oder **metabolic profiling**). Da sich die Metabolitkonzentrationen dynamisch ändern, untersucht der Systembiologe auch das **Fluxom (Fluxomics)**. Die Erfassung der Gesamtheit aller zum Analysezeitpunkt in der Zelle vorhandenen Phytohormone wird **hormone profiling** genannt. Diese Fülle attraktiv klingender Bezeichnungen darf nicht darüber hinwegtäuschen, dass es in den meisten Fällen derzeit technisch noch nicht möglich ist, tatsächlich *alle* Proteine oder Metabolite oder Hormone einer Zelle gleichzeitig zu erfassen. Wohl aber können alle Transkripte einer Zelle identifiziert werden und man kann sogar ihre Menge in einer Einzelzelle quantitativ erfassen.

Sekundärstruktur: Die Peptidbindung ist aufgrund ihres partiellen Doppelbindungscharakters starr und unbeweglich, jedoch sind die Bindungen zu den benachbarten C-Atomen links und rechts von der Peptidbindung frei drehbar, sodass sich die Aminosäurekette im Raum falten kann. In begrenzten Bereichen dieser Kette bilden sich lokale Strukturen aus, die durch Wasserstoffbrücken-Bindungen zwischen C=O- und NH-Gruppen stabilisiert werden und die Gestalt einer Schraube (**α-Helix**) oder eines **β-Faltblattes** annehmen können (**Abb. 1.7**). Man spricht hier von der Sekundärstruktur. α-Helix und β-Faltblatt sind die häufigsten Sekundärstrukturen, es gibt aber noch weitere nicht so häufige Faltungsmuster, z.B. die β-Schleife. Sie ist ein kurzes Strukturelement, das zu einer 180°-Wendung in der Polypeptidkette führt. Wasserstoffbrücken zwischen der ersten und der letzten Aminosäure stabilisieren diese Schleife. Man findet β-Schleifen oft auf der Proteinoberfläche, wo sie die Polypeptidkette in einer engen

Abb. 1.7

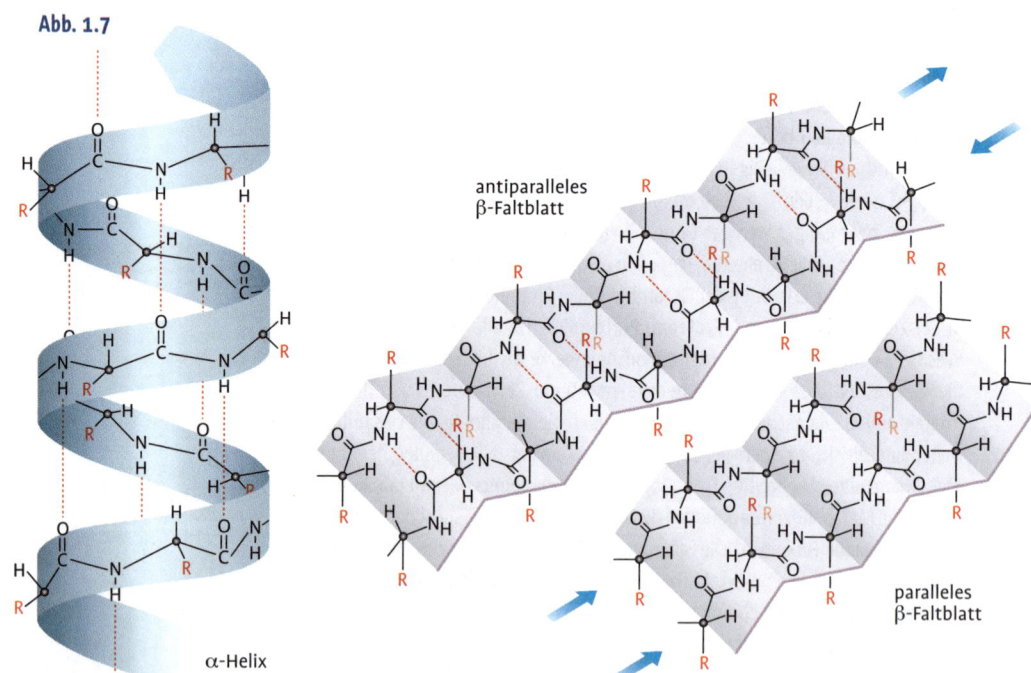

Sekundärstrukturen von Proteinen. Die α-Helix (links) ist eine rechtsgängige Schraube mit 3,6 Aminosäuren je Windung. Das Rückgrat der Helix besteht aus Peptidbindungen und α-C-Atomen, die Aminosäurereste R weisen nach außen. Wasserstoffbrücken zwischen den C=O- und NH-Gruppen übereinander stehender Peptidbindungen stabilisieren die Helix. Das β-Faltblatt (rechts) hat die Form von Wellblech. Hier bilden sich Wasserstoffbrücken zwischen den C=O- und NH-Gruppen verschiedener Abschnitte der Aminosäurekette, den sogenannten β-Strängen. Die β-Stränge können sich entweder parallel oder antiparallel aneinander lagern. Ihre Seitenketten R stehen alternierend oberhalb bzw. unterhalb der Strangebene.

Kurve wieder zurück ins Molekülinnere führen. Bereits in der Aminosäuresequenz des Proteins ist festgelegt, welche Sekundärstruktur ein Kettenabschnitt ausbildet. Nicht alle Bereiche einer Aminosäurekette bilden Sekundärstrukturen aus. So kommt es, dass die α-Helices und β-Faltblätter einer Aminosäurekette durch wenig geordnete, aber räumlich sehr bewegliche Bereiche miteinander verbunden sind, deren Flexibilität die Sekundärstrukturbereiche in die richtige räumliche Anordnung zueinander bringt.

Tertiärstruktur: Unter der Tertiärstruktur eines Proteins versteht man die dreidimensionale räumliche Anordnung der sekundär strukturierten Peptidkette. **Abbildung 1.8** zeigt die Verteilung von α-Helices und β-Faltblättern in einem fertig gefalteten Enzymprotein. Wie kommt es zu dieser Faltung? Die Seitenketten der Aminosäuren ragen aus den Bereichen der α-Helices und der β-Faltblätter heraus und gehen Bindungen miteinander ein, wenn sie sich im Faltungsprozess räumlich nähern. Mit Ausnahme der Disulfidbrücken handelt es sich durchweg um nichtkovalente Bindungen, die erheblich schwächer als kovalente Bindungen sind. Das hat den Vorteil, dass sie lokal leicht gelöst werden können, was dem Protein ausreichende Flexibilität für seine Funktion oder für die Wechselwirkung mit anderen Proteinen und Liganden gibt.

- **Disulfidbrücken** entstehen beim Kontakt von SH-Gruppen zweier Cysteine unter Abspaltung von zwei Protonen (**Abb. 1.9**). Die beiden Cysteinreste müssen sich in der Tertiärstruktur in räumlicher Nähe zueinander befinden, das heißt aber nicht, dass sie in der Peptidkette benachbart sein müssen. Sie können an ganz verschiedenen Positionen in der Aminosäurekette liegen und kommen oft erst im Faltungsprozess in räumliche Nachbarschaft. Nur wenige Cysteinreste einer Amino-säurekette sind für die Ausbildung von Disulfidbrücken vorgesehen. Die Disulfidbrücke ist als kovalente Bindung sehr fest und stabilisiert dadurch in erheblichem Maße die Ausbildung der Tertiärstruktur. Ist die Faltung abgeschlossen, so fixieren oft Disulfidbrücken diesen Endzustand.
- **Ionische Bindungen** sind schwächer als kovalente Bindungen. Sie treten zwi-

Merksatz
Die Eigenschaften von Proteinen werden nicht vom Rückgrat der Peptidbindungen bestimmt, sondern von der Abfolge der Aminosäureseitenketten, die am Rückgrat herausragen und miteinander in Wechselwirkung treten. Man unterscheidet die Primär-, Sekundär- und Tertiärstruktur eines Proteins.

Abb. 1.8

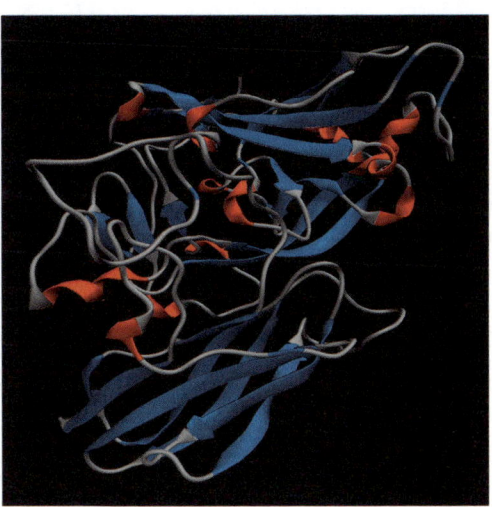

Tertiärtruktur des Enzyms Sulfitoxidase. Die verschiedenen α-Helices und β-Faltblätter sind durch unstrukturierte Abschnitte der Aminosäurekette miteinander verbunden und haben sich zur Tertiärstruktur zusammengelagert (Bildbearbeitung T. Kruse, Braunschweig).

Abb. 1.9

Bindungsarten zwischen Aminosäure-resten. Die Aminosäureseitenketten ragen aus dem Rückgrat der Peptidbindungen heraus und gehen verschiedene Wechselwirkungen miteinander ein.

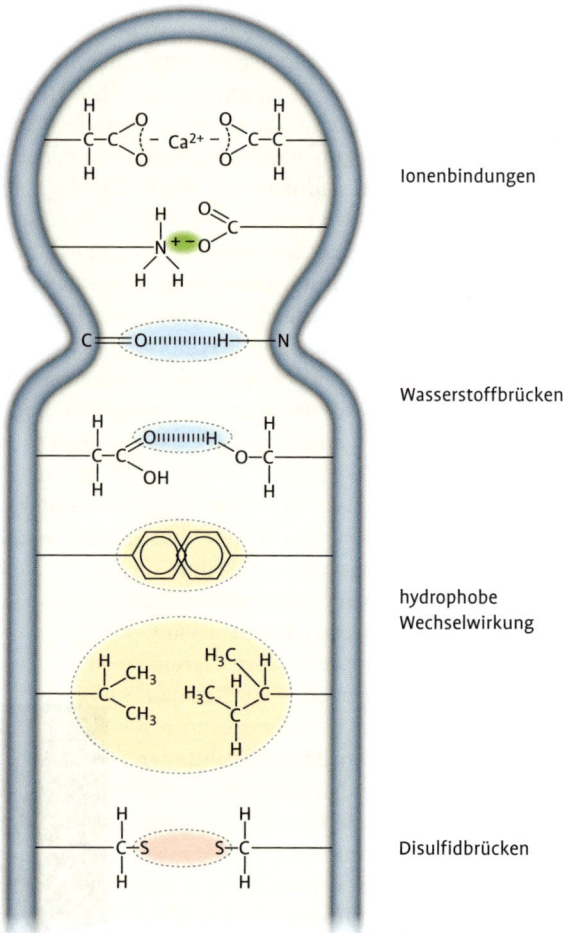

Ionenbindungen

Wasserstoffbrücken

hydrophobe Wechselwirkung

Disulfidbrücken

schen ionisierten funktionellen Gruppen auf, z. B. zwischen der positiv geladenen Aminogruppe und der negativ geladenen Carboxylgruppe, die in den Seitenketten der sauren und basischen Aminosäuren vorkommen (**Abb. 1.9**). Auch zwei Carboxylgruppen können über ein zweiwertiges Kation eine ionische Brückenbindung eingehen.

- **Wasserstoffbrücken** sind elektrostatische Wechselwirkungen, die zwischen einem Wasserstoffatom, das an ein elektronegatives Atom gebunden ist, und einem Atom mit einem freien Elektronenpaar (z. B. O- oder N-Atom in der Peptidbindung) auftreten. Im Vergleich zur kovalenten Bindung liegt ihre Stärke nur bei einem Zehntel. Jedoch treten Wasserstoffbrücken sehr häufig im Protein auf, sodass sie in ihrer Gesamtheit einen entscheidenden Beitrag zur Bildung und Aufrechterhaltung von Sekundär- und Tertiärstrukturen leisten.

- **Hydrophobe Wechselwirkungen** entstehen, wenn apolare, ungeladene Seitenketten miteinander in Kontakt treten. Sie treten nur dann auf, wenn sich die Atome dieser Gruppen sehr nahe kommen. Dann wirken Van-der-Waals-Kräfte aufgrund fluktuierender elektrischer Ladungen zwischen den Atomen. Hydrophobe Wechselwirkungen treten vor allem im Inneren von Proteinen auf, wo sich die apolaren Seitenketten der Aminosäurereste vor der Wasserhülle an der Oberfläche des Proteins abkapseln. Obwohl sie noch schwächer als Wasserstoffbrücken sind, stabilisieren sie in ihrer Gesamtheit den hydrophoben Kern vieler globulärer Proteine, während polare und geladene Aminosäurereste auf der Proteinoberfläche die Wasserlöslichkeit fördern.

Quartärstruktur: Bestehen Proteine aus der Zusammenlagerung mehrerer Polypeptidketten, so wird die räumliche Anordnung dieser Peptidketten als Quartärstruktur bezeichnet. Man spricht dann von den **Untereinheiten** oder **Monomeren** des Proteins. Ein Protein kann gleichartige oder unterschiedliche Untereinheiten haben. Viele Proteine tragen zudem nichtpeptidische niedermolekulare Gruppen, die sogenannten **prosthetischen Gruppen**, die sie z. B. zur Katalyse benötigen (vgl. **Box 1.3 Prosthetische Gruppen**). Prosthetische Gruppen werden während des Faltungsprozesses in das Protein eingebaut. Auch andere Molekülgruppen wie Zucker (Glycoproteine), Lipide (Lipoproteine), Phosphatreste (Phosphoproteine) und Metallionen (Metalloproteine) können an Proteine gebunden sein. Hat ein solches Protein seine zusätzliche Molekülgruppe noch nicht erhalten, so spricht man von einem Apoprotein. Liegt es in fertig gefaltetem Zustand zusammen mit seiner zusätzlichen Molekülgruppe vor, so wird es als Holoprotein bezeichnet. Weitere Details in **Kapitel 4**.

Proteinarten: Proteine haben vielfältige Funktionen. Man kann sie dementsprechend in Klassen einteilen. **Enzymproteine** sind am häufigsten in der Zelle anzutreffen. **Strukturproteine** sind die Bestandteile des Cytoskeletts und der Zellwand. **Motorproteine** sind verantwortlich für intrazelluläre Bewegungen. **Regulatorproteine** sind zumeist Transkriptionsfaktoren. **Rezeptorproteine** erkennen spezielle Liganden (z. B. Phytohormone). **Transportproteine** sind Teil von Membrankanälen oder vermitteln den Transport durch das Cytoplasma. **Speicherproteine** dienen als Stickstoffreserven und werden in Samen gespeichert.

Merksatz

Die Seitenketten der Aminosäuren gehen Bindungen miteinander ein, wenn sie sich im Faltungsprozess räumlich nähern. Man unterscheidet ionische Bindungen, Wasserstoffbrücken, Disulfidbrücken und hydrophobe Wechselwirkungen.

Merksatz

Proteine können aus mehreren Polypeptidketten bestehen, man spricht dann von den Untereinheiten oder Monomeren des Proteins. Zudem tragen viele Proteine prosthetische Gruppen und andere kleine Molekülgruppen, die während des Faltungsprozesses in das Protein eingebaut werden.

Box 1.3 ▼

Prosthetische Gruppen

Viele Proteine haben eine niedermolekulare organische Gruppe gebunden, die sie für ihre Funktion (Katalyse, Elektronentransport) oder zur Stabilisierung ihrer Struktur benötigen. Diese zumeist **redoxaktive** Gruppe ist **fest** an das Protein gebunden und dissoziiert nicht vom Protein ab. Beispiele für prosthetische Gruppen sind das Häm, Eisen-Schwefel-Zentren (auch die Bezeichnung Fe-S Cluster ist geläufig), Flavin-Adenin-Dinucleotid (FAD), Flavin-Mononucleotid (FMN) und der Molybdän-Cofaktor. Manche übertragen nur Elektronen (Häm und F-S Cluster), andere Elektronen und Protonen (FAD und FMN). Außerdem unterscheidet man je nach Zahl der Elektronen zwischen Ein-Elektronen-Überträgern (Häm und Fe-S Cluster) und Zwei-Elektronen-Überträgern (FAD, FMN, Molybdän-Cofaktor).

Abb. 1.10

FAD und FMN.

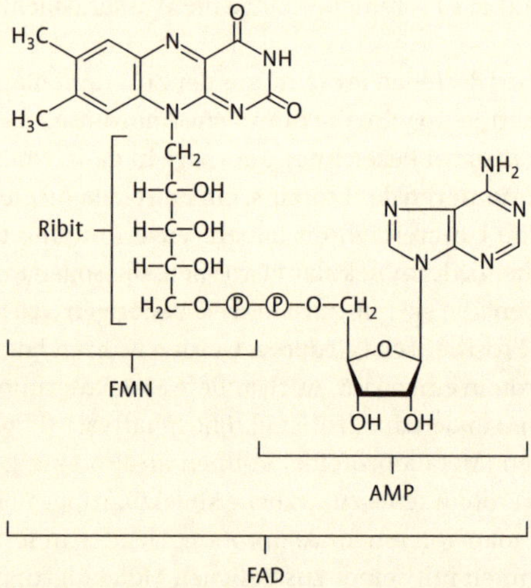

Flavin-Adenin-Dinucleotid (FAD) und **Flavin-Mononucleotid (FMN)** besitzen als redoxaktiven Teil das Ringsystem Isoalloxazin. Daran ist der Zuckeralkohol Ribit gekoppelt, gefolgt von einem Phosphat-Rest. FAD entsteht aus FMN durch Anfügung von AMP an den terminalen Phosphat-Rest.

Abb. 1.11

Fe-S-Zentren.

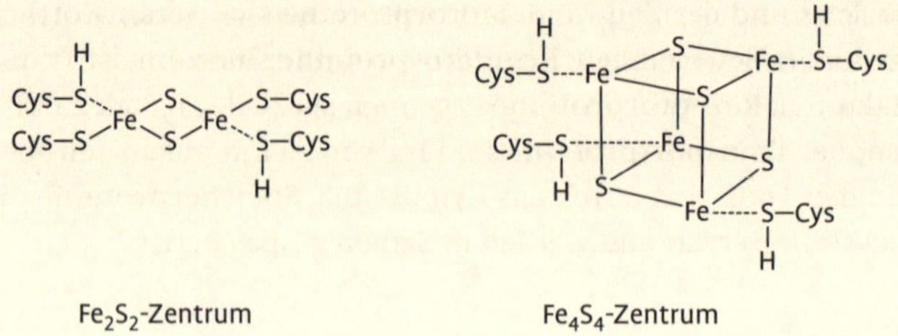

Fe-S-Zentren bestehen aus Fe-Ionen, die mit anorganischem Schwefel (Sulfidionen, S^{2-}) zu käfigartigen Strukturen verbunden sind. Die Strukturen von zwei Arten von Fe-S-Zentren sind hier gezeigt. Fe-S-Zentren sind mit ihren Fe-Ionen über organischen Schwefel (Cysteinreste des Proteins) an das Protein gebunden. Beim Elektronentransport wechselt die Oxidationsstufe von Eisen reversibel zwischen Fe^{2+} und Fe^{3+}.

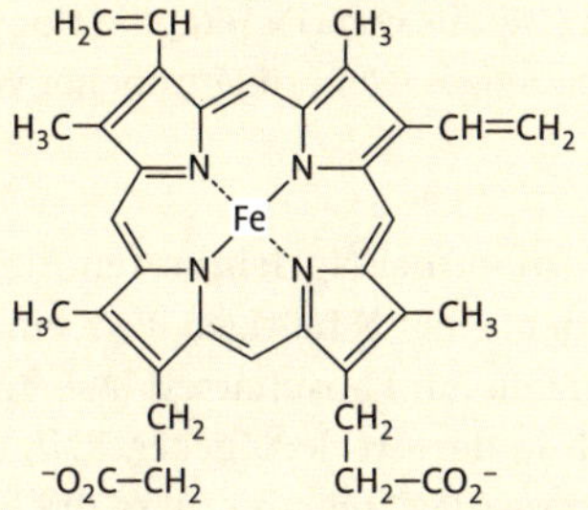

Abb. 1.12

Häm-Gruppe.

Das Grundgerüst der **Häm-Gruppe** ist das Porphyrin, ein aus vier Pyrrol-Ringen bestehendes zyklisches Tetrapyrrol mit als Eisen-Zentralatom. Je nach Substituent am Porphyrinring lassen sich mehrere Varianten des Häms unterscheiden (hier ist der b-Typ gezeigt). Die Häm-Gruppe bindet in O_2-transportierenden Proteinen (Hämoglobin) den Sauerstoff, wobei sich die Oxidationsstufe ihres Eisens nicht verändert. Die Häm-Gruppe ist auch zentrale Funktionsgruppe einer großen Familie von Elektronentransport-Proteinen, die den Namen **Cytochrome** tragen. Hier ist der reversible Wechsel der Oxidationsstufe des Eisenions zwischen Fe^{2+} und Fe^{3+} Voraussetzung für das Funktionieren der Cytochrome.

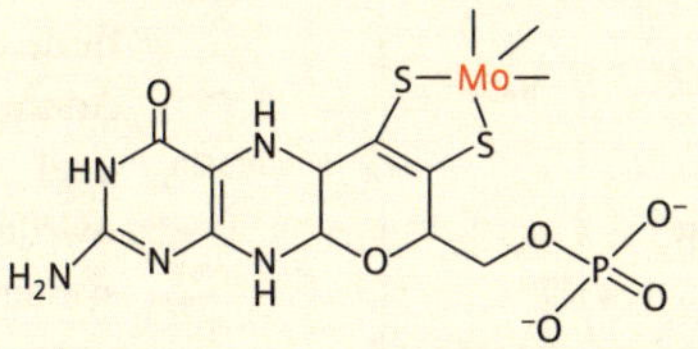

Abb. 1.13

Molybdän-Cofaktor.

Der **Molybdän-Cofaktor** besteht aus dem trizyklischen Ringsystem Molybdopterin, das über seine Schwefel-Atome ein Molybdän bindet. Der Molybdän-Cofaktor ist über eine Vielzahl von Wasserstoffbrücken fest mit dem Protein verbunden.

1.2 | Die Bausteine der Zelle: Nucleinsäuren

Die Desoxyribonucleinsäure (DNA) ist der Speicher der genetischen Information, während die verschiedenen Arten der Ribonucleinsäure (RNA) an der Umsetzung der genetischen Information in die Aminosäuresequenz der Proteine beteiligt sind. Aufbau und Funktionsweise der DNA sind schulisches Grundwissen. An dieser Stelle wird nur kursorisch darauf eingegangen und für mehr Details von DNA-Replikation, -Transkription und -Spleißen auf die einschlägigen Genetiklehrbücher verwiesen.

1.2.1 | Nucleotide

Merksatz

Nucleoside bestehen aus einem Zucker (Pentose) und einer Base (A, T, G, C oder U). Nucleotide sind Nucleoside, deren Pentose mit ein bis drei Phosphatresten verestert ist, sodass Mono-, Di- und Triphosphate entstehen.

Nucleotide sind die Bausteine der Nucleinsäuren. Sie setzen sich aus drei Komponenten zusammen: einer N-haltigen Base, einer Pentose (= Zucker mit fünf C-Atomen) und einem Phosphatrest (**Abb. 1.14**). Die Nucleinsäuren unterscheiden sich in der Art der Zucker. RNA enthält eine Ribose, DNA eine 2'-Desoxyribose, das bedeutet, dass die Ribose am 2'C-Atom keine OH-Gruppe trägt, sondern lediglich ein H-Atom. Die Verbindung aus Zucker und Base wird als **Nucleosid** bezeichnet. Bei den Basen handelt es sich um die **Purine** Adenin (A) und Guanin (G) und um die **Pyrimidine** Cytosin (C), Thymin (T) und Uracil (U). Uracil kommt nur in der RNA vor, Thymin nur in der DNA. Die entsprechenden Nucleoside heißen Adenosin, Guanosin, Cytidin, Thymidin und Uridin. Die OH-Gruppe des C5-Atoms der Pentose kann mit Phosphorsäure zu einem **Nucleotid** verestert sein. Je nach Zahl der Phosphatreste werden Mono-, Di- und Triphosphate unterschieden, die im Falle des Adenins mit AMP, ADP und ATP abgekürzt werden (**Abb. 1.14**). Entsprechendes gilt für die Guanosinphosphate GMP, GDP und GTP. Als Energieträger sind ATP und GTP an vielen Stoffwechselreaktionen und zellbiologischen Vorgängen beteiligt.

Abb. 1.14

Nucleotide des Adenosins. Im AMP ist der Phosphatrest mit der Pentose über eine einfache Esterbindung verknüpft, während im ATP die beiden weiteren Phosphatreste über energiereiche Anhydridbindungen (rote Wellenlinie) gebunden sind.

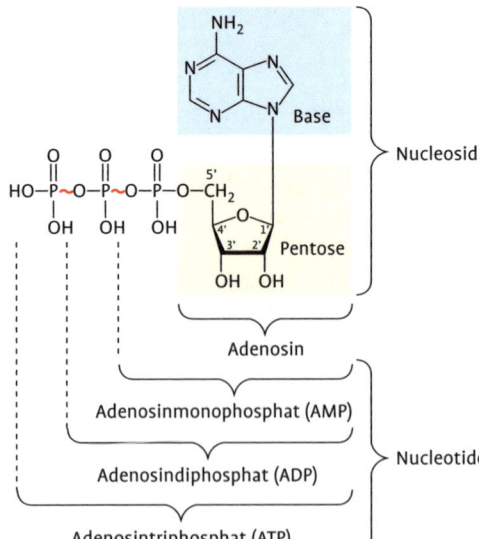

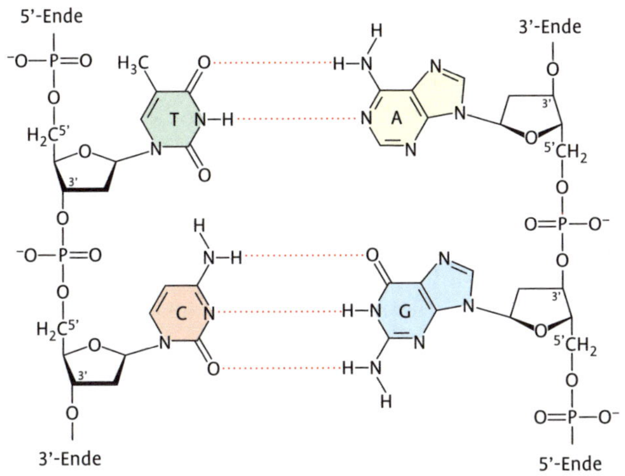

Abb. 1.15

Ausschnitt aus einer DNA-Sequenz. Zwischen benachbarten Amino- und Oxogruppen bilden sich Wasserstoffbrückenbindungen aus, wobei die G-C-Paarung mit drei Wasserstoffbrücken stabiler ist als die A-T-Paarung mit nur zwei Bindungen.

Nucleinsäuren

1.2.2

Nucleinsäuren sind **Polynucleotide**. Die 3'-OH-Gruppe einer Pentose ist mit der 5'-OH-Gruppe der nächsten Pentose über einen Phosphatrest (genauer: eine Phosphodiester-Bindung) verknüpft. Es entsteht das kovalente Rückgrat der Nucleinsäuren aus alternierend vorkommenden Phosphatgruppen und Pentosen. Somit trägt das eine Nucleinsäureende eine freie 3'-OH-Gruppe und das andere eine freie 5'-OH-Gruppe, die Nucleinsäure weist also Polarität auf. Aus dem Rückgrat ragen die vier verschiedenen Basen heraus.

DNA

1.2.3

In der DNA bilden zwei Polynucleotidstränge eine rechtsgewundene **Doppelhelix**, in der die Basen senkrecht zur Längsachse nach innen angeordnet sind und miteinander Wasserstoffbrückenbindungen eingehen, wobei immer eine Purinbase mit einer Pyrimidinbase paart, also A-T bzw. G-C (**Abb. 1.15**). Die beiden Polynucleotidstränge weisen entgegengesetzte Polarität auf, das heißt der eine Strang verläuft in 5'→3'-Richtung, der andere in 3'→5'-Richtung. Aufgrund der Basenpaarung A-T und G-C sind die beiden Stränge komplementär (nicht identisch). Die Basensequenz ist die Primärstruktur eines DNA-Moleküls, die Doppelhelix seine Sekundärstruktur. Kern-DNA liegt linear vor, hingegen ist die DNA in Plastiden und Mitochondrien zirkulär geschlossen.

Merksatz
Jede Nucleinsäure weist Polarität auf: Das eine Ende trägt eine freie 3'-OH-Gruppe und das andere eine freie 5'-OH-Gruppe. In der DNA-Doppelhelix sind die beiden Stränge antiparallel angeordnet: Der eine Strang verläuft in 5'→3'-Richtung, der andere in 3'→5'-Richtung.

RNA

Im Gegensatz zur doppelsträngigen DNA liegen RNA-Moleküle zumeist einzelsträngig vor. Durch intramolekulare Basenpaarung bilden sich jedoch häufig Sekundärstrukturen aus (z.B. die charakteristische Kleeblattstruktur der tRNA), die die Stabilität des RNA-Moleküls erhöhen. Man unterscheidet vier RNA-Arten (**vgl. Kapitel 2.9**):

- **Messenger-RNA (mRNA)** überträgt die genetische Information von der DNA zur Proteinbiosynthese an den Ribosomen. Je nach Größe der Gene können mRNAs ganz unterschiedlich lang sein, sehr kurze mRNAs umfassen nur etwa 200 Nucleotide, sehr lange etwa 4000 Nucleotide.
- **Transfer-RNA (tRNA)** liefert die für die Proteinbiosynthese benötigten Aminosäuren zu den Ribosomen. Für die 20 proteinogenen Aminosäuren gibt es mehr als 60 spezifische tRNAs, die mit ihrem Anticodon entsprechend dem genetischen Code an die mRNA binden. tRNAs sind mit 70–90 Nucleotiden sehr kurze Moleküle.
- **Ribosomale RNA (rRNA)** ist entscheidend am Aufbau und der Funktion der Ribosomen beteiligt. Es gibt vier rRNA-Typen in den cytoplasmatischen Ribosomen der Eukaryonten.
- **Mikro-RNA (miRNA)**. Erst kürzlich wurde eine weitere RNA-Art entdeckt, die Mikro-RNA (miRNA). miRNA-Moleküle sind nur 21 oder 22 Nucleotide lang und entstehen durch Spaltung aus Vorstufen, die von Kerngenen codiert werden. Sie binden an basenkomplementäre Abschnitte von mRNAs, wodurch kurze doppelsträngige RNA-Bereiche entstehen, die von speziellen RNA abbauenden Enzymen erkannt und degradiert werden. miRNAs erfüllen also regulatorische Aufgaben, indem sie mRNA-Moleküle identifizieren, die abgebaut werden sollen, bevor sie zur Translation gelangen.

Merksatz

Man unterscheidet zwischen folgenden RNA-Arten: mRNA, tRNA, rRNA, miRNA, snRNA und RNA im Signalerkennungspartikel.

Schließlich gibt es die kleinen nucleären RNAs (**snRNA**), die im Kern am Spleißen von mRNA beteiligt sind, und eine weitere RNA, die Bestandteil des Signalerkennungspartikels ist (**vgl. Kapitel 2.10**). Einige RNAs können auch als **Ribozyme** wirken. Hierbei handelt es sich um katalytisch aktive RNAs, die Aufgaben erfüllen beim Spleißen von mRNAs und bei der Reifung von tRNA-Vorstufen (beides sind Prozesse im Zellkern) und bei der Proteinbiosynthese an den Ribosomen im Cytoplasma (**vgl. Kapitel 2.9**).

1.3 | Die Bausteine der Zelle: Kohlenhydrate

Unter dem Begriff Kohlenhydrate fasst man sowohl die einfachen Zucker als auch die aus Zuckern gebildeten Polymere, die Polysaccharide, zusammen. Kohlenhydrate sind die häufigsten Biomoleküle auf der Erde. Sie sind Bestandteil von Zellwänden, Nucleinsäuren und Biomembranen und sie dienen als Energiespeicher. Die Biochemie und Nomenklatur der Kohlenhydrate ist sehr komplex und es werden hier nur die für das Verständnis der Zellbiologie relevanten Grundbegriffe besprochen.

Monosaccharide

1.3.1

Monosaccharide sind die Bausteine der Polysaccharide. Je nach Anzahl der C-Atome von 3–7 unterscheidet man Triosen, Tetrosen, Pentosen, Hexosen und Heptosen. In chemischer Hinsicht sind die Monosaccharide Polyhydroxycarbonyl-Verbindungen, das heißt, sie besitzen mehrere OH-Gruppen und eine Carbonylgruppe. Je nachdem ob die Carbonylgruppe eine Aldehydgruppe oder Ketogruppe ist, unterscheidet man Aldosen und Ketosen (**Abb. 1.16**). Glucose ist eine Hexose und besitzt eine Aldehydgruppe, zählt also zu den Aldosen. Fructose ist auch eine Hexose, trägt aber eine Ketogruppe am C2-Atom und ist demnach eine Ketose. Bekannte Pentosen sind die Ribose als Bestandteil der RNA und die Ribulose als wichtiges Zwischenprodukt bei der Photosynthese. Pentosen und Hexosen können einen intramolekularen Ringschluss durchführen (die Carbonylgruppe reagiert mit einer OH-Gruppe), wodurch sauerstoffhaltige Ringstrukturen entstehen. In Lösung liegt das chemische Gleichgewicht zwischen der offenkettigen linearen Form und der Ringform stark auf Seiten der Ringbildung (**Abb. 1.16**). Der Vollständigkeit halber sei erwähnt, dass man je nach Stellung der OH-Gruppe am untersten asymmetrischen C-Atom eines Monosaccharids zwischen der D- und L- Reihe der Zucker unterscheidet und nach erfolgtem Ringschluss zwischen den α- und β-Isomeren.

Merksatz

Monosaccharide können eine Aldehydgruppe tragen (Aldosen) oder eine Ketogruppe (Ketosen). Bekannte Hexosen sind Glucose (eine Aldose) und Fructose (eine Ketose). Pentosen und Hexosen können auch als Ringstrukturen vorliegen.

Abb. 1.16

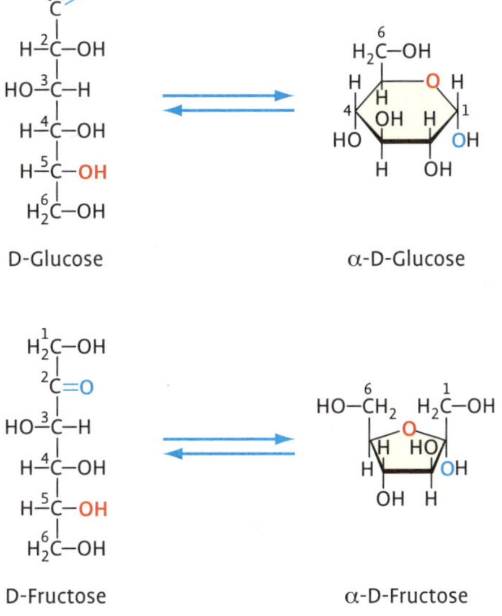

D-Glucose α-D-Glucose

D-Fructose α-D-Fructose

Lineare Form und Ringform von Hexosen. Oben ist der Ringschluss von Glucose gezeigt. Glucose und besitzt eine Aldehydgruppe und ist daher eine Aldose. C1 reagiert mit dem Sauerstoff (rot) am C5, und dieser Sauerstoff wird Teil des Ringes. Der Sauerstoff der Aldehydgruppe (blau) wird zur OH-Gruppe. Unten ist der Ringschluss von Fructose gezeigt. Fructose besitzt eine Ketogruppe am C2-Atom. C2 reagiert mit dem Sauerstoff (rot) am C5, und dieser Sauerstoff wird Teil des Ringes. Der Sauerstoff der Ketogruppe (blau) wird zur OH-Gruppe. Obwohl Fructose genau wie Glucose eine Hexose ist, entsteht kein sechsgliedriger sondern nur ein fünfgliedriger Kohlenstoffring, weil die Ketogruppe nicht am C1- sondern am C2-Atom sitzt.

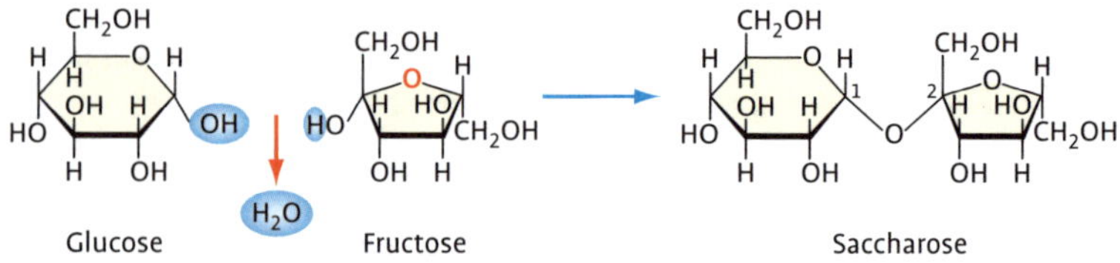

Abb. 1.17

Bildung der Saccharose. Glucose und Fructose reagieren unter Wasserabspaltung (Dehydratisierungsreaktion) zu Saccharose.

Glucose   Fructose   Saccharose

1.3.2 | Glycosidische Bindung

Monosaccharide können unter Wasserabspaltung zu Disacchariden reagieren. Diese Kondensationsreaktion führt zu einer kovalenten Bindung, die als glykosidische Bindung bezeichnet wird. Das bekannteste Disaccharid ist die Saccharose, die aus einem Glucose- und einem Fructosemonomer besteht (**Abb. 1.17**). Reagiert ein Monosaccharid mit einem Nichtzucker, so nennt man die entstehende Verbindung ein Glycosid. Wichtige Glycoside sind die Glycolipide als Bestandteil der Biomembranen (**vgl. Kapitel 2.2**) und die Glycoproteine. Glycoproteine werden im Lumen des ER durch Übertragung von Zuckern auf die freie Aminogruppe von Asparaginresten gebildet (N-glycosidische Bindung, **vgl. Kapitel 2.10**) Sie entstehen auch im Golgi-Apparat durch Verknüpfung von Zuckern mit der OH-Gruppe von polaren Aminosäuren (O-glycosidische Bindung, **vgl. Kapitel 2.11**). Zucker können auch Derivate bilden und zum Beispiel eine Carboxylgruppe tragen, es liegt dann eine Zuckersäure vor. Häufige Zuckersäuren sind die Glucuronsäure und die Galacturonsäure als Bestandteil der pflanzlichen Zellwand (**vgl. Kapitel 2.14**). Reagiert ein Monosaccharid mit einem anderen Monosaccharid, so entstehen je nach Zahl der verknüpften Zucker Di-, Tri-, Tetrasaccharide usw. Bis n < 30 spricht man von Oligosacchariden, ab n = 30 von Polysacchariden.

Merksatz

Monosaccharide können über eine Kondensationsreaktion unter Wasserabspaltung zu Di-, Tri- und Polysacchariden reagieren. Die dabei auftretende kovalente Bindung wird als glykosidische Bindung bezeichnet.

1.3.3 | Polysaccharide

Polysaccharide bestehen aus mehreren hundert bis einigen tausend glycosidisch verknüpften Monomeren. Man unterscheidet Strukturpolysaccharide und Reservepolysaccharide. Zu den **Strukturpolysacchariden** zählt die Cellulose, der wichtigste Bestandteil der pflanzlichen Zellwand. Hier sind β-Glucosemoleküle 1,4-glycosidisch verknüpft (**vgl. Kapitel 2.14, Abb. 2.51**) und bilden lange, unverzweigte Ketten. Cellulose ist die häufigste organische Verbindung auf der Erde. Auch Chitin (Hauptbestandteil der Zellwand von Pilzen und des Exoskeletts der Insekten) und Murein (Hauptbestandteil der bakteriellen Zellwand) sind Polysaccharide. Das wichtigste **Reservepolysaccharid** ist die Stärke, die aus 1,4-glycosidisch verbundenen α-Glucosemolekülen besteht (**vgl. Kapitel 2.14, Abb. 2.51**) und im Stroma von Plastiden gelagert wird. Stärke kann Verzweigungen über 1,6-glycosidische Verknüpfungen ausbilden. Glycogen ist die Bezeichnung für die tierische Stärke, Glycogen ist jedoch häufiger verzweigt als die pflanzliche Stärke und kann bis zu 100 000 Monomere umfassen.

Die Bausteine der Zelle: Lipide | 1.4

Unter dem Sammelbegriff Lipide werden Fette und fettähnliche Verbindungen zusammengefasst. Sie haben keine gemeinsame Grundstruktur und bilden auch keine kovalent verbundenen Polymere. Ihre gemeinsame Eigenschaft ist jedoch ihr hydrophober Charakter: Lipide sind in Wasser unlöslich, dagegen gut löslich (lipophil) in organischen Lösungsmitteln. Lipide erfüllen vielfältige Funktionen im Leben einer Zelle. Sie dienen als Energiespeicher, sind Bestandteil der Biomembranen und bilden eine große Gruppe der sekundären Pflanzenstoffe, zu denen auch einige Phytohormone zählen. Man unterscheidet Speicherlipide, Strukturlipide und Steroide.

Speicherlipide (Fette) | 1.4.1

Fette bestehen aus zwei Komponenten: aus Glycerin und Fettsäuren. **Glycerin** ist ein Alkohol, dessen drei C-Atome je eine OH-Gruppe tragen. Somit kann jede OH-Gruppe des Glycerins mit einer Fettsäure verestert sein und man spricht dementsprechend von Mono-, Di- und Triglyceri-

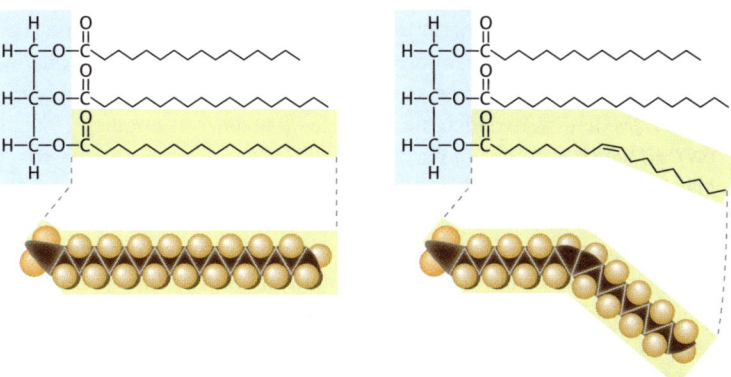

Abb. 1.18

Gesättigte und ungesättigte Fette. Fette sind Ester des Glycerins (blau eingerahmt) mit drei Fettsäuren. Links ist ein gesättigtes Fett dargestellt, keine seiner Fettsäuren besitzt eine Doppelbindung. Es enthält ein Molekül Palmitinsäure (C_{16}) und zwei Moleküle Stearinsäure (C_{18}). Dieses Fett ist bei Raumtemperatur fest. Im rechten Bildteil ist ein ungesättigtes Fett gezeigt. Es enthält mit der Ölsäure eine Fettsäure, die eine Doppelbindung besitzt, was zur Krümmung des Fettsäureschwanzes führt. Dieses Fett liegt bei Raumtemperatur als Öl vor.

den. Fette sind Triglyceride, deren drei Fettsäurereste in der Regel verschieden sind (**Abb. 1.18**). **Fettsäuren** sind langkettige, aliphatische Carbonsäuren, am häufigsten kommen Längen von 16 und 18 C-Atomen vor. Die natürlichen Fettsäuren sind geradzahlig, da sie aus C_2-Einheiten (Acetyl-CoenzymA) während der Fettsäuresynthese zusammengesetzt werden. Der lange apolare Bereich der aliphatischen Kohlenwasserstoffkette macht die Fettsäuren hydrophob, da sie keine Wasserstoffbrückenbindungen mit Wassermolekülen ausbilden können. Man unterscheidet gesättigte und ungesättigte Fettsäuren. **Gesättigte Fettsäuren** enthalten keine Doppelbindungen, sondern nur Einfachbindungen (z. B. Palmitinsäure [C_{16}] und Stearinsäure [C_{18}]). **Ungesättigte Fettsäuren** weisen mindestens eine Doppelbindung auf und werden dementsprechend als einfach oder mehrfach ungesättigte Fettsäuren bezeichnet (z. B. Ölsäure [C_{18}, 1 Doppelbindung], Linolsäure [C_{18}, 2 Doppelbindungen], Linolensäure [C_{18}, 3 Doppelbindungen]). Die Doppelbindung hat für die Fettsäure eine strukturelle Konsequenz: Die ansonsten gerade Struktur des Fettsäuremoleküls knickt an dieser Stelle ab. Diese Abknickungen verhindern, dass sich die Fettsäuremoleküle dicht genug zusammenlagern können, wodurch Fette mit ungesättigten Fettsäuren bei Raumtemperatur flüssig bleiben. Hingegen lassen sich gesättigte (also lang gestreckte) Fettsäuren dicht zusammenpacken, wodurch solche Fette bei Raumtemperatur in festem Zustand vorliegen. Der Begriff „Öl" bezeichnet keine chemische Verbindung, sondern beschreibt lediglich die flüssige Zustandsform eines Fettes. Speicherfette akkumulieren in der Zelle an zwei Orten: Zum einen im Cytoplasma als **Oleosomen**, auf die in Kapitel 2.8 genauer eingegangen wird, und im Stroma der Plastiden in Form von kleinen Öltröpfchen, den **Plastoglobuli**. Speicherfette stellen die kompakteste Form eines Energiespeichers dar. Ein Gramm Fett liefert nach vollständiger Oxidation doppelt soviel Energie wie die gleiche Menge des Speicherpolysaccharids Stärke. Deshalb verwenden kleinsamige Pflanzen vornehmlich Fette als Energiespeicher für den Embryo, während sich großsamige Pflanzen (z. B. Mais) die voluminösere Stärke leisten können.

Merksatz

Speicherfette sind Triglyceride, in denen jede OH-Gruppe des Glycerins mit (in der Regel) verschiedenen Fettsäuren verestert ist. Ungesättigte Fettsäuren besitzen ein bis drei Doppelbindungen. Der Begriff „Öl" bezeichnet keine chemische Verbindung, sondern beschreibt lediglich die flüssige Zustandsform eines Fettes.

1.4.2 | ## Strukturlipde

Strukturlipide sind der Hauptbestandteil von Biomembranen. Im Unterschied zu den hydrophoben Speicherlipiden haben die Strukturlipide polare Eigenschaften, denn lediglich zwei der drei OH-Gruppen des Glycerins sind mit Fettsäuren verestert, während die dritte OH-Gruppe über einen Phosphatrest mit einer polaren Kopfgruppe (z. B. Cholin) verbunden ist. Diese Strukturlipide, die man als Phospholipide bezeichnet, besitzen mit ihrer Kopfgruppe einen hydrophilen Teil und mit ihren Fettsäureschwänzen einen hydrophoben Teil. Sie sind amphiphil, also hydrophob und hydrophil zugleich, und bilden durch ihren polaren Molekülbau spontan Lipiddoppelschichten aus (**vgl. Kapitel 2.2**). Neben den Phospholipiden gibt es noch Glycolipide (mit einem Zucker als hydrophiler Kopfgruppe) und Sulfolipide (sulfatierte Zucker als polare Kopfgruppe), die man in den Biomembranen der Plastiden findet.

Steroide und Isoprenoide
| 1.4.3

Steroide und Isoprenoide (letztere werden neuerdings auch als Prenyle bezeichnet) leiten sich von der C_5-Verbindung Isopentenyldiphosphat ab. Diese C_5-Verbindung dient als Baustein für eine große heterogene Gruppe von sekundären Pflanzenstoffen, die alle hydrophob sind und deshalb zu den Lipiden gerechnet werden. Vertreter sind z.B. die Phytohormone Abscisinsäure und Gibberellinsäure, die Carotinoide und Xanthophylle (Photosynthesepigmente), das Dolichol, das bei der Proteinglycolysierung im rauen ER noch genauer erklärt wird, und das Cholesterin, das vor allem bei Tieren Bestandteil der Zellmembran ist.

Wachse
| 1.4.4

Auch die Wachse werden zu den Lipiden gerechnet. Wachse sind Ester langkettiger einwertiger Alkohole mit höheren Fettsäuren. Aufgrund ihrer Wasser abstoßenden Eigenschaften werden sie auf die äußerste Schicht der pflanzlichen Zellwand als Transpirationsschutz aufgelagert.

2 | Die Zellbestandteile

Die Pflanzenzelle enthält eine Vielzahl von membranumhüllten Organellen, die in das Cytoplasma eingebettet sind. Aber nicht alle inneren Bestandteile der Zelle sind von Membranen umgeben, sondern liegen frei im Cytoplasma vor. Dazu gehören die Elemente des Cytoskeletts und die Ribosomen.

2.1 | Cytoplasma

Das Cytoplasma ist das Grundplasma der Zelle, in das alle Organellen und Zellstrukturen eingebettet sind. Zentrifugiert man alle sedimentierbaren Bestandteile des Cytoplasmas ab, so erhält man das **Cytosol**. Im Unterschied dazu bezeichnet der ältere Begriff **Protoplasma** den gesamten Inhalt der Zelle, der von der Plasmamembran eingeschlossen wird, also Cytoplasma und Organellen. Das Cytoplasma besteht zu 70 % aus Wasser und etwa zu 20 % aus Proteinen. Es hat aufgrund der hohen Konzentration an Proteinen und Proteinkomplexen eine gelartige Konsistenz. Das Wasser des Cytoplasmas ist zumeist in den Hydrathüllen der Proteine und Ionen gebunden. Das Cytoplasma ist Ort der Proteinbiosynthese an den Ribosomen, es ist Ort des Glucoseabbaus (Glycolyse), des oxidativen Pentosephosphatzyklus und der Synthese vieler Aminosäuren und von Nucleotiden. Zudem ist es eingebunden in das große metabolische Netzwerk von Stoffsynthese und Abbau, an dem oft mehrere Organellen beteiligt sind. Es ist damit **Hauptumschlagplatz** für Metabolite und Ionen. Gelöste Gase wie O_2 und CO_2 diffundieren frei im Cytoplasma und gleichen die Konzentrationen innerhalb und außerhalb der Zelle aus. Das Cytoplasma hat einen neutralen pH-Wert von etwa 7. Da bei den meisten Stoffwechselreaktionen Protonen freigesetzt oder gebunden werden, muss der pH-Wert des Cytoplasmas gut gepuffert sein. Ionenpumpen in der Plasmamembran und in der Vakuolenmembran (Tonoplast) sorgen für die Aufrechterhaltung eines besonderen Ionenmilieus. Das Cytoplasma ist reich an K^+ und arm an Na^+ und Ca^{2+}. Das Cytoplasma ist jedoch keine strukturlose Suppe von Metaboliten und Organellen. Es ist durchzogen von den hochdynamischen fädigen Strukturen des **Cytoskeletts**, dessen Bestandteile in ständigem Auf- und Abbau begriffen sind. Das Cytoskelett stabilisiert nicht nur die Form des Zellinneren, sondern bildet auch die Bahnen für den gerichteten Vesikeltransport. Es wird zudem heute angenommen, dass bis zu 80 % aller Proteine und Enzyme des Cytoplasmas nicht frei beweglich sind, sondern aus regulatorischen Gründen assoziiert an das Cytoskelett vorliegen. Das Cytoskelett ist auch am Zustandekommen der intrazellulären Bewegungen beteiligt. Dazu gehören die **Cytoplasmaströmung**, die zum schnellen Durchmischen und Konzentrationsausgleich innerhalb des Cytoplasmas beiträgt. Aber auch die Chromosomenbewegung in der Mitose und die gerichtete Organellenbewegung basieren auf dem Cytoskelett.

Da das Cytoskelett aus langen, fädigen Strukturen besteht, neigen diese zur Vernetzung und damit zur Bildung von Gallerten. Durch schnellen Auf- und Abbau von Cytoskelettbestandteilen kann die Zelle damit die Viskosität des Cytoplasmas den jeweiligen Erfordernissen rasch anpassen. In der Zellperipherie ist das gelartige **Ektoplasma** anzutreffen, während weiter innen das flüssigere **Endoplasma** liegt. Die Cytoplasmaströmung beschränkt sich auf das Endoplasma.

Biomembranen | 2.2

Biologische Membranen sind von zentraler Bedeutung für das Leben. Sie sind aus Lipiden und Proteinen zusammengesetzt und schließen die Zelle nicht nur nach außen hin ab, sondern untergliedern das Zellinnere in spezielle Funktionsräume, in die Kompartimente.

Die **Lipiddoppelschicht** besteht hauptsächlich aus Phospholipiden. Es handelt sich um Ester des Glycerins mit zwei Fettsäuren und einer polaren Kopfgruppe, die mit ihrem Phosphatrest am dritten C-Atom des Glycerins sitzt (**Abb. 2.1 oben**). Als Kopfgruppe kommen Cholin, Serin, Ethanolamin und andere Verbindungen vor. Diese Struktur verleiht den Phospholipiden **polare Eigenschaften**: Die Kopfgruppe ist hydrophil, hingegen sind die aliphatischen, unpolaren Fettsäureschwänze hydrophob. Die polare Struktur der Membranlipide führt zur spontanen Ausbildung einer Lipiddoppelschicht (**Abb. 2.1 unten**), in der die polaren Kopfgruppen Wassermoleküle anziehen, wohingegen die hydrophoben Schwanzgruppen Wasser meiden und danach streben, sich mit den benachbarten Schwanzgruppen über hydrophobe Wechselwirkungen zu verbinden. Diese Anordnung ist energetisch am günstigsten. Die hydrophilen Köpfe treten auf beiden Seiten der Lipiddoppelschicht mit Wasser in Kontakt, die

Merksatz

Phospholipide besitzen polare Eigenschaften: Ihre Kopfgruppe ist hydrophil, hingegen sind die aliphatischen, unpolaren Fettsäureschwänze hydrophob. Die polare Struktur der Phospholipide führt zur spontanen Ausbildung einer Lipiddoppelschicht.

hydrophoben Schwänze sind vor Wasser geschützt und liegen dicht gedrängt im Inneren der Doppelschicht.

Abb. 2.1

Phosphatidylcholin.
(A) Kalottendarstellung.
(B) Darstellung der funktionellen Gruppen.
(C) Anordnung der Phospholipide in der Lipiddoppelschicht (verändert nach Buchanan et al. 2000).

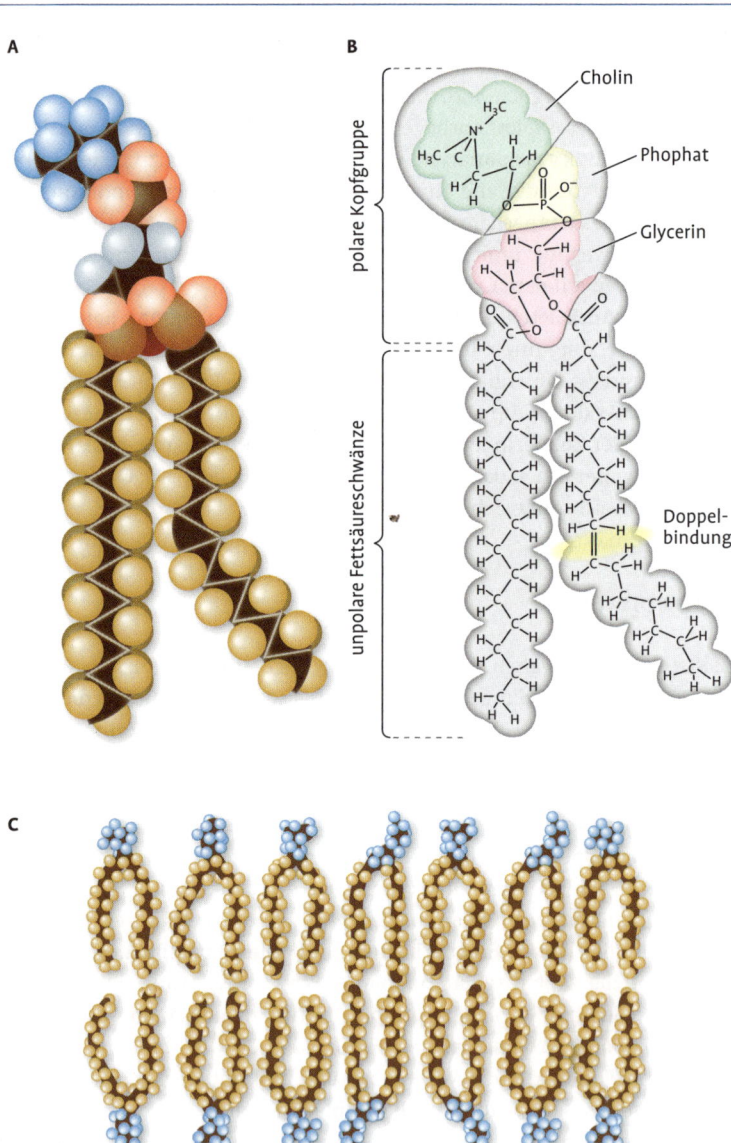

A

B

polare Kopfgruppe

Cholin

Phophat

Glycerin

unpolare Fettsäureschwänze

Doppelbindung

C

Die Lipiddoppelschicht hat keine freien Ränder

2.2.1

Die polare Anodnung der Lipide in der Lipiddoppelschicht hat bemerkens-werte Konsequenzen: Die Lipiddoppelschicht hat keine freien Ränder, denn dort wären die hydrophoben Fettsäurereste wieder dem Wasser aus-gesetzt, was energetisch ungünstig ist. Die einzige Möglichkeit, diese Situation zu vermeiden, besteht für die flächige Lipiddoppelschicht darin, sich zu verbiegen und zu einer räumlichen Struktur, einem Vesikel, umzu-formen. Biomembranen, obwohl flächige Gebilde, umschließen deshalb immer lückenlos einen Raum und stellen damit die Grundlage für die Entstehung von Kompartimenten dar. Man kann diese Vesikelbildung im Labor nachstellen: Gibt man Phospholipide in eine wässrige Lösung, so bilden sich spontan stabile Membranvesikel (sogenannte **Liposomen**) aus, deren Lipiddoppelschicht einen wässrigen Innenraum lückenlos umhüllt. Biomembranen sind **selbstversiegelnd**, jeder Riss in der Doppelschicht schafft einen wasserexponierten freien Rand und wird deshalb durch spontane Neuanordnung der Membranlipide sofort versiegelt. Bei Pflan-zen ist die Mehrzahl der Fettsäurereste in den Phospholipiden ungesät-tigt. Jeder Fettsäurerest kann bis zu drei Doppelbindungen tragen und knickt deshalb in seiner ansonsten geraden Struktur an diesen Stellen ab (**Abb. 2.1 oben**). Dadurch sind die Fettsäurereste innerhalb der Membran nicht regelmäßig gepackt, also nicht senkrecht (quasi in Reih und Glied) angeordnet, sondern zeigen je nach Lage und Zahl der Doppelbindungen variable Formen mit Knickstellen (**Abb. 2.1 unten**).

Merksatz

Die Lipiddoppel-schicht hat keine freien Ränder und ist selbstversiegelnd. Biomembranen, obwohl flächige Gebilde, umschließen deshalb immer lückenlos einen Raum und stellen damit die Grundlage für die Entstehung von Kom-partimenten dar.

Lipidarten

2.2.2

Weit über hundert Lipidarten können in Biomembranen vorkommen, aber nur die beiden Hauptklassen **Phospholipide** und **Glycolipide** (mit einem Zucker als hydrophiler Kopfgruppe) bilden die Hauptkomponen-ten. Daneben gibt es noch **Steroide** und **Sphingolipide**. Das Steroid Cho-lesterin kommt bei Pflanzen nur in Spuren vor. **Sulfolipide** (sulfatierte Zucker als polare Kopfgruppe) findet man bei Eukaryonten nur bei den Pflanzen. Je nach Zellorganell weist die Lipidzusammensetzung der Mem-branen erhebliche Unterschiede auf. So enthält die Membran der Peroxi-somen ausschließlich Phospholipde, während die Glycolipide (in erster Linie Galactolipide) den Hauptbestandteil der Chloroplastenmembranen bilden. Sie sind dort Hauptkomponente der Thylakoidmembranen. Mito-chondrien sind dagegen völlig frei von Glycolipiden. Die Innenmembran der Mitochondrien und Plastiden enthält das Lipid **Cardiolipin**, das sonst nur bei Bakterien vorkommt und das in der äußeren Membran der bei-den Organellen völlig fehlt. Diese Besonderheit ist ein weiteres Argument für die Endosymbionten-Theorie.

Merksatz

Neben Phospholipiden und Glycolipiden gibt es viele andere Lipi-darten als Bestandteil von Biomembranen. Jedes Zellorganell besitzt eine charakte-ristische Lipidzusam-mensetzung seiner Membranen und kann daran eindeutig iden-tifiziert werden.

2.2.3 | Die Biomembran ist asymmetrisch aufgebaut

Die beiden Hälften der Lipiddoppelschicht können sich in ihrer Lipidzusammensetzung unterscheiden. Zum Beispiel ist bei der Plasmamembran die dem Cytoplasma zugewandte Hälfte reich an Phosphatidylserin, dagegen dominiert Phosphatidylcholin in der der Außenwelt zugewandten Hälfte.

Merksatz 2.2.4 |

Die beiden Hälften der Lipiddoppelschicht unterscheiden sich in ihrer Lipidzusammensetzung. Lipidmoleküle sind innerhalb der Membran lateral frei beweglich und können verschiedenartige Bewegungen ausführen. Diese dynamischen Bewegungen führen zur Fluidität der Biomembran und damit zu ihrer halbflüssigen Konsistenz.

Lipide sind innerhalb der Membran beweglich

Lipidmoleküle können sich innerhalb der Membran bewegen. Das gilt für die laterale Bewegung innerhalb einer Hälfte der Lipiddoppelschicht (**Abb. 2.2**), wo sie ihre Plätze untereinander tauschen können. Sie können aber nicht von selbst von der einen Hälfte der Lipiddoppelschicht zur anderen springen (Flip-Flop). Hierzu bedarf es der Unterstützung durch Flippaseproteine, die zur Herausbildung der Asymmetrie der Biomembran beitragen. Die langen Kohlenwasserstoffketten der Lipidfettsäurereste sind biegsam und können um ihre eigene Längsachse rotieren (**Abb. 2.2**). Da die Biegsamkeit (Flexion) zum Ende der Fettsäureschwänze hin zunimmt, weist das Zentrum der Lipiddoppelschicht den höchsten Grad an Fluidität auf. Schließlich können sich die Lipide innerhalb der Halbmembran schnell auf und nieder bewegen (Bobbing). Zusammen genommen führen diese dynamischen Bewegungen zur **Fluidität** der Biomembran und damit zu ihrer halbflüssigen Konsistenz.

Abb. 2.2

Mobilität der Phospholipide in der Lipiddoppelschicht. Erläuterungen im Text (verändert nach Buchanan et al. 2000).

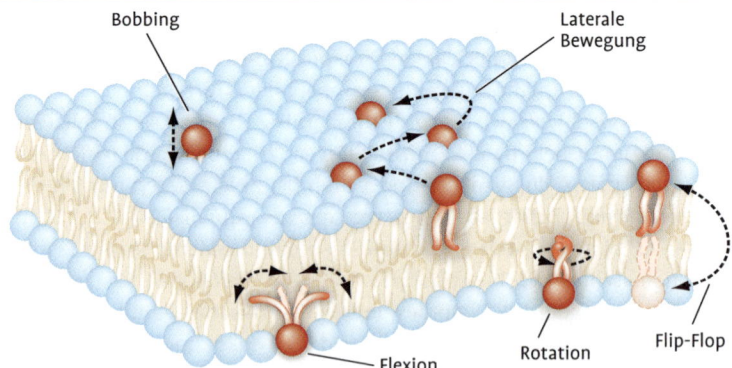

2.2.5 | Dynamische Zusammensetzung der Biomembran

Die Membranfluidität ist sowohl von der Temperatur als auch von der Membranzusammensetzung abhängig. Bei niedrigen Temperaturen bewegen sich die Membranlipide nur wenig und die Membran wird starr. In ungesättigten Fettsäuren, wie sie in Pflanzenmembranen häufig vorkommen, stören die durch die Doppelbindungen verursachten Knicke jedoch die Ausbildung hoch geordneter Strukturen und die Membran bleibt vergleichsweise fluid. Sinken die Temperaturen weiter, lagert die Pflanzenzelle vermehrt Lipide mit ungesättigten und auch mit kürzeren Fettsäureresten in ihre Membranen ein. Zudem werden verstärkt Steroide in die Membran eingebaut. Dieser Mechanismus erlaubt es der Pflanzenzelle, die Fluidität ihrer Biomembranen an gegebene Temperaturen anzupassen.

Semipermeabilität

2.2.6

Die Lipiddoppelschicht ist permeabel für Wassermoleküle (was sehr langsam verläuft) und für kleine und unpolare, nicht geladene Moleküle, wie zum Beispiel O_2, N_2 und CO_2. Sie ist hingegen impermeabel für alle Ionen, für größere polare Verbindungen (z. B. Zucker und Aminosäuren) und für alle Makromoleküle. Auf dieser Barrierefunktion beruht die Herausbildung von Kompartimenten in der Evolution. Der selektive Stoffaustausch durch Biomembranen wird durch eine Vielzahl verschiedener Transportproteine erreicht, die die Membran durchspannen und die hochselektiv arbeiten. Auf die verschiedenen Arten dieser Transportproteine wird in **Kapitel 5.1** näher eingegangen.

Biogenese

2.2.7

Membranen leiten sich immer von bereits bestehenden Membranen in der Zelle ab. Die Lipide für Biomembranen werden am glatten ER synthetisiert, von dort als Vesikel abgeschnürt und gelangen auf diese Weise zu allen Kompartimenten, die Bedarf an Membranwachstum zeigen. Dort fusionieren die Vesikel mit der Zielmembran. Der Lipidaustausch zwischen Kompartimenten wird durch **Lipidtransferproteine** geregelt. Der Einbau neuer Lipidvesikel in bereits vorhandene Membranen führt also zum Flächenwachstum der Biomembranen. Das Endomembransystem der Zelle ist hochdynamisch, denn Membranen können auch wieder zu Vesikeln zerlegt werden, die dann als Nachschub für andere Kompartimente dienen. Grundvoraussetzung für den Prozess des ständigen Abschnürens und Fusionierens von Membranen ist die Fluidität der Membran zusammen mit der energetischen Regel, dass keine freien Ränder entstehen dürfen.

Merksatz
Lipide für Biomembranen werden am glatten ER synthetisiert, von dort als Vesikel abgeschnürt und gelangen auf diese Weise zu allen Kompartimenten, mit deren Membranen sie fusionieren. Grundvoraussetzung dafür ist die Fluidität der Membran zusammen mit der energetischen Regel, dass keine freien Ränder entstehen dürfen.

2.2.8 | Funktionen

Biomembranen erfüllen drei Hauptfunktionen.

(1) Durch ihre Barrierefunktion schaffen sie **Reaktionsräume**, also Kompartimente.

(2) Die Vielzahl spezieller Transportproteine, die die Membran durchspannen, verleihen ihnen **selektive Transporteigenschaften**.

(3) Wichtige Stoffwechselreaktionen können nur in Membranbindung ablaufen. So sind die **Multienzymkomplexe** der Atmungskette und der Photosynthese in Membranen verankert. Schließlich sind auch Sensorproteine (Rezeptoren) zumeist an Membranen verankert.

Abb. 2.3

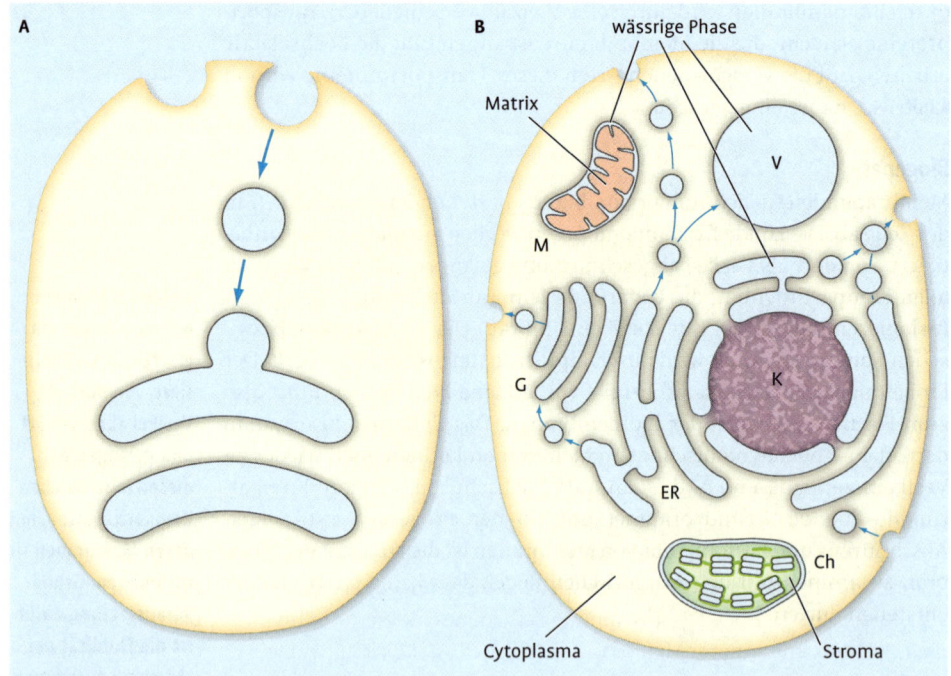

Kompartimentierung der Pflanzenzelle.
(A) Die Einstülpungen schließen die wässrige Phase (hellblau) mit ein und fusionieren mit einer Zisterne, deren Lumen ebenfalls wässrig ist.
(B) Die wässrigen Subkompartimente einer Pflanzenzelle (hellblau). V = Vakuole, K = Zellkern, M = Mitochondrium, G = Golgi-Apparat, Ch = Chloroplast ((B) verändert nach Lüttge et al. 2005).

Kompartimentierung | 2.3

Im Zuge der Evolution wurden eukaryontische Zellen um ein Vielfaches größer als Prokaryonten (**Abb. 1.1**). Dieses Wachstum führte jedoch zu einem Problem: Während das Volumen einer Zelle mit der dritten Potenz des Radius wächst, nimmt die Oberfläche nur mit der zweiten Potenz des Radius zu. Das hat zur Konsequenz, dass das Verhältnis von Oberfläche zu Volumen abnimmt und damit die Plasmamembran die Versorgung der Zelle nicht mehr gewährleisten konnte. Also formten sich zur Oberflächenvergrößerung Einstülpungen, die schließlich von Membranen umschlossene Hohlräume, die Kompartimente, bildeten. Solche **abgeschlossenen Reaktionsräume** bieten große Vorteile. Alle für einen bestimmten Stoffwechselprozess benötigten Strukturen, Enzyme und Metabolite werden auf einen eng begrenzten Raum konzentriert und können dort lokalisiert ablaufen, ohne durch andere Prozesse gestört zu werden. Auch die Konzentration der dafür benötigten Metabolite kann dort hoch gehalten werden. So entwickelten sich funktionell unterschiedliche Kompartimente, deren spezielle Stoffwechselreaktionen unter optimalen Bedingungen ablaufen können, ohne sich gegenseitig zu beeinträchtigen.

Wässrige Phase und plasmatische Phase | 2.3.1

Biomembranen schließen die Zelle nicht nur nach außen hin ab, sondern sind auch die Voraussetzung, um das Zellinnere in spezielle Funktionsräume zu untergliedern. Hierbei ist folgender Umstand von großer Bedeutung: Eine Membran trennt immer eine wässrige Phase von einer plasmatischen Phase. Die wässrige Phase ist das Außenmedium. Als sich in der Evolution der Eukaryontenzelle die ersten Einstülpungen zur Oberflächenvergrößerung formten, schlossen diese Abschnürungen immer das wässrige Außenmedium innerhalb des gebildeten Hohlraumes mit ein (**Abb. 2.3 A**). Plötzlich fand sich ein Teil der Außenwelt umhüllt in einem Vesikel oder einer Zisterne (z. B. des ER) wieder. Auch die bakteriellen Vorläufer der heutigen Mitochondrien und Chloroplasten wurden durch Einstülpungen der Plasmamembran aufgenommen. Das erklärt, warum sie von einer Doppelmembran umhüllt sind, deren äußere Membran in ihrer Zusammensetzung der Plasmamembran der primitiven eukaryontischen Zelle entspricht. Der bei der Einstülpung mit eingeschlossene Raum zwischen äußerer und innerer Membran der Organelle entspricht dem wässrigen Außenmedium. **Abbildung 2.3 B** zeigt zusammenfassend die wässrigen und plasmatischen Phasen, die in einer Pflanzenzelle vorkommen.

Merksatz
Eine Membran trennt immer eine plasmatische Phase von einer wässrigen Phase ab. Die wässrige Phase entspricht dabei topologisch dem wässrigen Außenmedium. Das trifft auch auf Organellen, Vesikel und Zisternen innerhalb der Zelle zu.

Abb. 2.4

Mögliche Entstehung der Kernhülle (verändert nach Alberts et al. 2008).

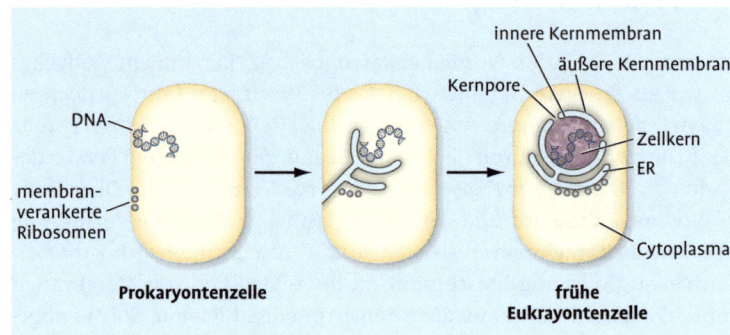

Abb. 2.4

Mögliche Entstehung der Kernhülle (verändert nach Alberts et al. 2008).

2.3.2 | Das Endomembransystem

Die Zelle gliedert sich in **Organellen mit doppelter Biomembran** (Plastiden und Mitochondrien) und **Organellen mit einfacher Biomembran**. Zu letzterer Gruppe zählen das ER, die Vakuole, der Golgi-Apparat, die Peroxisomen, die vielen Transportvesikel der Zelle und der Zellkern. Es mag zunächst erstaunen, dass auch der Zellkern unter diese Rubrik fällt, aber die biochemische Zusammensetzung der Kernhülle zeigt, dass sie sich vom ER ableitet und damit Teil des Endomembransystems ist. **Abbildung 2.4** erläutert, wie sich ER und Kernhülle in der Evolution herausgebildet haben könnten. Das Endomembransystem ist hochdynamisch und in ständigem Umbau begriffen. Viele Strukturen des Systems (mit Ausnahme der Kernhülle und der Peroxisomen) schnüren laufend Vesikel ab, fusionieren mit Vesikeln anderer Kompartimente oder mit Vesikeln der Plasmamembran und stehen auf diese Weise in direkter oder indirekter Verbindung. Man spricht von einem kontinuierlichen **Membranfluss** und damit auch Stoffaustausch innerhalb der Zelle. Plastiden und Mitochondrien als Organellen mit doppelter Biomembran sind nicht Teil dieses Systems. Sie teilen sich autonom und ihr Plasma bleibt immer für sich und verschmilzt nie mit dem Grundplasma der Zelle. Dasselbe gilt für ihre Membranen, die nicht am zellulären Membranfluss teilnehmen. Dieser Umstand ist ein weiteres Argument, auf das sich die **Endosymbionten-Theorie** stützt, die besagt, dass sich Plastiden und Mitochondrien von bakteriellen Vorläuferzellen ableiten, die in einer frühen Entwicklungsphase von der primitiven Eukaryontenzelle durch Phagozytose aufgenommen wurden und durch Coevolution an ihren Wirt angepasst wurden. Ihre DNA und Ribosomen behielten jedoch bis heute ihre bakterientypischen Charakteristika. Hingegen kam in die Evolution das Prinzip der Oberflächenvergrößerung auch bei Plastiden und Mitochondrien zum Tragen. Um ihre zellulären Aufgaben, also Energiegewinnung durch Pho-

Merksatz

Das Endomembransystem ist in ständigem Umbau begriffen und zeigt einen kontinuierlichen Membranfluss. Plastiden und Mitochondrien als Organellen mit doppelter Biomembran sind autonom und nehmen an diesem Membranfluss nicht teil.

tosynthese bzw. Atmung, besser ausüben zu können, wurde ihre innere Membran durch vielfältige Einstülpung stark ausgedehnt und bildete ein Endomembransystem innerhalb dieser beiden Organellen, das den Photosyntheseapparat bzw. die Atmungskette trägt.

Zellkern | 2.4

Der Kern ist das markanteste Organell der Zelle. Er ist nicht nur Speicher der genetischen Information, sondern auch Steuerzentrale für alle Vorgänge, die in der Zelle ablaufen. Die Gesamtheit der im Kern gespeicherten genetischen Information bezeichnet man als Kerngenom.

Gestalt und Aufbau | 2.4.1
Der Kern erscheint im mikroskopischen Bild kugelförmig bis ellipsoid (**Abb. 2.5**) und hat einen Durchmesser, der je nach Pflanzenart sehr variabel ist und von durchschnittlich 5–25 µm bis zu 600 µm reichen kann. Er

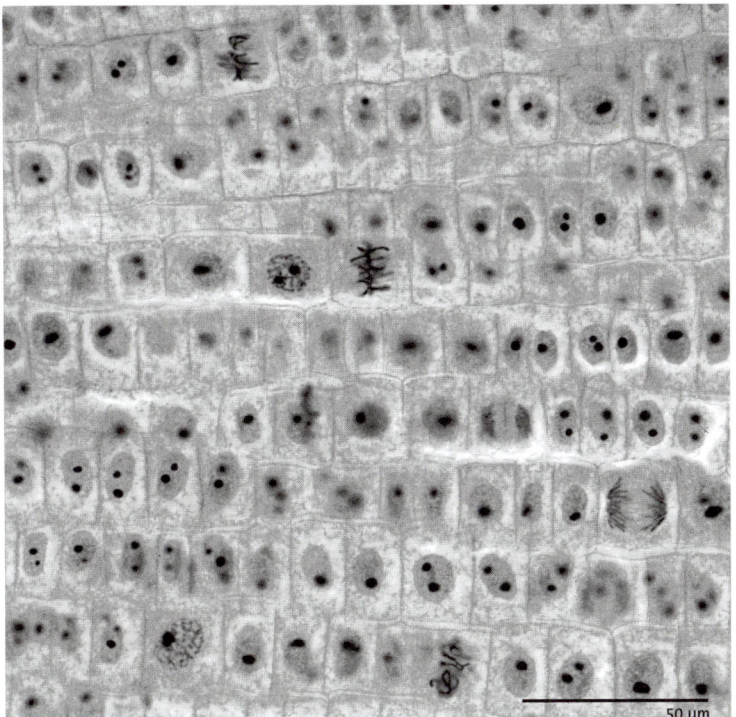

50 µm

Abb. 2.5

Wurzelspitze der Zwiebel im lichtmikroskopischen Bild. In den Zellen sind die Kerne gut sichtbar. Jeder Kern enthält ein oder zwei Nucleoli (erkennbar als dunkle Punkte). Einige Zellen befinden sich in der Mitose und zeigen verschiedene Mitose-Stadien. Die Chromosomen sind hier gut erkennbar (Originalaufnahme R. Hänsch, Braunschweig).

ist von einer doppelten Membran umgeben, jedoch gibt es im Kerninnenraum keine weiteren Membranen. Folgende Strukturelemente können
unterschieden werden:

Kernhülle

Die aus einer Doppelmembran bestehende Kernhülle grenzt den Kern-
raum gegen das Cytoplasma ab. Der Raum zwischen den beiden Membranen, die **Perinuclearzisterne**, steht in Verbindung mit dem Innenraum
des ER und bildet mit ihm ein Kontinuum (**Abb. 2.6**). Die Kernhülle kann
deshalb als eine Art Ausläufer des ER angesehen werden. An ihrer äußeren Membran ist sie wie das ER mit Ribosomen besetzt.

Kernporen

Die Kernhülle ist mit Kernporen durchbrochen, an diesen Stellen berüh-
ren sich äußere und innere Kernmembran. Die Poren werden durch sehr
große Kernporenkomplexe gebildet, die aus mehr als 30 verschiedenen
Proteinen bestehen und an deren Aufbau mehr als 100 weitere Proteine
beteiligt sind. Ihre genaue Struktur und Funktion wird in **Kapitel 5.3** besprochen. Über die Kernporen verläuft der Stoffaustausch zwischen Cytoplasma und Kerninnenraum. Alle Proteine, die im Kern für die Replikation und Transkription der DNA benötigt werden, aber auch Proteine, die
die DNA einhüllen sowie ribosomale Proteine werden im Cytoplasma an
freien Ribosomen synthetisiert und müssen in großer Zahl durch die Kernporen importiert werden. In entgegengesetzter Richtung verlassen tRNAs
und mRNA-Moleküle, eingehüllt in spezielle Proteine, und komplette ribosomale Untereinheiten den Kern. Die Zahl der Kernporen ist stark abhängig vom Zelltyp und der Aktivität der Zelle. Zellen mit hoher Synthese-
leistung können mehrere tausend Kernporen haben.

Kernlamina

Die Kernhülle ist auf ihrer Innenseite mit einem dichten Gitterwerk fibril-
lärer Proteine (den Laminen) ausgekleidet, die die Kernlamina bilden
(**Abb. 2.6**). Dieses Proteinnetzwerk stützt die Kernhülle von innen und verleiht ihr mechanische Stabilität. Die Lamine sind über Bindeproteine in
der inneren Kernmembran verankert. Lamine gehören zur Gruppe der
Intermediärfilamente, die eine der drei Klassen des Cytoskeletts bilden
(**vgl. Kapitel 2.13**). Ihr Vorkommen bei Pflanzen wurde lange Zeit angezwei-
felt, jedoch gilt es heute als akzeptiert, dass sie nicht nur bei tierischen
Lebewesen, sondern auch im Pflanzenreich existieren. Die Kernlamina
hat direkten Kontakt zum Chromatin, das an vielen Punkten an die Lamine
angeheftet ist. Auch die Kernporen sind in der Lamina verankert.

A

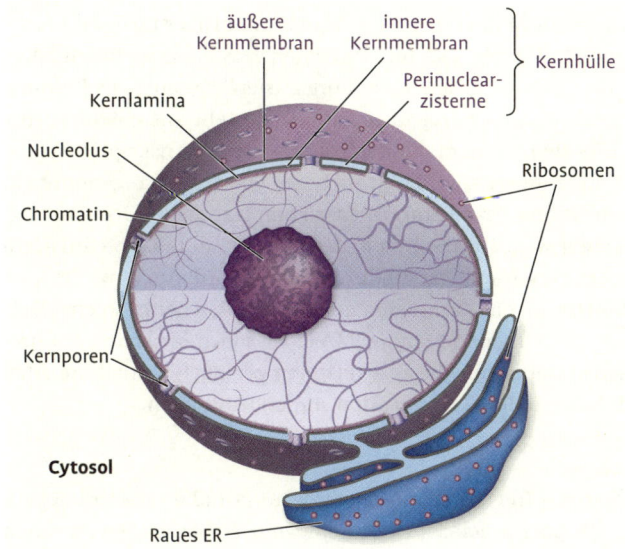

äußere Kernmembran
innere Kernmembran
Perinuclear-zisterne
} Kernhülle

Kernlamina

Nucleolus

Chromatin

Ribosomen

Kernporen

Cytosol

Raues ER

Abb. 2.6

Aufbau des Zellkerns und der Kernhülle.
(A) Die Kernhülle besteht aus zwei Membranen, die an den Kernporen zusammentreffen. Die äußere Kernmembran ist mit Ribosomen besetzt und geht kontinuierlich in das raue ER über. Auf ihrer Innenseite ist die Kernhülle mit der Kernlamina ausgekleidet, an der Chromatinfasern angeheftet sind. **(B)** Kernporen (Pfeile) im elektronenmikroskopischen Bild in der Aufsicht und **(C)** im Querschnitt (Moosfarn *Selaginella*). In (B) sind Polysomen auf der Oberfläche der Kernhülle erkennbar und in (C) das raue ER, das rechts von der Kernhülle verläuft und dicht mit Polysomen besetzt ist (A, verändert nach Becker et al. 2009; B und C, Abbildungen aus Raven 2006).

B Polysom

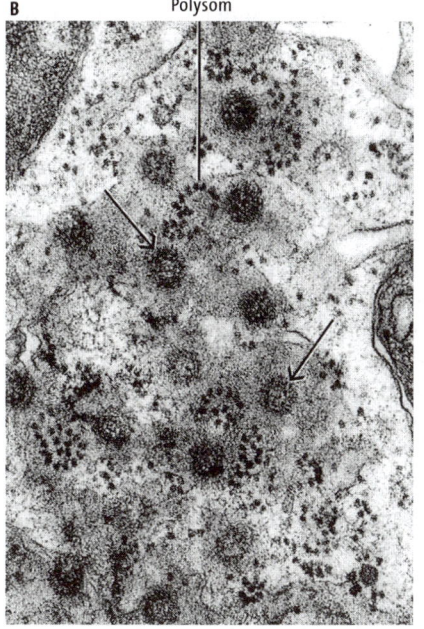

0,2 µm

C Endoplasmatisches Reticulum

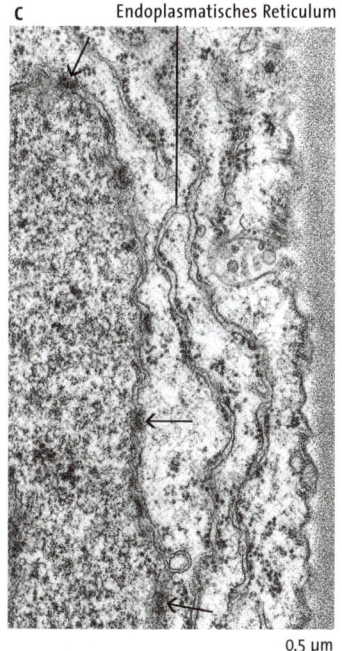

0,5 µm

Kernskelett

Der von der Kernhülle umschlossene Innenraum besteht zum größten Teil aus Chromatin. Man darf sich den Innnenraum aber nicht als homogene Mischung aus DNA, RNA und Proteinen vorstellen, vielmehr ist er durch das stützende Kernskelett stark organisiert, das auch als Kernmatrix oder Nuclearmatrix bezeichnet wird. Es besteht aus einem Gerüst von Proteinfibrillen, an dem die Replikations- und Transkriptionsapparate der DNA verankert sind. Es ist nicht so, wie früher angenommen, dass die Replikations- bzw. Transkriptionskomplexe an der DNA entlanggleiten, vielmehr wird angenommen, dass die DNA durch diese im Kernskelett verankerten Komplexe hindurchgespult wird. Auch die DNA ist an vielen Punkten an das Kernskelett angeheftet. Man nennt solche DNA-Sequenzen *Matrix attachment regions* (MAR). Sie sollen benachbarte Chromatinbereiche in einer für die Transkription geeigneten Struktur offen halten und dadurch die Genexpression stark beeinflussen.

Chromatin

Kern-DNA liegt nie frei vor, denn sie würde aufgrund ihrer stark negativen Ladung alle positiv geladenen Proteine und Verbindungen anziehen und dadurch ein ungeordnetes Knäuel bilden, was auch Instabilität zur Folge hätte. Außerdem muss sie bei einer Länge im Zentimeterbereich in einen Kern von 5–25 µm gezwängt werden können, aber gleichzeitig zugänglich sein, sodass die Transkription ausgewählter Bereiche ablaufen kann. Die DNA ist deshalb in Proteine verpackt und bildet einen hoch strukturierten DNA-Proteinkomplex, das Chromatin. Es liegt in verschiedenen Verdichtungsgraden vor: **Euchromatin** ist replikations- oder transkriptionsaktiv und hat eine aufgelockerte Struktur, dagegen ist **Heterochromatin** massiv kondensiert und genetisch inaktiv. Die Verpackungsproteine für die DNA heißen **Histone**. Sie kommen nur in Verbindung mit DNA vor, werden im Cytoplasma an freien Ribosomen synthetisiert und in großen Mengen in den Kern transportiert. Da Histone stark basisch geladen sind, werden sie von der negativ geladenen DNA sofort angezogen und es bildet sich ein DNA-Proteinkomplex aus. Histone sind hoch effektive DNA-Bindungsproteine, deren Bindung jedoch unabhängig von bestimmten DNA-Sequenzen erfolgt. Im Euchromatin wird durch **posttranslationale Modifikationen** (z. B. Acetylierung, Methylierung, Phosphorylierung; vgl. Kapitel 4.3) der Histone ihre Affinität zur DNA und zu anderen Histonen vermindert, sodass sie sich zeitweise von der DNA ablösen und damit die Transkription bzw. Replikation der DNA nicht mehr räumlich blockieren. Es gibt fünf verschiedene Histontypen. Vier davon bilden einen oktameren Histonkomplex aus, das **Nucleosom** (Abb. 2.7), um den die DNA in 1,75 Windungen herumgewickelt ist (das entspricht genau 146 Basenpaaren der DNA). Überhängende DNA von etwa 50 Basenpaaren Länge stellt die Verbindung zum nächsten Nucleosom her. Die Aneinanderreihung von Nucleosomen hat die Form einer Perlenkette. Der DNA-Faden ist außen um jede Perle herumgewickelt und läuft weiter von Perle zu Perle, ohne Unterbrechung vom einen zum anderen Ende des Chromosoms. Jedes Nucleosom wird vom fünften Histontyp flankiert, der eine Brücke zum benachbarten Nucleosom schlägt. Dadurch bildet sich eine noch stärker kondensierte Chromatinfibrille aus, ein **Solenoid (Abb. 2.7)**. Weitere Verdichtungsformen führen schließlich zur Bildung eines Chromosoms.

Chromosom

Das **Chromosom** ist die kompakte Transportform der DNA während der Zellteilung. Es ist wie das Heterochromatin massiv kondensiert und genetisch inaktiv. Chromosomen sind im Lichtmikroskop gut erkennbar und haben eine stäbchenförmige, gekrümmte Gestalt (**vgl. Abb. 2.5**). Sie speichern verschiedene Teile der genetischen Information des Zellkerns und haben meist eine unterschiedliche, aber für jedes Chromosom charakteristische Form. Man kann sie zählen und feststellen, ob zwei Chromosomen mit derselben charakteristischen Form vorkommen (z. B. in diploiden Zellen) oder ob Chromosomenschäden oder Verluste vorliegen. Mit n bezeichnet man den einfachen **Chromosomensatz**, also die Gesamtheit der verschieden gestalteten Chromosomen einer haploiden Gametenzelle. Somatische Zellen (= Körperzellen) sind diploid und damit 2n. Der Normalzustand ist 2n, aber es gibt auch Pflanzenarten mit sehr viel höheren Ploidiegraden. **Abbildung 2.8** zeigt die schematische Darstellung eines Chromosoms.

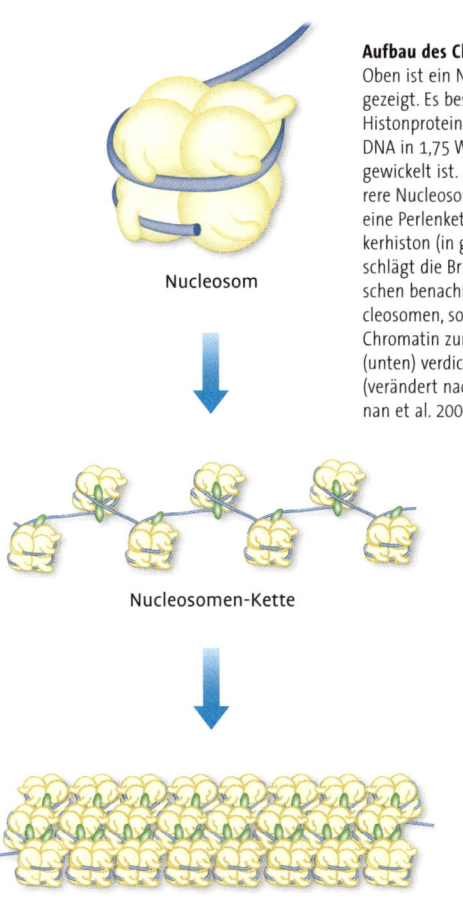

Nucleosom

Nucleosomen-Kette

Solenoid

Abb. 2.7

Aufbau des Chromatins. Oben ist ein Nucleosom gezeigt. Es besteht aus 8 Histonproteinen, um die DNA in 1,75 Windungen gewickelt ist. Mitte: Mehrere Nucleosomen bilden eine Perlenkette. Ein Linkerhiston (in grün) schlägt die Brücke zwischen benachbarten Nucleosomen, sodass das Chromatin zum Solenoid (unten) verdichtet wird (verändert nach Buchanan et al. 2000).

Abb. 2.8

Schema eines Chromosoms. Es ist längs in zwei iden-tische Chromatiden gespalten, die nach Vollendung der Zellteilung zu den Tochterchromosomen werden. Die weiteren Begriffe werden im Text erläutert.

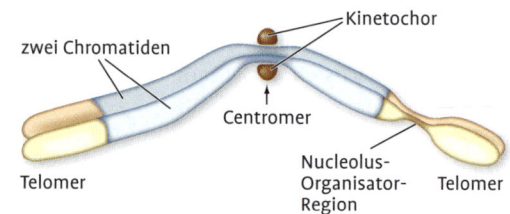

zwei Chromatiden — Kinetochor — Centromer — Telomer — Nucleolus-Organisator-Region — Telomer

Eine zentrale Einschnürung, das **Centromer**, gliedert das Chromosom in zwei Arme, deren Länge ähnlich oder auch sehr verschieden sein kann. Schon vor der Kondensation zu Chromosomen wurde die DNA im Zuge der Zellteilung bereits verdoppelt (**vgl. Kapitel 3**) und liegt jetzt in zwei iden-tischen **Chromatiden** vor, die bald voneinander getrennt werden und nach der Zellteilung die Tochterchromosomen bilden. Am Centromer sitzt seitlich je ein **Kinetochor** an, das die Ansatzstelle für die Mikrotu-buli der Kernteilungsspindel bildet. Jedes Chromosomenende ist durch ein **Telomer** abgedeckt, welches das Chromosom stabilisiert und verhin-dert, dass Chromosomen miteinander fusionieren. Schließlich ist auch eine sekundäre Einschnürung an einem der beiden Chromosomenarme erkennbar, die **Nucleolus-Organisator-Region** (NOR), die die Gene für die rRNA trägt und an der sich nach erfolgter Zellteilung und Entspirali-sierung der Chromosomen der Nucleolus ausbildet. Die Zahl der Chro-mosomen mit einer NOR entspricht dem Ploidiegrad des Genoms, diploide Zellen haben also zwei NOR-tragende Chromosomen und bilden damit auch zwei Nucleoli aus.

Merksatz

Das Chromosom wird durch eine zentrale Einschnürung (Cen-tromer) in zwei Arme gegliedert. Am Cen-tromer sitzt seitlich je ein Kinetochor an, das die Ansatzstelle für die Mikrotubuli der Kernteilungsspin-del bildet.

Nucleolus

Der Nucleolus ist innerhalb des Zellkerns bereits im Lichtmikroskop erkennbar (**Abb. 2.5**). Er hat keine eigene Membranhülle, vielmehr erscheint er durch seine hohe Proteindichte so kompakt. Der Nucleolus ist der Ort der **Ribosomenbildung**. Die für die rRNA codierenden Gene liegen in extrem hoher Kopienzahl vor (bis zu 20 000), was gerade in wachsenden Zellen Ausdruck für den sehr hohen Bedarf an Ribosomen ist. Hinzu kommt, dass Ribosomen eine Existenzdauer von nur wenigen Stunden haben, sodass ihr Bestand ständig erneuert werden muss. Ihre Bildung läuft folgendermaßen ab: Die mehr als 80 verschiedenen ribosomalen Proteine werden an freien Ribososomen synthetisiert, in großer Zahl durch die Kernporen in den Zellkern importiert und zum Nucleolus diri-giert, wo sie zusammen mit den rRNAs (**vgl. Kapitel 2.9**) die **Präribosomen** ausbilden. Der Zusammenbau der einzelnen ribosomalen Proteine und rRNAs zu Präribosomen verläuft in einer streng geordneten Reihenfolge.

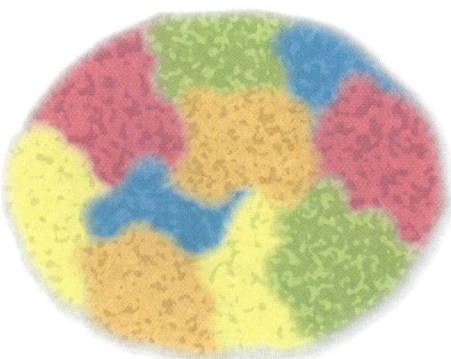

Abb. 2.9

Chromosomenterrito-rien. Entspiralisiertes Chromatin nimmt im Zellkern diskrete Räume ein. Die Modellpflanze *Arabidopsis thaliana* hat fünf verschiedene Chromosomen, also gibt es im diploiden Kern 10 Territorien (davon sind jeweils zwei gleich).

Diese Vorstufen der cytoplasmatischen Ribosomen werden im Nucleolus weiter prozessiert, lösen sich dann vom Nucleolus ab, werden aus dem Kern ausgeschleust und bilden im Cytoplasma die beiden ribosomalen Untereinheiten. Der Nucleolus ist daher Bildungs- und Reifungsort der Ribosomenuntereinheiten.

Chromosomenterritorien

Im entspiralisierten Zustand liegen die Chromatinfäden innerhalb des Zellkerns nicht zufällig verteilt oder ineinander verknäult vor. Vielmehr hat das Chromatin jedes einzelnen Chromosoms seinen eigenen Platz im Kern. Mit molekularen Sonden hat man einzelne Chromosomen individuell angefärbt und festgestellt, dass sie diskrete Räume innerhalb des Kerns einnehmen, die man als Chromosomenterritorien bezeichnet (**Abb. 2.9**). Es wird angenommen, dass sowohl das Kernskelett als auch die Lamina zur räumlichen Stabilisierung der Chromosomenterritorien beitragen.

Grundsubstanz

Chromatin und Kernskelett sind eingebettet in das „Protoplasma" des Kerninnenraums. Es ist sehr proteinreich und angefüllt mit einer Vielzahl von Proteinen, die verantwortlich sind für die Replikation und Transkription der DNA, dem Prozessieren der gebildeten mRNAs und rRNAs, der Präribosomenbildung und mit Proteinen, die für die Ausschleusung von Protein-RNA-Komplexen zuständig sind. Zudem gibt es Proteine (z. B. Transkriptionsfaktoren), die zwischen Kern und Cytoplasma hin- und herpendeln.

Merksatz

Im entspiralisierten Zustand liegen die Chromatinfäden nicht ineinander verknäult vor. Vielmehr hat das Chromatin jedes einzelnen Chromosoms seinen eigenen Platz im Kern. Diese Räume heißen Chromosomenterritorien.

Dynamische Struktur

Auf eine außergewöhnliche Eigenschaft des Kerns muss an dieser Stelle besonders aufmerksam gemacht werden, er ist nämlich kein dauerhaftes Kompartiment, sondern ein Organell, das regelmäßig zerfällt. Im Verlauf der Zellteilung fragmentiert die Kernhülle in viele kleine Membranvesikel, auch Nucleolus und Kernskelett zerfallen, und erst in der Endphase der Zellteilung formieren sich alle Strukturen wieder neu zum Kern in der Tochterzelle.

2.5 | Mitochondrien

2.5.1 | Gestalt und Aufbau

Mitochondrien sind vielgestaltig in ihrer Form. Sie erscheinen oft als kugelige Körper von etwa 1 µm Durchmesser. In ausgewachsenen Zellen sehen sie dagegen oft fädig lang gestreckt, mitunter sogar netzartig verzweigt aus mit einem Durchmesser von 0,5 µm und einer Länge bis zu 3 µm. Ihre Zahl variiert von einigen wenigen (bei Algen), etwa 200 bei wenig stoffwechselaktiven Zellen bis hin zu mehreren Tausend in metabolisch hoch aktiven Zellen, die viel Energie benötigen. In letzterem Fall können die Mitochondrien bis zu 20 % des Cytoplasmavolumens ausmachen. Die Zahl der Mitochondrien spiegelt daher den Energiebedarf einer Zelle wider. Im Vergleich zu Tieren enthalten Pflanzenzellen jedoch in der Regel weniger Mitochondrien, dafür ist ihre Stoffwechselaktivität (Atmung!) generell höher als die tierischer Zellen.

Mitochondrien sind bereits im Lichtmikroskop sichtbar, allerdings wird ihre Feinstruktur erst mit dem Elektronenmikroskop erkennbar (**Abb. 2.10**). Sie sind von einer doppelten Hüllmembran umgeben, wodurch

Abb. 2.10

Mitochondrien. Elektrononmikroskopische Aufnahme von Mitochondrien (M) im Größenvergleich zu einem sich teilenden Chloroplasten. Die Cristae sind im Anschnitt gut erkennbar (Originalaufnahme R. Hänsch, Braunschweig).

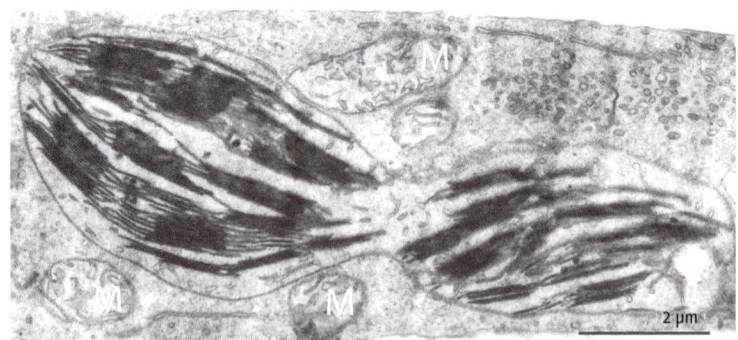

Abb. 2.11

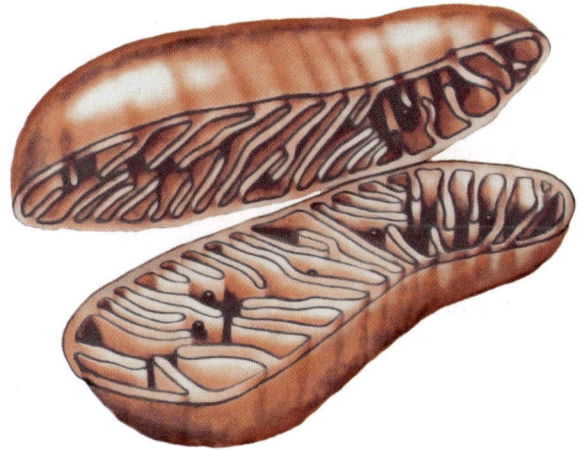

Mitochondrium
(Cristae-Typ).
Oben aufgeschnitten.
Unten schematischer
Längsschnitt (verändert
nach Hess 2008).

Cytosol

innere Membran   äußere Membran   Intermembranraum

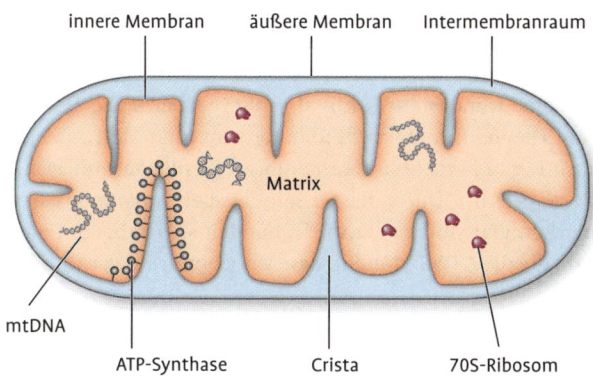

Matrix

mtDNA

ATP-Synthase   Crista   70S-Ribosom

das Mitochondrium in mehrere Reaktionsräume untergliedert wird
(**Abb. 2.11**). Außenmembran und Innenmembran unterscheiden sich stark
in ihrer Zusammensetzung und Funktion.

Äußere Mitochondrienmembran
Die Außenmembran der Mitochondrien ist nicht gefaltet und umgibt das
Organell vollständig. Sie ist durchlässig für die meisten Metabolite und
Ionen, aber es ist noch eine offene Frage, ob sie auch kleine Proteine hin-
durchlässt. Dieser Stoffaustausch wird von Kanal bildenden Transmem-
branproteinen, den **Porinen**, ermöglicht, welche wie ein Sieb wirken und
Moleküle bis zu einer Masse von etwa 5000 Da passieren lassen.

Intermembranraum

Zwischen äußerer und innerer Mitochondrienmembran liegt der Intermembranraum. Bis hierher gelangen alle Metabolite und Ionen, die die Außenmembran problemlos passiert haben, aber sie kommen zunächst nicht weiter, denn die innere Mitochondrienmembran wirkt als Diffusionsbarriere. In seiner Ionen- und Metabolitzusammensetzung ist der Intermembranraum daher dem Cytoplasma sehr ähnlich, nicht aber in seiner Proteinzusammensetzung. Er ist sehr proteinarm und stellt ein **nichtplasmatisches Kompartiment** dar.

Innere Mitochondrienmembran

Die Innenmembran der Mitochondrien ist die eigentlich selektive Barriere. In ihr sind eine Vielzahl verschiedenartiger Proteine lokalisiert, unter anderem substratspezifische Transportsysteme, die den selektiven Eintritt bzw. Austritt von Metaboliten regeln. Die Innenmembran besteht zu etwa drei Vierteln aus Proteinen und ist damit proteinreicher als jede andere Zellmembran. Die Innenmembran besitzt viele Einstülpungen, die zur Vergrößerung der Oberfläche beitragen (**Abb. 2.10 und 2.11**) und in Form von Membranfalten (**Cristae**) oder Röhren (**Tubuli**) auftreten und je nach Zelltyp verschieden geformt sind. Dadurch gewinnt die Innenmembran eine mindestens fünfmal größere Oberfläche als die Außenmembran. Die dem Innenraum (der sogenannten Matrix) zugewandte Seite der inneren Mitochondrienmembran ist übersät mit Proteinpartikeln von etwa 9 nm Durchmesser, die im elektronenmikroskopischen Bild gut erkennbar sind (**Abb. 2.12**). Es handelt sich dabei um die ATPase-Komplexe, die die ATP-Bildung in den Mitochondrien vermitteln.

Merksatz

Die Außenmembran der Mitochondrien ist für die meisten Metabolite und Ionen durchlässig, während die Innenmembran die eigentlich selektive Barriere ist. Der Intermembranraum ist ein wässriger, nichtplasmatischer Raum.

Abb. 2.12

ATPase-Partikel an der inneren Mitochondrien-Membran.
(A) Elektronenmikroskopisches Bild einer Membranfalte der inneren Mitochondrienmembran (Alge *Polytomella*). Gut zu erkennen sind die die vielen ATPase-Komplexe, deren zur Matrix gerichtetes katalytisches Köpfchen jeweils auf einem Stiel sitzt, der in die Membran reicht.
(B) Der ATPase-Komplex in Hochauflösung. Die ATPasen kommen in den Cristae als Dimere vor (A, Abb. aus Dudkina et al., 2010; B, Abbildung zur Verfügung gestellt von H.P. Braun, Hannover).

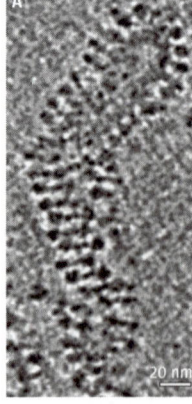

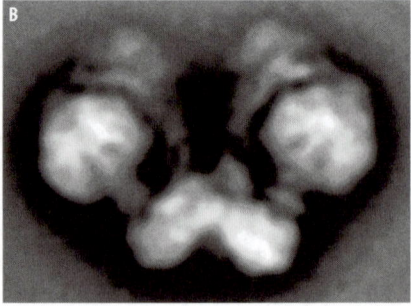

Matrix

Das von der Innenmembran umschlossene Protoplasma bezeichnet man als mitochondriale Matrix. Sie enthält Enzyme und Metabolite in sehr hoher Konzentration. In der Matrix befinden sich außerdem mehrere Kopien der mitochondrialen DNA (mtDNA), mitochondriale 70S-Ribosomen, tRNA und rRNA.

Genetisches Material

| 2.5.2

Mitochondrien besitzen nicht nur ihre eigene DNA und RNA, sondern auch einen kompletten mitochondrientypischen Transkriptions- und Translationsapparat und betreiben ihre eigene Proteinsynthese. Das Mitochondriengenom besteht je nach Art aus 200 000 bis 2 Millionen Basenpaaren und ist damit mindestens zehnmal größer als das tierischer Zellen. Die mtDNA liegt in Form kleiner, ringförmiger Doppelstränge vor, die nicht in Histone (sondern in bakterientypische Proteine) eingehüllt sind und in großer Zahl vorkommen. Sie codiert einen Teil der mitochondrialen ribosomalen Proteine und rRNA, einen Teil ihrer tRNA und einen kleinen Teil der Proteine der mitochondrialen Innenmembran. Derzeit wird angenommen, dass von den insgesamt etwa 2000 verschiedenen Proteinen, die das mitochondriale Proteom ausmachen, nur etwa 40 Proteine von der mtDNA codiert werden. Etwa 98 % der mitochondrialen Proteinausstattung wird demnach vom Kern codiert und nach der Biosynthese an freien 80S-Ribosomen des Cytoplasmas in das Mitochondrium importiert. Dieser Import geschieht mithilfe spezifischer Transportkomplexe (**vgl. Kapitel 5.4**). Nach der **Endosymbionten-Theorie** gehen Mitochondrien auf frei lebende Prokaryonten (α-Proteobakterien) zurück, die im Verlauf der Evolution in die eukaryontische Vorläuferzelle aufgenommen wurden und eine Coevolution mit der Wirtszelle durchmachten. Dabei verlagerten sie einen Großteil ihrer Gene an den Zellkern. Mitochondrien sind demnach trotz des Besitzes von eigener DNA nur noch **semiautonome Organellen**. Der genetische Code der mtDNA weicht in einigen Codons vom eukaryontischen Standardcode ab. Auch unterscheiden sich ihre Ribosomen und ihre Transkriptionskomplexe von denen der übrigen Pflanzenzelle und entsprechen den Strukturen von Prokaryonten. Für den prokaryontischen Ursprung der Mitochondrien spricht auch die sehr unterschiedliche Lipidzusammensetzung der beiden Hüllmembranen. Die Außenmembran ähnelt in ihrer Lipidausstattung dem glatten ER, während die Innenmembran das ansonsten nur bei Bakterien vorkommende Cardiolipin als Bestandteil enthält.

Merksatz

Nur noch wenige Proteine werden von der mitochondrialen DNA codiert. 98 % der mitochondrialen Proteinausstattung werden vom Kern codiert und nach der Biosynthese im Cytoplasma in das Mitochondrium importiert.

Abb. 2.13

Teilung eines Mitochondriums. Bei der Zweiteilung erfolgt zunächst das Einziehen eines Septums des Intermembranraumes, gefolgt von der Durchschnürung des Organellkörpers.

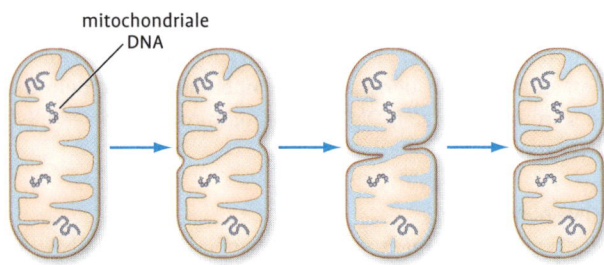

mitochondriale DNA

Vermehrung

Mitochondrien vermehren sich duch **Zweiteilung**, seltener durch Knospung. Bei der Zweiteilung erfolgt zunächst das Einziehen eines Septums des Intermembranraumes, gefolgt von der Durchschnürung des Organellkörpers (**Abb. 2.13**). Durch die Vielzahl von mtDNA-Molekülen ist sichergestellt, dass kein Tochtermitochondrium ohne DNA bleibt. Mitochondrien sind zudem hoch dynamische Organellen, die ständig ihre Gestalt verändern und oft miteinander **fusionieren**, sodass ein ganzes Netz aus fädigen Mitochondrien entstehen kann, das an anderen Stellen wieder in kleine Einzelmitochondrien zerfällt. Mitochondrien werden **maternal** an die nächste Generation vererbt, das heißt sie werden über die Eizelle weitergegeben.

2.5.4 | Hauptfunktion

Mitochondrien sind die biochemischen **Kraftwerke** der Zelle, welche die in der Glucose gespeicherte Sonnenenergie in das universelle Energieäquivalent ATP umwandeln. Die Vorläuferzelle der Eukaryonten dürfte lediglich Glycolyse betrieben haben mit einer geringen Energieausbeute. Durch den Besitz der Mitochondrien hatte die Eukaryontenzelle jedoch die Fähigkeit erworben, das Endprodukt der Glycolyse (Pyruvat) energetisch weiter ausbeuten zu können und auf diesem Wege eine weitaus höhere Zahl an ATP-Molekülen je Molekül Glucose zu gewinnen. Vier Stoffwechselprozesse sind an dieser Energie-Umwandlung beteiligt.

Abbau von Pyruvat zu Acetyl-CoA

Die Glycolyse läuft im Cytoplasma ab. Ihr Endprodukt Pyruvat muss daher zunächst über die Porine der äußeren Hüllmembran der Mitochondrien in deren Intermembranraum gelangen und von dort über einen speziellen Carrier durch die Innenmembran geschleust werden. Angelangt in der Matrix sorgt ein Multienzymkomplex dafür, dass Pyruvat oxidativ decarboxyliert wird, wodurch Acetat entsteht, das an CoenzymA gebunden wird (**Abb. 2.14**).

Zitratzyklus

Acetat wird im Zitratzyklus (der auch Tricarbonsäurezyklus genannt wird) zu zwei Molekülen CO_2 abgebaut, die durch Diffusion die Mitochondrien verlassen und wieder der Photosynthese zur Verfügung stehen. Auch der Zitratzyklus läuft im Matrixraum ab. Die dabei **frei werdende Reduktionsenergie** wird in NADH und $FADH_2$ gespeichert.

Atmungskette

Während Pyruvatabbau und Zitratzyklus im Matrixraum ablaufen, läuft die sogenannte Endoxidation in der inneren Mitochondrienmembran ab. Hier sind die Proteinkomplexe der Atmungskette in der Membran lokalisiert. Sie tragen verschiedene prosthetische Gruppen und fungieren als Elektronentransportkette. Prosthetische Gruppen sind niedermolekulare Bestandteile von Proteinen. Prosthetische Gruppen und Elektronentrans-

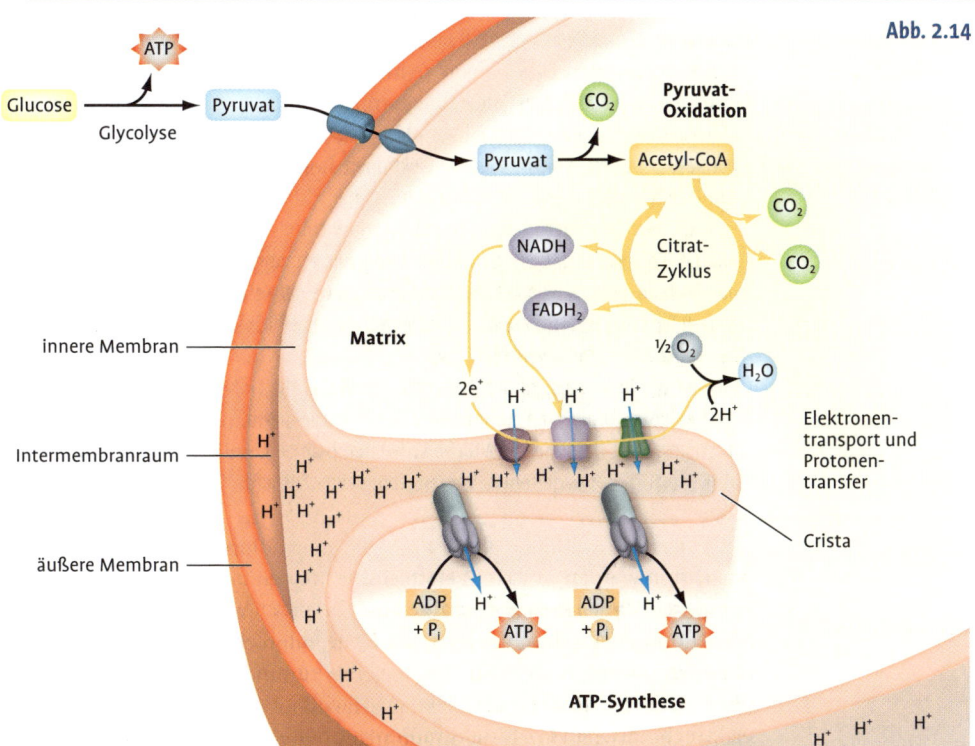

Abb. 2.14

Schema zur Energiegewinnung bei der mitochondrialen Atmung. Das aus der Glycolyse stammende Pyruvat wird in der Matrix decarboxyliert und im Zitratzyklus abgebaut. Die dabei anfallenden Reduktionsäquivalente durchlaufen die in den Cristae lokalisierte Atmungskette. Der dadurch aufgebaute Protonengradient treibt die ATP-Synthese (verändert nach Becker et al 2009).

Box 2.1

Elektronentransportketten und Redoxpotenzial

Eine Elektronentransportkette besteht aus mehreren Elektronentransportproteinen, die hintereinander geschaltet sind. Ein Donor (beispielsweise NADH) speist Elektronen in die Kette ein, und sie werden von Protein zu Protein weitergegeben, bis sie das Ende der Kette erreichen. Dadurch gelangt das Elektron schrittweise auf ein immer niedrigeres Energieniveau mit der Konsequenz, dass die in ihm gespeicherte Energie schrittweise freigesetzt wird. Die Proteine der Kette sind so angeordnet, dass die Elektronen keine Abkürzung nehmen können oder ein Kettenglied überspringen können. Dennoch kann es vorkommen, dass Elektronen die Kette unkontrolliert verlassen, was zur Radikalbildung führen kann. Die Flussrichtung der Elektronen durch die Transportkette wird vom Redoxpotenzial der einzelnen Kettenglieder bestimmt.

Redoxpotenzial: Wird ein Elektron von einem Molekül entfernt und auf ein anderes übertragen, so wird dadurch das Elektronen abgebende oxidiert und das aufnehmende reduziert. Manche Moleküle haben eine hohe Affinität, Elektronen aufzunehmen, andere eine geringe. Das Redoxpotenzial beschreibt die Bereitschaft, Elektronen an andere Moleküle abzugeben. Es wird in mV gemessen. Negative Redoxpotenziale bedeuten eine hohe Bereitschaft, Elektronen abzugeben, positive Redoxpotenziale kennzeichnen Moleküle, die eine hohe Affinität haben, Elektronen aufzunehmen. In Elektronentransportketten bewegen sich daher die Elektronen ausgehend von den prosthetischen Gruppen mit stark negativen Redoxpotenzialen in Richtung derjenigen mit positiven Redoxpotenzialen oder anders ausgedrückt in Richtung steigender Elektronenaffinitäten. Ein Beispiel: das aus dem Zitratzyklus in die Atmungskette einfließende NADH hat ein Redoxpotenzial von -320 mV, die in der Mitte der Kette liegenden Cytochrome je nach Typ bis zu +300 mV und der die Elektronen schließlich aufnehmende Sauerstoff hat ein Redoxpotential von +820 mV.

Bleiben wir beim Beispiel der Atmungskette. Sie enthält über 40 Proteine, die zu großen Proteinkomplexen zusammengefügt sind. Die meisten dieser Proteine sind in die Lipidschicht der inneren Mitochondrienmembran eingebettet und funktionieren als Kette auch nur in diesem membrangebundenen Zustand.

portketten werden in **Box 1.3 Prosthetische Gruppen** und **Box 2.1 Elektronentransportketten und Redoxpotenzial** genauer besprochen. Die Elektronen von NADH und $FADH_2$ durchlaufen diese Kette von Elektronentransportproteinen und werden schließlich unter Bildung von Wasser auf Sauerstoff übertragen. Die Energie der Elektronen wird genutzt zum Aufbau eines elektrochemischen **Protonengradienten**, denn der Elektronentransport durch die Atmungskette ist mit einem Transport von Protonen durch die innere Mitochondrienmembran gekoppelt (**Abb. 2.14**). Als Folge reichert sich der Intermembranraum mit Protonen an.

ATP-Synthese

Durch die Ansäuerung des Intermembranraumes wird das Enzym **ATP-Synthase** aktiviert. Es handelt sich dabei um einen in der inneren Mitochondrienmembran sitzenden Multienzymkomplex von charakteristischem Aussehen. Ein die Cristaemembran durchspannender Stiel trägt einen darauf sitzenden kugeligen Kopf, der in die Matrix ragt (**Abb. 2.14**). Die ATP-Synthase arbeitet wie eine Turbine. Der Rückstrom der Protonen in die Matrix erfolgt durch den Stiel der ATP-Synthase und treibt im Kopfteil die Synthese von ATP aus ADP und Phosphat an. Die ATP-Synthase kommt auch in anderen Kompartimenten vor und kann, unter ATP-Verbrauch, Protonen gegen einen Gradienten pumpen (jedoch nicht bei den Mitochondrien). Da bei der Umwandlung von Pyruvat in Energie Sauerstoff verbraucht wird und CO_2 entsteht, spricht man auch von mitochondrialer Atmung. Die überragende Bedeutung dieses Prozesse für den Energiehaushalt der Zelle wird deutlich, wenn man sich den ATP-Gewinn im Vergleich zur Glycolyse anschaut: der Abbau von einem Molekül Glucose zu Pyruvat bringt in der Glycolyse zwei Moleküle ATP, hingegen werden durch die Weiterverwertung des Pyruvats in den Mitochondrien weitere 30 Moleküle ATP gewonnen.

Weitere Funktionen   2.5.5

Mitochondrien sind nicht nur ein Ort der Energiegewinnung, sondern sie sind auch eingebunden in eine ganze Reihe von anderen Stoffwechselprozessen.

Zitratzyklus als zentrale Drehscheibe des Metabolismus

Die Zwischenprodukte des Zitratzyklus sind Ausgangsprodukte für die Synthesen von Aminosäuren, Fettsäuren und Nukleotiden. Gleichzeitig münden Carbonsäuren aus abbauenden Reaktionen wieder in den Zitratzyklus. Er nimmt damit einen zentralen Platz sowohl für den abbauenden als auch für den aufbauenden Metabolismus der Zelle ein. Da der Zitratzyklus im Matrixraum lokalisiert ist, müssen alle Metabolite auch die Barriere der mitochondrialen Innenmembran passieren. Dieser rege Ein- und Austransport einer Vielzahl von Metaboliten wird durch spezifische Transporter in der Innenmembran ermöglicht und geregelt.

Harnstoffzyklus

Beim Abbau von Aminosäuren fällt Ammoniak an, das durch den Harnstoffzyklus entgiftet werden muss. Der Hauptteil des Harnstoffzyklus läuft im Cytoplasma ab, jedoch vollzieht sich ein Zwischenschritt in der mitochondrialen Matrix.

Synthese der Aminosäure Serin (Photorespiration)

Zusammen mit den Peroxisomen und den Chloroplasten sind die Mitochondrien Teil der Photorespiration, die bei den Peroxisomen in **Kapitel 2.7** besprochen werden. Im Zuge dieses Prozesses nehmen die Mitochondrien die Aminosäure Glycin auf und wandeln sie in die Aminosäure Serin um.

Synthese der Hämgruppe

Die prosthetische Gruppe Häm ist als Elektronenüberträger essentiell für das Leben. Sie wird bei Pflanzen in Plastiden und Mitochondrien synthetisiert, in tierischen Zellen hingegen ausschließlich in den Mitochondrien. Bei Pflanzen wird ein Zwischenprodukt der Hämsynthese aus den Plastiden ausgeschleust und an die Mitochondrien abgegeben, die daraus die Hämgruppe synthetisieren. Derzeit wird angenommen, dass es die Mitochondrien sind – und nicht die Plastiden – die das Cytosol und alle restlichen Kompartimente mit der Hämgruppe versorgen.

Synthese von Eisen-Schwefel-Zentren

Eisen-Schwefel-Zentren (Fe-S-Zentren) zählen zu den prosthetischen Gruppen und sind als Elektronenüberträger essentiell für das Leben. Wie beim Häm vollzieht sich ihre Synthese sowohl in Plastiden als auch in Mitochondrien, allerdings mit dem Unterschied, dass beide Organellen autark sind in der Biosynthese, das heißt, dass alle Vorstufen innerhalb des jeweiligen Organells hergestellt werden können. Ähnlich zum Häm wird angenommen, dass die Mitochondrien ihren eigenen Bedarf an Fe-S-Zentren und den des Cytosols und aller restlichen Kompartimente befriedigen, während die Plastiden ausschließlich für den Eigenbedarf synthetisieren.

Synthese des Molybdän-Cofaktors

Der Molybdän-Cofaktor ist wie die Hämgruppe und die Fe-S-Zentren als prosthetische Gruppe essentiell für das Leben. Der erste Schritt seiner Biosynthese vollzieht sich in den Mitochondrien, alle weiteren Schritte laufen im Cytosol ab.

Synthese von Vitaminen

Jüngste Forschungsergebnisse zeigen, dass Mitochondrien wahrscheinlich – indem sie Zwischenschritte synthetisieren – auch Teil von metabolischen Netzwerken sind, die die Vitaminsynthese katalysieren. Es handelt sich dabei um folgende Vitamine: Biotin (B7), Folsäure (B9), Pantothensäure (B5), Thiamin (B1) und Ascorbinsäure (Vitamin C).

Merksatz

Mitochondrien sind nicht nur der Ort des Zitratzyklus und der Atmungskette, sie sind auch beteiligt an der Synthese von prosthetischen Gruppen (Häm, Fe-S-Zentren, Molybdän-Cofaktor) und von Vitaminen. Mitochondrien entgiften auch reaktive Sauerstoffspezies.

Entgiftung reaktiver Sauerstoffspezies

Neben dem relativ reaktionsträgen molekularen O_2 gibt es eine Reihe hochreaktiver Formen, die man als reaktive Sauerstoffspezies (engl.: *reactive oxygen species*, **ROS**) bezeichnet. Zu ihnen gehören Wasserstoffperoxid, Superoxid und das Hydroxylradikal. ROS sind sehr gefährlich für die Zelle, da sie Proteine, DNA und Lipide oxidieren und damit oft irreversibel schädigen. Insbesondere Elektronentransportketten wie die mitochondriale Atmungskette, bei der als Nebenprodukt fehlgeleitete Elektronen anfallen, sind eine Quelle für reaktive Sauerstoffspezies. Diese werden durch spezielle Enzymsysteme in der Matrix unschädlich gemacht.

Plastiden | 2.6

Chloroplasten sind die charakteristischen Organellen aller phototrophen Eukaryonten (**Abb. 2.15**). Sie gehören zu den Plastiden, deren einzelne Differenzierungsformen sich in Gestalt, Aufbau und Funktion deutlich voneinander unterscheiden und zudem ineinander umwandelbar sind.

Plastidenformen | 2.6.1

Alle Plastidenformen gehen auf eine gemeinsame Vorstufe, die undifferenzierten Proplastiden zurück, die mütterlich mit der Eizelle vererbt werden. Proplastiden sind etwa 1,0 µm große, farblose rundliche Organellen mit wenigen subzellulären Membranstrukturen. Die Zellen des Bildungsgewebes von Angiospermen enthalten etwa 20 Proplastiden je Zelle. Mit dem einsetzenden Wachstum des Embryos und der Entwicklung der Keimpflanze differenzieren die Proplastiden in verschiedene Plastidenformen (**Abb. 2.16 A**). Auch die Meristeme von Spross und Wurzel enthalten Proplastiden.

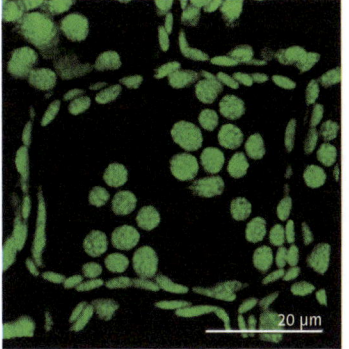

Chloroplasten. Lichtmikroskopische Aufnahme von Chloroplasten (*Vallisneria spiralis*, Sumpfschraube) mit dem confokalen Lasermikroskop. Das Mikroskop wurde so konfiguriert, daß es nur die Chloroplasten detektiert. Am Rand der Zelle sind die Chlorplasten von der Seite zu sehen. Sie schmiegen sich an die Zellwand an und sind als linsenförmige, flache Strukturen erkennbar. In der Mitte der Aufnahme sind die Chloroplasten in der Aufsicht fotografiert und zeigen runde Umrisse. Innerhalb der Chloroplasten sind die Grana-Stapel gut erkennbar (Originalaufnahme R. Hänsch, Braunschweig).

Abb. 2.15

20 µm

Abb. 2.16

Plastidenformen und ihre Umwandlungen.
(A) Schematische Darstellung, durchgezogene Linien deuten normale Entwicklungen an, gestrichelte Linien hingegen seltenere Umwandlungen, die an besondere Umwelt- oder Entwicklungsbedingungen gekoppelt sind.

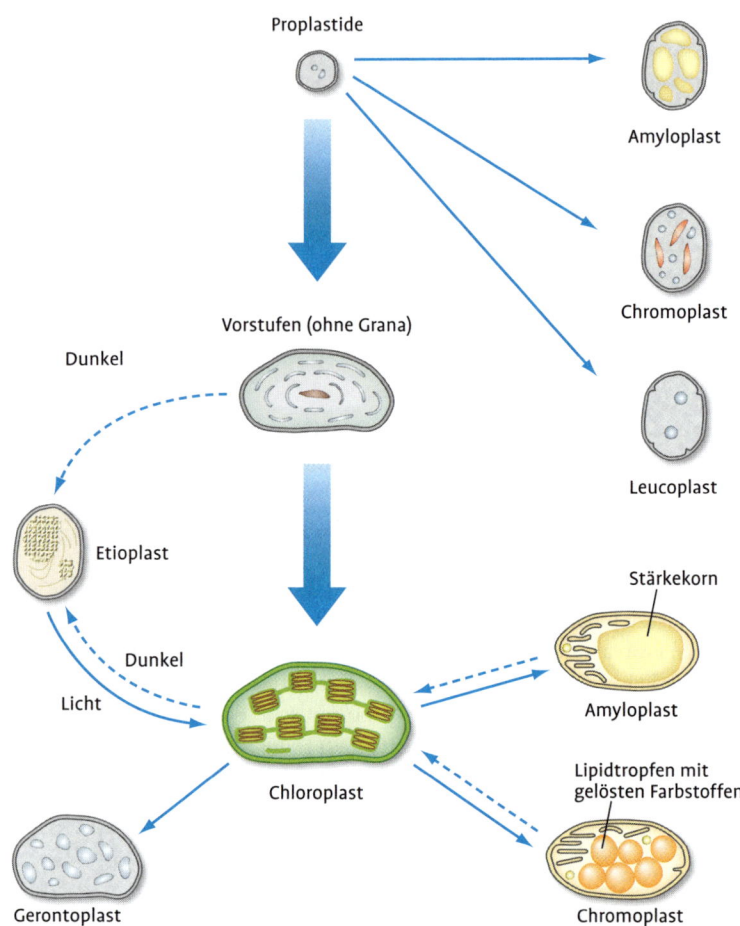

Chloroplasten

Chloroplasten sind die Organellen der Photosynthese und aufgrund ihres Chlorophyllgehaltes grün gefärbt. Sie sind linsenförmig gestaltet und haben eine Länge von 5–10 µm bei einer Dicke von 3–4 µm. Bei Algen herrscht eine größere Formenvielfalt, hier können die Chloroplasten kurios geformt sein und schraubig, bandförmig oder netzartig aussehen. Blattzellen höherer Pflanzen enthalten 30–100 Chloroplasten, Schließzellen der Stomata weniger als 10. Die Differenzierung von Proplastiden zu Chloroplasten erfolgt nur im Licht. Chloroplasten sind nicht nur das Kompartiment der Photosynthese, sie sind auch der Ort für weitere Stoffwechselreaktionen.

Abb. 2.16

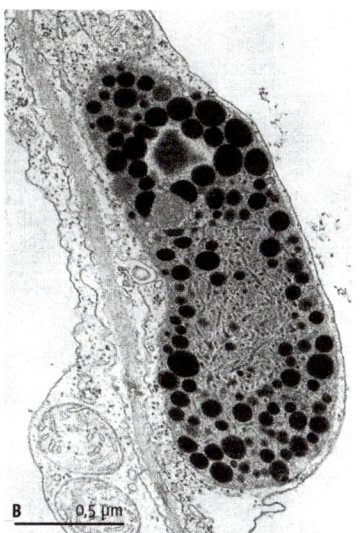

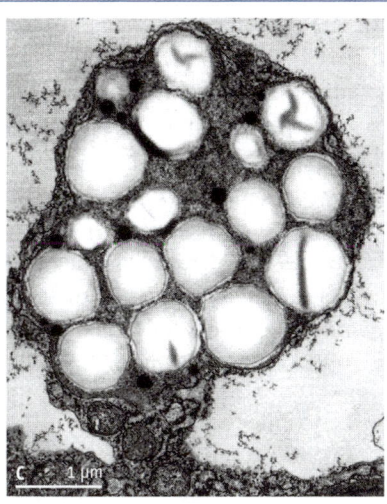

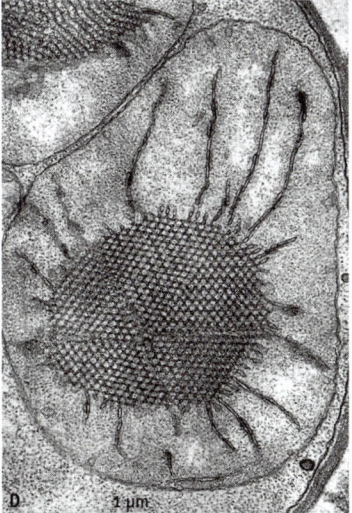

(B) Elektronenmikroskopische Aufnahme eines Chromoplasten aus dem leuchtend gelben Blütenblatt der Forsythie. Die dunklen Strukturen sind Lipidtropfen, in denen das gelbe Pigment gelöst ist.
(C) Elektronenmikroskopische Aufnahme eines Amyloplasten (Embryosack, Sojabohne). Die hellen, runden Strukturen sind Stärkekörner.
(D) Elektronenmikroskopische Aufnahme eines Etioplasten (Blatt, Gartenbohne). Vom Prolamellarkörper gehen einzelne Thylakoide aus)

(A, verändert nach Buchanan et al. 2000; B und C, Abb. aus Raven 2006; D, Abb. aus Bresinsky et al. 2008).

Chromoplasten

Chromoplasten sind gelb, orange oder rot gefärbt. Ihre Färbung erhalten sie durch den Gehalt an Carotinoiden, die oft in tröpfchenförmigen Globuli im Inneren der Organelle angereichert sind. Chromoplasten finden sich in entsprechend gefärbten Pflanzenorganen, z. B. Blüten, Früchten und Wurzeln (Karotte). Der Farbumschlag von reifenden Früchten (Tomate,

Paprika) beruht auf der Umwandlung von Chloroplasten in Chromoplasten (**Abb. 2.16 B**) und ist begleitet von einer massiven Carotinoidproduktion. Chromoplasten sind chlorophyllfrei und deshalb photosynthetisch inaktiv.

Amyloplasten

Amyloplasten sind farblose Plastiden, in denen Reservestärke in Form von Stärkekörnern gespeichert ist. Bisweilen können die deponierten Stärkekörner so groß werden, dass sie das Innere der Amyloplasten völlig ausfüllen. Amyloplasten kommen in Speichergewebe vor, z.B. in Getreidekörnern und Kartoffelknollen. Sie können sich direkt aus Proplastiden entwickeln oder durch Umwandlung von Chloroplasten (**Abb. 2.16 C**).

Leucoplasten

Der Begriff Leucoplasten wird in zweifacher Hinsicht benutzt. Zum einen als Oberbegriff für alle farblosen Speicherplastiden. Dazu zählen die Amyloplasten, die lipidspeichernden **Elaioplasten** und die proteinspeichernden **Proteinoplasten**. Zum anderen beschreibt er Plastiden, die Lipide und ätherische Öle (Monoterpene) produzieren, welche vor allem in Drüsenzellen für die Herstellung von Duftstoffen wichtig sind. Leucoplasten entwickeln sich nur aus Proplastiden und nicht durch Umwandlung aus anderen Plastidenformen.

Etioplasten

Etioplasten sind Sonderformen in der Chloroplastenentwicklung. In der Abwesenheit von Licht stoppt die Differenzierung von Proplastiden zu Chloroplasten auf einer bestimmten Stufe. Etioplasten reichern nicht nur farblose Chlorophyllvorstufen an, sondern bilden auch Membranlipide in so großen Mengen, dass diese einen quasikristallinen **Prolamellarkörper** ausbilden, der einen Membranvorrat für die weitere Differenzierung darstellt (**Abb. 2.16 D**). Werden Etioplasten belichtet, entwickeln sich binnen weniger Stunden aus dem Prolamellarkörper die typischen grünen Membranstrukturen der Chloroplasten. Aber auch die umgekehrte Differenzierung ist möglich. Werden grüne Pflanzenteile für längere Zeit völlig beschattet (z.B. ein Stück Rasen unter einem Stein), so wandeln sich Chloroplasten in Etioplasten um und die Pflanzenteile verbleichen (etiolieren).

Gerontoplasten

Gerontoplasten sind die Altersformen von Plastiden. Sie entstehen unter Abbau von Chlorophyll bei der Seneszenz ehemals funktionstüchtiger Chloroplasten während der herbstlichen Laubfärbung.

Merksatz

Alle Plastidenformen gehen auf eine gemeinsame Vorstufe, die undifferenzierten Proplastiden zurück, die mütterlich mit der Eizelle vererbt werden. Man unterscheidet Chloroplasten, Chromoplasten, Amyloplasten, Leucoplasten, Etioplasten und Gerontoplasten.

Abb. 2.17

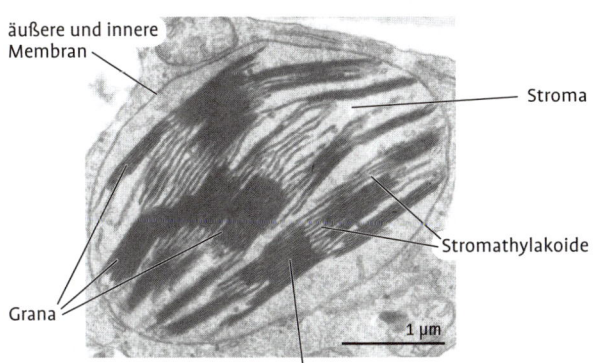

Chloroplast.
Elektronenmikroskopische
Aufnahme eines Dünn-
schnittes durch einen
Chloroplasten von *Nico-
tiana tabacum* (Tabak,
oben) und schematische
Darstellung seiner Fein-
struktur (unten)
(Originalaufnahme
R. Hänsch, Braunschweig).

äußere und innere
Membran

Stroma

Stromathylakoide

Grana

1 µm

Thylakoidstapel

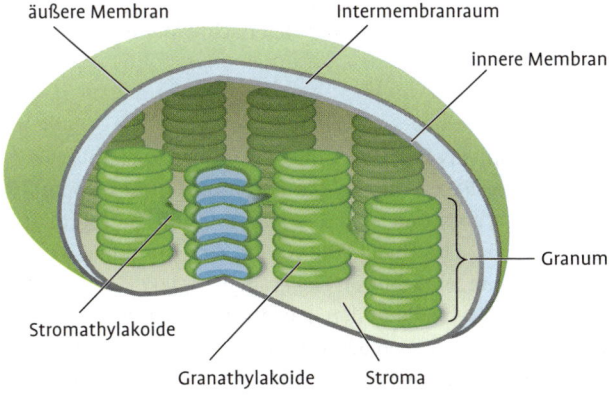

äußere Membran   Intermembranraum

innere Membran

Granum

Stromathylakoide

Granathylakoide   Stroma

Feinstruktur

2.6.2

Schon im Lichtmikroskop ist erkennbar, dass Chloroplasten kleine grüne, partikelartige Strukturen enthalten, die als **Grana** bezeichnet werden (**Abb. 2.15**), aber erst im Elektronenmikroskop werden mehr Details sichtbar (**Abb. 2.17**). Plastiden sind von zwei Membranen umgeben, die die Plastidenhülle bilden. Wie bei den Mitochondrien werden dadurch mehrere Reaktionsräume gebildet, da sich äußere und innere Membran sowohl strukturell als auch in ihrer biochemischen Zusammensetzung stark unterscheiden. Der von der Plastidenhülle umschlossene Innenraum des Plastids wird als **Stroma** bezeichnet.

Äußere Plastidenmembran

Die äußere Hüllmembran ist glatt und nicht gefaltet. Durch den Besitz von kanalbildenden **Porinen** ist sie durchlässig für Wasser, Ionen und

Metabolite bis zu einer Größe von 10 000 Da. Nach dem Durchtritt durch die äußere Plastidenmembran erreichen die Metabolite den wässrigen **Intermembranraum**, aber – ähnlich wie bei den Mitochondrien – kommen sie zunächst nicht weiter, weil die innere Plastidenmembran die eigentliche Aufnahmebarriere ist.

Innere Plastidenmembran

Die innere Plastidenmembran ist hoch selektiv. Eine Vielzahl membrandurchspannender Transportsysteme regelt substratspezifisch, welche Metabolite in den Plastiden aufgenommen werden und welche ihn verlassen können. Äußere und innere Plastidenhülle unterscheiden sich von den restlichen Membranen der Pflanzenzelle durch den Besitz von Galactolipiden (neben den die Biomembran bildenden Phospholipiden, **vgl. Kapitel 2.2**), die charakteristischer Bestandteil ihrer Biomembran sind. Während der Differenzierung von Proplastiden zu Chloroplasten stülpt sich die Innenmembran ein und schnürt abgeflachte Membransäcke, die Thylakoide, ab.

Thylakoide

Die Thylakoide bilden ein ausgedehntes Hohlraumsystem in Gestalt von flachen Membransäcken, die Träger des Photosyntheseapparates sind. Wie bei den Mitochondrien wird dadurch eine starke Vergrößerung der Oberfläche erreicht. Die Thylakoide sind in die Grundmasse des Chloroplasten, das Stroma, eingebettet. Diejenigen Thylakoide, die das Stroma in ausgedehnten Flächen lamellenartig durchziehen, heißen **Stromathylakoide**. In bestimmten Bereichen können sich Thylakoide geldrollenartig überlappen und Thylakoidstapel ausbilden, die man bereits im Lichtmikroskop als Grana erkennen kann. Diese Thylakoide heißen **Granathylakoide**. Beide Thylakoidformen tragen Chlorophyll. Ein typischer Chloropast höherer Pflanzen enthält abhängig von den Lichtverhältnissen etwa 50 Grana je Chloroplast und bis zu 100 Thylakoide pro Granum. Pflanzen an Standorten mit hellem Sonnenlicht enthalten weniger Thylakoide pro Granum, Pflanzen im Schatten haben erheblich mehr Thylakoide pro Granum und auch eine größere Granazahl und damit eine größere Oberfläche zum Sammeln von Lichtenergie. Die Thylakoidmembran als Träger des Photosyntheseapparates unterscheidet sich strukturell und funktionell stark von der inneren Plastidenmembran und stellt damit eine dritte Membranart der Plastiden dar.

Thylakoidinnenraum

Im Gegensatz zu den Cristae der Mitochondrien stehen die Thylakoide nicht mehr mit der inneren Plastidenmembran in Verbindung. Sie sind abgeschnürt und umhüllen damit ein eigenes mit einer wässrigen Phase gefülltes, also nichtplasmatisches Innenkompartiment, den Thylakoidinnenraum, der durch die Thylakoidmembran vom Stroma abgegrenzt wird. Folgender Umstand bedarf besondere Erwähnung: Die Thylakoidinnenräume innerhalb eines Thylakoidstapels existieren keineswegs als voneinander getrennte, abgeschlossene Membranzisternen, sondern sie sind über schmalere und breitere Stege und Röhren sowohl miteinander als auch mit den Stromathylakoiden verbunden und bilden damit ein einziges, zusammenhängendes Hohlraumsystem im Stroma. Der Thylakoidinnenraum ist also ein kontinuierliches, das Stroma durchziehende Innenkompartiment.

Stroma

Das Stroma ist die von der inneren Plastidenmembran umschlossene plasmatische Grundsubstanz der Plastiden, in die die Thylakoide eingebettet sind. Sie entspricht der Matrix der Mitochondrien. Im Stroma läuft eine Vielzahl von Stoffwechselreaktionen ab und man kann bereits lichtmikroskopisch Stärkekörner und Lipidtropfen als Speicherstrukturen erkennen. Im Stroma befinden sich auch mehrere Kopien der plastidären DNA (ptDNA), plastidäre 70S-Ribosomen, tRNA und rRNA. An manchen Plastiden hat man dünne, lange, fadenförmige Auswüchse beobachtet, die man (englisch) **Stromules** taufte (**Abb. 2.18**). Sie wachsen aus den Plastiden

Merksatz

Die Thylakoidinnenräume innerhalb eines Thylakoidstapels sind über Röhren miteinander verbunden. Der Thylakoidinnenraum ist daher ein kontinuierliches, das Stroma durchziehende Innenkompartiment. Es ist ein wässriger, nichtplasmatischer Raum.

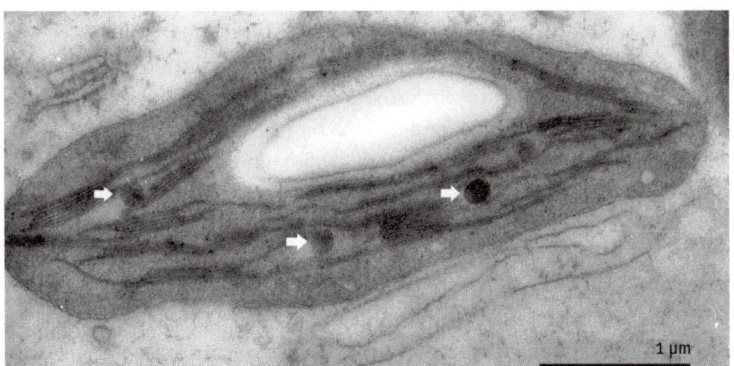

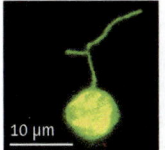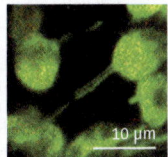

Abb. 2.18

Chloroplast und Stromules.
(A) Elektronenmikroskopische Aufnahme eines Chloroplasten von *Nicotiana tabacum* (Tabak) mit einem großen Stärekorn und Lipidtropfen (Pfeile) als Speicherstrukturen im Stroma.

(B) Plastiden-Stromules aus einer Blattzelle (Tabak). Links ein verzweigtes Stromule. Rechts Stromules bei der Kontaktaufnahme zwischen Chloroplasten (Originalaufnahme R. Hänsch, Braunschweig; B, Abb. aus Natesan et al. 2005).

Merksatz
Stromules sind faden-förmige, membran-umhüllte Auswüchse der Plastiden. Über diese Stromabrücken werden Proteine, Metabolite und gene-tisches Material zwischen Plastiden ausgetauscht.

heraus, um sich kurz danach wieder zusammenzuziehen. Mitunter übertreffen sie aber die Länge der Plastiden um ein Mehrfaches und kontaktieren andere Plastiden, mit denen sie fusionieren. Auf diese Weise werden Stromabrücken zwischen Plastiden gebildet, über die Proteine, Metabolite und genetisches Material ausgetauscht werden können. Die genaue Funktion und Bedeutung der Stromules ist allerdings noch ungeklärt.

Genetisches Material

Die ptDNA liegt in Form zirkulär geschlossener DNA-Moleküle vor und kann je nach Entwicklungszustand bei Chloroplasten in 20–200 identischen Kopien vorhanden sein. Bis zu 20 dieser Kopien sind zu **Nucleo-iden** zusammengefasst, die an die Thylakoidmembran oder die innere Plastidenmembran angeheftet sind. Plastiden sind also hochgradig polyploid. Wenn man bedenkt, dass Blattzellen über 100 Chloroplasten enthalten können, kommt eine Blattzelle auf etwa 10 000 Kopien an ptDNA. Das Plastidengenom (auch **Plastom** genannt) umfasst etwa 130 000 Basenpaare und codiert etwa 90 Proteine. Es enthält einen vollständigen Satz von tRNA- und rRNA-Genen und codiert zahlreiche ribosomale Proteine. Die meisten Plastidenproteine werden jedoch vom Kern codiert. Derzeitige Abschätzungen gehen von etwa 2000 verschiedenen Proteinen aus, die die Proteinausstattung des Plastiden, also das plastidäre Proteom ausmachen. Demnach werden etwa 95 % der Plastidenproteine vom Kern codiert und nach der Biosynthese an freien 80S-Ribosomen des Ctyoplasmas in die Plastiden importiert. Obwohl Plastiden über eigene DNA und eigene Ribosomen verfügen, sind sie – wie auch Mitochondrien – nur noch **semiautonome Organellen**. Nach der **Endosymbionten-Theorie** gehen Plastiden auf photosynthetisch aktive Cyanobakterien zurück. Im Verlauf der Evolution wurden sie jedoch später als die Mitochondrien-Vorläufer in die frühe Eukaryontenzelle aufgenommen und haben sich deshalb im Vergleich zu den Mitochondrien eine weitergehende Autonomie bewahrt.

Merksatz
Nur noch wenige Proteine werden von der plastidären DNA codiert. 95 % der plastidären Protein-ausstattung werden vom Kern codiert und nach der Biosynthese im Cytoplasma in die Plastiden importiert.

2.6.3 | ### Vermehrung

Plastiden vermehren sich durch **Zweiteilung**. Bemerkenswert ist, dass die Plastidenteilung **nicht synchron mit der Zellteilung** abläuft, sondern unabhängig von ihr. Zu Beginn der Plastidenteilung ist eine Einschnürung des Organells erkennbar, die immer enger wird, bis sich schließlich die Tochterplastiden voneinander trennen. Teilt sich nun die Pflanzenzelle, so werden die Plastiden zufällig auf die Tochterzellen aufgeteilt.

Hauptfunktion Photosynthese

2.6.4

Bei der Photosynthese werden mithilfe von Lichtenergie und CO_2 Kohlenhydrate gebildet. Anorganischer, energiearmer Kohlenstoff wird in energiereichen organischen Kohlenstoff umgewandelt, was als **Kohlenstoffassimilation** bezeichnet wird. Als **Nebenprodukt entsteht Sauerstoff**, der für alle heterotrophen Lebewesen die Voraussetzung der aeroben Energiegewinnung aus organischer Nahrung darstellt. Während der Evolution war die Photosynthese damit der wichtigste biochemische Prozess, denn sie vollbrachte die größte Stoffwechselleistung der Geschichte: Fast die gesamte organische Substanz der Erde, einschließlich des Sauerstoffs der Atmosphäre, entstammen der Photosynthese. Der Gesamtprozess der Photosynthese kann in zwei Teilprozesse untergliedert werden:

Lichtreaktion

Im Zuge der Lichtreaktion regen Lichtquanten des Sonnenlichts zunächst das an der Thylakoidmembran verankerte, proteingebundene Chlorophyll an (**Abb. 2.19**). Das Chlorophyll tragende Photosynthese-Reaktionszentrum nutzt diese Energie, um Wassermolekülen Elektronen zu entziehen, wodurch das Wasser gespalten wird und molekularer Sauerstoff als Nebenprodukt freigesetzt wird (**Photolyse des Wassers**). Diese energiereichen Elektronen durchlaufen in der Thylakoidmembran eine Elektronentransportkette, ähnlich der Atmungskette in den Mitochondrien. Während des Elektronentransports werden Protonen aus dem Stroma über die Thylakoidmembran in den Thylakoidinnenraum gepumpt, wodurch dieser angesäuert wird. Eine weitere Quelle für Protonen im Thylakoidinnenraum ist die Photolyse des Wassers, die an der Innenraumseite des Photosynthese-Reaktionszentrums abläuft (**Abb. 2.19**). Dadurch sinkt der pH des wässrigen Thylakoidinnenraums auf pH 5, während das Stroma an Protonen verarmt (pH 8). Der entstandene Protonengradient treibt die ATP-Synthasekomplexe an, die ATP aus ADP und P_i erzeugen (**Photophosphorylierung**). Die Elektronen haben nach dem Durchlauf durch die Elektronentransportkette einen Teil ihrer Energie verloren und werden in einem zweiten Teilschritt der Lichtreaktion an einem weiteren Photosynthese-Reaktionszentrum unter Nutzung von Lichtquanten wieder auf ein höheres Energieniveau gehoben. Diese Energie wird schließlich genutzt, um auf der Stromaseite der Thylakoidmembran NADPH aus NADP und H+ zu bilden, wodurch das Stroma noch weiter an Protonen verarmt (**Abb. 2.19**).

Dunkelreaktion

Die beiden energiereichen Produkte der Lichtreaktion (ATP und NADPH) werden in der Dunkelreaktion zur Assimilation des Kohlenstoffs genutzt.

Abb. 2.19

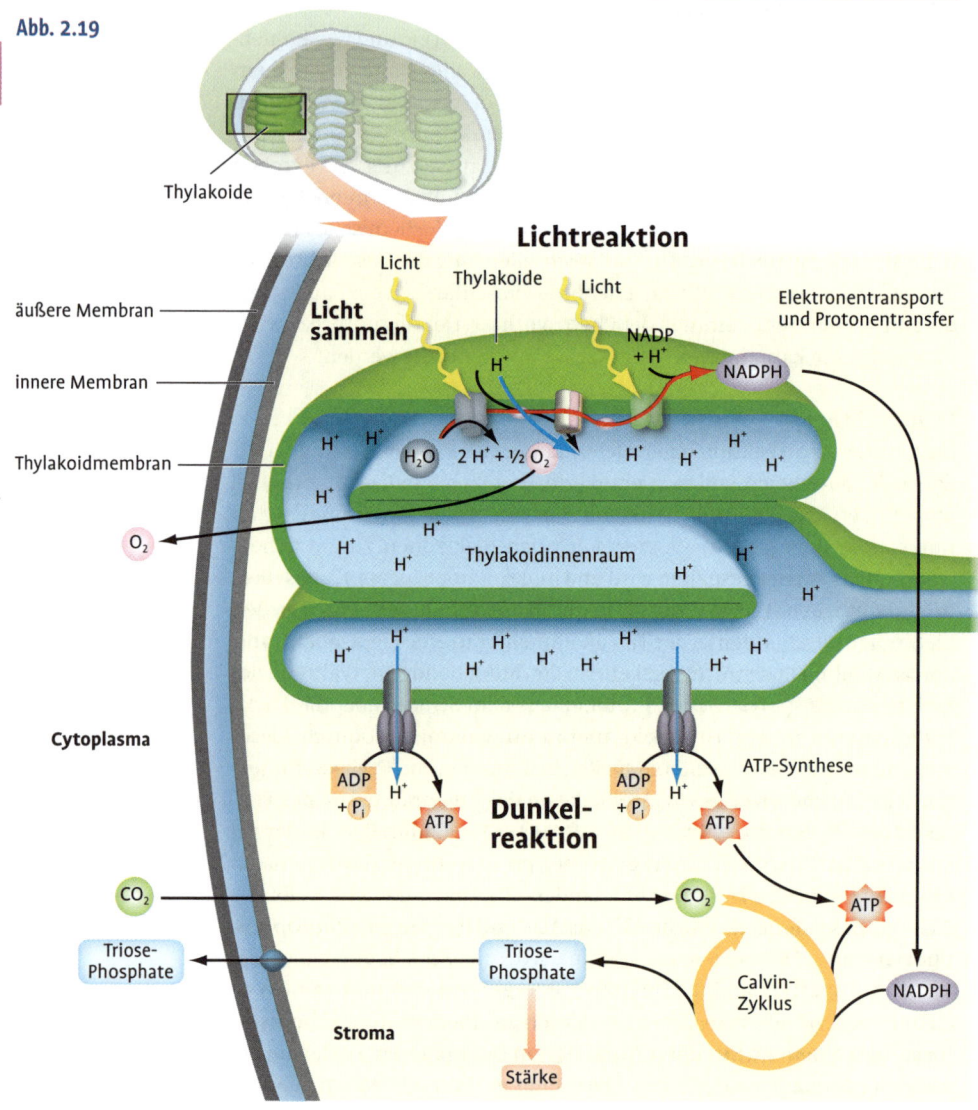

Thylakoide

Lichtreaktion

Licht   Thylakoide   Licht

äußere Membran

Licht sammeln

Elektronentransport und Protonentransfer

innere Membran

NADP + H⁺

NADPH

H^+

Thylakoidmembran

H^+ H^+ H_2O $2\ H^+ + \frac{1}{2}\ O_2$ H^+ H^+ H^+

H^+ H^+

O_2

H^+ H^+ Thylakoidinnenraum H^+ H^+

H^+

H^+ H^+ H^+ H^+ H^+

H^+ H^+ H^+ H^+ H^+

Cytoplasma

ADP + P$_i$ H^+ ATP-Synthese

ADP + P$_i$ H^+

ATP **Dunkel- reaktion** ATP

CO_2 CO_2 ATP

Triose- Phosphate Triose- Phosphate Calvin- Zyklus

NADPH

Stroma

Stärke

Ablauf der Photosynthese. Die Lichtreaktion umfasst das Einfangen der Lichtquanten, den Elektronentransport in der Thylakoid-membran (roter Pfeil), das Einpumpen der Protonen aus dem Stroma in den Thylakoidinnenraum (blauer Pfeil), die ATP-Synthese, die Photolyse des Wassers am Photosynthese-Reaktionszentrum und die Freisetzung von Sauerstoff, der als ungeladenes Molekül Membranen frei passieren kann. In der Dunkelreaktion werden aus CO_2-Molekülen im Calvinzyklus Triosen erzeugt, die ins Cyto-plasma exportiert werden oder der plastidären Stärkesynthese dienen (verändert nach Becker et al. 2009).

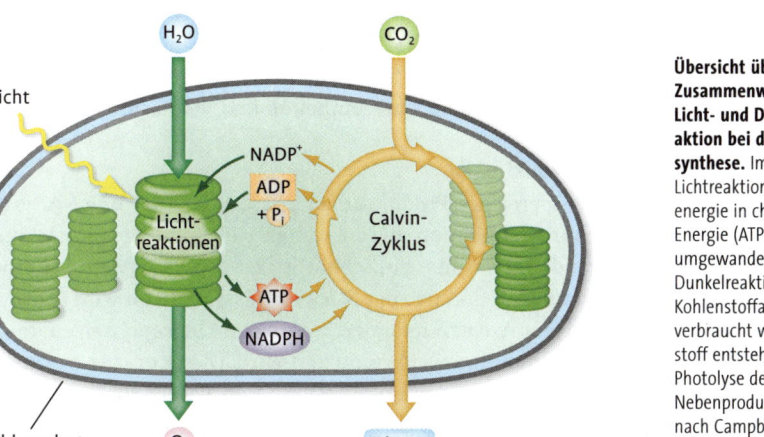

Abb. 2.20

Übersicht über das Zusammenwirken von Licht- und Dunkelreaktion bei der Photosynthese. Im Verlauf der Lichtreaktion wird Lichtenergie in chemische Energie (ATP und NADPH) umgewandelt, die in der Dunkelreaktion bei der Kohlenstoffassimilation verbraucht wird. Sauerstoff entsteht bei der Photolyse des Wassers als Nebenprodukt (verändert nach Campbell et al., 2009).

Während die Bildung von ATP und NADPH direkt lichtabhängig ist und sich an den Thylakoiden abspielt, kann die CO_2-Assimilation prinzipiell auch im Dunkeln ablaufen (daher die Bezeichnung des Prozesses). Die Dunkelreaktion läuft im Stroma der Chloroplasten ab. Hier wird im Calvinzyklus das CO_2 fixiert (**Abb. 2.19**) und es entstehen als erste Kohlenhydrate Triosephosphate (C_3-Zucker). Triosen können die Chloroplasten nutzen, um Glukose und daraus Stärke zu synthetisieren. Die Triosen können von den Plastiden auch ins Cytoplasma exportiert werden, wo sie das Ausgangssubstrat für alle organischen Kohlenstoffverbindungen der Pflanzenzelle bilden. **Abb. 2.20** fasst die beiden Teilprozesse der Photosynthese schematisch zusammen.

Es sei an dieser Stelle vermerkt , dass im Laufe der Evolution die Mehrzahl der Gene, die Proteine der Lichtreaktion codieren, im Plastom verblieben sind, während die die Dunkelreaktion codierenden Gene in den Zellkern verlagert wurden. Ein schönes Beispiel hierfür ist das Zentralenzym des Calvinzyklus, die Rubisco, die ein Heteromultimer aus acht großen und acht kleinen Untereinheiten bildet. Während die kleine Untereinheit kerncodiert ist, wird die große Untereinheit von den Chloroplasten codiert. Ein solches Zusammenspiel von Plastom und Kerngenom erfordert daher eine sehr fein aufeinander abgestimmte Genregulation, zumal im Kern nur einige wenige Kopien für die kleine Untereinheit existieren, während durch die hohe Plastidenzahl im Extremfall bis zu 10 000 Kopien für die große Untereinheit in einer einzigen Pflanzenzelle vorliegen. Um daher die festgelegte Stöchiometrie aus acht kleinen und acht großen Untereinheiten beim Zusammenbau der Rubisco zu erreichen, müssen zwischen den Chloroplasten und dem Kern Signale ausgetauscht werden (**vgl. Kapitel 8**), die dem Kern den Bedarf und den Zeitpunkt der Expression der kleinen Untereinheit übermitteln – eine Zwischenlagerung von zu vielen kleinen Untereinheiten im Cytoplasma ist nicht möglich!

2.6.5 | Weitere Funktionen

Die energiereichen Produkte der Lichtreaktion (ATP und NADPH) werden auch zur Assimilation zweier weiterer Elemente genutzt, nämlich zur Umwandlung von anorganischem Stickstoff und Schwefel in körpereigene Verbindungen. Im Zuge der **Stickstoffassimilation** wird Nitrat noch im Cytoplasma zu Nitrit reduziert, das in den Chloroplasten energieaufwendig zu Ammonium weiterreduziert wird. Dieser organische Stickstoff ist Ausgangspunkt für Aminosäuresynthesen. Bei der **Schwefelassimilation** wird anorganisches Sulfat in den Chloroplasten aufgenommen, wo über mehrere Zwischenstufen Schwefelwasserstoff (H_2S) entsteht, aus dem die Chloroplasten die beiden schwefelhaltigen Aminosäuren Cystein und Methionin bilden. Man schätzt, dass mehr als ein Drittel des während der Photosynthese erzeugten ATP und NADPH für die Assimilation von Stickstoff und Schwefel benötigt werden. Ein weiterer sehr energieaufwendiger Syntheseprozess ist die **Fettsäuresynthese**, die große Mengen des photosynthetisch gebildeten NADPH verbraucht. Chloroplasten sind auch Syntheseorte für prosthetische Gruppen, wie **Häm** und **Fe-S-Zentren** und als Teil von metabolischen Netzwerken für **Vitamine** und **Hormone**. Wie in den Mitochondrien, so entstehen auch in den Chloroplasten **reaktive Sauerstoffspezies** (**ROS**) als unkontrollierbares Nebenprodukt der plastidären Elektronentransportketten. Sie werden im Stroma durch spezielle Enzymsysteme unschädlich gemacht.

Merksatz

Chloroplasten sind nicht nur der Ort der Photosynthese, sie führen auch weitere wichtige Funktionen aus: Assimilation von Stickstoff und Schwefel, Synthese von Fettsäuren, prosthetischen Gruppen (Häm, Fe-S-Zentren), Vitaminen und Hormonen, Entgiftung von reaktiven Sauerstoffspezies.

2.7 | Peroxisomen und Glyoxisomen

2.7.1 | Aufbau

Peroxisomen sind kleine, kugelförmige Organellen mit einer Größe von 0,2–1,5 µm, die – anders als Mitochondrien und Plastiden – nur von einer einfachen Membran umschlossen sind. Peroxisomen haben keine internen Membranen. Sie zeigen im Elektronenmikroskop eine amorphe Grundstruktur, in der oft kristalline Einschlüsse zu finden sind (**Abb. 2.21**). Peroxisomen wurden früher auch als **Microbodies** bezeichnet. Das geht auf ihre Entdeckungsgeschichte zurück, da man kleine Organellen isoliert hatte, die eine höhere Dichte als Mitochondrien und Lysosomen auf-

Abb. 2.21

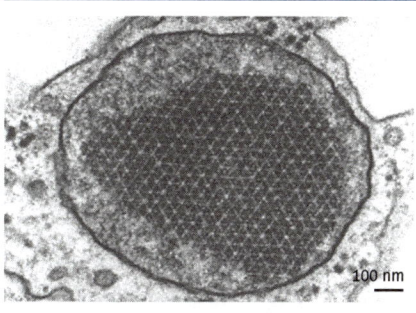

Peroxisom. Elektronenmikroskopische Aufnahme eines Peroxisoms (Blüten-blatt, Löwenzahn) mit einem großen Proteinkristalloid des Enzyms Katalase (Abb. aus Weiler und Nover 2008).

100 nm

wiesen. Es stellte sich heraus, dass diese Organellen an der **Entgiftung von Wasserstoffperoxid H_2O_2** beteiligt sind, deshalb erhielten sie den Namen Peroxisomen.

Funktionen

2.7.2

Entgiftung von reaktiven Sauerstoffspezies

Peroxisomen sind das Kompartiment oxidativer Stoffumwandlungen, bei denen die Zellgifte H_2O_2 und andere reaktive Sauerstoffspezies (ROS) anfallen und sogleich durch Abbau unschädlich gemacht werden. H_2O_2 kann durch die Bildung von **Radikalen** Proteine, Nucleinsäuren und Membranlipide angreifen und zerstören. Peroxisomen enthalten mehr als 50 Enzyme und sind durch den Besitz von Oxidasen charakterisiert, die Wasserstoff von einem Substrat abspalten und auf elementaren Sauerstoff übertragen.

Oxidationsreaktion: $RH_2 + O_2 \rightarrow R + H_2O_2$

Das Enzym **Katalase** baut das zellschädigende H_2O_2 ab, indem es H_2O_2 in Wasserstoff und Sauerstoff zerlegt.

Katalasereaktion: $H_2O_2 + H_2O_2 \rightarrow 2\ H_2O + O_2$

Katalase kommt in Peroxisomen in so hohen Konzentrationen vor, dass sie flächige kristalline Aggregate bildet, die im Elektronenmikroskop gut sichtbar sind (**Abb. 2.21**). Katalase ist das **Leitenzym** für Peroxisomen (**vgl. Box 2.2 Leitenzyme**). Katalase kann H_2O_2 nicht nur zerlegen, sie kann es auch unschädlich machen, indem sie H_2O_2 zur Oxidation anderer Substrate nutzt.

Peroxidase-Reaktion: $R'H_2 + H_2O_2 \rightarrow R' + 2\ H_2O$

Die physiologische Konsequenz ist dieselbe wie bei der Katalasereaktion: In den Peroxisomen anfallendes H_2O_2 wird sofort abgebaut, ohne das Peroxisom jemals verlassen zu haben. Die Peroxisomen sind eingebunden in drei weitere Stoffwechselwege, bei denen H_2O_2 als Nebenprodukt anfällt und die für die Pflanze von großer Bedeutung sind.

BOX 2.2

Leitenzyme

Wollen wir Aufschluss haben über die Detailfunktionen von Zellorganellen oder deren Bestandteilen, so geben uns mikroskopische Beobachtungen nur wenig Hinweise. Wir müssen deshalb die Zellen schonend aufbrechen und ihre Organellen je nach Größe, Form und Dichte voneinander trennen. Danach kann man die isolierten Zellorganellen reinigen und biochemisch analysieren. Entsprechend verfährt man, wenn man die Einzelbestandteile eines Zellorganells, also die Subkompartimente, untersuchen will. Woher wissen wir aber, wie rein die erhaltene Organellenpräparation ist? Dazu bedient man sich der Leitenzyme. Als **Leitenzym** bezeichnet man ein Enzym, das charakteristisch für ein Kompartiment ist und nur dort vorkommt. Bei der Isolierung von Zellorganellen kann man durch biochemische Analyse der Leitenzymaktivität feststellen, ob die isolierte Zellfraktion die gewünschten Organellen enthält und wie rein die Präparation ist (sie sollte keine Leitenzyme anderer Kompartimente enthalten). Analog wird verfahren, wenn man Subkompartimente eines Organells untersucht. Werden beispielsweise gereinigte Mitochondrien vorsichtig aufgeschlossen, kann man ihre Bestandteile auftrennen und untersuchen. So lassen sich die Proteinsortimente der äußeren und inneren Membran, des Intermembranraumes und der Matrix bestimmen. Auch hier gibt es wieder für jedes Subkompartiment ein Leitenzym.

Fettsäureabbau durch β-Oxidation

Während in Tieren die Fettsäuren sowohl in Peroxisomen als auch in Mitochondrien abgebaut werden, findet die β-Oxidation bei Pflanzen ausschließlich in den Peroxisomen statt. Hier werden die langkettigen Fettsäuren in C_2-Bruchstücke zerlegt (Acetyl-CoA), die im nachgeschalteten Glyoxylatzyklus zu Succinat umgewandelt werden. Das entstandene Succinat wird aus den Peroxisomen ausgeschleust und zur Energiegewinnung in den Mitochondrien weiterverarbeitet. In den Speichergeweben fettreicher Samen wird der Fettsäureabbau von den **Glyoxisomen** übernommen, die eine spezielle Variante der Peroxisomen darstellen. Während der Samenkeimung werden die Speicherfette von den Glyoxisomen zwar auch zu Succinat abgebaut. Dieses wird jedoch nicht zur Energiegewinnung eingesetzt, sondern zur Bereitstellung von Zuckern und Kohlehydraten, da während der Samenkeimung die Photosynthese noch nicht angelaufen ist und deshalb ein Mangel an Kohlehydraten herrscht. Nach dem Aufbrauchen der Fettreserven und Start der Photosynthese (erkennbar an der Ergrünung der Keimlinge) wird die Glyoxisomen-Variante der Peroxisomen zurückgebildet und es treten wieder nur Peroxisomen auf.

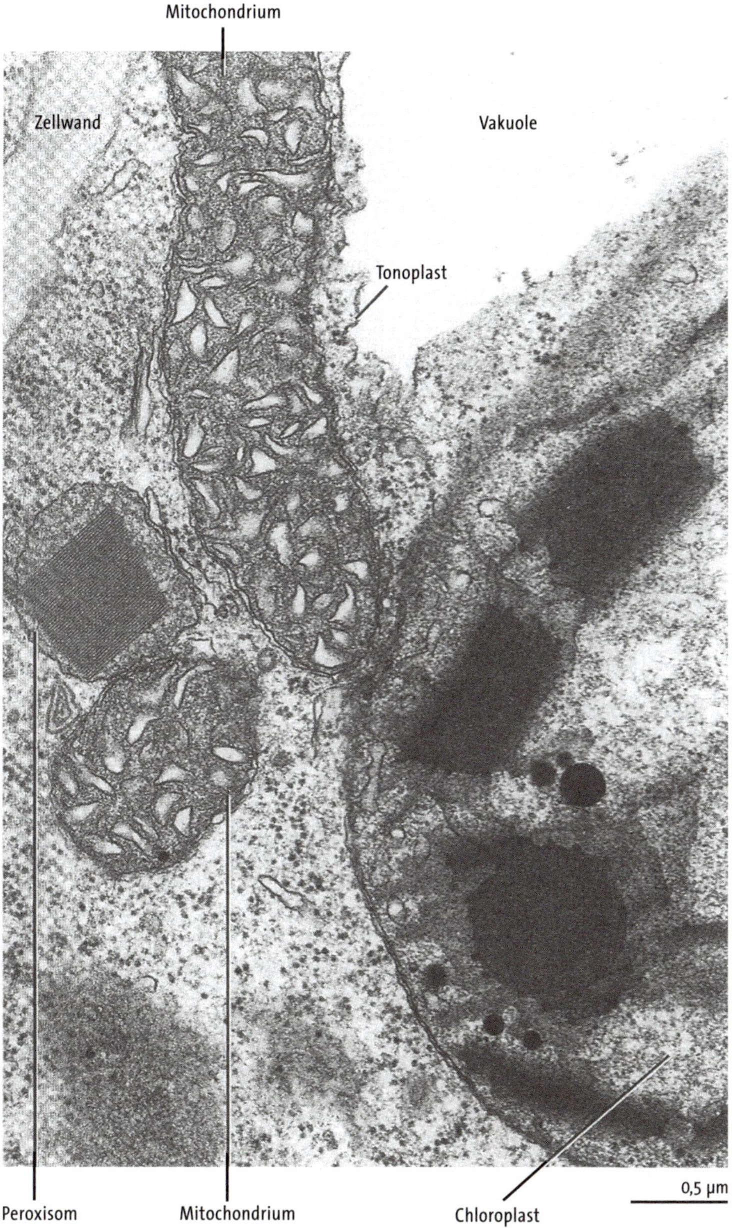

Mitochondrium

Zellwand

Vakuole

Tonoplast

Abb. 2.22

Organellen in einer Blattzelle. Elektronenmikroskopisches Bild der drei an der Photorespiration beteiligten Organellen Peroxisom, Chloroplast und Mitochondrium, die sich in enger Nachbarschaft zueinander befinden. Im Peroxisom ist ein großer parakristalliner Einschlußkörper gut zu erkennen, in den Mitochondrien sind die Cristae im Anschnitt sichtbar, im Chloroplasten sieht man die Grana-Stapel und Lipidtropfen, und im Cytoplasma sind viele Ribosomen sichtbar. Im Bild ist auch erkennbar, dass Chloroplast (rechts unten) und Mitochondrien von einer Doppelmembran umhüllt sind, während das Peroxisom nur eine einfache Membranhülle besitzt (Abb. aus Raven 2006).

0,5 µm

Peroxisom   Mitochondrium   Chloroplast

Glycolatweg

In Blatt-Peroxisomen von C_3-Pflanzen wird Glycolat, das durch eine Nebenreaktion des Calvinzyklus in Chloroplasten entsteht, in die Aminosäure Glycin umgewandelt. Glycin wird in die Mitochondrien geschleust und dort zur Aminosäure Serin umgewandelt, welche wieder in die Peroxisomen zurückgelangt. Die Peroxisomen ihrerseits wandeln das Serin in Glycerat um, das sie an die Plastiden weitergeben, wo es in den Calvinzyklus Eingang findet. Dieser Stoffwechselweg ist Kernbestandteil der **Photorespiration**. Sinn der Photorespiration ist die Wiederverwertung und damit Kohlenstoffrückgewinnung des „Abfallprodukts" Glycolat und der Verbrauch von überschüssiger Energie, die an heißen und sonnigen Tagen bei der Photosynthese anfällt. Da bei der Photorespiration eine Vielzahl von Metabolitaustauschen abläuft, findet man im elektronenmikroskopischen Bild die drei beteiligten Organellen Peroxisomen, Chloroplasten und Mitochondrien oft eng aneinandergelagert vor (**Abb. 2.22**).

Allantoinsynthese

Vor allem in stickstofffixierenden Leguminosen werden die stickstoffreichen Verbindungen Allantoin und Allantoinsäure synthetisiert, die als N-Transportformen dienen. Beim Purinabbau anfallende Harnsäure wird in die Peroxisomen eingeschleust und dort zu Allantoin umgewandelt, das danach ins Cytoplasma zurückgelangt. Den Peroxisomen kommt auch bei der **Seneszenz** Bedeutung zu. Bei der herbstlichen Blattfärbung wird der Purinabbau zur Rückgewinnung von Biomaterial hochreguliert, wozu auch die peroxisomale Harnsäureoxidation gehört.

2.7.3 | Biogenese

Peroxisomen entstehen als Präperoxisomen durch Abschnürung vom ER und erhalten ihre Enzymausstattung aus dem Cytoplasma. An freien Ribosomen synthetisierte peroxisomale Proteine werden über einen Poren-

Abb. 2.23

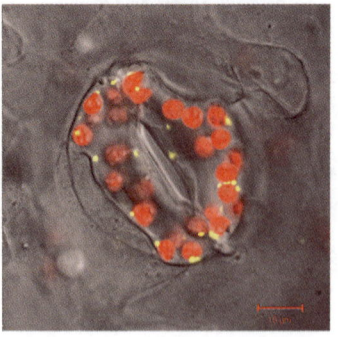

Schließzellen-Paar, das eine Spaltöffnung im Blatt von *Nicotiana tabacum* bildet. In dieser Aufnahme mit dem Laserscanning-Mikroskop sind die Peroxisomen gelb markiert, die Chloroplasten erscheinen auf Grund ihrer Autofluoreszenz rot. Es sind nur diejenigen Peroxisomen als gelbe Punkte erkennbar, die in den letzten 24 Stunden vor der Aufnahme gewachsen sind und das gelb fluoreszierende Protein YFP aufgenommen haben, die Mehrzahl der Peroxisomen ist jedoch ausgewachsen und deshalb nicht markiert. (Originalaufnahme K. Nowak und R. Hänsch, Braunschweig)

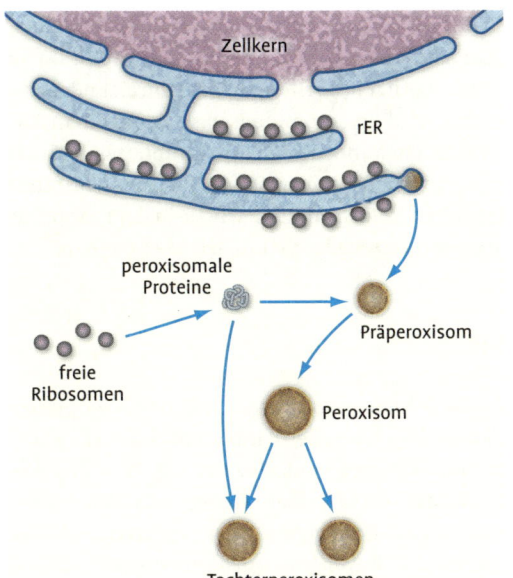

Abb. 2.24

Zellkern

rER

peroxisomale
Proteine

freie
Ribosomen

Präperoxisom

Peroxisom

Tochterperoxisomen

Biogenese der Peroxisomen. Präperoxisomen entstehen durch Abschnürung vom ER. Im Cytoplasma an freien Ribosomen synthetisierte peroxisomale Proteine werden in die Organellen importiert, wodurch sie zum Peroxisom reifen. Ausgewachsene Peroxisomen können sich auch teilen. Die dabei entstehenden Tochterperoxisomen wachsen durch Proteinimport so lange, bis sie sich ebenfalls teilen.

mechanismus (**vgl. Kapitel 5.5**) in die Organellen importiert. Das Präperoxisom nimmt dadurch an Größe zu, und Phospholipid-Transferproteine decken den entstehenden Membranbedarf, wodurch das reife Peroxisom entsteht. Das reife Peroxisom scheint keine Proteine mehr aufzunehmen (**Abb. 2.23**), es teilt sich schließlich durch einfache Abschnürung. Die dabei entstehenden Tochterperoxisomen können durch Proteinimport wieder wachsen, bis sie sich ebenfalls teilen. Auf diese Weise kann je nach Bedarf der Zelle die Zahl der Peroxisomen schnell zunehmen (**Abb. 2.24**). Molekulare Abschätzungen nach Genomanalysen gehen davon aus, dass etwa 200–300 verschiedene peroxisomale Proteine für die Proteinausstattung eines Peroxisoms vorgesehen sind, die in großer Kopienzahl importiert werden müssen. In jüngster Zeit hat man beobachtet, dass wenige Sekunden nach Behandlung einer Zelle mit ROS-Verbindungen (z. B. H_2O_2) dünne fädige Ausstülpungen aus Peroxisomen herauswachsen, die in ihrer Länge den Durchmesser der Peroxisomen mehrfach übertreffen können. Man taufte sie analog zu den Stromules, den fädigen Auswüchsen der Chloroplasten, **Peroxules** (englisch). Es wird angenommen, dass die Zelle auf diese Weise sehr schnell mit der ROS-Entgiftung beginnen kann, noch ehe sie die Zahl der Peroxisomen vermehrt, was mehr Zeit in Anspruch nimmt.

Merksatz

Peroxisomen entstehen durch Teilung oder durch Abschnürung vom ER. Die dadurch gebildeten Tochterperoxisomen bzw. Präperoxisomen wachsen durch Proteinimport aus dem Cytoplasma.

2.7.4 | Evolution

Es wird vermutet, dass Peroxisomen evolutionär sehr alt sind und schon vor der Entwicklung der Mitochondrien existierten. Da sie weder DNA noch Ribosomen besitzen, dürften sie nicht durch Endosymbiose entstanden sein. Daher wird angenommen, dass sie aus dem ER einer frühen Eukaryontenzelle entstanden sind. Ihre Hauptaufgabe könnte in der Entgiftung der schädlichen Sauerstoffradikale (H_2O_2) bestanden haben, die bei ungehinderter UV-Einstrahlung, wie sie in der Frühphase der Entwicklung der Eukaryontenzelle herrschte, leicht entstehen.

2.8 | Oleosomen

Merksatz

Oleosomen sind Tröpfchen von Reservefetten im Cytoplasma fettspeichernder Samen. Ihre Besonderheit besteht darin, dass sie von einer halben Biomembran umgeben sind, also nur von einer Hälfte einer Lipiddoppelschicht.

Oleosomen sind Tröpfchen von Reservefetten im Cytoplasma von fettspeichernden Samen. Ihre Besonderheit besteht darin, dass sie von einer halben Biomembran umgeben sind, also nur von einer Hälfte einer Lipiddoppelschicht (**Abb. 2.25**). Dieser Aufbau wird verständlich, wenn man sich ihre Entstehung anschaut. Reservefette sind Triglyceride (= Glycerin mit drei Fettsäuren verestert). Sie werden im glatten ER gebildet und sind im Gegensatz zu Phospholipiden unpolar und damit völlig wasserunlöslich. Deshalb sammeln sie sich im hydrophoben Innern der Lipiddoppelschicht der ER-Membran an und treiben dadurch die beiden Halbmembranen immer weiter auseinander. Gleichzeitig werden in die Halbmembran spezielle Proteine (Oleosine) eingelagert, die nur in Oleosomen vorkommen. Sie haben die Form einer Heftklammer, ihre Termini sind hydrophil und haben Kontakt zum Cytoplasma, ihr hydrophober Mittelteil ragt durch die Halbmembran bis in die Triglyceridschicht. Haben sich genügend Triglyceride

---

Abb. 2.25

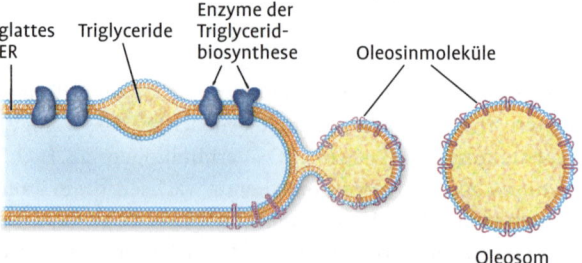

glattes ER · Triglyceride · Enzyme der Triglycerid-biosynthese · Oleosinmoleküle

Oleosom

Bildung eines Oleoms. Triglyceride werden am glatten ER synthetisiert und ins Innere der Lipiddoppelschicht abgegeben. Dort sammeln sie sich zwischen den beiden Halbmembranen an und treiben sie auseinander, bis schließlich ein Oleosom abgeschnürt wird. Gleichzeitig werden Oleosinproteine in die Halbmembran eingelagert (verändert nach Weiler und Nover, 2008).

angesammelt, schnürt sich ein Oleosom ab, das von der cytoplasmatischen Halbmembran des ER ummantelt wird. Oleosine findet man nur bei Pflanzen, jedoch nicht bei Tieren oder Pilzen. Sie kommen nur in solchen Geweben vor, die eine Phase der Austrocknung überstehen müssen. Oleosomen in fettspeichernden Früchten (z.B. Avocado) tragen keine Oleosine. Man nimmt daher an, dass sie die Oleosomen während der Samenaustrocknung stabilisieren und deren Zusammenfließen verhindern sollen. Keimen die Samen, so findet man Glyoxisomen in enger räumlicher Nähe zu den Oleosomen, denn Oleosomen liefern die Reservefette, die in den Glyoxisomen zur Ernährung des Keimlings abgebaut werden.

Ribosomen

| 2.9

Ribosomen sind die Orte der zellulären Proteinbiosynthese. Hier wird die Nucleotidsequenz der DNA in die Aminosäuresequenz der Proteine übersetzt (**Translation**).

Die Zahl der Ribosomen schwankt je nach Aktivität der Zelle, rasch wachsende Zellen in Meristemen können über 1 Million Ribosomen enthalten.

Aufbau

| 2.9.1

Ribosomen sind RNA-Protein-Komplexe und stellen die größten und komplexesten Strukturen der Zelle dar. Ribosome haben eine Größe von etwa 25 nm und sind damit nur im Elektronenmikroskop sichtbar. Sie bestehen aus zwei ungleich großen Untereinheiten, die sich morphologisch und funktionell unterscheiden. Diese ribosomalen Untereinheiten finden nur während der Translation zusammen, nach der Freisetzug des gebildeten Proteins trennen sie sich voneinander, worauf sie erneut assemblieren können, sofern eine mRNA vorhanden ist. Jede ribosomale Untereinheit besteht zu zwei Drit-

Abb. 2.26

Aufbau des Ribosoms. Es sind die große und die kleine Untereinheit gezeigt zusammen mit ihren verschiedenen rRNAs und ribosomalen Proteinen. Zusammen bilden sie das 80S-Ribosom (verändert nach Alberts et al. 2002).

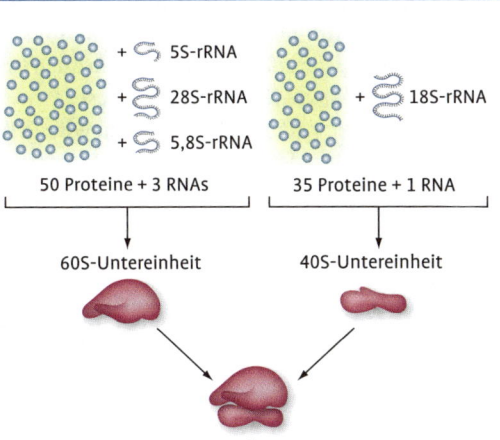

50 Proteine + 3 RNAs
+ 5S-rRNA
+ 28S-rRNA
+ 5,8S-rRNA

35 Proteine + 1 RNA
+ 18S-rRNA

60S-Untereinheit

40S-Untereinheit

80S-Ribosom

teln aus rRNA und zu einem Drittel aus Protein. Die Größe des Ribosoms, seiner Untereinheiten und der rRNAs wird üblicherweise in S angegeben. S steht für **Svedberg-Einheit** und gibt die Sedimentationsgeschwindigkeit in der Ultrazentrifuge an. Bei den cytoplasmatischen Ribosomen der Pflanzenzelle handelt es sich um 80S-Ribosomen, die aus einer großen 60S-Untereinheit und einer kleinen 40S-Untereinheit bestehen. Die S-Werte sind nicht additiv, da die Sedimentationsgeschwindigkeit nicht nur von der Größe sondern auch von der Form der Untereinheiten abhängt. **Abbildung 2.26** zeigt, dass die große Untereinheit aus etwa 50 ribosomalen Proteinen und drei rRNAs besteht, die kleine aus etwa 35 ribosomalen Proteinen und einer rRNA. Alle ribosomalen Proteine kommen (mit einer Ausnahme) nur einmal pro Ribosom vor. Plastiden, Mitochondrien und Prokaryonten haben kleinere Ribosomen; ihre 70S-Ribosomen setzen sich aus einer 30S- und einer 50S-Untereinheit zusammen.

2.9.2 | Feinstruktur

Früher wurde angenommen, dass die ribosomalen Proteine die wichtigsten Struktur- und Katalysekomponenten der Ribosomen darstellen würden. Aber es ist genau andersherum. Durch die Aufklärung der dreidimensionalen Struktur der Ribosomen von *E. coli* wurde offensichtlich, dass die Gesamtstruktur einer ribosomalen Untereinheit auf der hoch komplexen dreidimensionalen Faltung der rRNA basiert, die den zentralen Teil der Untereinheit bildet. Die ribosomalen Proteine hingegen befinden sich an der Oberfläche, wo sie Mulden in der gefalteten rRNA füllen (**Abb. 2.27**) und es wird angenommen, dass ihre Aufgabe darin besteht, die räumliche Faltung der rRNA zu stabilisieren. Den rRNAs kommen aber noch weitere Aufgaben zu: Sie sind verantwortlich für die katalytische Funktion des Ribosoms, nämlich für die Ausbildung der Peptidbindung zwischen den Aminosäuren, die das Ribosom entsprechend der mRNA-Information zusammenfügt und zudem auch für die korrekte Positionierung von tRNAs und mRNA im Zuge dieses Prozesses. Die rRNAs verfügen damit über eine katalytische Funktion, wie sie sonst nur von Enzymproteinen ausgeübt wird. Man bezeichnet derartige katalytische RNAs als Ribozyme.

Merksatz

Eine ribosomale Untereinheit besteht zu zwei Dritteln aus rRNA. Die Gesamtstruktur der ribosomalen Untereinheit basiert auf der dreidimensionalen Faltung der rRNA, die den zentralen Teil der Untereinheit bildet. Die ribosomalen Proteine stabilisieren die räumliche Faltung der rRNA.

2.9.3 | Biogenese

Bei der Behandlung des Zellkerns (**vgl. Kapitel 2.4**) wurde bereits erklärt, dass die ribosomalen Untereinheiten im Nucleolus gebildet werden. Die ribosomalen Proteine werden im Cytoplasma synthetisiert, in den Zellkern transportiert und dort mit den rRNA zu Präribosomen assembliert. Aufgrund der kurzen Existenzdauer der Ribosomen (nur wenige Stunden) besteht ein hoher Bedarf an Ribosomen in wachsenden Zellen. Große

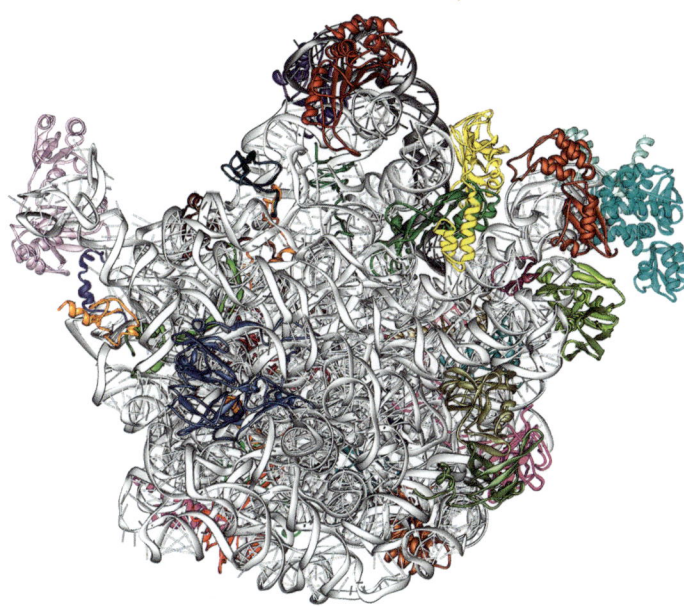

Abb. 2.27

Dreidimensionale Struktur einer ribosomalen Untereinheit. Die Abbildung zeigt die atomare Struktur der großen ribosomalen Untereinheit (50S) des Bakteriums *Deinococcus radiodurans*. Die 50S-Untereinheit wurde kristallisiert und durch Röntgenstrukturanalyse in ihrer atomaren Struktur aufgeklärt (**vgl. Box 4.1**). Es ist klar erkennbar, dass eine ribosomale Untereinheit zu zwei Dritteln aus rRNA besteht. Die Gesamtstruktur der ribosomalen Untereinheit basiert auf der dreidimensionalen Faltung der rRNA, während die ribosomalen Proteine wie „Dekorationen" wirken. Die Proteine sollen jedoch die räumliche Faltung der rRNA stabilisieren. Die atomare Struktur wurde von Jörg Harms (Max-Planck-Institut, Hamburg) gelöst, der die Abbildung freundlicherweise zur Verfügung stellte.

Kapazitäten der zellulären Proteinsynthese sind für die Synthese ribosomaler Proteine erforderlich und bis zu 75 % der zellulären Transkriptionskapazität werden nur für die Transkription der benötigten rRNAs benötigt. Dieser hohe Bedarf an rRNAs erklärt auch, warum die RNA-codierenden Gene in mehr als 1000 Kopien im Kern vorliegen. Dabei wird zunächst ein einziges 38S-Prä-rRNA-Transkript gebildet, das die Sequenzen der 5,8S-, die 18S- und die 28S-rRNA enthält. Die 5S-rRNA wird separat transkribiert. In einem hoch geordneten Reifungsprozess werden parallel zur Faltung der Prä-rRNA schrittweise ribosomale Proteine angelagert, bis daraus ein 90S-Präribosom entstanden ist. Etwa 200 Helferproteine, darunter Endonucleasen, sind dann damit beschäftigt, die rRNAs sukzessive zurechtzuschneiden und umzufalten, wodurch das Präribosom in die Vorläuferpartikel für die große und die kleine ribosomale Untereinheit getrennt wird. Diese beiden Vorläufer werden dann getrennt voneinander weiter prozessiert, aus dem Kern ausgeschleust und erscheinen im Cytoplasma nach letzten Reifungsschritten als fertige 40S- und 60S-Untereinheiten.

Definition

2.9.4

DNA- und mRNA-Sequenzen werden in der Literatur immer so geschrieben, dass links ihr 5'-Ende steht und rechts ihr 3'-Ende (**Abb. 2.28 oben**).

Abb. 2.28

Translation einer mRNA.
(A) Aufbau einer eukaryontischen mRNA.
(B) 80S-Ribosmom mit
den drei tRNA-Bindestel-
len A-, P- und E-Site. Die
mRNA wird zwischen gro-
ßer und kleiner Unterein-
heit gebunden.
(C) Die drei Phasen der
Translation: Initiation,
Elongation und Termina-
tion. Die mRNA wird in
5'-3'-Richtung abgelesen,
das Polypeptid wird vom
N-Terminus zum C-Termi-
nus synthetisiert. Es ist
ein Polysom gezeigt, das
aus fünf Ribosomen be-
steht (B und C verändert
nach Buchanan et al.
2000).

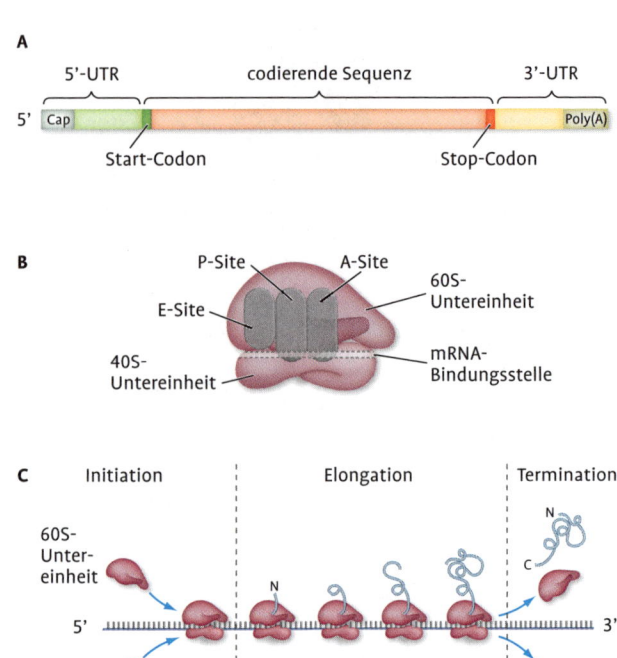

Was bedeutet das? Nucleinsäuren haben ein Rückgrat aus (Desoxy)Ribo-
sen, wo jeweils die 3'-OH-Gruppe der einen Pentose mit der 5'-OH-Gruppe
der anderen Pentose über eine Phosphatgruppe verestert ist. Die Zahlen
entsprechen der Nummer des C-Atoms derjenigen Pentose, an der die OH-
Gruppe hängt. Damit trägt das eine Nucleinsäureende eine freie 3'-OH-
Gruppe und das andere eine freie 5'-OH-Gruppe. Bei Proteinen verhält es
sich ähnlich. Die Aminogruppe der einen Aminosäure bildet zusammen
mit der Carboxylgruppe der nachfolgenden Aminosäure eine Peptidbindung aus. Damit hat ein Protein ein aminoterminales Ende und ein car-
boxyterminales Ende, man spricht vom N-Terminus und vom C-Terminus des Proteins. Durch die 5'→3'-Schreibung einer DNA-Sequenz ist damit
auch festgelegt, dass bei der Schreibung der von ihr codierten Proteinse-
quenz immer links der N-Terminus steht und rechts der C-Terminus.

2.9.5 | mRNA-Proteinkomplexe

Die mRNA verlässt den Kern nicht nackt, sondern eingehüllt in Bindeproteine, die sie stabilisieren und vor Abbau schützen. Hat dieser mRNA-Pro-

teinkomplex das Cytoplasma erreicht, wirft die mRNA die zuvor im Kern gebundenen Proteine ab und erhält neue Bindeproteine, die für ihre Stabilität und den Ablauf der Translation wichtig sind. Die eukaryontische mRNA weist einige strukturelle Besonderheiten auf (**Abb. 2.28 oben**). Am 5'-Ende trägt sie ein methyliertes Nucleotid, die sogenannte Capstruktur. Es schützt die RNA vor Abbau durch Nucleasen und es hilft bei der Bildung des Initiationskomplexes mit der kleinen ribosomalen Untereinheit. Auch am 3'-Ende trägt die mRNA eine besondere Struktur, die bei Bakterien nicht vorkommt, nämlich einen Poly(A)-Schwanz, der 50–250 Nucleotide lang sein kann und nicht in der DNA codiert ist. Er wird im Kern nach Transkription und Spleißen an die fertige mRNA angehängt. Der Poly(A)-Schwanz stabilisiert die mRNA und beeinflusst ihre Lebensdauer im Cytoplasma. Es gilt die Regel „je länger der Poly(A)-Schwanz, desto länger die Existenzdauer der mRNA". Durch diesen Mechanismus kann eine Zelle die Syntheserate ihrer Proteine regulieren. Sowohl an das Cap als auch an den Poly(A)-Schwanz binden spezielle Bindeproteine. Ein weiteres Merkmal von mRNA ist es, das sie nicht nur aus proteincodierender Information besteht. Zwischen 5'-Cap und dem Startcodon liegt eine Nucleotidsequenz, die nicht translatiert wird (**Abb. 2.28 oben**). Man spricht hier von der 5'-untranslatierten Region (5'-UTR). Diese 5'-UTR kann bis zu mehrere hundert Nucleotide lang sein. Auch am 3'-Ende der mRNA gibt es jenseits vom Stopcodon eine 3'-untranslatierten Region (3'-UTR). Beide werden von Proteinen erkannt, die die Translationseffizienz regulieren. Diese regulatorischen Proteine können jedoch unter bestimmten physiologischen (z. B. Stress-)Bedingungen die mRNA so verändern, dass sie dem Translationsprozess entzogen wird, aber dennoch hoch stabil ist und als Speicherform bis zur Reaktivierung gelagert wird. Daraus folgt, dass nicht jede mRNA auch sofort translatiert wird. Im Normalfall werden schließlich beide Enden der mRNA unter Beteiligung ihrer Bindeproteine und weiterer Initiationsfaktoren zusammengeführt, rekrutieren die ribosomalen Untereinheiten und es bildet sich ein mRNA-Proteinring. Dieser zirkuläre mRNA-Proteinkomplex erhöht die Translationseffizienz und schützt die mRNA vor Abbau.

Merksatz

Die mRNA verlässt den Kern nicht nackt, sondern als mRNA-Proteinkomplex eingehüllt in Bindeproteine. Die mRNA besteht nicht nur aus proteincodierender Information, sondern besitzt auch eine Capstruktur, eine 5'-UTR, eine 3'-UTR und einen Poly(A)-Schwanz.

Translation

2.9.6

Ribosomen übersetzen die DNA-Sequenz, die mit vier Buchstaben auskommt, in die viel komplexere Buchstabenfolge der Proteine mit 20 verschiedenen Aminosäureresten. Dieser Prozess spielt sich im Cytoplasma ab (auch in Plastiden und Mitochondrien läuft die Translation in deren plasmatischen Subkompartimenten, dem Stroma bzw. der Matrix, ab). Zunächst werden die Aminosäuren unter ATP-Verbrauch aktiviert und auf die zugehörige tRNA übertragen. Danach bindet die beladene tRNA an der großen Untereinheit des Ribosoms. Entsprechend dem genetischen Code greifen die tRNAs die in den Codons der mRNA verschlüsselte Information mithilfe ihrer Anticodons unter vorübergehender Basenpaarung ab. Das Ribosom hat für die tRNAs auf seiner Oberfläche drei Bindungsstellen (**Abb. 2.28 Mitte**): an der Akzeptorstelle (A-Site) werden die beladenen tRNAs gebunden, an der Peptidylstelle (P-Site) übertragen sie die Aminosäure auf die wachsende Peptidkette und an der Exitstelle (E-Site) verlässt die leere tRNA das Ribosom. Die Translation gliedert sich in drei Phasen. Sie beginnt mit der Initiation: Zunächst bindet die kleine ribosomale Untereinheit mithilfe spezifischer Helferproteine (Initiationsfaktoren) an das 5'-Ende der mRNA. Zugleich bindet sie die erste beladene tRNA. Diese erste tRNA trägt immer die Startaminosäure Methionin. An diesen Initiationskomplex bindet dann die große ribosomale Untereinheit unter Hydrolyse von GTP. Dann beginnt die zweite Phase der Translation, die Elongation. Mithilfe weiterer Helferproteine, den Elongationsfaktoren, erfolgt die Bildung der Peptidbindung zwischen der neu angelieferten Aminosäure und der am Ribosom gebundenen wachsenden Peptidkette. Diese Reaktion wird von keinem Protein, sondern von der 28S-rRNA katalysiert. Die 28S-rRNA ist demnach eine katalytisch aktive RNA, ein Ribozym! Die Energie für die Peptidbindung stammt aus der Esterbindung der aktivierten Aminosäure. Danach rückt das Ribosom unter Hydrolyse von GTP drei Basen auf der mRNA weiter, die leere tRNA verlässt an der E-Site das Ribosom und der Elongationszyklus kann sich

Merksatz

Die 28S-rRNA ist ein Ribozym (= eine katalytisch aktive RNA). Sie katalysiert die Ausbildung der Peptidbindung zwischen den Aminosäuren während der Translation.

wiederholen, und zwar solange, bis das Stopcodon erreicht ist. Jetzt beginnt die letzte Phase der Translation, die Termination. Es binden mehrere Freisetzungsfaktoren, die (wieder unter GTP-Verbrauch) die fertige Polypeptidkette freisetzen, was dazu führt, dass sich die kleine und große ribosomale Untereinheit und die mRNA voneinander trennen. Danach stehen die mRNA, die ribosomalen Untereinheiten und alle anderen Komponeten wieder für eine neue Runde der Translation zur Verfügung. Durch die Ableserichtung der Translation vom 5'- zum 3'-Ende der mRNA ist auch die Syntheserichtung des Proteins vorgegeben, sie beginnt mit dem N-Terminus der Polypeptidkette.

2.9.7   Polysomen

Kaum hat im Zuge der Elongation das Ribosom das Startcodon am 5'-Ende der mRNA verlassen, kommt es zu einer weiteren Initiation und ein neues Ribosom bindet an das Startcodon, sobald genügend Platz auf der mRNA vorhanden ist. Dazu muss das vorhergehende Ribosom etwa 80 Nucleotide auf der mRNA vorgerückt sein. Dieser Prozess kann sich vielfach wiederholen und führt zur Bildung eines perlschnurartigen mRNA-Ribosomenkomplexes, eines Polysoms, das aus mehr als 20 Ribosomen bestehen kann, die gleichzeitig dieselbe mRNA ablesen (**Abb. 2.28 unten**). Dieser Prozess ist sehr effektiv, denn er gestattet viel mehr Polypeptide in einem bestimmten Zeitraum zu synthetisieren. Die komplette Ablesung einer mRNA durch ein Ribosom ist zwar recht zügig, aber die Synthese eines großen Proteins kann durchaus mehrere Minuten dauern.

Die 21. Aminosäure

2.9.8

Es gibt über hundert verschiedene Aminosäuren, aber nur 20 kommen in Proteinen vor. Man spricht hier von proteinogenen Aminosäuren. In Säugern wurden jedoch mehr als 25 Proteine gefunden, in denen die Aminosäure Selenocystein vorkommt. Mittels einer Selenocystein-spezifischen tRNA und spezieller Elongationsfaktoren wird das Stopcodon der mRNA umgedeutet, die tRNA wird mit der Aminosäure Serin beladen und diese wird in Selenocystein umgewandelt. Selen ist für den tierischen Stoffwechsel sehr wichtig, um so erstaunter war man, als im Genom höherer Pflanzen keine Komponenten für den Einbau von Selenocystein in Proteine gefunden wurde. Pflanzen können zwar Selen aufnehmen, aber sie brauchen es scheinbar nicht, denn bisher wurden keine Selenocystein-haltigen pflanzlichen Proteine gefunden. Vielmehr kann Selenocystein bei Pflanzen anstelle von Cystein in Proteine eingebaut werden, was zu gravierenden Funktionsstörungen führt. Selen ist damit toxisch für Pflanzen und wird von der Pflanze entsprechend entgiftet.

Endoplasmatisches Reticulum (ER)

2.10

Gestalt und Aufbau

2.10.1

Das endoplasmatische Reticulum (ER) ist ein das Cytoplasma durchziehendes ausgedehntes Membrannetzwerk, das aus vielfach verzweigten Röhren und abgeflachten Zisternen besteht, die untereinander verbunden sind (**Abb. 2.29 oben**). Der etwas sperrige Name, der überall nur mit ER abgekürzt wird, bedeutet nichts anderes als „innerhalb des Plasmas der Zelle befindliches Netzwerk". Den von den ER-Membranen umschlossenen Innenraum bezeichnet man als **Lumen**. Die Hohlräume des ER sind nicht nur untereinander sondern auch mit der **Perinuclearzisterne**, also dem Raum zwischen den beiden Membranen der Kernhülle, verbunden (vergleiche dazu auch **Abb. 2.6**). Deshalb wird die Kernhülle evolutionär auch als Abkömmling des ER betrachtet. Das ER ist der Hauptbestandteil des Endomembransystems. Es ist in lebhafter Bewegung und Veränderung begriffen, ständig bilden sich neue Kontakte zwischen den Röhren und Membranzisternen, während sich anderswo Kontakte lösen. Das ER

Abb. 2.29

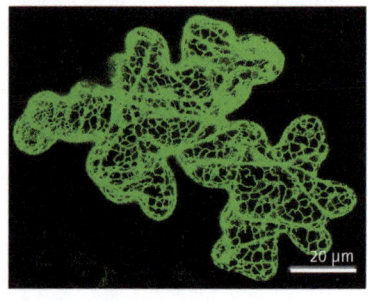

Endoplasmatisches Reticulum.

(Oben) Aufnahme des ER mit dem confokalen Laserscanning-Mikroskop. Proteine, die an ihrem C-Teminus die vier Aminosäuren KDEL tragen, werden zum ER transportiert und verbleiben dort (vergleiche Kapitel 5.7). Das grünfluoreszierende Protein GFP wurde deshalb an seinem C-Terminus mit der KDEL-Sequenz versehen und in einer Epidermiszelle (Tabak) exprimiert. Das ausgedehnte Röhren-Netzwerk erstreckt sich über die ganze Zelle.

(Unten) Elektronenmikroskopische Aufnahem des rauen ER (Haarzelle, *Beta vulgaris*), das dicht mit Ribosomen besetzt ist. Rechts unten sind tubuläre Ausläufer des ER quer geschnitten, sie sind ebenfalls mit Ribosomen besetzt. Auch in Abb. 2.6C im Kapitel Zellkern ist das raue ER gut erkennbar (oben, Originalaufnahme S. Dähne und R. Hänsch, Braunschweig; unten, Abbildung aus Weiler und Nover 2008).

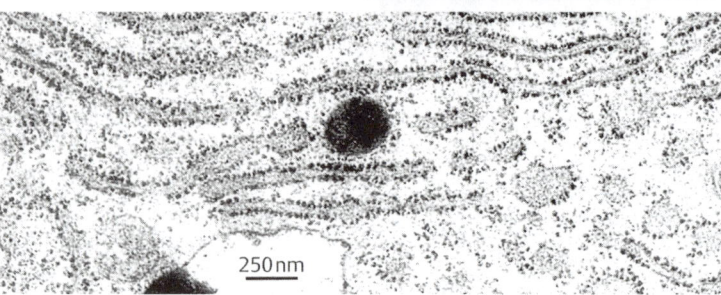

gliedert sich in zwei strukturell und funktionell verschiedene Formen, das raue und das glatte ER, die beide gleichzeitig in einer Zelle vorkommen.

2.10.2 | Das raue ER

Das raue ER ist auf seiner cytoplasmatischen Seite mit Ribosomen bedeckt, die man im elektronenmikroskopischen Bild gut erkennen kann (**Abb. 2.29 unten**). Von diesem Umstand leitet sich historisch auch sein Name ab. Die Erscheinungsform des rauen ER sind ausgedehnte, flächige Membransäckchen und Zisternen (im Gegensatz zum glatten ER, das ein Röhrennetzwerk bildet). Am rauen ER findet massiv Proteinsynthese statt, aber es hat auch noch weitere Funktionen.

Proteinsynthese

Wieso gibt es neben den frei im Cytoplasma arbeitenden Ribosomen auch noch die membrangebundenen Ribosomen am ER? Diese am rauen ER sitzenden Ribosomen sind dort auch nur temporär gebunden, nämlich nur für den Zeitraum der Translation eines mRNA-Moleküls. Danach lösen sie sich vom ER und zerfallen wieder in ihre Untereinheiten. Der Unterschied liegt nicht in den Ribosomen (freie und gebundene Ribosomen sind strukturell und funktionell identisch!), sondern im Ziel der an den Ribosomen synthetisierten Proteine, also dem Ort, zudem sie nach der Synthese verfrachtet werden sollen. Das entstehende Protein selbst entscheidet darüber, ob das Ribosom frei im Cytoplasma das Protein synthetisiert oder gebunden an der ER-Membran. Die an freien Ribosomen synthetisierten Proteine haben andere Zielorte in der Zelle als die am rauen ER hergestellten Proteine (**vgl. Kapitel 5.2**). Freie Ribosomen bedienen die Mitochondrien, Plastiden, den Zellkern, die Peroxisomen und das Cytoplasma mit Proteinen. Die am ER gebundenen Ribosomen hingegen bedienen alle Kompartimente, die am Membranfluss des Endomembransystems beteiligt sind, also das ER selbst, den Golgi-Apparat, die Vakuole, die Plasmamembran und den Proteinexport in die Außenwelt (z.B. für die Zellwand). Hierbei lassen sich die am rauen ER synthetisierten Proteine in zwei Klassen einteilen:

(1) **Lösliche Proteine**, die im wässrigen Lumen des Endomembransystems (ER-Lumen, Golgi-Lumen, Vakuole) ihre Funktion verrichten oder in die Außenwelt sezerniert werden;

(2) zukünftige **Transmembranproteine** (z.B. Transporter), die über den Vesikelfluss des Endomomembransystems für die Membranen des Golgi-Apparates, den Tonoplasten oder die Plasmamembran vorgesehen sind oder in der ER-Membran verbleiben.

Woher weiß ein Protein, für welchen Zielort in der Zelle es bestimmt ist? Alle Proteine, die am rauen ER synthetisiert werden sollen, besitzen an ihrem N-Terminus ein **Signalpeptid** von acht oder mehr unpolaren Aminosäuren. Jede mRNA, die ein solches Protein codiert, wird zunächst an einem frei vorliegenden Ribosom translatiert. Da eine mRNA in 5'→3'-Richtung abgelesen wird, wird damit zuerst der N-Terminus des neuen Proteins synthetisiert (**vgl. Box 1.1 Molekükmasse**) und damit auch sofort das Signalpeptid (**Abb. 2.30**). Schaut das Signalpeptid aus dem Ribosom heraus, wird es vom **Signalerkennungspartikel SRP** erkannt, das eine hydrophobe Tasche besitzt, in die das hydrophobe Signalpeptid hineinpasst. Das SRP ist ein lang gestreckter Proteinkomplex, der aus sechs Proteinen und einer etwa 300 Nucleotide langen RNA besteht und folgende Aufgaben hat (**Abb. 2.31**):

(1) Das SRP erkennt sowohl das Ribosom als auch das Signalpeptid.

(2) Es legt sich um die große ribosomale Untereinheit und stoppt die Translation.

(3) Das SRP dirigiert auf noch unbekannte Weise den SRP-mRNA-Ribosomenkomplex an die Membran des rauen ER, wo

(4) das SRP vom ER-ständigen **SRP-Rezeptor** erkannt und gebunden wird. Der SRP-Rezeptor ist ein ER-membranintegrales Protein, das das SRP erkennt und das Ribosom mit seiner großen Untereinheit am Translokationskomplex verankert. Danach wird SRP unter GTP-Hydrolyse wieder freigesetzt, wodurch der Stopp der Translation aufgehoben ist und die Proteinsynthese wieder anläuft.

Merksatz

Die am rauen ER sitzenden Ribosomen sind dort nur temporär gebunden, nämlich nur für den Zeitraum der Translation eines mRNA-Moleküls. Danach lösen sie sich vom ER und zerfallen wieder in ihre Untereinheiten.

Merksatz

Das Signalerkennungspartikel SRP erkennt nicht nur das Signalpeptid des entstehenden Proteins, sondern es erfüllt insgesamt vier Funktionen.

Abb. 2.30

Translation an freien und ER-gebun-denen Ribosomen. Freie und membrangebundene Ribosomen greifen auf einen gemeinsamen Vorrat an ribosomalen Untereinheiten zu. Nur Ribosomen, deren entstehende Peptidkette eine Signalsequenz aufweist, werden an die ER-Membran gebunden. Jedes mRNA-Molekül bindet mehrere Ribosomen und bildet ein Polysom. Ist das neue Protein fertiggestellt, werden die ribosomalen Untereinheiten freigesetzt und kehren zum gemeinsamen Vorrat zurück (verändert nach Alberts et al. 2005).

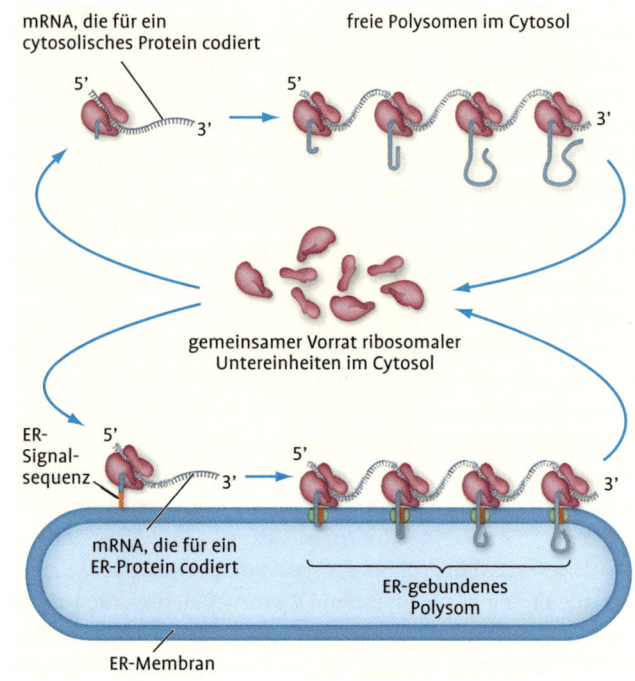

Abb. 2.31

Translation an einem ER-membrangebundenen Ribosom. Die einzelnen Schritte werden im Text erläutert. Nachdem das neue Protein fertiggestellt ist, wird es ins Lumen des ER entlassen. Danach wird das Ribosom freigesetzt und zerfällt in seine Untereinheiten (verändert nach Alberts et al. 2005).

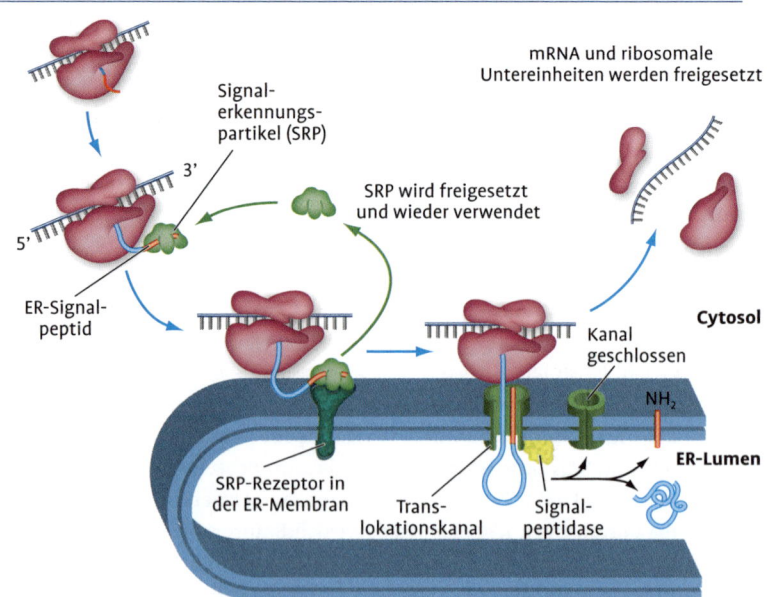

Der **Translokationskomplex** (auch Translocon genannt) ist eine große Membranpore im ER. Eine kleine Proteindomäne der Pore bildet einen Stöpsel, der die Pore im Normalzustand verschließt. Bindet ein Ribosom, klappt der Stöpsel zur Seite und gibt die Pore frei. Die entstehende Polypeptidkette wird jetzt durch die Pore hindurchgefädelt, wobei das Signalpeptid an die Innenseite des Porenkanals bindet, sodass die kontinuierlich wachsende Polypeptidkette im ER-Lumen eine Schlaufe bildet. Sobald die wachsende Polypeptidkette das Lumen des ER erreicht hat, wird das Signalpeptid von einer **Signalpeptidase** abgespalten und das neue Protein wird in das Lumen des ER entlassen. Danach löst sich das Ribosom vom Translocon und die Pore schließt sich. Das abgespaltene Signalpeptid wird ebenfalls vom Translocon freigesetzt. Dazu öffnet sich die Pore seitlich und entlässt das Signalpeptid in die ER-Membran, wonach es rasch zu Aminosäuren abgebaut wird. Der eben erläuterte Prozess gilt für lösliche Proteine. Die Synthese von Transmembranproteinen ist sehr ähnlich, jedoch darf die wachsende Peptidkette während der Translation keine Schlaufe im ER-Lumen bilden, sondern muss in die ER-Membran integriert werden. Dieser Prozess ist etwas komplizierter und wird in **Kapitel 4.4** genauer beschrieben. Lösliche und Transmembranproteine werden nach ihrer Fertigstellung in kleinen Vesikeln vom ER abgeschnürt (lösliche Proteine im Lumen der Vesikel, Transmembranproteine in der Hülle der Vesikel), zum Golgi-Apparat geschickt und von dort – ebenfalls in Vesikeln – an ihre Zielorte ausgeliefert.

Glycosylierung

Die Glycosylierung von Proteinen ist die zweite Hauptaufgabe des rauen ER. Durch kovalente Anheftung von Zuckerresten an ihre Oberfläche werden nahezu alle frisch synthetisierten Proteine im ER zu Glycoproteinen umgewandelt. Hingegen kommen im Cytoplasma kaum Glycoproteine vor. Die verzweigten Oligosaccharide an der Oberfläche bilden eine „Zuckerhülle" um das Protein, die es **vor Abbau schützen** soll, da die am rauen ER synthetisierten Proteine immer Zielorte mit wässrigem Milieu (Vakuole, Zellwand, Außenwelt) haben und dort mehr proteolytische Abbaugefahren lauern als im Cytoplasma. Eine solche Kohlehydrathülle kann Proteasen einfach sterisch daran hindern, die Polypeptidkette zu zerschneiden. Die Kohlehydrathülle um das Protein hilft auch bei der **korrekten Faltung** des neuen Proteins im Lumen des rauen ER und sie dient (**vgl. Kapitel 2.11**) als **Transportsignal**, damit das Protein an den richtigen zellulären Zielort ausgeliefert wird. Die Glycosylierung erfolgt nicht durch schrittweises Anfügen einzelner Zuckerreste. Stattdessen wird ein einzelnes verzweigtes Oligosaccharid mit 14 Zuckerresten in einem Stück an das Protein angeheftet, und zwar nur an die Aminosäure Asparagin

Merksatz

Im ER werden Proteine cotranslational an ihren Asparaginresten glycosyliert. Diese „Zuckerhülle" schützt sie vor Abbau im wässrigen Milieu ihrer Zielorte, hilft ihnen bei der korrekten Faltung und dient als Transportsignal für die zelluläre Adressierung.

(**Abb. 2.32**). Das entsprechende Enzym, eine Oligosaccharyltransferase, sitzt auf der luminalen Seite des Translokationskomplexes und überträgt das Oligosaccharid auf die Aminogruppe eines entsprechenden Asparaginrests, sobald dieser bei der Proteintranslokation auf der luminalen Seite des Porenkanals sichtbar wird. Man spricht hier von einer **N-Glycosylierung**. Der anderen Glycosylierungstyp (O-Glycosylierung), wird beim Golgi-Apparat näher beschrieben. Die N-Glycosylierung erfolgt **cotranslational**, da sie parallel zur Translation und noch vor der Faltung der neuen Proteine abläuft. Der Oligosaccharidkomplex wurde zuvor an einem Lipidmembrananker, dem **Dolichol**, vorgefertigt und wird von der Oligosaccharyltransferase als komplette Einheit übertragen. Kurz darauf beginnt die Faltung des Proteins und damit auch seine Reifung. Im Zuge dieses Reifungsprozesses werden zunächst die drei terminalen Glucosereste und ein Mannoserest entfernt. Dieser Modifizierunsgprozess, das sogenannte **Trimming** der Kohlehydrathülle, setzt sich im Golgi-Apparat fort und dient vornehmlich der korrekten Adressierung des Proteins.

Proteinfaltung

Nach Proteinsynthese und cotranslationaler Glycosylierung besteht die dritte Aufgabe des rauen ER im korrekten Falten des frischen Proteins. Aufgrund des oxidierenden Milieus im ER-Lumen bilden sich kovalente Disulfidbrücken zwischen benachbarten SH-Gruppen von Cysteinseitenketten aus, oftmals unterstützt von Faltungshelferproteinen (**vgl. Kapitel 4**).

Abb. 2.32

Glycosylierung von Proteinen am ER. Ein Oligosaccharidkomplex ist zunächst am Lipidmembrananker Dolichol gebunden. Er wird von der Oligosaccharyltransferase auf einen Asparaginrest übertragen, sobald dieser Aminosäurerest in der wachsenden Peptidkette aus dem Translokationskanal auftaucht (verändert nach Alberts et al. 2008).

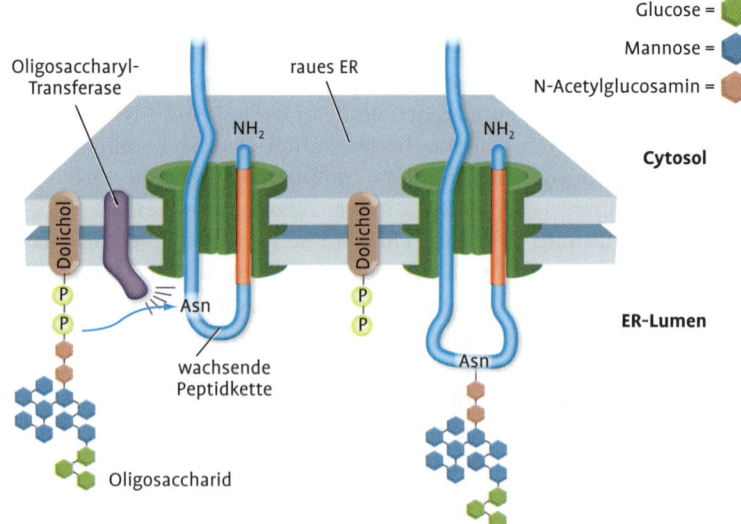

Glucose =
Mannose =
N-Acetylglucosamin =

Oligosaccharyl-Transferase

raues ER

NH₂   NH₂

Cytosol

Dolichol   Dolichol

P P   P P

Asn

ER-Lumen

wachsende Peptidkette

Asn

Oligosaccharid

Das glatte ER

| 2.10.3

Das glatte ER trägt keine Ribosomen und bildet im Gegensatz zum rauen ER kein flächiges Netz aus Zisternen, sondern ein komplexes Netzwerk aus dünnen Membranröhren. Es erfüllt wichtige zelluläre Funktionen.

Membranlipidsynthese

Das glatte ER ist die zelluläre Membranfabrik, hier werden die Membranlipide, Steroide und sekundäre Pflanzenstoffe (z. B. Flavonoide und Terpene) synthetisiert. Bei diesem Prozess handelt es sich um ein enges Zusammenwirken zwischen glattem ER und den Chloroplasten. Alle für die Phospholipidsynthese notwendigen Enzyme sind in der Membran des glatten ER verankert und haben ihr katalytisch aktives Zentrum auf der cytoplasmatischen Seite der ER-Membran. Ihre Substrate sind Fettsäuren, Glycerin und die polaren Lipidkopfgruppen (z. B. Phosphatidylcholin), die sie in einem Mehrschrittprozess zu Phospholipiden zusammenfügen. Die dafür benötigten Fettsäuren und der Glycerinvorläufer Glycerinaldehyd-3-Phosphat werden in den Chloroplasten synthetisiert, ins Cytoplasma exportiert und stehen dort dem glatten ER als Substrate zur Verfügung. Das neu entstandene Phospholipid integriert rasch in die ER-Membran, wodurch das cytoplasmatische Blatt der Lipiddoppelschicht des ER wächst, aber nicht das luminale Blatt. Um eine solche Unsymmetrie zu verhindern, sind membranintegrale **Phospholipidtranslokatoren** (sogenannte Flippasen) tätig, die Phospholipidmoleküle auf die luminale Seite bringen und dadurch das Gleichgewicht wieder herstellen. Ein weiteres Problem besteht darin,

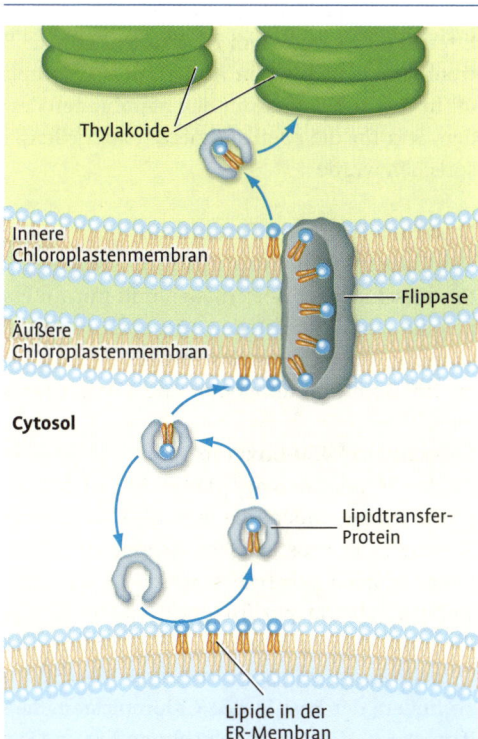

Abb. 2.33

Hypothetisches Schema für den Transport von Lipiden zwischen ER und Chloroplasten. Lipidtransferproteine übernehmen den Einzeltransport von Lipidmolekülen zwischen ER und äußerer Chloroplastenmembran. Danach transferiert eine Flippase die Lipide in die innere Chloroplastenmembran. Den Weitertransport zu den Thylakoiden könnten wieder Lipidtransferproteine übernehmen (verändert nach Buchanan et al. 2000).

Thylakoide

Innere Chloroplastenmembran

Flippase

Äußere Chloroplastenmembran

Cytosol

Lipidtransfer-Protein

Lipide in der ER-Membran

dass die Chloroplasten nicht die gesamte Menge an Membranlipiden, die für die Thylakoidausbildung benötigt werden, selbst herstellen können. Sie brauchen aus dem Cytoplasma Nachschub an Phospolipiden, die sie in die in den Thylakoiden vorherrschenden Galactolipide umwandeln können. Da die Plastiden aber nicht am Vesikelmembranfluss des Endomembransystems teilnehmen und damit auch keinen Membrannachschub vom glatten ER erhalten, müssen Phospholipide auf anderem Wege vom glatten ER zu den Chloroplasten gelangen. Hierfür wurden **Lipidtransferproteine** gefunden, die Membranlipide einzeln aus der Membran des glatten ER herauslösen und zur äußeren Chloroplastenmembran bringen (**Abb. 2.33**). Man nimmt an, dass danach eine Flippase die Lipide in die innere Chloroplastenmembran verfrachtet, wo sie zu Galactolipden umgewandelt werden und danach – wieder mittels Lipidtransferproteinen – zu den Thylakoiden gelangen könnten. Der effiziente Membranfluss über Vesikel wird demnach ersetzt durch den Einzeltransfer von Lipidmolekülen über Lipidtransferproteine. Membrananalysen haben gezeigt, dass der Lipidtransfer zwischen ER und Chloroplasten offensichtlich in beiden Richtungen abläuft. Ähnliches muss für Mitochondrien gelten, denn diese Organellen haben während der Evolution die Fähigkeit zur Lipidsynthese verloren. Interessant ist in diesem Zusammenhang die Beobachtung, dass in elektronenmikroskopischen Aufnahmen Chloroplasten und Mitochondrien oft in engem Kontakt mit den Membranen des glatten ER gefunden werden, was für die eben skizzierten speziellen Lipidtransfermechanismen sprechen würde.

Desaturierung von Fettsäuren

Der Chloroplast höherer Pflanzen ist nicht in der Lage, alle Fettsäurearten verschiedener Kettenlänge und mit unterschiedlicher Zahl an Doppelbindungen herzustellen. Hier springt wieder das glatte ER ein, das Fettsäuren von den Chloroplasten übernimmt und durch Einführung von bis zu drei Doppelbindungen in ungesättigte Fettsäuren überführt.

Cytochrom-P450-Enzyme

An den Membranen des glatten ERs ist eine wichtige Gruppe von Hämproteinen gebunden, die man als Cytochrom-P450-Enzyme bezeichnet. Sie tragen als prosthetische Gruppe ein spezielles Häm und führen bei Pflanzen hoch substratspezifische Reaktionen aus. Bei Tieren sind sie weniger substratspezifisch und sind an der allgemeinen Entgiftung von Fremdsubstanzen beteiligt. Bei Arabidopsis gibt es über 200 Gene, die Cytochrom-P450-Enzyme codieren. Über 90 % dieser Enzyme sind im ER zu finden, der Rest in den Chloroplasten. Sie sind an der Synthese von Pigmenten, Hormonen, Abwehrstoffen und Signalen beteiligt und lassen sich beispielsweise durch UV-Strahlung, Verwundung oder Pathogene induzieren. Diese Vielzahl von Verbindungen wird nicht ausschließlich vom glatten ER synthetisiert, sondern vielmehr in einem Netzwerk aus mehreren Kompartimenten, bei dem das glatte ER ein Kettenglied bildet.

Ca^{2+}-Speicher

Ca^{2+}-Ionen haben in der Zelle vornehmlich eine Signalfunktion (**vgl. Kapitel 8**). Sie werden als **intrazelluläres Signal** eingesetzt, um eine Nachricht von außen an die zellinternen Systeme zu übertragen. Damit das funktionieren kann, müssen Ca^{2+}-Ionen irgendwo in der Zelle gespeichert und auf ein Signal hin freigesetzt werden. Neben der Vakuole ist das glatte ER der Hauptspeicher an zellulärem Ca^{2+}. Die cytosolische Ca^{2+}-Konzentration liegt bei 0,0001 mM, während sie im ER etwa 1 mM erreicht. Signalvermittelt werden Kanäle in der ER-Membran kurzzeitig geöffnet und eine Ca^{2+}-Welle ergießt sich ins Cytoplasma. Nach demselben Prinzip funktioniert die Muskelkontraktion bei Tieren. Auf einen Nervenimpuls hin werden Ca^{2+}-Ionen aus dem ER ins Cytoplasma entlassen, was die Kontraktion der Muskelzellen auslöst. Diese Sonderform der ER heißt bei tierischen Zellen sarcoplasmatisches Reticulum.

Mikrosomen

| 2.10.4

Der Begriff der Mikrosomen hat einen methodischen Ursprung. Es gelang selbst nach ganz schonendem Zellaufschluss nicht, das ER-Netzwerk intakt zu isolieren. Es zerfiel beim Zellaufschluss in viele Bruchstücke, die kleine Vesikel bildeten – die Mikrosomen – die man durch Zerntrifugation gut isolieren konnte. Mikrosomenvesikel sind für den Zellbiologen authentische Versionen des ER. Raue Mikrosomen können in vitro Proteine ins ER-Lumen translozieren und dort glycosylieren. Die Ribosomen findet man immer an der Außenseite der Mikrosomen, ihr Lumen entspricht dem Lumen des ER. Glatte Mikrosomen sind in vitro noch zur Lipidsynthese befähigt. Da raue Mikrosomen schwerer sind als glatte, sedimentieren sie beim Zentrifugieren schneller und man kann sie von den glatten Mikrosomen gut abtrennen.

Golgi-Apparat

| 2.11

Gestalt und Aufbau

| 2.11.1

Als Golgi-Apparat bezeichnet man die Gesamtheit aller **Dictyosomen** einer Zelle. Jedes Dictyosom (oft auch als Golgi-Stapel bezeichnet) ist ein Stapel flacher, scheibenförmiger Membranzisternen, die an ihren Rän-

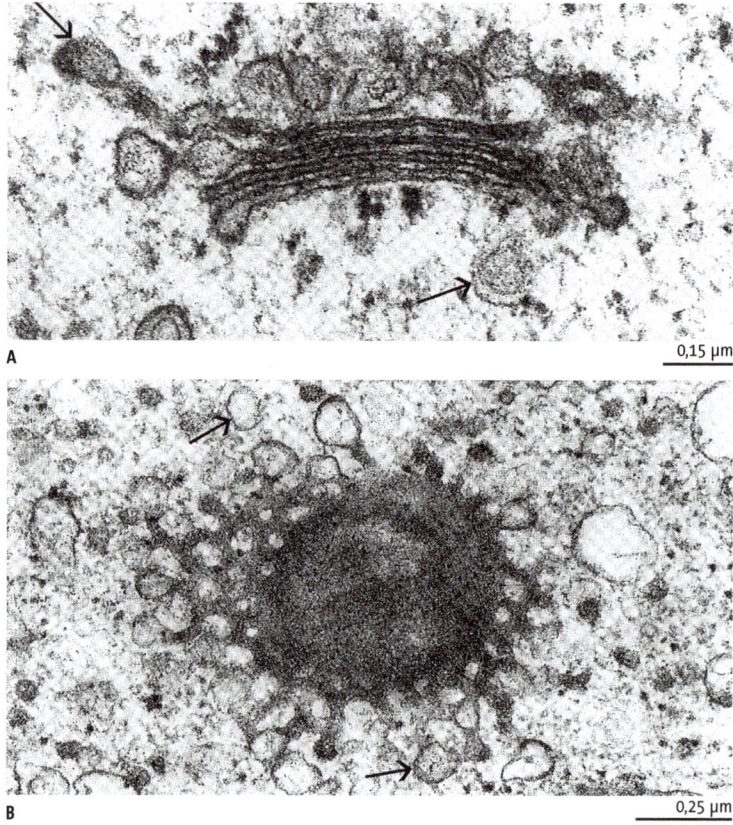

Abb. 2.34

Golgi-Stapel (Dictyo-som). Elektronenmikro-skopische Aufnahme eines Golgi-Stapels (Par-enchymzelle, Winter-schachtelhalm).
(A) Querschnitt, der die Zisternen des Dictyosoms mit ihren blasenförmigen Rändern zeigt,
(B) eine einzelne Zisterne in der Aufsicht. Die Ab-schnürung von Vesikeln (Pfeile) ist in A und B gut erkennbar (Abb. aus Ra-ven 2006).

A   0,15 µm

B   0,25 µm

dern tubulär und blasenförmig verzweigt sind (**Abb. 2.34**). Die Zahl der übereinander gestapelten Zisternen eines Dictyosoms kann zwischen 5 und 20 variieren. Sein Durchmesser beträgt 1–3 µm. Pflanzenzellen besit-zen mehr Dictyosomen als tierische Zellen. Je nach Zelltyp und physiolo-gischem Zustand enthält eine Pflanzenzelle zwischen 20 und weit über 1000 Dictyosomen. In Zellen mit starker Zellwandsynthese, wie den Baum-wollhaarzellen, findet man über 10 000 Dictyosomen. Im Durchschnitt liegt die Zahl aber unter 100. Während sich in tierischen Zellen die Golgi-Stapel in der Nähe des Zellkerns und des ihn umgebenden rauen ERs auf-halten, sind sie in Pflanzenzellen über die ganze Zelle verteilt. Die cha-rakteristische Struktur des Dictyosoms ist an seine Funktion gekoppelt. Da der Golgi-Apparat Teil des Endomembransystems und damit des zel-lulären Membranflusses ist, wird er auf seiner **Bildungsseite** (der **cis-Seite**) durch Vesikel gespeist, die vom ER stammen und schnürt seiner-

Abb. 2.35

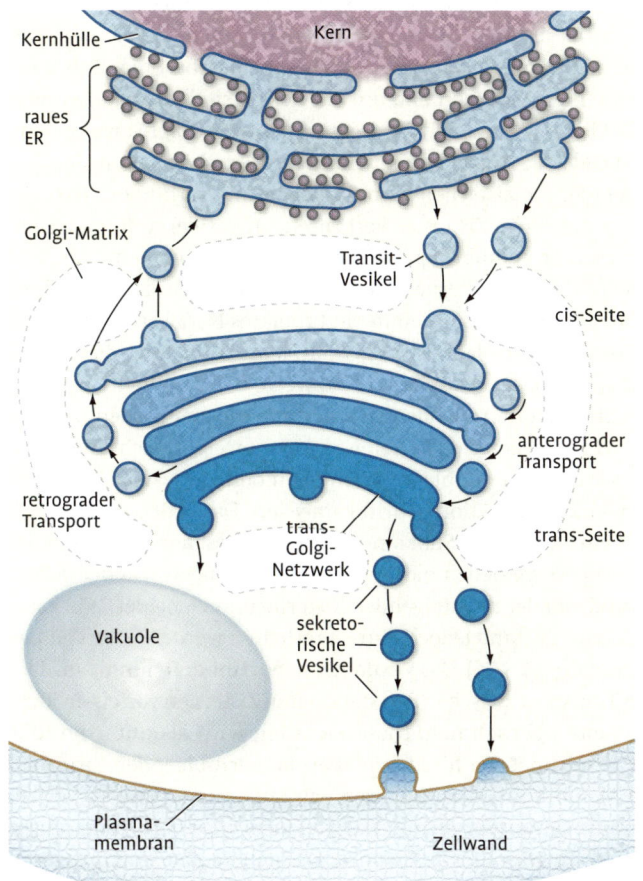

Protein-Transfer durch einen Golgi-Stapel. Am rauen ER synthetisierte Proteine erreichen über Transitvesikel die cis-Seite des Golgi-Stapels. Über den anterograden Transport innerhalb des Golgi-Stapels gelangen sie zur trans-Seite und werden bei dieser Passage in ihrer Kohlenhydrathülle modifiziert. Im trans-Golgi-Netzwerk werden sie klassenweise konzentriert und in Vesikel verpackt, die – je nach Zieladresse – zur Vakuole transportiert werden oder als sekretorische Vesikel zur Plasmamembran. Dort werden die Proteine ins Außenmedium abgegeben (z.B. zur Integration in die Zellwand). Enzyme für den Golgi-Apparat selbst werden über retrograde Vesikel zur cis-Seite rückgeführt. Aus dem ER „entwischte" ER-eigene Proteine werden ebenfalls über retrograde Vesikel zum ER zurückgeschickt. Die Golgi-Matrix hält die Zisternen im Stapel zusammen.

seits Vesikel auf der **Sekretionsseite** (der **trans-Seite**) ab, die dann zur Plasmamembran oder Vakuole wandern (**Abb. 2.35**). Die am ER gebildeten Proteine werden bei ihrer Passage durch den Golgi-Apparat in ihrer Kohlenhydrathülle modifiziert und danach auf ihre Zielorte verteilt. Bemerkenswert ist, dass die vom ER kommenden Transitvesikel immer an einer ribosomenfreien Seite der ER-Zisternen abknospen. Der Golgi-Stapel ist eine dynamische Struktur, denn die auf der cis-Seite angelieferten Proteine müssen über Vesikel zur trans-Seite geschleust werden. Solche Vesikel sieht man in elektronenmikroskopischen Aufnahmen oft am Rand der Golgi-Zisternen (**Abb. 2.34**). Wie kann man sich vorstellen, dass die flachen Membranzisternen des Golgi-Stapels zusammenhalten und nicht verrutschen, zumal der Golgi-Stapel sich in der Cytoplasmaströmung auch noch durch die Zelle bewegt? In elektronenmikroskopischen Aufnahmen hat man bemerkt, dass der Golgi-Stapel eine ribosomenfreie Zone darstellt; an seinen Zisternen und um ihn herum sind keine Ribosomen zu sehen. Zellbiologische Analysen zeigten, dass der Golgi-Stapel in eine **Golgi-Matrix** (**Abb. 2.35**) eingebettet ist, die einen Schutzraum um den Stapel ausbildet, der die Zisternen zusammenhält und verhindert, dass die zwischen den einzelnen Zisternen verkehrenden Vesikel verloren gehen. Zudem hat man Proteinfibrillen zwischen den Zisternen gefunden. Auf der trans-Seite sind die Zisternen an den Randzonen erweitert und fensterartig durchbrochen. Sie laufen in ein tubuläres Netzwerk aus, das an den Rändern in viele Golgi-Vesikel zerfällt. Man bezeichnet diesen Teil des Golgi-Stapels als das **trans-Golgi-Netzwerk**. Die einzelnen Zisternen eines Golgi-Stapels unterscheiden sich in ihren biochemischen Leistungen. Die vom ER angelieferten Proteine werden von cis- in Richtung trans-Seite sukzessive in ihrer Kohlenhydrathülle modifiziert, wobei jede Zisterne einen anderen Reaktionsschritt katalysiert. Das bedeutet, dass jede Zisterne als ein stationäres Subkompartiment angesehen werden muss, das sich in seinen speziellen biochemischen Leistungen von der vorangehenden und von der nachfolgenden Zisterne unterscheidet. Wie kann dieser stationäre Zustand jedoch aufrechterhalten werden? Dazu gibt es zwei Hypothesen (**Abb. 2.36**). Das **Vesikeltransportmodell** nimmt an, dass Vesikel den Transport zwischen den stationären Zisternen von cis- in Richtung trans-Seite übernehmen. Diese Richtung wird als **anterograder Transport** bezeichnet. Da hierdurch aber die nachfolgenden Zisternen ständig an Membranmaterial wachsen würden, müssen andere Vesikel den Membranrücktransport in umgekehrter Richtung übernehmen (diese Richtung heißt **retrograder Transport**). Das neuere **Zisternenprogessionsmodell** schlägt vor, dass sich ganze Zisternen von cis- in Richtung trans-Seite, also anterograd, bewegen. Auf der cis-Seite bilden sich ständig neue Zisternen durch Fusion mit Transitvesikeln vom ER, rücken dann vor und werden zu mittleren Zisternen. Auf der trans-Seite zerfallen sie im trans-Golgi-Netzwerk in Vesikel. Auch hier muss man für die umgekehrte Richtung Vesikel annehmen, die den speziellen Enzymbestand einer jeden Zisterne sicherstellen, denn jede Zisterne katalysiert andere Reaktionen. Wahrscheinlich treffen beide Hypothesen zu und die Natur hat beide Wege realisiert.

Merksatz

Der Golgi-Stapel ist Teil des zellulären Membranflusses. Er wird auf seiner cis-Seite durch Vesikel gespeist, die vom ER stammen, und schnürt seinerseits Vesikel auf der trans-Seite ab. Er ist eingebettet in die Golgi-Matrix.

2.11.2 | ## Funktionen

Der Golgi-Apparat einer Pflanzenzelle hat als Hauptfunktionen die Modifizierung von Glycoproteinen und deren Sortierung und Verteilung an ihre zellulären Zielorte.

A Vesikeltransportmodell **B** Zisternenprogression

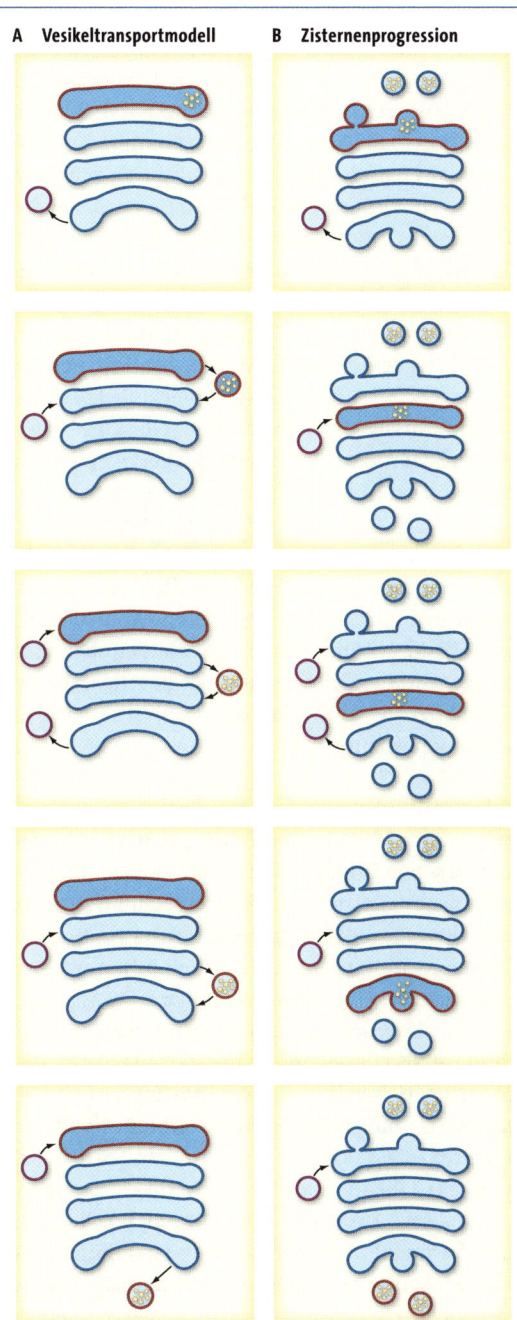

Abb. 2.36

Zwei Modelle zum Protein-Transport innerhalb eines Golgi-Stapels.
(A) Im Vesikeltransportmodell werden die Zisternen als statisch angenommen und Vesikel übernehmen den anterograden Transport.
(B) Bei der Zisternenprogression bewegen sich ganze Zisternen in anterograder Richtung. Weitere Erläuterungen im Text (verändert nach Buchanan et al. 2000). In beiden Modellen führen retrograde Vesikel (blau) Golgi-eigene Proteine und Membranen zurück zur cis-Seite.

O-Glycosylierung von Proteinen

Die vom ER über Transitvesikel angelieferten Proteine sind nahezu alle N-glycosyliert (**vgl. Kapitel 2.10**), sie tragen an Asparaginresten einen ursprünglich aus 14 Zuckern bestehenden verzweigten Oligosaccharidkomplex, der bereits im rauen ER im Zuge des Trimmings eingekürzt wurde. Im Golgi-Stapel wird dieser Komplex wieder durch **schrittweises Anfügen** von monomeren Zuckern vergrößert. Diese werden jedoch nicht wie im ER an eine Aminogruppe angefügt, sondern an die Hydroxylgruppe einer Aminosäure (also an die Aminosäuren Serin, Threonin und Tyrosin), weshalb dieser Vorgang als **O-Glycosylierung** bezeichnet wird. Die dafür benötigten monomeren Zucker (z. B. Mannose, Galactose, Xylose, Fucose) stammen aus dem Cytosol und werden über spezielle Membrantransporter in die Golgi-Zisternen eingeschleust. Jede Zisterne hat ihren spezifischen Besatz an Glycosyltransferasen, sodass die Proteine während ihrer Passage von Zisterne zu Zisterne modifiziert werden. Dieser Prozess läuft in einer streng geordneten Reihenfolge ab, manche Zucker werden hinzugefügt, andere in folgenden Schritten wieder entfernt. Jede Reaktion ist strikt abhängig von der vorangehenden. Die Signale hierfür liegen in der Aminosäuresequenz des zu modifizierenden Proteins. Diese Sequenzabschnitte müssen auf der Oberfläche des gefalteten Proteins liegen, damit sie für die trimmenden Enzyme erkennbar sind. Durch die Serie von O-Glycosylierungen entsteht im Golgi-Apparat eine große Vielfalt an Modifikationen der Glykoproteine, die für ihre Sortierung und ihre späteren Funktionen wichtig sind.

Merksatz

Im ER wurden die Proteine an ihren Asparaginresten glycosyliert (= N-Glycosylierung). Im Golgi-Stapel werden sie jetzt an ihren OH-Gruppen glycosyliert (= O-Glycosylierung). Danach wird ihre Kohlenhydrathülle im Golgi schrittweise modifiziert und getrimmt, was für die Sortierung und Funktion der Proteine wichtig ist.

Polysaccharidsynthese

Der Golgi-Apparat einer Pflanzenzelle ist der Hauptsyntheseort für Oligo- und Polysaccharide, die für die Bildung der Zellwand benötigt werden. Diese Protopektin- und Glykanvorstufen werden im trans-Golgi-Netzwerk in Vesikel verpackt und zur Zellperipherie transportiert. Hier fusionieren sie mit der Plasmamembran und geben ihren Inhalt nach außen ab, wo er in die wachsende Zellwand inkorporiert wird. Die sperrigen Cellulosefibrillen der Zellwand werden hingegen nicht im Golgi-Apparat produziert. Auch die sauren Polysaccharide, aus denen die in Drüsenzellen produzierten Schleime bestehen, werden im Golgi-Apparat hergestellt. Da die Zellwand mengenmäßig eine große Stoffinvestition der Zelle darstellt, ist es nicht verwunderlich, dass Pflanzenzellen im Vergleich zu tierischen Zellen eine viel höhere Zahl an Golgi-Stapeln besitzen. Das mag auch erklären, warum – wieder im Unterschied zu tierischen Zellen – die Golgi-Stapel sich nicht in Kernnähe aufhalten, sondern über die ganze Zelle verteilt sind. Dieser Modus stellt sicher, dass auch in stärker vakuolierten Zellen die benötigten Polysaccharidvorstufen ihr Ziel bei der Zellwandsynthese erreichen. Unterstützt wird dieser Prozess durch die Cytoplasmaströmung. Man hat bei der Analyse der Golgi-Dynamik beobachtet, dass sich ein Golgi-Stapel oft in einer „stop-and-go"-Weise bewegt. Das hat zu der Annahme geführt, dass er in der Nähe vom ER pausiert, um Nachschub an ER-Vesikeln aufzunehmen, und er stoppt auch an den Orten der Zellwandsynthese, um dort seine fertige Ladung verpackt in Vesikeln abzuliefern.

Sortierung und Verpacken von Proteinen

Der Golgi-Apparat ist ein Sortierungs- und Verteilungszentrum für Proteine, die vom ER kommen. Einige Proteine sind jedoch für das ER selbst vorgesehen, wo sie z. B. als Chaperone für die Faltung von Proteinen zuständig sind. Diese ER-Proteine tragen an ihrem C-Terminus ein ER-Retentionssignal, das von einem membrangebundenen Rezeptorprotein im cis-Golgi erkannt wird. Wurden diese Proteine versehentlich im ER in Transportvesikel mit eingepackt, so werden diese „entwischten" Proteine im cis-Golgi erkannt und über retrograde Vesikel zurück zum ER geschickt. Auf diese Transportmechanismen wird in **Kapitel 5.7** genauer eingegangen. Auch die eigenen Proteine des Golgi-Apparats (z. B. die Vielzahl von Glycosyltransferasen) tragen in ihrer Aminosäuresequenz Signale, die den Verbleib in einer der Golgi-Zisternen bewirken. Die Mehrzahl der Proteine ist jedoch für den Export und die Vakuole vorgesehen. Auch sie sind durch spezielle Sortiersignale markiert. Signal bedeutet in diesem Kontext immer ein räumliches Zusammenspiel zwischen Aminosäuresequenz und Kohlenhydrathülle des Glykoproteins. Diese Signatur wird von Rezeptorproteinen auf der Innenseite des trans-Golgi-Netzwerks erkannt, wo sie klassenweise konzentriert werden. Sind genügend Proteine mit derselben zellulären Adresse in einer trans-Golgi-Zisterne versammelt, werden sie in einem Vesikel abgeschnürt und an die Adresse ausgeliefert. Die komplexen Mechanismen der Vesikelabschnürung, Auslieferung und Fusion mit dem Zielkompartiment werden nachfolgend genauer behandelt (**vgl. Kapitel 5.7 und 5.8**). In tierischen Zellen ist die Signatur für Lysosomenproteine am besten verstanden (bei Pflanzen gibt es keine Lysosomen, da ihre Funktion von der Vakuole mit übernommen wird!). Hier werden Mannosereste im Golgi-Apparat phosphoryliert und ein spezieller Mannose-6-Phosphatrezeptor im trans-Golgi sortiert diese Proteine für die Verfrachtung zu den Lysosomen. Alle Proteine, die kein spezielles Erkennungssignal tragen, werden in Vesikel verpackt und nach der Fusion mit der Plasmamembran ins Außenmedium exportiert. Membranproteine für den Tonoplasten der Vakuole und die Plasmamembran werden bereits bei ihrer Synthese am rauen ER in die Lipiddoppelschicht eingefädelt und gelangen per Vesikeltransport über den Golgi-Apparat zu ihrem jeweiligen Kompartiment, wo sie durch Vesikelfusion in die Zielmembran integriert werden.

Merksatz

Der Golgi-Apparat einer Pflanzenzelle ist der Hauptsyntheseort für Oligo- und Polysaccharide, die für die Bildung der Zellwand benötigt werden.

Merksatz

Das Zusammenspiel von Kohlenhydrathülle und Faltung eines Proteins wirkt als Sortiersignal, das von Rezeptorproteinen auf der Innenseite des trans-Golgi-Netzwerks erkannt wird. Hier werden die Proteine sortiert und zur Auslieferung an die zelluläre Adresse in Vesikel verpackt.

2.11.3 | Biogenese

Die Mehrzahl der Zellbiologen geht davon aus, dass sich ein Golgi-Stapel durch einfache Querteilung, also Durchschnürung der Zisternen, vermehrt. Andere Annahmen besagen, dass er vom ER aus bei Bedarf neu gebildet werden kann. Pflanzliche Golgi-Stapel bleiben auch bei der Mitose strukturell und funktionell intakt, da sie den Nachschub an Membran- und Zellwandmaterial bereitstellen müssen. In tierischen Zellen hat man gefunden, dass im Zuge der Mitose Proteinkinasen die Proteine der Golgi-Matrix phosphorylieren, was zum Zerfall eines Golgi-Stapels führt. Die einzelnen Zisternen werden dann auf die Tochterzellen aufgeteilt und bilden dort – nach Dephosphorylierung der Matrixproteine – einen neuen Stapel aus.

2.12 | Vakuole

2.12.1 | Aufbau

Die Vakuole gehört neben den Plastiden und der Zellwand zu den drei charakteristischen Merkmalen, in denen sich Pflanzenzellen von tierischen Zellen unterscheiden. Die Vakuole ist von einer einfachen Membran umgrenzt, die als **Tonoplast** bezeichnet wird. Die zentrale Vakuole einer Pflanzenzelle nimmt oft über 90 % des Zellvolumens ein (**Abb. 2.37 A**) und ist mit einer Flüssigkeit gefüllt, die Zellsaft genannt wird. Oft wird gefragt, was der Sinn einer so ungleichen Größenverteilung zwischen Cytoplasma und Vakuole, wie sie in den Mesophyllzellen der Blätter vorherrscht, sein mag. Während der Evolution war es nötig, die Größe der Blätter als Kollektoren für Sonnenenergie so groß wie möglich zu gestalten, bei gleichzeitig minimalen Stoffwechselinvestitionen und maximaler Festigkeit. Die Lösung war die Ausbildung einer immer größeren Zentralvakuole, angefüllt mit „billigem" Zellsaft, der nur aus Wasser, Salzen und niedermolekularen Verbindungen besteht, während das stickstoffreiche Cytoplasma (N ist immer knapp!) deutlich „teurer" ist. Durch diese evolutionäre Entwicklung konnten Pflanzen die Kosten zur Schaffung großflächiger Blattstrukturen drastisch reduzieren, zumal in den gemäßigten Breiten die Blätter im Jahresverlauf abgeworfen werden und im folgenden Jahr wieder neu ausgebildet werden müssen. In einer ausgewachsenen Zelle drängt die Vakuole das Cytoplasma zwar an den Zellrand (Cytoplasmasaum), aber sie wird in vielen Stellen von Cytoplasmasträngen und -brücken durchzogen. Diese Cytoplasmastränge stellen vom Tonoplasten umhüllte Röhren dar, über die – quasi als Abkürzung – der Stoffaustausch von der einen zur anderen Seite der Zelle erfolgen kann (**Abb. 2.37 B**).

Merksatz

In einer ausgewachsenen Zelle ist die große Zentralvakuole an vielen Stellen von Cytoplasmasträngen und -brücken durchzogen, die den schnellen Stoffaustausch von der einen zur anderen Seite der Zelle sicherstellen.

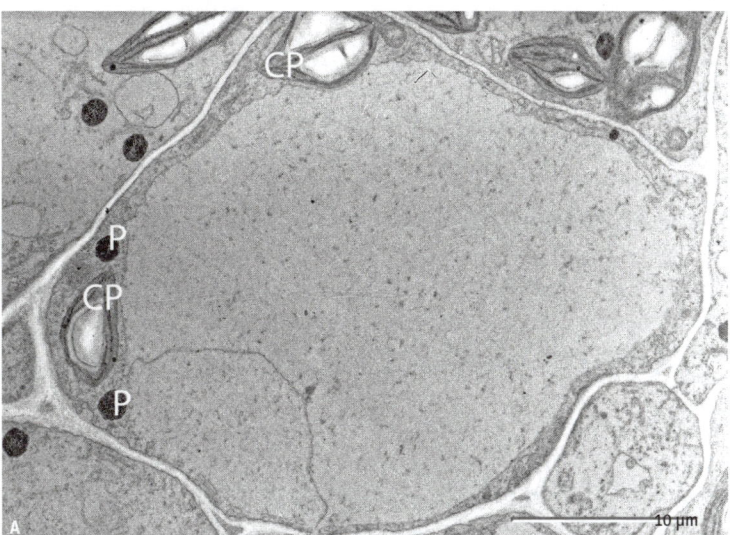

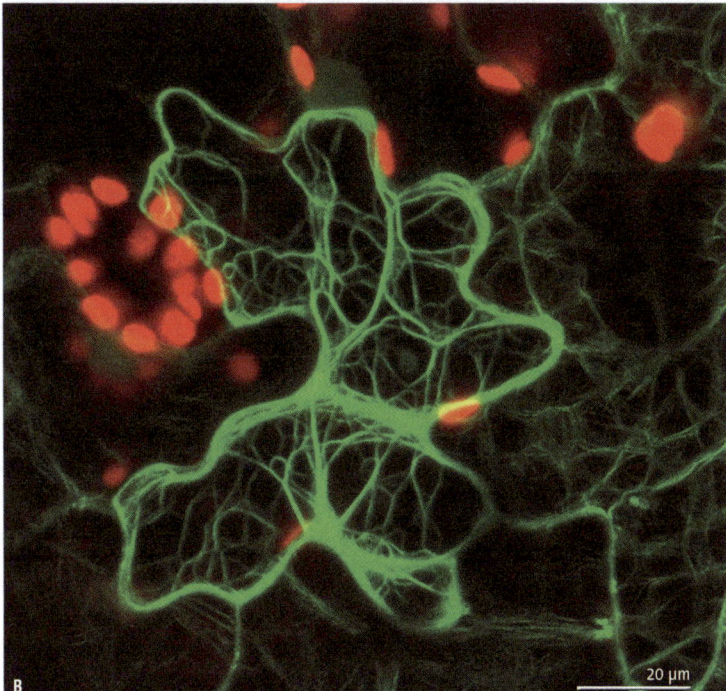

Abb. 2.37

Mikroskopische Bilder der Vakuole.
(A) Elektronenmikroskopische Aufnahme einer stark vakuolisierten Zelle von *Arabidopsis thaliana*. Die große Vakuole drängt das Cytoplasma an die Zellwand. Chloroplasten (CP) mit Stärkekörnern und Peroxisomen (P) sind gut erkennbar.
(B) Cytoplasmastränge in einer Epidermiszelle von Tabak (Aufnahme mit dem confokalen Laserscanning-Mikroskop). Im Cytoplasma der Zelle wurde das grünfluoreszierende Protein GFP exprimiert. Gut sichtbar sind die zahlreichen Cytoplasmastränge, die sich durch die Vakuole ziehen, welche die gesamte Zelle ausfüllt. Chloroplasten insbesondere der benachbarten Spaltöffnungszelle erscheinen durch ihre Autofluoreszenz in rot. Epidermiszellen haben in der Regel deutlich kleinere und auch nur sehr wenige Chloroplasten. (Originalaufnahmen R. Hänsch, Braunschweig).

Funktionen

Die Vakuole übernimmt vielfältige Funktionen im Leben der Zelle, denn in ihrem Zellsaft sind eine Vielzahl unterschiedlichster Substanzen gelöst, die für die Pflanze von entscheidender Bedeutung sind und deren Aufgaben im Folgenden genauer betrachtet werden.

Turgor

Der die Vakuole umgebende Tonoplast ist eine selektiv permeable Membran, die zwar das Lösungsmittel Wasser ungehindert passieren lässt, nicht aber die meisten der darin gelösten Stoffe, wodurch es zum Phänomen der **Osmose** kommt. Die im Wasser gelösten anorganischen und organischen Stoffe müssen daher über spezielle Kanäle und Carrier (**vgl. Kapitel 5.1**) aktiv in die Vakuole hineintransportiert werden. Es handelt sich dabei vornehmlich um drei osmotisch aktive Stoffgruppen:

(1) anorganische Ionen (K^+, Cl^-, Ca^{2+}, Na^+, Mg^{2+}, NO_3^-, SO_4^{2-}, HPO_4^{2-}),

(2) kleine Zucker und

(3) organische Säuren (Äpfelsäure, Zitronensäure, Oxalsäure).

Die Gesamtkonzentration dieser Osmotika im Zellsaft beträgt meist 0,2–0,8 M. Osmotisch aktiv heißt in diesem Kontext, dass diese Moleküle über unterschiedlich große Wasserhüllen verfügen und deshalb nach ihrem Eintransport in die Vakuole Wasser nach sich ziehen. Wassermoleküle hingegen können nicht aktiv durch Biomembranen transportiert werden, sie bewegen sich ausschließlich passiv durch Diffusion bzw. Osmose. Der Wasserbedarf solcher Vakuolen, in die gerade viele osmotisch aktive Substanzen eintransportiert wurden, ist jedoch so hoch, dass die einfache Diffusion von Wassermolekülen durch den Tonoplasten viel zu langsam wäre, um den entstandenen Gradienten schnell auszugleichen. Die Wasserpermeabilität des Tonoplasten wird daher durch membranintegrale Wasserkanäle, die **Aquaporine**, geregelt, die ein schnelles Einströmen von Wasser durch den Tonoplasten ermöglichen. Die Anreicherung osmotisch aktiver Stoffe führt schließlich zu einer Volumenzunahme der Vakuole. Dadurch dehnt sich der gesamte Zellinhalt aus und übt auf die Zellwand einen Druck aus, den man als **Turgor** bezeichnet. Da die Zellwand jedoch nicht beliebig dehnbar ist, übt sie einen Gegendruck (Wanddruck) aus, der einer weiteren Ausdehnung der Zelle ein Ende setzt. Kurz gesagt, will die Zelle ihren Turgor erhöhen, muss sie osmotisch aktive Substanzen entgegen einem Konzentrationsgefälle in die Vakuole transportieren. Die dazu benötigten Kanäle, Carrier und Transporter verbrauchen selbst jedoch kein ATP, sondern werden durch einen Protonengradienten energetisiert, der aktiv unter ATP-Verbrauch von einer im Tonoplasten lokalisierten Protonenpumpe (vakuoläre ATPase) erzeugt wird. Man bezeichnet daher den Transport, durch den osmotisch aktive Substanzen in die Vakuole gelangen, als **sekundär aktiv**, während die energieverbrauchende Erzeugung des Protonengradienten das primäre Ereignis ist.

Turgorabhängige Lebensvorgänge

Warum ist der Turgor wichtig? Pflanzen erzeugen mittels Turgor eine Zell- und Gewebespannung, auf der die Festigkeit krautiger, also unverholzter Pflanzen und Pflanzenteile beruht. Nimmt der Turgor wegen Wassermangel ab, wird die Pflanze welk. Der Turgor ist somit Grundvoraussetzung für die **Erhaltung der äußeren Gestalt**. Auch Bäume brauchen Turgor, um die Gewebespannung ihrer Blätter aufrecht zu erhalten. Ein weiterer Vorgang ist das **Streckungswachstum junger Zellen**, das auf einer Erhöhung des Turgors beruht bei gleichzeitiger plastischer Dehnung der Zellwand. Auch **Blattbewegungen** (z. B. bei der Mimose) beruhen auf lokalen, schnellen Turgoränderungen. Die wichtigste Turgorbewegung ist zweifelsohne das Öffnen und Schließen der Spaltöffnungen (Stomata) der Blätter, ein Vorgang, der auf der turgorabhängigen **Bewegung der Schließzellen** beruht. Herrscht Wassermangel, sinkt der Turgor der Schließzellen und sie erschlaffen, was zum Schließen der Spaltöffnungen führt. Ist genügend Wasser vorhanden, nimmt die Turgeszenz der Schließzellen zu und die Stomata öffnen sich wieder.

Lytisches Kompartiment

Die Vakuole ist beteiligt am Abbau von Makromolekülen und an der Wiederverwertung ihrer Bausteine in der Zelle. Sie enthält etwa 50 verschiedene hydrolytische Enzyme, die Proteine, Nukleinsäuren und Polysaccharide abbauen. Dabei handelt es sich durchweg um saure Hydrolasen, d. h. um Enzyme, die nur im sauren pH (pH 4–5), wie er in der Vakuole herrscht, wirksam sind. Aber auch ganze Organellen, z. B. Mitochondrien, können dort verdaut werden. Man spricht hier auch von **lytischen Vakuolen**. Die anfallenden Abbauprodukte wie Aminosäuren, Zucker und Nukleotide werden ins Cytoplasma ausgeschleust und stehen der Zelle wieder zur Verfügung. Diese lytische Funktion der Vakuole ist gerade während der **Seneszenz** wichtig, wenn vor dem Absterben der Blätter deren Zellbestandteile zur Wiederverwertung mobilisiert werden. In ihrer lytischen Funktion entspricht die Vakuole dem tierischen Lysosom.

Protonenspeicher

Aufgrund ihrer Größe stellt die Vakuole das größte Protonenreservoir der Zelle dar. Durch kontrollierte Protonenabgabe ins Cytoplasma kann die Zelle nicht nur den cytosolischen pH regulieren, sondern auch die Aktivität von Enzymen und die Veränderung von Cytoskelettstrukturen beeinflussen.

Merksatz

Anorganische Ionen, kleine Zucker und organische Säuren sind osmotisch aktiv. Diese Moleküle verfügen über unterschiedlich große Wasserhüllen und ziehen deshalb nach ihrem Eintransport in die Vakuole Wasser nach sich. Osmotisch aktive Substanzen gelangen durch sekundär aktiven Transport gegen ein Konzentrationsgefälle in die Vakuole.

Zwischenspeicher des Primärstoffwechsels

Die Vakuole ist ein wichtiger Zwischenspeicher für überschüssige Metabolite des Primärstoffwechsels (Zucker, Aminosäuren, organische Säuren), die dort kurzzeitig eingelagert werden und bei Bedarf sogleich zur Verfügung stehen. Manche Pflanzen speichern z. B. vorübergehend Äpfelsäure im Tag-Nacht-Verlauf in der Vakuole. Aber auch für die Pflanze wertvolle anorganische Ionen wie z. B. Nitrat und Sulfat können dort als Reserve deponiert werden, bis sie im Assimilationsstoffwechsel benötigt werden.

Lager für Abwehrstoffe

Pflanzen synthetisieren eine riesige Zahl an sogenannten **sekundären Pflanzenstoffen**. Die Heterogeniät und die Konzentration dieser Sekundärmetabolite ist enorm. Oft sind sie giftig (z. B. Nicotin und andere Alkaloide) oder bitter. Nach ihrer Synthese im Cytoplasma werden sie in der Vakuole gespeichert und schützen so die Pflanze vor Fraßfeinden oder Parasiten. Auch Enzyme werden in der Vakuole bevorratet, um nach Gewebeverletzungen das Wachstum von pathogenen Pilzen und Bakterien zu behindern.

Lager für Farbstoffe

Im Gegensatz zu vielen anderen Pflanzenfarbstoffen sind die **Anthocyane** in Wasser gut löslich und werden daher in die Vakuole eingelagert. Sie sind verantwortlich für die roten, blauen und violetten Farben vieler Blüten und Früchte und dienen der Anlockung von bestäubenden Insekten bzw. von Tieren zur Verbreitung der Pflanzensamen. Andere Pigmente dienen dem UV-Schutz, insbesondere bei immergrünen Pflanzen, die in kalten Wintermonaten die absorbierte Lichtenergie nicht umsetzen können.

Exkretionsorganell (Abfalldeponie)

Im stoffwechselaktiven Cytoplasma entstandene Abfallprodukte oder durch die Plasmamembran aufgenommene toxische Verbindungen können von den Pflanzenzellen nicht abtransportiert und ausgeschieden werden (eine Ausnahme sind Wasserpflanzen und auch die Wurzeln der Landpflanzen, die dazu teilweise in der Lage sind). Pflanzenzellen nutzen daher die Vakuole als Endlager für derartige Substanzen. Da Landpflanzen sessile, also ein Leben lang an den Standort gebundene Lebewesen sind, müssen sie auch mit ungünstigen und belasteten Böden zurechtkommen. Zum Beispiel werden aufgenommene Schwermetalle im Cytoplasma komplexiert und in die Vakuole als Endlager abtransportiert. Im Stoffwechsel anfallende Oxalsäure ist toxisch und wird in der Vakuole deponiert, wo sie mit Ca^{2+}-Ionen reagiert und als schwerlösliches Calciumoxalat aus-

Merksatz

Die Vakuole ist nicht nur zur Erzeugung des Turgors notwendig, sie ist auch das lytische Kompartiment der Zelle (Pflanzenzellen haben keine Lysosomen!). Außerdem ist sie Zwischenspeicher und Endlager für eine Fülle wichtiger Verbindungen.

fällt. Damit ist dieses Zellgift in unlöslicher Form abgelagert und entgiftet. Calciumoxalat bildet in der Vakuole attraktive Salzkristalle aus, die man im Lichtmikroskop gut beobachten kann (**Abb. 2.37 C**).

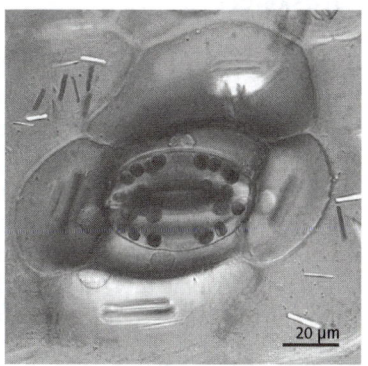

Abb. 2.37

Mikroskopische Bilder der Vakuole.
(C) Lichtmikroskopische Aufnahme der Epidermis der Tagblume (*Commelina communis*). Die Stomaöffnung ist umgeben von stark vakuolisierten Zellen, in deren Vakuolen zahlreiche stäbchenförmige Salzkristalle zu erkennen sind (Originalaufnahme R. Hänsch, Braunschweig).

Proteinspeichervakuolen

Neben den sauren, lytischen Vakuolen gibt es bei vielen Leguminosen und Getreiden sogenannte Proteinspeichervakuolen (engl.: *protein bodies*) mit neutralem pH. Diese Pflanzengruppen speichern Proteine in ihren Samen als Nahrungsreserve für die nächste Generation. Bei der Samenkeimung fusionieren die Proteinspeichervakuolen mit lytischen Vakuolen. Die schwefel- und stickstoffreichen Speicherproteine werden von Proteasen rasch hydrolysiert und die anfallenden Aminosäuren in den wachsenden Embryo transportiert.

Biogenese

2.12.3

Die Zentralvakuole bildet sich durch Fusion vieler kleiner Provakuolen, die als Abschnürungen des ER entstehen. Nach ihrer Abtrennung vom ER vergrößern sich die Provakuolen durch fortgesetzte Wasseraufnahme und fusionieren miteinander, bis schließlich eine zentrale Zellsaftvakuole ausgebildet ist (**Abb. 2.38**).

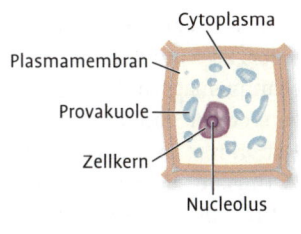
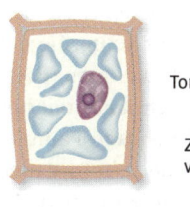
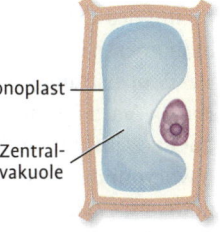

Cytoplasma
Plasmamembran
Provakuole
Zellkern
Nucleolus
Tonoplast
Zentral-vakuole

A B C

Abb. 2.38

Biogenese der Vakuole.
Erläuterungen im Text.

2.13 | Cytoskelett

Zellen von Eukaryonten brauchen nicht nur Kompartimente, sie müssen ihre Organellen und intrazellulären Komponenten auch räumlich anordnen, manche müssen fixiert werden, andere müssen bewegt werden, um eine optimale Position zu erlagen. Diese Aufgaben werden vom Cytoskelett übernommen. Es ist ein das Cytoplasma durchziehendes komplexes Netzwerk aus fädigen und röhrenförmigen Proteinkomplexen. Das Cytoskelett entstand in der Evolution, bevor sich Pflanzen und Tiere voneinander trennten. Deshalb sind seine Haupteigenschaften in beiden Zellarten gleich. Es ist Voraussetzung für Zellteilung und Zellwachstum, für Differenzierung und Zellwandbildung, für die Cytoplasmaströmung und die Bewegung von Vesikeln und Organellen. Das Cytoskelett gibt dem Cytoplasma strukturelle Stabilität und verankert nicht nur Multienzymkomplexe im Cytoplasma sondern auch die komplette Zellwand mit der Zelle. Im Unterschied zu tierischen Zellen bildet es nicht die Grundlage für die Festigkeit der pflanzlichen Zelle, denn diese resultiert aus dem Wechselspiel zwischen Turgor und stützender Zellwand. Das Cytoskelett ist weniger statisch und permanent als der Name es suggeriert. Im Gegenteil, es ist ein dynamisches in ständigem Auf-, Ab- und Umbau begriffenes System. Es repräsentiert nicht nur die „Knochen" einer Zelle, sondern auch ihre Muskeln, es ist also für beides zuständig, für Stabilität und für Bewegung. Seine Hauptkomponenten sind Mikrofilamente, Mikrotubuli und Intermediärfilamente, die über charakteristische mechanische Eigenschaften verfügen und mit einer Vielzahl von Proteinen in Wechselwirkung treten, um ihre spezifischen Aufgaben in der Zelle zu erfüllen. Auch Prokaryonten verfügen über ein Cytoskelett. In den letzten Jahren wurden bei ihnen Proteinstrukturen gefunden, die denen der Eukaryonten ähneln und auch ähnlich funktionieren.

Merksatz

Das Cytoskelett ist sehr alt und entstand, bevor sich Pflanzen und Tiere voneinander trennten. Es gibt dem Cytoplasma strukturelle Stabilität und ist auch verantwortlich für alle intrazellulären Bewegungsvorgänge. Im Unterschied zu tierischen Zellen bildet es nicht die Grundlage für die Festigkeit der pflanzlichen Zelle, denn diese basiert auf Turgor und Zellwand.

2.13.1 | Actinfilamente

Aufbau und Bildung

Mit einem Durchmesser von 7 nm sind Mikrofilamente die dünnsten Filamente des Cytoskelettsystems. Sie bestehen aus aggregierten **G-Actin** Monomeren (= globuläres Actin), die sich reversibel zu schraubig verdrillten doppelsträngigen Filamenten (**F-Actin**) zusammenlagern (**Abb. 2.39 A und B**). Actin ist ein hoch konserviertes Protein, dessen Aminosäuresequenz während der Evolution kaum verändert wurde. Im Genom von Eukaryonten gibt es jedoch immer mehrere Actingene, die bei Pflanzen gewebespezifisch exprimiert werden. Die Struktur von G-Actin zeigt eine tiefe Einkerbung, die das Protein in zwei Teile gliedert. In dieser Einker-

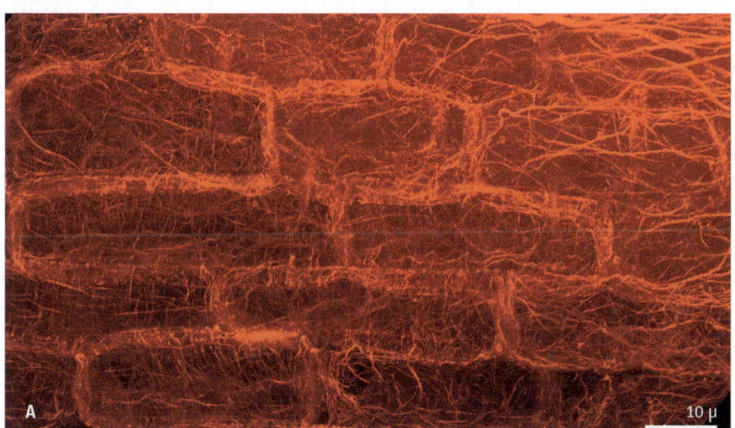

Abb. 2.39
Actinfilamente.
(A) Actin-Filamente in Wurzelzellen des Mais (confokale Aufnahme). Die Färbung erfolgte durch Phalloidin, ein mit Texasrot markiertes Pilztoxin, das spezifisch an Actinfilamente bindet.

B

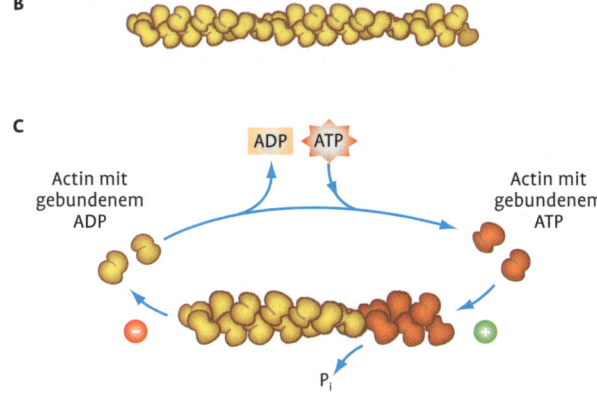

C

(B) Anordnung der Actinmonomere in einem Mikrofilament. Sie sind schraubig zu einer doppelsträngigen Helix verdrillt.
(C) Actinmonomere mit gebundenem ATP polymerisieren am Plusende zu einem Mikrofilament. Verzögert erfolgt die ATP-Hydrolyse. Am Minusende dissoziieren Actinmonomere vom Filament ab. Das am Monomer gebundene ADP wird im Cytoplasma gegen ATP ausgetauscht (A, Originalaufnahme I. Adamakis, Thessaloniki).

bung liegt die Bindungsstelle für ATP, jedoch ist ATP nicht notwendig für die Polymerisation der G-Actin Monomere. Erst wenn sie ins Filament eingebaut wurden, kommt es langsam zur ATP-Hydrolyse und die freigesetzte Energie wird im Filament gespeichert. Das dabei entstehende ADP bleibt jedoch weiterhin am Actinmonomer gebunden. Dissoziiert das Monomer vom Filament, wird ADP schnell gegen ATP ausgetauscht, da im Cytoplasma die Konzentration von ATP ungefähr zehnmal höher ist als die von ADP. Actinfilamente haben eine kinetisch polare Struktur, jedes Ende zeigt eine unterschiedliche Geschwindigkeit von Aufbau und Zerfall. Das schneller wachsende Ende wird als **Plusende** bezeichnet (was nichts mit einer elektrischen Ladung zu tun hat!), am langsamer wachsenden **Minusende** zerfällt das Filament schneller als dass es wächst

Merksatz

Actinfilamente haben eine kinetisch polare Struktur, jedes Ende zeigt eine unterschiedliche Geschwindigkeit von Aufbau und Zerfall. Das Plusende ist das schneller wachsende Ende, am langsamer wachsenden Minusende zerfällt das Filament schneller als dass es wächst.

(**Abb. 2.39 C**). Sind Aufbau und Zerfall gleich schnell, ist das Längenwachstum gleich null. Ist der Aufbau schneller, wächst das Filament, ist der Zerfall schneller, schrumpft es. Durch die Assoziation von **Actin bindenden Proteinen**, kann die Zelle Polymerisation oder Depolymerisation von G-Actin regulieren. Das Mikrofilament ist demnach eine Struktur auf Zeit, die sich im dynamischen Gleichgewicht mit dem Vorrat an Actinmonomeren befindet. Es wird geschätzt, dass nur die Hälfte aller Actinmonomere in F-Actin eingebaut vorliegt, die andere Hälfte wird in Reserve gehalten, bis sie von der Zelle benötigt wird. Auch das wird von Actinassoziierten Proteinen reguliert.

Actin-bindende Proteine

Diese verändern die Eigenschaften der Mikrofilamente. Bauen die Filamente ihre Monomere schneller ein, als die ATP-Hydrolyse sich vollziehen kann, dann befinden sich an einem Ende Monomere, die ATP gebunden, aber noch nicht hydrolysiert haben, am anderen Ende liegen die Monomere mit gebundenem ADP. Es hat sich eine **ATP-Kappe** gebildet. Ob ein Mikrofilamentende für weiteres Wachstum oder für Zerfall verfügbar ist, hängt davon ab, ob ein sogenanntes **Cappingprotein** daran gebunden hat. Cappingproteine stabilisieren die Mikrofilamentstruktur. Die Filamentbildung startet an besonderen Bildungszentren, bevorzugt an bestimmten Stellen der Plasmamembran, die mit speziellen Actin bindenden Proteinen besetzt sind. Dort ist das Mikrofilament überraschenderweise mit seinem Plusende gebunden, es wächst also durch Monomeraddition an seinem fixierten, an die Plasmamembran gebundenen Ende. Actinfilamente kommen in der Zelle selten isoliert vor. Im Allgemeinen bilden sie im Cytoplasma ein dreidimensionales Netzwerk aus **quervernetzten Mikrofilamenten** aus. Dabei assistieren Proteine, die zwei Mikrofilamenete an den Kreuzungsstellen miteinander verbinden. Wieder andere Proteine lösen genau diese Kreuzungspunkte auf oder zerschneiden Filamente. Im vernetzten Zustand haben Mikrofilamente eine festere, gelartige Konsistenz, liegen sie hingegen einzeln vor, so ist ihre Konsistenz flüssiger. Die Zelle hat damit eine Möglichkeit, die **Viskosität** des Cytoplasmas zu regulieren. Das periphere Ektoplasma ist gelartiger, das mehr im Zellinnern gelegene Endoplasma ist flüssiger. Eine weitere Möglichkeit, das Actinnetzwerk zu strukturieren, ist die Bildung von **Mikrofilamentbündeln**, in denen mehrere Mikrofilamente parallel zu größeren relativ steifen Bündeln zusammengefasst werden. Actin kann aber nicht nur ein lockeres Maschennetz oder dicke Bündel in der Zelle ausbilden, es kann auch **baumartig verzweigt** sein. Man spricht dann von einem dendritischen Netzwerk. An der Bildung solcher dendritischer Netzwerke sind eine Vielzahl spezieller Proteine beteiligt, denn der Ort

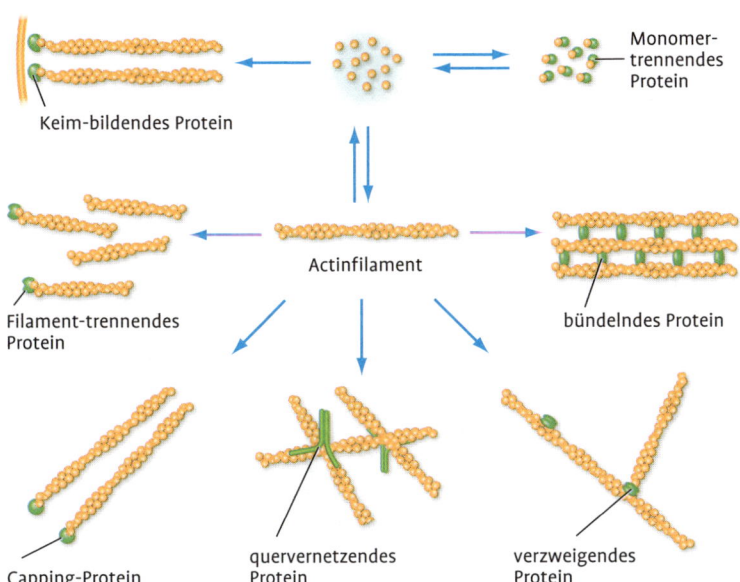

Abb. 2.40

Actin-bindende Proteine steuern das Verhalten der Mikrofilamente.

Monomer-trennendes Protein

Keim-bildendes Protein

Actinfilament

Filament-trennendes Protein

bündelndes Protein

Capping-Protein

quervernetzendes Protein

verzweigendes Protein

der Verzweigung und die Länge des daran wachsenden „Astes" müssen reguliert sein (**Abb. 2.40**). Auslöser für Verzweigungen, Länge, Lage und Dynamik des Actinnetzwerkes sind zumeist extrazelluläre Signale, die die Zelle veranlassen, ihr Cytoskelett als Reaktion auf die Umgebung umzuordnen und den Gegebenheiten anzupassen. Intrazelluläre Signal-vermittler sind z. B. regulatorische GTPasen und Inositol-Phospholipide (**vgl. Kapitel 8**).

Motorproteine

Jede Bewegung in der Zelle ist das Resultat aus mechanischer Arbeit, die sowohl ATP benötigt als auch Proteine, welche die in ATP gespeicherte Energie in Bewegung umsetzen. Ein Kraft erzeugendes Element benötigt jedoch ein Widerlager, was in diesem Fall die Actinfilamente sind. Als che-momechanischer Energiewandler dient eine spezielle Enzymklasse, die sogenannten Motorproteine, welche die Energie aus der ATP-Hydrolyse in Konformationsänderungen und damit in **Schreitbewegungen** entlang von Mikrofilamenten verwandeln.

Der molekulare Motor des Actinsystems ist das **Myosin**, das bei Euka-ryonten eine Superfamilie bildet, die sich in 37 Unterfamilien gliedert. Bei Pflanzen kommen davon nur zwei Familien (Myosin VIII und XI) vor, jedoch folgen alle Myosine einem sehr ähnlichen Bauplan. Sie bestehen aus einem Kopfteil, einer Nackendomäne und einer Schwanzdomäne

Merksatz
Mikrofilamente kön-nen eine ATP-Kappe besitzen, deren Monomere ATP gebunden, aber noch nicht hydrolysiert haben. Dort bindende Cappingproteine sta-bilisieren die Mikrofi-lamentstruktur.

Abb. 2.41

Aufbau und Funktion von Myosin.
(A) Das Myosin VIII gliedert sich in zwei Kopf- und Nackendomänen und eine Schwanzdomäne, die mehrere Subdomänen zur Bindung an Zellstrukturen tragen kann.
(B) Je nach Verankerungsort der Schwanzdomäne kann Myosin folgende zelluläre Bewegungen erzeugen: (1) Verschieben eines Actinfilaments an einem verankerten Actinfilament, (2) Vesikel- bzw. Organellentransport, (3) Entlanggleiten eines Actinfilaments an der Plasmamembran.

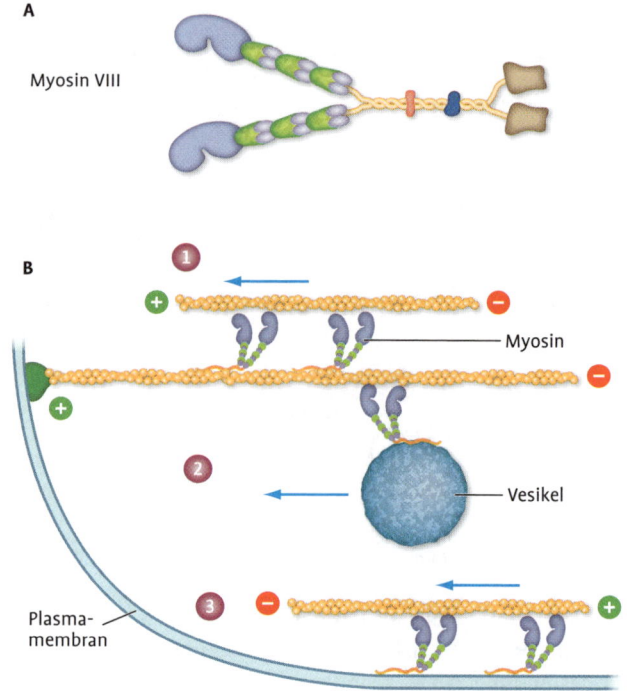

A

Myosin VIII

B

1

Myosin

Vesikel

2

3

Plasma-
membran

(**Abb. 2.41 A**). Die Kopfdomäne ist die eigentliche Motordomäne. Sie ist eine komplexe ATPase, die Actin bindet und dadurch aktiviert wird. Die beiden globulären Köpfchen sind identisch und operieren unabhängig voneinander. Die aus mehreren Subdomänen bestehende Nackendomäne ist relativ starr und die Schwanzdomäne bestimmt, an welche zellulären Strukturen das Myosin bindet. Wie entsteht durch diesen Motor Bewegung? Das Myosinköpfchen hydrolysiert ATP und speichert die Energie als Konformationsspannung. Danach bindet es an das Actinfilament und setzt erst jetzt diese Spannung in eine drastische Konformationsänderung, den sogenannten **Kraftschlag**, um. Das Köpfchen klappt um, wodurch es sich selbst und die an die Schwanzregion gebundene Ladung um einige Nanometer am Actinfilament entlang bewegt. ADP wird gegen ATP ausgetauscht, dadurch löst sich das Köpfchen vom Actinfilament ab, und der Reaktionszyklus kann von neuem beginnen. Durch diesen Zyklus von Bindung, Ablösung und erneuter Bindung kommt es zu einer Schreitbewegung entlang des Mikrofilaments, und zwar in Richtung Plusende. Myosin ist also ein molekularer Schrittmotor. Die Schrittlänge ist unterschiedlich groß. Je nach Myosintyp liegt sie bei 10–15 nm, in den Muskelzellen der Tiere ist sie kürzer (5–7 nm). Sie kann beim pflanzlichen Vesikeltransport durch Myosin XI aber bis zu 35 nm betragen. Da Myosin XI zudem etwa 200 Schritte pro Sekunde ausführen kann, erreichen Vesikel mit diesem Motorprotein eine Geschwindigkeit von 7 µm/s.

Aufgaben des Actinsystems

Sind Myosinmoleküle an die Oberfläche von **Membranvesikeln** oder **Organellen** gebunden, so gleiten diese auf den Schienen der Actinfilamente unter ATP-Verbrauch in Richtung Plusende (**Abb. 2.41 B**). Die kleinen Vesikel erreichen dabei höhere Geschwindigkeiten als die sperrigen Golgi-Stapel (4 µm/s) und Chloroplasten, die vom stärker viskosen Cytoplasma abgebremst werden. Auch Actinfilamente können durch Myosin relativ zu einander verschoben werden, oder – wenn Myosin an der Plasmamembran verankert ist – an der Zellperipherie entlanggleiten. Das Actinsystem ist gleichfalls verantwortlich für die vor allem in Pflanzenzellen auftretende **Cytoplasmaströmung**. An der Grenzschicht zwischen dem gelartigen Ektoplasma und dem flüssigeren Endoplasma liegen lange parallele Bündel von Mikrofilamenten mit uniformer Polarität. Daran gleiten die Organellen mit den auf ihrer Membranoberfläche gebundenen Myosinmotoren aktiv entlang und reißen dabei das Cytosol mit, das sich dadurch in eine Kreisbewegung um die Zentralvakuole herum begibt. Eine starke Cytoplasmaströmung hat man bei Algenzellen beobachtet, bei der Mehrzahl der Pflanzenzellen ist die Cytoplasmaströmung jedoch schwächer ausgeprägt. In der Wachstumszone von Pflanzenteilen mit starkem **Spitzenwachstum** (Pollenschläuche, Wurzelhaar) ist das Actinsystem sowohl für die Stabilisierung dieser schnell wachsenden Regionen verantwortlich als auch für den Vesikeltransport von Materialnachschub für die Zellwandsynthese. Jüngste Arbeiten zeigen, dass Actinfilamente auch am **polaren Transport des Phytohormons Auxin** beteiligt sind (Auxinpumpen werden an den Filamenten gerichtet transportiert und sorgen damit für den Aufbau von Auxingradienten, also für polares Wachstum). Zwei weitere Aufgaben: Die Durchlässigkeit von **Plasmodesmen** wird über Actinfilamente reguliert und es wird angenommen, dass auch der **mRNA-Transport** actinbasiert abläuft. Zur Erzeugung der Zellpolarität (als Grundlage für inäquale Zellteilungen) sollen mRNAs nur in bestimmten Teilen der Zelle abgelesen werden, aber nicht in anderen. Dazu müssen sie dorthin transportiert und auch dort verankert werden. Ob dieses für Hefe aufgestellte Modell auch für höhere Pflanze zutrifft, ist noch unklar. Bei Tieren übernehmen Mikrofilamente noch weitere wichtige Aufgaben, die bei Pflanzenzellen anders gelöst sind: Sie sind essentiell für die amöboide Zellbewegung, für die Zellteilung und für die Ausbildung des peripheren Zellcortex unterhalb der Plasmamembran.

Merksatz

Myosine sind komplexe ATPasen und verwandeln die Energie aus der ATP-Hydrolyse in Konformationsänderungen und damit in Schreitbewegungen entlang von Cytoskelettstrukturen. Myosine wandern zum Plusende der Mikrofilamente und haben eine Schrittlänge von 5–35 nm.

Vielleicht liegt darin die Ursache, warum Tiere so viel mehr **Myosinfamilien** haben als Pflanzen. Immerhin codieren aber die zwei pflanzlichen Myosinfamilien bei Arabidopsis zusammen 17 Myosine, die offensichtlich gewebe- und zellspezifisch exprimiert werden. Interessant ist hierbei, dass allein 13 davon für den Organellen- und Vesikeltransport zuständig sind.

Durch die Verwendung von **Zellgiften** lassen sich actinabhängige Transportvorgänge in der Zelle sichtbar machen. Das Antibiotikum Cytochalasin B bewirkt den Zerfall von Mikrofilamenten, wodurch die Cytoplasmaströmung und der Vesikeltransport zum Erliegen kommen. Hingegen führt Phalloidin, das Gift des Grünen Knollenblätterpilzes, zur Polymerisation aller vorhandenen G-Actin Monomere, wodurch ein F-Actin Netz entsteht, das nicht mehr abgebaut werden kann. Ist Phalloidin mit einem Farbstoff markiert, kann man auf diese Weise relativ einfach das Actinsystem einer Zelle mikroskopisch darstellen, wie es in **Abbildung 2.39 A** geschehen ist.

2.13.2 │ Mikrotubuli

Aufbau und Bildung

Mikrotubuli sind zylinderförmige, lange und relativ starre Proteinröhren, die mit einem Durchmeser von 27 nm etwa viermal so dick sind wie Actinfilamente (**Abb. 2.42**). Sie setzen sich aus Heterodimeren des Tubulins zusammen, die aus zwei einander sehr ähnlichen globulären Proteinen (α-**Tubu-**

Abb. 2.42

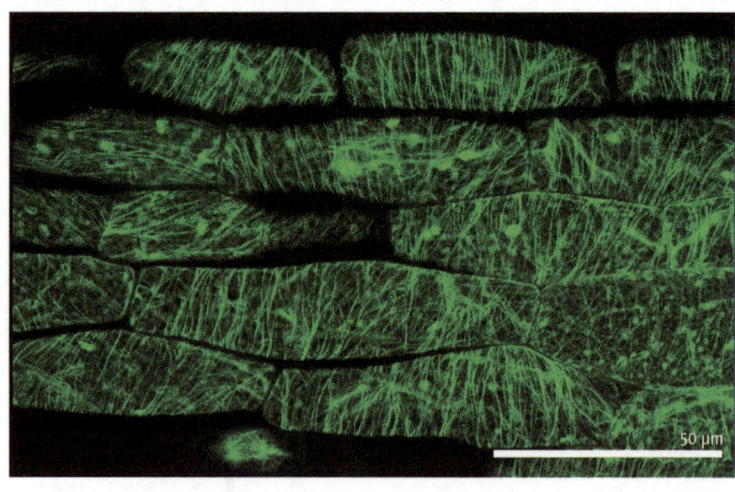

Mikrotubuli. Mikrotubuli in Hypocotylzellen von *Arabidopsis thaliana* nach Anfärbung mit Fluoreszenzfarbstoff-markierten Antikörpern gegen Tubulin. Die sichtbar gemachten Strukturen zeigen nicht einzelne, sondern zu dicken Bündeln zusammengefasste Mikrotubuli, die unterhalb der Zellwand liegen, in den meisten Zellen parallel ausgerichtet sind und wie ein Gürtel um den Zellkörper verlaufen (Originalaufnahme I. Adamakis, Thessaloniki).

50 µm

lin und β-**Tubulin**) bestehen (**Abb. 2.43**). Die Tubulinuntereinheiten lagern sich zu einer langen Kette zusammen, dem **Protofilament**, und sind in 13 parallel zur Längsachse verlaufenden Reihen angeordnet, die die Wand des Mikrotubulus bilden. Die Protofilamente sind leicht gegeneinander verschoben, sodass eine flache Schraube entsteht. Im Protofilament wechseln sich α- und β-Tubulin ab, wodurch der Mikrotubulus eine strukturelle **Polarität** erhält mit α-Tubulin an einem

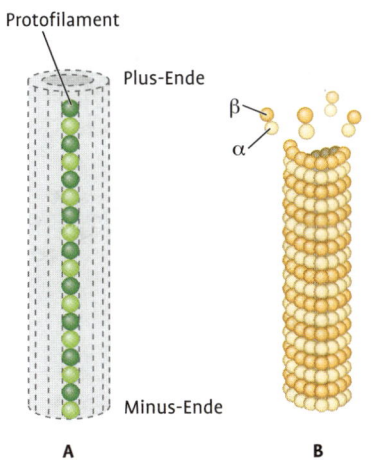

Protofilament
Plus-Ende
β
α
Minus-Ende
A
B

Abb. 2.43

**Aufbau eines Mikro-
tubulus.**
(**A**) Aus α- und β-Tubulin zusammengesetzte Heterodimere bilden ein Protofilament.
(**B**) 13 Protofilamente bilden die Wand des Mikrotubulus. Die Protofilamente sind leicht gegeneinander verschoben, sodass die Struktur einer flachen Schraube entsteht.

Ende und β-Tubulin am anderen. Ähnlich wie wir es bei den Actinfilamenten gesehen haben, wachsen die beiden Enden der Mikrotubuli mit unterschiedlicher Geschwindigkeit. Am Plusende lagern sich Tubulindimere schneller an als am Minusende. Wie kommt es zu diesem Verhalten? Jedes Tubulindimer hat GTP gebunden, was zu einer Konformationsänderung führt, die die Assoziation mit anderen Tubulindimeren fördert. Die GTP-Hydrolyse ist aber nicht notwendig für die Polymerisation, da GTP erst nach dem Einbau des Tubulindimers in den wachsenden Mikrotubulus langsam hydrolysiert wird (GDP bleibt dabei am Protein gebunden). GTP tragende Tubuline lagern sich in der Wand des Mikrotubulus fester zusammen als GDP tragende. Erfolgt die Anlagerung neuer Tubulindimere schneller als die GTP-Hydrolyse, so bildet sich eine sogenannte **GTP-Kappe** aus vollständig GTP tragenden Untereinheiten, die das Plusende des Mikrotubulus stabilisiert (**Abb. 2.44**). Im umgekehrten Fall, also wenn die Addition neuer Dimere relativ langsam abläuft und damit die GTP-Hydrolyse schneller ist, bestehen beide Enden des Mikrotubulus aus GDP-Untereinheiten, wodurch das Plusende instabil wird und GDP-Dimere freisetzt. Hat der Abbau einmal begonnen, setzt er sich schnell fort, da der restliche Mikrotubulus aus GDP-Untereinheiten besteht. Die Konsequenz ist, dass der Mikrotubulus rasch zu schrumpfen beginnt. Dabei verlieren zunächst die Protofilamente untereinaner den Kontakt und krümmen sich nach außen (sie „pellen" sich weg), erst danach zerfallen sie in ihre Untereinheiten (**Abb. 2.44**). Dieses Verhalten bezeichnet man als **dynamische Instabilität**. Dissoziert eine Untereinheit vom Tubulus ab, wird GDP schnell gegen GTP ausgetauscht, da im Cytoplasma die Konzentration von GTP ungefähr zehnmal höher ist als die von GDP. Wie die Actinfilamente sind die Mi-

Merksatz
Mikrotubuli sind etwa viermal so dick wie Actinfilamente. Ihre GTP-Kappe stabilisiert das Plusende des Mikrotubulus. Man geht davon aus, dass nur die Hälfte des Tubulins in den Mikrotubuli vorliegt, die andere Hälfte steht als Vorrat für schnelles Mikrotubuliwachstum zur Verfügung.

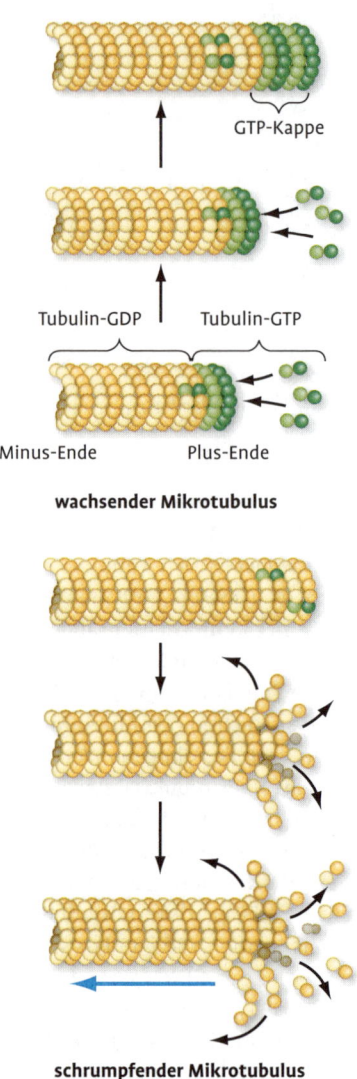

Abb. 2.44

Wachstum und Schrumpfen eines Mikrotubulus. Jedes Tubulinheterodimer hat GTP gebunden, was die Assoziation mit anderen Tubulindimeren fördert. Da GTP erst nach dem Einbau des Tubulindimers in den wachsenden Mikrotubulus langsam hydrolysiert wird, kann sich bei schnellem Wachstum eine GTP-Kappe bilden, die den Tubulus stabilisiert. GDP bleibt nach der Hydrolyse am Protein gebunden. Wächst der Mikrotubuls hingegen langsam, hydrolysieren die Untereinheiten ihr GTP, bevor neue GTP-beladenen Untereinheiten sich anlagern. Das führt zur Instabilität, da GDP-Untereinheiten weniger fest im Tubulus zusammenhalten, und der Tubulus zerfällt (verändert nach Becker et al. 2009).

GTP-Kappe

Tubulin-GDP   Tubulin-GTP

Minus-Ende   Plus-Ende

wachsender Mikrotubulus

schrumpfender Mikrotubulus

krotubuli eine Struktur auf Zeit, die sich im dynamischen Gleichgewicht mit dem Vorrat an Tubulindimeren befindet. Man geht davon aus, dass nur die Hälfte des Tubulins in den Mikrotubuli vorliegt, die andere Hälfte steht als Vorrat für schnelles Mikrotubuliwachstum zur Verfügung.

Mikrotubuli entstehen in der Zelle an spezialisierten Punkten, den **Mikrotubuli organisierenden Zentren (MTOC)**. Die MTOCs enthalten einen weiteren Tubulintyp, das Gammatubulin, das weder mit α- noch mit β-Tubulin Heterodimere bildet. Ein Komplex aus Gammatubulin im Zusammenspiel mit weiteren Proteinen ist der Bildungsort für Mikrotubuli. Dort sind sie mit ihrem Minusende verankert, das Plusende wächst von dort aus weg. In tierischen Zellen ist das Centrosom das MTOC, aber **Pflanzenzellen besitzen keine Centrosomen**. Stattdessen verfügen sie über zahlreiche, mehr diffuse MTOCs, die sich vor allem im peripher gelegenen Zellcortex befinden und während der Mitose an den Polkappen liegen. Pflanzliche MTOCs treten vorzugsweise im Verbund mit bereits vorhandenen Mikrotubuli auf, was sogar zu Verzweigungen führen kann.

Mikrotubuli binden eine Vielzahl von Proteinen, die man zusammenfassend als **Mikrotubuli assoziierte Proteine (MAP)** bezeichnet. Ähnlich wie bei den Actinfilamenten regulieren sie in vielfältiger Weise die Eigenschaften der Mikrotubuli, sie können sie bündeln, vernetzen, zerschneiden, den Zerfall oder die Bildung beschleunigen, die wachsenden Plusenden an anderen zellulären Strukturen (z. B. Membranen) verankern oder durch Blockierung von freien Untereinheiten deren Polymerisation verhindern. Es gibt mehr als hundert MAPs und ihre Zahl wächst ständig. Da wiederum andere Proteine mit MAPs (und damit indirekt mit den Mikrotubuli) interagieren, bildet sich ein regulatorisches Netzwerk, das es der Zelle gestattet, ihr Cytoskelett fortwährend umzuformen und den Gegebenheiten anzupassen. Dabei spielen auch Ca^{2+}-Ionen eine Rolle, die in Konzentrationen über $0,1\ \mu M$ zur Depolymerisation der Mikrotubuli führen.

Motorproteine erzeugen Bewegung

Beim Actinsystem wurde bereits der grundsätzliche Aufbau von Motorproteinen besprochen, die chemische Energie in Konformationsänderungen und damit in Schreitbewegungen entlang von Filamenten verwandeln. Ähnlich verhält es sich mit den Mikrotubuli, die als Schienen und Widerlager für ihre molekularen Motoren dienen. Während es bei den Actinfilamenten nur eine Art von Motoren gibt (Myosin), verfügen Mikrotubuli über zwei verschiedene Typen, das Kinesin und das Dynein, die beide ATP hydrolysieren und die frei werdende Energie in Konformationsänderungen umsetzen.

Kinesin: Kinesine bilden eine Familie von Proteinen, die einige Unterschiede aufweisen, aber einem allgemeinen Bauplan folgen: Sie bestehen aus dem globulären Kopfteil, der ATP hydrolysiert und an Actin bindet, und aus einer ziemlich langen Schwanzdomäne, an deren Ende sich Bindestellen für die zu befördernden zellulären Strukturen (z.B. Vesikel) befinden (**Abb. 2.45**). Der Schwanzteil bestimmt den Frachttyp entweder direkt oder indirekt über die Bindung von Adapterproteinen. Pflanzliche Kinesine

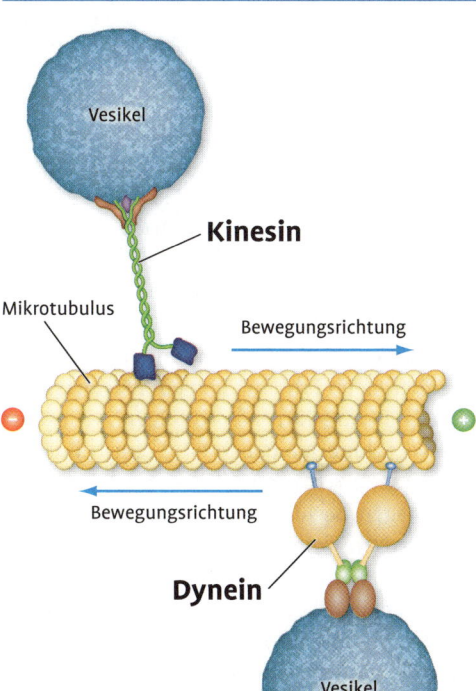

Abb. 2.45

Die Motorproteine Kinesin und Dynein. Beide wandeln die in ATP gespeicherte chemische Energie in Bewegung um, wobei ihre Kopfdomänen die eigentlichen Motoren sind (sie hydrolysieren das ATP und sie binden an den Mikrotubulus). Die Schwanzdomänen legen den Frachttyp fest (in unserem Fall ein Vesikel). Kinesine sind Plusmotoren, Dyneine sind Minusmotoren (verändert nach Becker et al. 2009).

Vesikel

Kinesin

Mikrotubulus

Bewegungsrichtung

Bewegungsrichtung

Dynein

Vesikel

Abb. 2.46

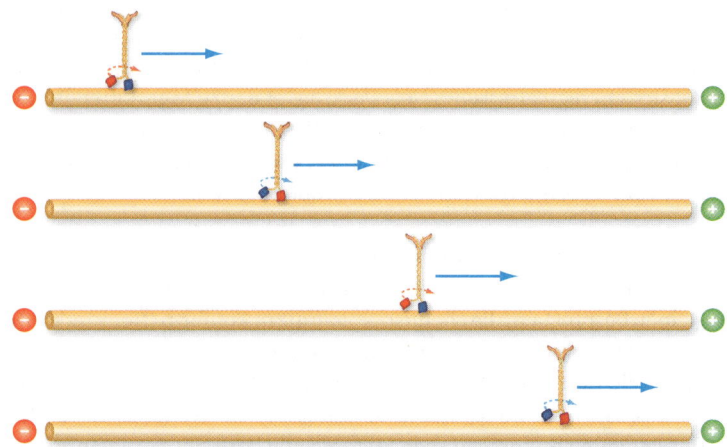

Bewegung von Kinesin auf einem Mikrotubulus. Die beiden Motordomänen sind hier in rot und blau dargestellt (sie sind jedoch identisch). Kinesin schreitet voran, indem das vordere (in Schrittrichtung gelegene) Köpfchen am Tubulus gebunden ist, während das hintere sich ablöst und mit einem Schritt von 8 nm nach vorn gebracht wird. Kinesin ist dann für den nächsten Schritt bereit. Jeder Schritt verbraucht ein ATP-Molekül (verändert nach Buchanan et al. 2000).

können zwei oder vier Motorköpfchen besitzen. Sie bewegen sich auf den Mikrotubuli durch einen **Schreitmechanismus**, der in **Abb. 2.46** genauer erläutert wird. Kinesine sind in der Regel **Plusmotoren**, sie bewegen sich zum Plusende der Mikrotubuli (kürzlich wurden aber auch Minusmotorkinesine bei Pflanzen gefunden). Ihre Hauptaufgabe liegt im Vesikel- und Organellentransport, sie können aber auch mRNAs und Multiproteinkomplexe im Cytoplasma verfrachten. Im Experiment kann man Kinesin mit einem markierten Protein beladen (z. B. mit GFP, dem grünfluoreszierenden Protein, dem ein Extrakapitel gewidmet wurde, **vgl. Kapitel 12.3**) und im Mikroskop verfolgen, wie es sich am Mikrotubulus entlang bewegt. Kinesine haben eine Schrittlänge von etwa 8 nm und können bis zu 100 Schritte weit laufen, also die Entfernung von fast 1 μm zurücklegen, bevor sie vom Mikrotubulus abfallen. Kinesine bilden bei den Eukaryonten eine Superfamilie mit 14 Mitgliedern, von denen 10 Familien bei Pflanzen vorkommen (*Arabidopsis* verfügt über insgesamt 61 Kinesingene). Die ähnliche Struktur zwischen Kinesinen und Myosinen deutet auf einen gemeinsamen evolutionären Ursprung hin. Vor kurzem wurde herausgefunden, dass es eine Kinesinfamilie gibt, die sowohl an Mikrotubuli als auch an Actinfilamente zu binden vermag und damit eine Brücke zwischen beiden Cytoskelettsystemen herstellt. Es wurde nämlich schon früher beobachtet, dass bei Pflanzen cortikale Mikrotubuli und Actinfilamente überraschenderweise eine Assoziation eingehen können.

Dynein: Die Dyneine unterscheiden sich im Bau erheblich von den Kinesinen, jedoch wird auch bei ihnen die im ATP gespeicherte chemische Energie in Bewegung umgesetzt. Das Vorkommen von Dyneinen bei höheren Pflanzen war bis vor kurzem unklar. Nach der Sequenzierung des ersten Pflanzengenoms bei der zweikeimblättrigen (= dicotylen) Modellpflanze *Arabidopsis thaliana* wurden keine Dyneingene gefunden. Jüngste genomische und zellbiologische Analysen von einkeimblättrigen (= monocotylen) Pflanzen zeigten jedoch, dass bei Reis und Mais Dyneine vorkommen. Bei Tieren bilden Dyneine eine Superfamilie, die sich in 10 Familien aufgliedert. Die **cytoplasmatischen Dyneine** sind sehr große Proteine von 5000 Aminosäuren Länge, die aus zahlreichen Domänen bestehen. Aus den beiden großen Motorkopfteilen ragt jeweils ein dünner Stiel mit einer terminalen Tubulinbindedomäne heraus (**Abb. 2.45**), der nach ATP-Hydrolyse einen Schritt von 8 nm macht. Der Schwanzteil bindet über einen anderen hochmolekularen Adapterproteinkomplex (Dynactin) an Rezeptorproteine (z. B. Spectrin) auf der Oberfläche von Vesikeln und Organellen. Dyneine sind durchweg Minusmotoren, sie bewegen sich zum Minusende der Mikrotubuli. Damit können sich Vesikel je nach Motorprotein in anterograder oder retrograder Richtung bewegen (**Abb. 2.47**). Es wurde beobachtet, dass Mitochondrien und Vesikel ihre Bewegungsrichtung abrupt ändern können. Offenbar wechseln sie dazu das Motorprotein (z. B. von Kinesin zu Dynein) oder sie wechseln auf ein anderes Schienensystem (z. B. von den Mikrotubuli auf die Actinfilamente) und koppeln dazu einen Myosinmotor an.

Merksatz

Kinesine und Dyneine sind mikrotubulispezifische Motorproteine. Beide hydrolysieren ATP und haben eine Schrittlänge von 8 nm. Kinesine bewegen sich zum Pluspol, Dyneine zum Minuspol der Mikrotubuli.

Aufgaben des Mikrotubulisystems

Augenfälligste Funktion der Mikrotubuli ist die Ausbildung der **Mitosespindel** während der Zellteilung. Die Arbeitsweise der Mikrotubuli wird in **Kapitel 3** im Detail erklärt. Während bei tierischen Zellen unterhalb der Plasmamembran der aus Actinfilamenten aufgebaute Zellcortex liegt, findet sich dort bei Pflanzenzellen ein **Cortex** aus gebündelten und parallel angeordneten Mikrotubuli, der die Plasmamembran während der Interphase von innen auskleidet. Macht sich eine Zelle teilungsbereit, verlagern sich die cortikalen Mikrotubuli und markieren den späteren **Spindeläquator**. Die Mikrotubuli im Zellcortex spielen eine wichtige Rolle bei der **Zellwandsynthese**, hier geben sie die Orientierung der Zellulosemikrofibrillen vor. Wie die Actinfilamente sind sie auch am **Vesikel- und Organellentransport** beteiligt. Allerdings nutzen Pflanzenzellen im Unterschied zu tierischen Zellen für den Transport von Organellen (Mitochondrien, Plastiden), vor allem das Actinsystem, Peroxisomen werden

Abb. 2.47

Mikrotubuli und Vesikeltransport im Endomembransystem. Von einem MTOC im peripher gelegenen Ektoplasma reichen Mikrotubuli ins Zellinere und zur Plasmamembran. Je nach angekoppeltem Motorprotein bewegen sich die Vesikel anterograd bzw. retrograd. Offenbar stabilisieren Mikrotubuli auch den Golgi-Stapel – werden sie durch ein Zellgift depolymerisiert, so stoppt nicht nur der Vesikeltransport, sondern der Golgi-Stapel zerfällt ebenfalls.

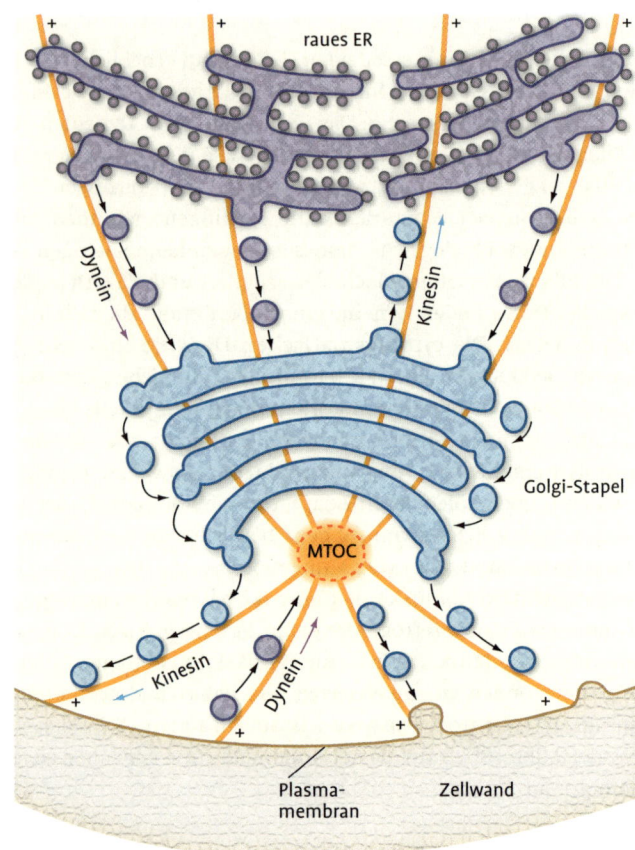

ausschließlich an Actinfilamenten bewegt. Jüngste Ergebnisse zeigen, dass Mikrotubuli auch als Sensoren für sinkende Temperaturen und für mechanische Reize wirken können. Der Einsatz von Zellgiften gestattet, zelluläre Bewegungsvorgänge sichtbar zu machen, die von Mikrotubuli abhängig sind. Das schon seit vielen Jahrzehnten eingesetzte Colchicin (Alkaloid der Herbstzeitlosen) bindet an ß-Tubulin und verhindert dadurch die Polymerisation von Tubulindimeren zu Mikrotubuli, wodurch keine Mitosespindel mehr ausgebildet werden kann. Das aus der Eibe isolierte Taxol wiederum bewirkt, dass sich alle freien Tubulindimere zu Mikrotubuli zusammenlagern, die nicht mehr abgebaut werden können. Der Effekt ist derselbe, die Tubulindynamik ist „eingefroren" und die Zelle kann sich nicht mehr teilen.

Geißeln enthalten stabile Mikrotubuli

Bei einzelligen Algen (*Chlamydomonas reinhardtii*), koloniebildenden Algen (Volvox) und den beweglichen Spermatozoiden einiger Farne und Moose findet man Geißeln als Fortbewegungsorgan. Die Eukaryontengeißeln unterscheiden sich strukturell und funktionell grundlegend von den Bakteriengeißeln. Letztere rotieren und strudeln dabei das Bakterium durch das Medium, während die Eukaryontengeißel eine sinusförmige Schlagbewegung ausführt, also die Zelle durch das Wasser rudert. Geißeln sind aus stabilen Mikrotubuli aufgebaut und zeigen einen ganz charakteristischen Querschnitt, das **9+2-Muster**: zwei Einzeltubuli sind von einem Kranz von neun Doppeltubuli umgeben (**Abb. 2.48**). Die Doppeltubuli bilden ein sogenanntes Duplett, nur der A-Tubulus besteht hier aus 13 Protofilamenten. Der B-Tulus ist mit seinen zehn Protofilamenten seitlich an den A-Tubulus angesetzt. Die Dupletts sind untereinander über elastische Proteine (Nexine) vernetzt und über Radialspeichen mit den zentralen Tubuli verbunden. Als Motorproteine fungieren spezielle, sehr komplex aufgebaute **Geißeldyneine**, die über zwei bzw. drei Motorköpfchen verfügen. Über ihre Schwanzdomänen sind sie mit dem einen Mikrotubulus verbunden, während ihre Kopfdomänen mit dem benachbarten Mikrotubulus in Kontakt treten, wodurch die beiden Mikrotubuli aneinander vorbeigleiten. Da sie jedoch über Nexine und Speichen untereinander vernetzt sind, wird die resultierende parallele Gleitbewegung in die charakteristische Geißelbiegung umgewandelt (**Abb. 2.48**). Diese Biegung beginnt an der Geißelbasis und setzt sich koordiniert und zeitlich versetzt bis zur Spitze fort (= Kraftschlag), darauf folgt der Erholungsschlag, der die Ausgangssituation wiederherstellt. Die Gesamtstruktur des komplexen Cytoskelettapparates, der die Geißel längs durchzieht, wird als **Axonema** bezeichnet. Außen ist die Geißel von einer Membran überzogen, die eine Ausstülpung der Plasmamembran darstellt. An ihrer Basis ist sie im kortikalen Cytoplasma der Zelle fixiert, wo der sogenannte Basalkörper zu finden ist, der als MTOC die Geißel ausbildet. Der **Basalkörper** hat eine charakteristische Struktur (**Abb. 2.49**), er ist ein kurzer Zylinder aus neun Mikrotubulitriplets, dem die beiden zentralen Mikrotubuli der Geißel fehlen. Nur die innersten Mikrotubuli der Triplets bestehen aus 13 Protofilamenten. Die anderen beiden sind seitlich schräg angesetzt. Er ähnelt in seiner Struktur dem tierischen Centriol. Aus dem Basalkörper wächst die Geißel heraus und dort, wo die neun Tubulitriplets in die neun peripheren Geißeldupletts übergehen, beginnen auch die beiden zentralen Mikrotubuli. Da das Schlagen der Geißel starke mechanische Kräfte auf die Zelle ausübt, muss sie fest in der Zelle verankert sein. Zu diesem Zweck ragen vom Basalkörper lange Mikrotubulibündel, die sogenannten **Geißelwurzeln**, tief ins Zellinnere hinein, wo sie die Geißel fixie-

Abb. 2.48

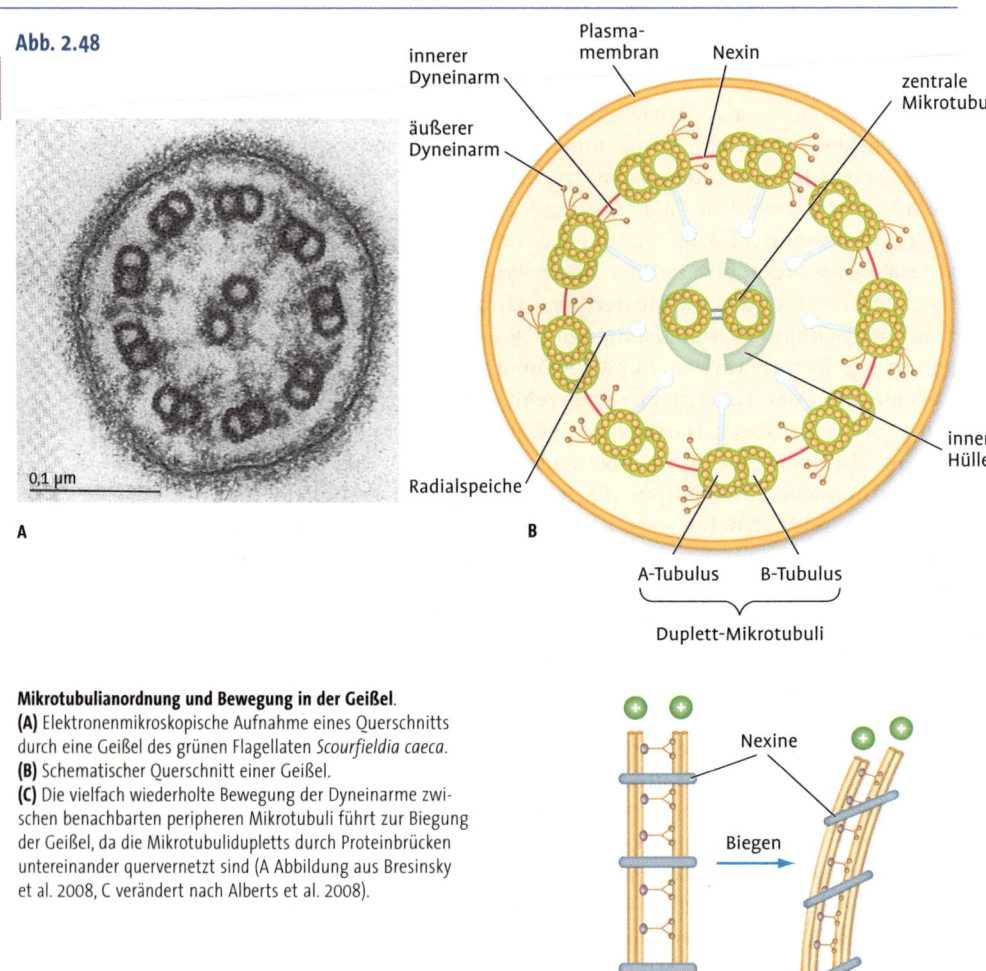

Mikrotubulianordnung und Bewegung in der Geißel.
(A) Elektronenmikroskopische Aufnahme eines Querschnitts durch eine Geißel des grünen Flagellaten *Scourfieldia caeca*.
(B) Schematischer Querschnitt einer Geißel.
(C) Die vielfach wiederholte Bewegung der Dyneinarme zwischen benachbarten peripheren Mikrotubuli führt zur Biegung der Geißel, da die Mikrotubulidupletts durch Proteinbrücken untereinander quervernetzt sind (A Abbildung aus Bresinsky et al. 2008, C verändert nach Alberts et al. 2008).

ren. Die Struktur des Basalkörpers ist identisch mit der von Centriolen, die den Pflanzen fehlen, aber bei Tieren im Centrosom sitzen (**vgl. Kapitel 3**). Da die Mikrotubuli der Geißel mit ihrem Minusende am Basalkörper inseriert sind, muss Tubulin nach seiner Synthese aus dem Cytoplasma der Zelle zusammen mit den anderen benötigten Strukturproteinen an die Spitze der wachsenden Geißel transportiert werden. Dafür gibt es spezielle, sehr komplex aufgebaute Transportstrukturen, die interflagella-

Abb. 2.49

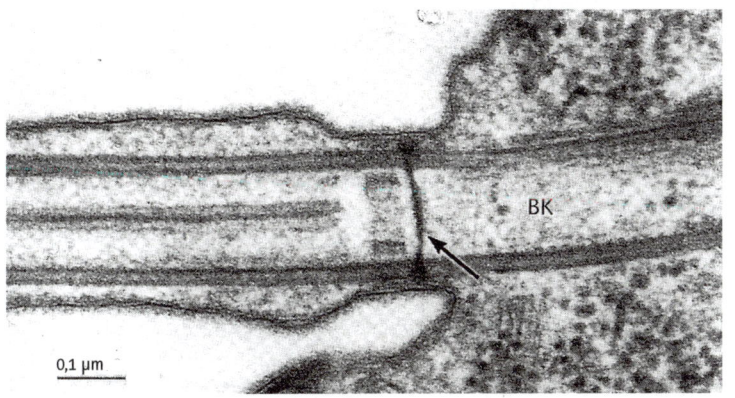

0,1 µm

Basalkörper der Geißel. Elektronenmikroskopische Aufnahme eines Querschnitts durch die Geißelbasis und den Basalkörper (BK) des grünen Flagellaten *Scourfieldia caeca*. Links von der Basalplatte (Pfeil) wächst die Geißel aus dem Basalkörper heraus. Erst dort beginnen die beiden zentralen Mikrotubuli, die dem Basalkörper rechts von der Basalplatte fehlen. Dafür besteht der Basalkörper aus Dreifachtubuli, während die äußeren Tubuli der Geißel Doppeltubuli sind, deren Doppelnatur im Bild gut erkennbar ist (vergleiche auch Abb. 2.48 A, Abbildung aus Bresinsky et al. 2008).

Merksatz
Geißeln sind aus stabilen Mikrotubuli aufgebaut und zeigen einen ganz charakteristischen Querschnitt, das 9+2-Muster. An ihrer Basis sind sie im cortikalen Cytoplasma der Zelle durch den Basalkörper fixiert, der als MTOC die Geißel ausbildet. Der Basalkörper ähnelt in seiner Struktur dem tierischen Centriol.

ren Transportvehikel (nicht Vesikel!), die als Multiproteinkomplexe ihre Ladung auf den Mikrotubulischienen mit Kinesin als Motor an die Spitze der Geißel bringen, und, falls die Geißel umgebaut wird, ihre Fracht mit Dynein als Motor zurück transportieren.

Intermediärfilamente

2.13.3

Aufbau und Bildung

Intermediärfilamente bilden die dritte Klasse zellulärer Cytoskelettstrukturen. Sie heißen „intermediär", weil ihr Durchmesser von 10–15 nm größer ist als der von Actinfilamenten (7 nm), aber erheblich dünner als der von Mikrotubuli (28 nm). Intermediärfilamente bilden lange Seile, die sich aus zahlreichen verdrillten Strängen zusammensetzen, worauf ihre große **Zugfestigkeit** beruht. Ihre Monomere sind langgestreckte, fibrilläre Proteine, die einen langen stäbchenförmigen α-helikalen Zentralteil aufweisen mit zwei globulären terminalen Domänen (**Abb. 2.50 A**). Zwei Monomere bilden dann stabile Dimere, indem sie sich mit ihren α-helikalen Zentraldomänen umeinander wickeln. Zwei solcher Dimere bilden ein Tetramer, die sich danach zu Protofilamenten zusammenlagern. Acht Protofilamente bilden schließlich die seilartig verdrillte 10 nm breite Fibrille. Durch assoziierte Proteine können Intermediärfilamente gebündelt und quervernetzt werden, um die Zugfestigkeit und Widerstands-

Abb. 2.50

Aufbau von Intermediärfilamenten.
(A) Identische Monomere lagern sich mit ihren langen zentralen Bereichen parallel zu Dimeren zusammen. Dimere lagern sich dann antiparallel zu Tetrameren zusammen, die Kopf an Kopf zu einem Protofilament assoziieren. Acht Protofilamente bilden schließlich das fertige Intermediärfilament.

Merksatz
Intermediärfilamente heißen „intermediär", weil ihr Durchmesser größer ist als der von Actinfilamenten, aber erheblich dünner als der von Mikrotubuli. Sie bilden lange, seilartig verdrillte Stränge und besitzen sehr hohe Zugfestigkeit. Im Gegensatz zu Actinfilamenten und Mikrotubuli weisen Intermediärfilamente keine Polarität auf.

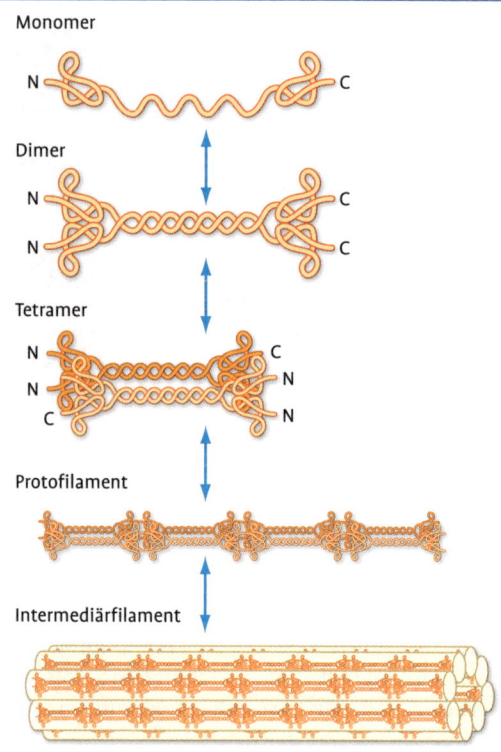

fähigkeit zu erhöhen. Die terminalen globulären Domänen der Intermediärfilamente können zelluläre Strukturen an diesen zugfesten Seilen verankern. Im Gegensatz zu Actinfilamenten und Mikrotubuli weisen Intermediärfilamente keine Polarität auf.

Funktion

Die Existenz von Intermediärfilamenten bei höheren Pflanzen war lange Zeit umstritten. Es gilt jedoch heute als gesichert, dass von den sechs Klassen, die man von tierischen Zellen her kennt, mindestens zwei Klassen auch bei höheren Pflanzen vorkommen. Intermediärfilamente bilden die **Kernlamina**, die die Kernhülle auf ihrer Innenseite auskleidet, stützt und als Ankerpunkt für Kernporen und Chromatinfasern dient. Zu Beginn der Mitose werden die Lamine reversibel phosphoryliert und die Kernlamina zerfällt in die einzelnen Lamine (**Abb. 2.50 B**). Gegen Ende der Mitose entfernt eine Phosphatase die lamingebundenen Phosphatreste, wodurch die Lamine wieder zur Lamina polymerisieren und sich die Kernhülle zurückbildet. Die zweite Gruppe von Intermediärfilamenten, die bei Pflanzen gefunden wurden, gehören zur Keratinfamilie. Sie durchziehen das Cytoplasma und colokalisieren oft mit Mikrotubuli. Die restlichen Intermediärfilamentklassen werden bei höheren Pflanzen offenbar nicht benötigt, da die Zellwand viele der mechanischen Aufgaben übernimmt, die in tierischen Zellen von Intermediärfilamenten ausgeübt werden.

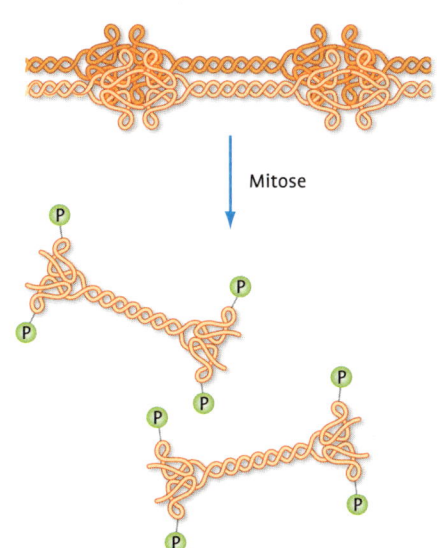

Mitose

Abb. 2.50

(B) Kernlamina. Während der Mitose werden zum Ende der Prophase die Lamine der Kernlamina phosphoryliert, was zum Zerfall der Kernlamina führt. Lamine enthalten mehrere Phosphorylierungsstellen, die von zellzyklusspezifischen Kinasen erkannt werden. Am Übergang von der Metaphase in die Anaphase entfernen Phosphatasen die Phosphatreste, sodass sich in der Telophase die Kernlamina und damit auch die Kernhülle wieder ausbilden kann (verändert nach Buchanan et al. 2000).

Zellwand | 2.14

Der Besitz einer Zellwand ist ein grundlegendes Merkmal, das Pflanzenzellen von tierischen Zellen unterscheidet. Es waren die Zellwände in einem Korkschnitt, die Robert Hooke 1665 mit seinem einfachen Mikroskop beobachtete und die ihn zur Feststellung veranlassten, dass der Kork aus vielen kleinen Kammern bestünde, die er als „Zellen" bezeichnete. Diese Beobachtung trifft auch heute noch auf den Gewebeverband einer Pflanze zu: viele kleine Schachteln sind zusammengekittet und in jeder lebt eine kleine empfindliche Zelle. Wir können künstlich die Zellwand entfernen, der nackte Protoplast ist jedoch äußerst verletzlich und nur im Zellkulturmedium lebensfähig. Er synthetisiert sich binnen 24 Stunden eine neue Zellwand, denn er braucht sie als Exoskelett. Auf der Zellwand beruhen viele Eigenschaften der Pflanzen. Sie ist fest und bestimmt Größe und Form einer Zelle und damit auch indirekt die Gewebestruktur. Sie ist auch das Widerlager für den Turgor. Mit dem Begriff einer Wand assoziiert man immer etwas Starres, Unbewegliches und Totes. Die Zellwand ist jedoch keine leblose Ausscheidung und Abgrenzung, vielmehr ist sie recht elastisch und steht in engem Kontakt und ständiger Wechselwirkung mit dem Protoplasten und wird als integraler Bestandteil einer lebenden Pflanzenzelle angesehen. Man hatte deshalb vor einiger Zeit versucht, die Bezeichnung „Zellwand" durch den Begriff

Merksatz
Die Zellwand ist keine leblose Ausscheidung der Zelle, vielmehr ist sie recht elastisch und steht in engem Kontakt und ständiger Wechselwirkung mit dem Protoplasten. Sie wird als integraler Bestandteil einer lebenden Pflanzenzelle angesehen.

„Extrazelluläre Matrix" (der auch bei tierischen Zellen geläufig ist) zu ersetzen – jedoch ohne Erfolg.

2.14.1 Chemische Zusammensetzung

Cellulose ist der charakteristische Bestandteil pflanzlicher Zellwände und sie ist eingebettet in eine Grundsubstanz aus Pektinen und Hemicellulosen. Diese drei Kohlenhydratgruppen bilden die Hauptbestandteile der Zellwand. Hinzu kommen Zellwandproteine sowie Einlagerungen von Lignin und anderen Substanzen. Je nach Entwicklungszustand und Spezialisierung der Zelle kommen mehrere dieser Komponenten in unterschiedlichen Mengen in der Zellwand vor. Die Zellwand einer lebenden Zelle ist stark wasserhaltig, ihre Bestandteile liegen daher in gequollenem Zustand vor.

Pektine

Pektine sind eine heterogene Gruppe saurer, hydrophiler Polysaccharide, die extrem hydratisiert in der Zellwand vorliegen. Sie sind zumeist Mischpolymerisate aus Galacturonsäure und Rhamnose und tragen kurze Zuckerseitenketten. Die Carboxylgruppen der Galacturonsäuremoleküle können über zweiwertige Ionen (Ca^{2+} und Mg^{2+}) Ionenbindungen eingehen oder mit Methylalkohol verestert sein. Sie bilden dadurch ein **dreidimensionales Netzwerk**, das die Beschaffenheit eines plastischen und sehr quellungsfähigen Gels hat. Pektine kommen in den Zellwänden vieler Früchte vor und ihre Gelierfähigkeit wird seit Jahrhunderten zur Konfitüreherstellung ausgenutzt.

Hemicellulosen

Hemicellulosen sind größer, aber weniger hydrophil als Pektine. Ursprünglich hielt man sie für Zwischenprodukte der Cellulosebiosynthese, was jedoch nicht zutrifft. Der Name blieb jedoch erhalten. Hemicellulosen sind eine heterogene Gruppe von Polysacchariden, deren Grundbausteine Pentosen (z.B. Xylose und Arabionse) und Hexosen (z.B. Glucose, Mannose, Galactose) sind. Hemicellulosen tragen keine Säuregruppen, können aber kurze Zuckerseitenketten besitzen.

Cellulose

Cellulose ist ein Polysaccharid, an dessen Aufbau jedoch im Unterschied zu den heterogenen Hemicellulosen und Pektinen nur ein einziges Zuckermolekül beteiligt ist, die β-Glucose. Die Glucosemoleküle sind β-1,4 verknüpft (**Abb. 2.51**) und bilden lange, unverzweigte und gestreckte Ketten mit 1000–10 000 Glucoseeinheiten. Diese Ketten lagern sich über Wasserstoffbrücken längs aneinander und bilden Elementarfibrillen, welche sich

Abb. 2.51

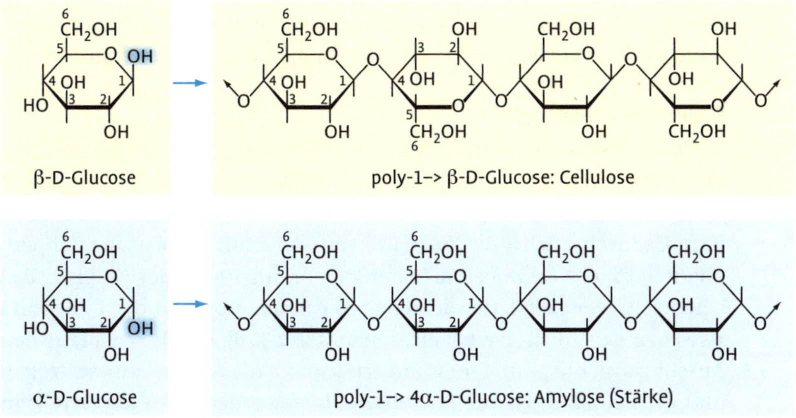

β-D-Glucose · poly-1–> β-D-Glucose: Cellulose

α-D-Glucose · poly-1–> 4α-D-Glucose: Amylose (Stärke)

Cellulose und Stärke. Das C1-Atom der β-Glucose bindet an das C4-Atom des folgenden Glucose-restes, es entsteht eine β-1,4-glycosidische Bindung. Polymerisiert hingegen α-Glucose über α–1,4-glycosidische Bindungen, so entsteht Amylose (Trivialbezeichnung Stärke). Beachten Sie die Stellung der OH-Gruppen, bei Cellulose steht jeder zweite Glucose-Rest auf dem Kopf. Cellulose ist nie verzweigt, Stärke kann hingegen Verzweigungen über α–1,6-glycosidische Verknüpfungen ausbilden.

zu noch dickeren Fibrillen zusammenlagern können, wie weiter unten näher besprochen wird. Die Celluloseketten sind in den Fibrillen streng parallel gelagert und können dadurch eine kristallartige Struktur ausbilden mit einer Reißfestigkeit, die der von Stahl nahekommt. In der Zellwand sind die Cellulosefibrillen eingebettet in die amorphe Matrix der Pektine und Hemicellulosen.

Zellwandproteine

Eine junge Zellwand besteht zu 90 % ihres Trockengewichts aus den drei genannten Kohlenhydratgruppen und zu 10 % aus Proteinen. Es handelt sich dabei um **Glycoproteine**, die ungewöhnlich stark glycosyliert sind, also einen sehr hohen Zuckeranteil besitzen, und nach der jeweils vorherrschenden Aminosäure benannt werden: prolinreiche, hydroxyprolin-reiche und glycinreiche Zellwandproteine. Die Proteinkette bildet eine steife Stabstruktur, die von einer voluminösen Zuckerhülle umgeben ist. Diese Proteine assoziieren leicht miteinander und verfestigen dadurch die Zellwandmatrix. Bekannteste Vertreter sind die Expansine und die Extensine. Die hydroxyprolinreichen Zellwandproteine sind entfernt mit den Kollagenen verwandt, die in der tierischen Zelle das wichtigste Strukturprotein der extrazellulären Matrix darstellen. Offensichtlich haben die Gene beider Proteingruppen einen gemeinsamen phylogenetischen

Ursprung, der noch vor der Trennung von pflanzlichen und tierischen Zellen liegt. Neben den Strukturproteinen findet man auch Enzymproteine wie Peroxidasen und Pektinasen in der Zellwand der Pflanzen.

2.14.2 Bildung der Zellwand

In **Kapitel 3** wird erläutert, dass sich im Verlauf der Cytokinese eine Zellplatte zwischen den beiden Tochterzellen bildet, die aus der Fusion von Golgi-Vesikeln entsteht, welche Pektine für den Zellwandaufbau anliefern. Dadurch wächst die Zellplatte vom Zentrum in Richtung Zellperipherie (**Abb. 2.52 A**), wobei aus dem Membranmaterial der Golgi-Vesikel beiderseits der Zellplatte die neuen Plasmamembranen der Querwand zwischen den Tochterzellen entstehen (**Abb. 2.52 B**). Hat die Zellplatte den Anschluss an die Mutterzellwand erreicht, ist die Abtrennung vollzogen und die Zellplatte ist zur **Mittellamelle** geworden (blau dargestellt in **Abb. 2.52 C**). Jetzt wird von den Golgi-Vesikeln neues Zellwandmaterial antransportiert, das neben Pektinen auch Hemicellulosen enthält (grün dargestellt in **Abb. 2.52 D**) und auf die Mittellamelle von beiden Seiten her aufgelagert wird. Diesmal beginnt dieser Prozess jedoch an der Zellperipherie und schreitet nach innen fort (**Abb. 2.52 D**). Es entsteht die Primärwand der Zelle, die durch immer weitere Auflagerungen von Golgi-Vesikelmaterial, das nun neben Pektinen und Hemicellulosen auch Strukturproteine enthält (gelb dargestellt in **Abb. 2.52 E**), in ihrer Dicke zunimmt. Die **Primärwand** enthält nur wenig Cellulose (10–15 %), aber woher kommen die sperrigen Cellulosefibrillen? Sie werden an Ort und Stelle in der neuen Plasmamembran von einem großen Enzymkomplex synthetisiert. Diese **Cellulosesynthase** ist ein Transmembranprotein, das die Plasmamembran durchspannt. Es erhält die Glucoseeinheiten aus dem Cytoplasma, polymerisiert sie und scheidet den gebildeten Cellulosestrang nach außen in die frisch aufgelagerte Primärwand ab. Die Cellulosesynthase liegt als hexamerer Rosettenkomplex vor, der einer Spinndüse ähnlich sechs Cellulosestränge ausscheidet, die sich unmittelbar danach zu Elementarfibrillen zusammenlagern und in die Primärwand eingebaut werden. Der cytoplasmatische Glucosedonor ist die Saccharose, die vom Enzym Saccharosesynthase, welche auf der cytoplasmatischen Seite an die Cellulosesynthase andockt, in Glucose und Fructose zerlegt wird (**Abb. 2.53 A**). Bei diesem Vorgang entsteht UDP-Glucose (= Uridindiphospho-Glucose), die das direkte Substrat für die Cellulosesynthase darstellt. Mehrere Rosettenkomplexe können zu dicht gepackten Rosettenfeldern zusammentreten (**Abb. 2.53 B**), die sich in der zähflüssigen Plasmamembran wie eine Flotte bewegen und dabei einen Schweif von Cellulosefibrillen hinter sich lassen. Der Vorschub erfolgt passiv durch den Schub der sich verlängernden Cellulosefibrillen. Es ist mittlerweile

Merksatz

Die Zellwand wird aus vier Stoffgruppen gebildet. Golgi-Vesikel liefern Pektine, Hemicellulose und Glycoproteine an. Cellulosefibrillen werden in der Plasmamembran vom Cellulosesynthasekomplex aus Glucosevorstufen polymerisiert und nach außen ausgeschieden. Die Cellulosesynthasekomplexe bewegen sich auf den Schienen der cortikalen Mikrotubuli und legen damit die Ausrichtung der Cellulosefibrillen fest.

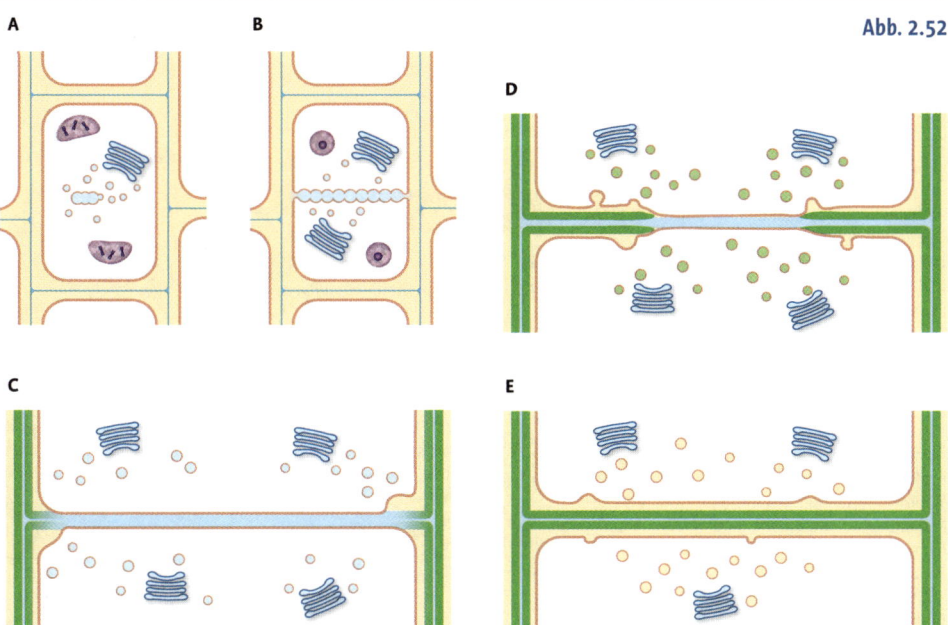

Bildung der Mittellamelle und der Primärwand.
(A) Bildung der Zellplatte,
(B) Fusion der Zellplatte mit der Mutterzellwand,
(C) die Mittellamelle zwischen den Tochterzellen ist entstanden,
(D) Beginn der Bildung der Primärwand,
(E) weitere Schichten der Primärwand werden aufgelagert. Weitere Erläuterungen im Text
(verändert nach Weiler und Nover 2008).

erwiesen, dass diese Rosettenkomplexe von den Schienen der cortikalen Mikrotubuli, die dicht unterhalb der Plasmamembran verlaufen, geführt werden (**Abb. 2.53 C**). Ungefähr 100 Cellulosestränge lagern sich spontan zu Elementarfibrillen zusammen, die sich zu Fibrillen höherer Größenklassen vereinigen können: Etwa 30 Elementarfibrillen bilden eine Mikrofibrille, mehrere Mikrofibrillen bilden eine Makrofibrille (**Abb. 2.53 C**). Innerhalb einer Elementarfibrille werden die Cellulosestränge über Wasserstoffbrückenbindungen zusammengehalten.

Aufbau der Zellwand
2.14.3

Junge und noch wachsende Zellen unterscheiden sich im Aufbau ihrer Zellwand von ausgewachsenen Zellen. Sie besitzen eine Zellwand im primären Zustand, deren Schichtung im Folgenden genauer betrachtet wird.

Abb. 2.53

Cellulosesynthase.
(A) Der Cellulosesynthasekomplex besteht aus mehreren Untereinheiten, die eine hexamere Rosette bilden. Saccharose aus dem Cytoplasma wird von der Saccharosesynthase in Fructose und UDP-Glucose gespalten. Die UDP-Glucose ist das Substrat für die Cellulosesynthase. Das bei der Glucosepolymerisierung freigesetzte UDP wird zur Saccharosesynthase zurücktransportiert. Ein noch hypothetisches Linkerprotein verbindet den Komplex mit den cortikalen Mikrotubuli (verändert nach Buchanan et al. 2000).
(B) Rosettenförmige Cellulosesynthase-Komplexe in der Plasmamembran im elektronenmikroskopischen Bild (links bei *Micrasterias*, rechts bei *Spirogyra*)

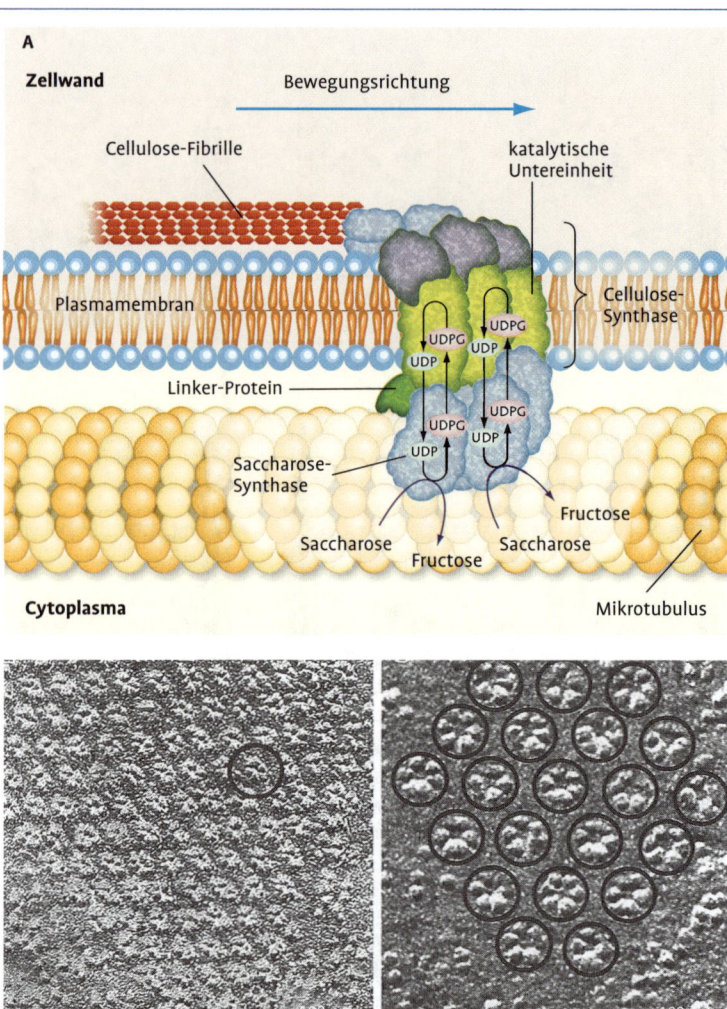

Mittellamelle

Die Mittellamelle besteht fast ausschließlich aus Pektinen und wird als erste Abgrenzung zwischen den Tochterzellen bei der Zellteilung gebildet. Jede Tochterzelle lagert dann neues Zellwandmaterial von beiden Seiten auf die Mittellamelle auf, es entsteht also beiderseits der Mittellamelle jeweils eine neue Primärwand (**Abb. 2.52 E**). Die Mittellamelle gehört damit zu beiden Zellen und verkittet sie miteinander. Später, wenn die Zellen

C

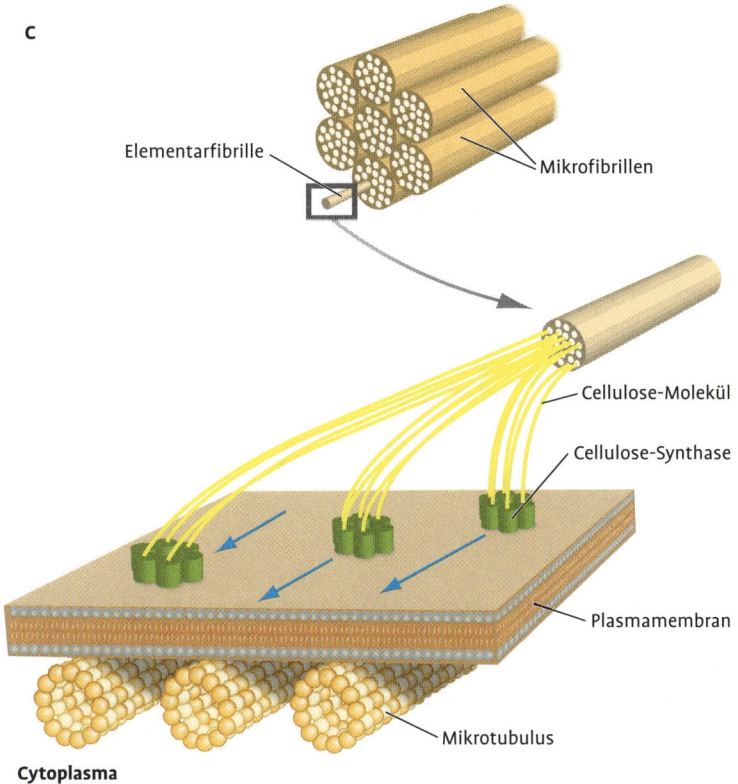

Abb. 2.53

(C) Cellulosesynthase-komplexe bewegen sich in der Plasmamembran und werden dabei von cortikalen Mikrotubuli geführt. Die Cellulosestränge vereinigen sich zu Elementarfibrillen, die parallel zu den Mikrotubuli angeordnet sind. Die Elementarfibrillen lagern sich zu Mikrofibrillen zusammen (B, mit freundl. Genehmigung von Weiler und Nover 2008).

Elementarfibrille

Mikrofibrillen

Cellulose-Molekül

Cellulose-Synthase

Plasmamembran

Mikrotubulus

Cytoplasma

wachsen, runden sie sich ab, indem sich an den Ecken die Mittellamelle auflöst, wodurch luftgefüllte Hohlräume, die **Interzellularen**, entstehen. Wird die Mittellamelle völlig aufgelöst, so zerfallen die Gewebe in ihre Einzelzellen, was bei der Fruchtreifung oft der Fall ist (beim „Mehligwerden" reifer Äpfel!).

Primärwand

Der Übergang von der Mittellamelle zur Primärwand ist fließend. Hier findet man neben den Pektinen jetzt auch die Hemicellulosen, Strukturproteine und einen relativ geringen Anteil an Cellulosefibrillen (ungefähr 10 %), die als Mikrofibrillen vorliegen. Die Anordnung der Cellulosemikrofibrillen ist regellos und wirr, was als **Streuungstextur** bezeichnet wird. Die Fibrillen sind eingebettet in die Matrix aus Pektinen und Hemicellulosen, die untereinander über Wasserstoffbrücken ein verschlungenes Netz bilden, aber auch die Cellulosemikrofibrillen über Was-

Abb. 2.54

Modell für den Aufbau der Primärwand. Die Cellulosemikrofibrillen werden durch Hemicellulosen vernetzt, die über Wasserstoffbrücken an ihnen festsitzen. Die flexibleren Pektine vernetzen sich untereinander über Ca^{2+}-Ionen (rot) und über Wasserstoffbrücken mit den Cellulosemikrofibrillen und Hemicellulosen. Strukturproteine (Extensine) verklammern die Cellulosemikrofibrillen nach abgeschlossenem Zellwachstum. (verändert nach Taiz und Zeiger, 1998).

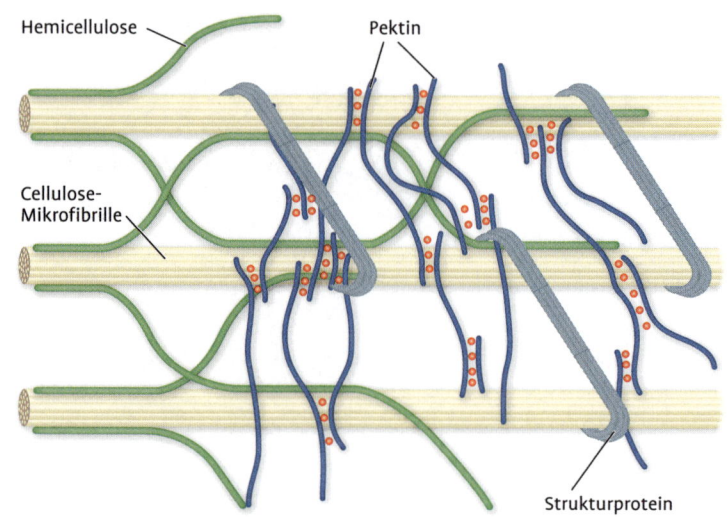

Hemicellulose   Pektin

Cellulose-Mikrofibrille

Strukturprotein

serstoffbrücken halten (**Abb. 2.54**). Wegen der reversiblen Natur der Wasserstoffbrücken kann dieses Netzwerk aus Matrixkomponenten leicht umgebaut werden, was der Primärwand Elastizität und Verformbarkeit während des Zellwachstums verleiht. Die bekanntesten Zellwandstrukturproteine sind die hydroxyprolinreichen **Extensine**, von denen man annimmt, dass sie nach abgeschlossenem Zellwachstum die Cellulosemikrofibrillen verklammern und dadurch die Primärwand im erreichten Endzustand stabilisieren. Zusätzlich gibt es membrandurchspannende Linkerproteine in der Plasmamembran, die Komponenten der Primärwand mit dem Cytoskelett im Cytoplasma verbinden.

Sekundärwand

Ist das Zellwachstum abgeschlossen, wird neues Zellwandmaterial von innen auf die Primärwand aufgelagert und die starre Sekundärwand entsteht. Ihre Aufgabe ist die Verfestigung der finalen Gestalt der Pflanzenzelle. Deshalb kann die Primärwand bis zu 90 % Celulose enthalten, aber auch Hemicellulosen und Strukturproteine kommen vor. Die Cellulosemikrofibrillen sind jetzt oft zu noch größerern Makrofibrillen zusammengeschlossen, die nicht mehr in Streuungstextur sondern in **Paralletextur** angeordnet sind, wobei sich die Streichrichtung der Fibrillen in aufeinanderfolgenden Schichten überkreuzt (**Abb. 2.55**). Soll die Sekundärwand noch weiter verfestigt werden (z. B. bei der Verholzung von Geweben), so werden **Inkrusten** in die Zellwand eingelagert. Die wichtigste

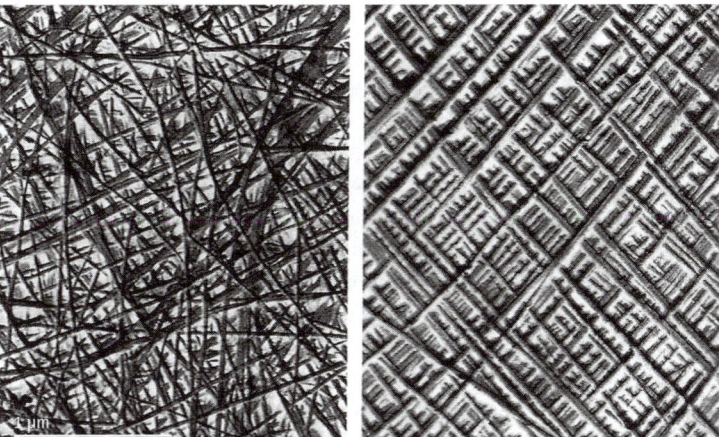

Abb. 2.55

Parallel- und Streuungs-textur von Cellulosemi-krofibrillen. Elektronen-mikroskopische Aufnahme der Zellwand der Alge *Oocystis solitaria*. Bei der Paralleltextur (rechts) erfolgt in jeder Schicht ein Richtungs-wechsel der Fibrillen (aus Bresinsky et al. 2008.).

Inkruste ist das Lignin. Sein Grundbaustein sind lösliche Phenylpropane, die über Golgi-Vesikel angeliefert werden, zwischen den Cellulosefibrillen nach allen Raumrichtungen hin polymerisieren und als unlösliche Riesenmoleküle das Mikrofibrillengerüst der Zellwand durchwuchern. Die ursprüngliche Zellwandmatrix wird durch das kompakte Ligninpolymerisat ersetzt. Die derart verfestigte Zellwand kann mit Eisenbeton verglichen werden: Die Cellulosefibrillen entsprechen den Armierungseisen und gewährleisten Zugfestigkeit, das Lignin entspricht dem starren Füllbeton und garantiert Druckfestigkeit. Cellulose ist das häufigste organische Makromolekül in der Biosphäre (2×10^{11} Tonnen werden jährlich synthetisiert), Lignin ist das zweithäufigste Makromolekül (2×10^{10} Tonnen Jahressynthese). Sind die ausgewachsenen Zellen Teil des Abschlussgewebes (z. B. der Cuticula der Blätter oder der Korkschicht der Borke), so werden Auflagerungen, die **Adkrusten**, auf die Sekundärwand aufgebracht. Die wichtigsten Adkrusten sind Suberine (Korkstoff) und Cutine. Beides sind Ester langkettiger Fettsäurederivate und langkettiger Alkohole, die miteinander stark wasserabweisende Polymere ausbilden, wodurch für die Gewebe ein wirkunsgvoller Verdunstungsschutz entsteht. Zusätzlich können noch Wachsfilme auf die Sekundärwand aufgelagert werden.

Merksatz

In der Primärwand liegen die Cellulose-fibrillen in Streuungstextur vor, in der Sekundärwand in Paralleltextur. Lignin ist eine Inkruste zur Verfestigung der Sekundärwand. Adkrusten sind Auflagerungen auf die Zellwand, die dem Verdunstungsschutz dienen.

Streckungswachstum

2.14.4

Wachstum ist definiert als eine irreversible Volumenszunahme. Es kann auf der Vergrößerung einer Zelle beruhen, dann sprechen wir vom pflanzentypischen **Streckungswachstum**, auch **Flächenwachstum** genannt. Es kann aber auch auf der Vermehrung von Zellen durch Teilung beruhen (= **Teilungswachstum**), oder auf beidem. Zellen, die sich häufig teilen, und junge Zellen besitzen nur elastische und dehnbare Primärwände, die das Streckungswachstum mitmachen, wobei sie durch den Turgor gedehnt werden. Wie kann man sich diese Dehnung vorstellen? Die Primärwand ist ein Netz, dessen Maschenstege relativ lose miteinander verklebt sind. Soll sie bei Vakuolenvergößerung angemessen nachgeben, so müssen die Kreuzungspunkte des Netzes gelockert werden. Hier kommt die Proteingruppe der **Expansine** (Vorsicht: nicht mit den Extensinen verwechseln!) ins Spiel. Sie lösen die Wasserstoffbrücken zwischen den Cellulosemikrofibrillen und Hemicellulosen vorübergehend auf und machen dadurch das Fibrillennetzwerk dehnbar. Gleichzeitig muss die Primärwand aber stark genug bleiben, um dem Turgor standzuhalten. Das geschieht durch die ständige Auflagerung immer neuer Schichten von Cellulosefibrillen und das Verfüllen der Zwischenräume mit frischen Pektinen und Hemicellulosen, sodass die Primärwand ihre Dicke während des Streckungswachstums beibehält. Ausgelöst wird das Streckungswachstum durch Phytohormone, wobei die Auxine eine zentrale Rolle spielen. Sie aktivieren ATP-getriebene Protonenpumpen in der Plasmamembran, die Protonen aus der Zelle herauspumpen und dabei die Zellwand ansäuern. Diese Protonenzufuhr lässt Wasserstoffbrücken im Gerüstnetzwerk zusammenbrechen und aktiviert die Expansine, die weiter zur Lockerung des Netzes beitragen. Die Zelle streckt sich durch zunehmende Nachgiebigkeit der Zellwand gegenüber dem Turgor – nicht etwa umgekehrt! Würde die Zellwand nicht nachgeben, könnte auch ein steigender Turgor nichts ausrichten.

Merksatz

Während des Streckungswachstums wird die Primärwand durch Protonenzufuhr angesäuert und dadurch gelockert. Die Zelle streckt sich durch zunehmende Nachgiebigkeit der Zellwand gegenüber dem Turgor. Die Dicke der Primärwand bleibt während des Streckungswachstums durch ständige Materialzufuhr erhalten.

2.14.5 Plasmodesmen

Plasmodesmen (Singular: Plasmodesmos) sind die Zellwand durchspannende plasmatische Verbindungen zwischen den Protoplasten benachbarter Zellen (**Abb. 2.56 A**), wodurch die Einzelzellen eines Gewebes vernetzt werden und stofflich miteinander kommunizieren können. Es entsteht ein **symplastisches Kontinuum**, der **Symplast**, der als eine physiologische Einheit anzusehen ist und vom **Apoplasten** abzugrenzen ist, der die Gesamtheit aller Zellwände, also den wässrigen Extrazellularraum, umfasst. Nur die Schließzellen der Blätter sind nicht Teil des Symplasten, denn ihre Turgorregulation würde beim Vorhandensein von Plasmodesmen nicht funktionieren. Plasmodesmen werden bereits während der Zellteilung in der Zellplatte angelegt. An Stellen, wo die Röhren und Zisternen des ER die Zellplatte durchziehen, entstehen Aussparungen in der späteren Zellwand. Jeder Plasmodesmos (**Abb. 2.56 B**) wird von einem ER-Strang durchzogen, dem **Desmotubulus**, der auf beiden Seiten der Zellwand in das ER übergeht und dadurch das ER zweier Zellen miteinander

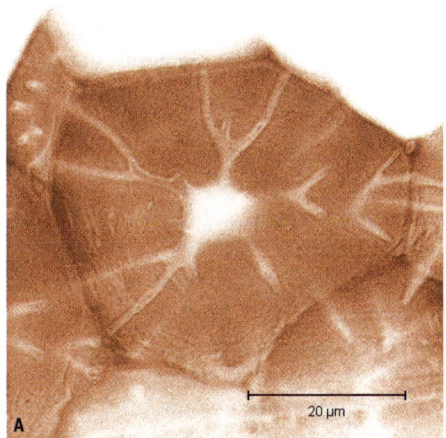

Abb. 2.56

Plasmodesmen.
(A) Elektronenmikroskopisches Bild eines Schnittes durch die Sekundärwand einer Steinzelle der Birne. Die gegabelten Plasmodesmen sind gut erkennbar.
(B) Schematischer Längsschnitt durch einen Plasmodesmos. In der unmittelbaren Umgebung des Plasmodesmos besteht die Zellwand aus dem Polysaccharid Kallose.
(C) Transport eines Makromoleküls durch ein Plasmodesmos. Ein Helferprotein erkennt das zu transportierende Protein, bindet an einen Rezeptor am Plasmodesmos und öffnet den Cytoplasmakanal, der den Desmotubulus umgibt.
(A, Originalaufnahme R. Hänsch, Braunschweig).

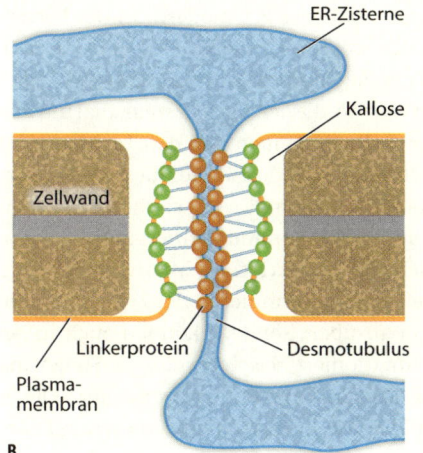

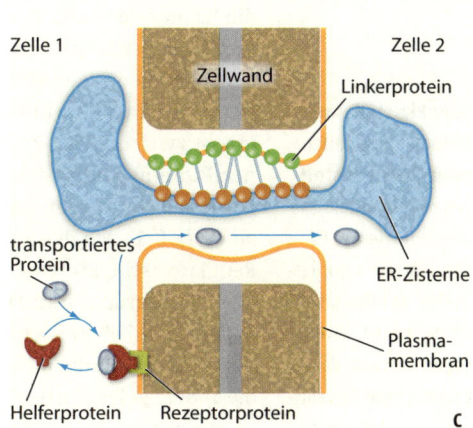

verbindet. Die Wand des Plasmodesmos ist mit der Plasmamembran ausgekleidet. Der Raum zwischen Desmotubulus und Plasmamembran gehört zum cytoplasmatischen Kompartiment der beiden Zellen. Der Abstand zwischen Desmotubulus und Plasmamembran wird über Linkerproteine gewahrt, die den Kanal stabilisieren, aber damit auch die Größe der hindurchtretenden Moleküle auf 800–1000 Dalton begrenzen. Zudem wurden auch Komponenten des Actin-Myosin-Systems im Plasmodesmos gefunden. Plasmodesmen, die während der Zellteilung angelegt werden, sind unverzweigt und werden als **primäre Plasmodesmen** bezeichnet. Da sich die Zellwand während des Streckungswachstums stark dehnt, werden ständig neue Plasmodesmen gebildet, sodass ihre Zahl pro Flächeneinheit annähernd konstant bleibt (50–100 je µm²). Diese nachträglich gebildeten Plasmodesmen heißen **sekundäre Plasmodesmen**. Sie entstehen durch lokale Auflösung der bereits fertigen Zellwand und können oft verzweigt sein. Plasmodesmen sind demnach keine statischen Strukturen, sondern hochdynamische Gebilde. Je nach den lokalen Bedürfnissen während der Enwticklung eines Gewebes können sie entstehen und auch wieder verschwinden. Plasmodesmen können auch zu ganzen Plasmodesmenfeldern zusammengefasst in der Zellwand auftreten, man spricht dann von **Tüpfeln**. In den Tüpfelbereichen unterbleibt die Ausbildung der Sekundärwand. In tierischen Geweben gibt es keine Plasmodesmen, tierische Zellen verfügen jedoch über analoge Gebilde, die den Stoffaustausch und die Kommunikation zwischen den Zellen ermöglichen, die sogenannten *gap junctions*. Hier übernimmt eine Gruppe von Proteinkanälen in der Plasmamembran die physiologische Kopplung der Zellen.

Der Stoffaustausch zwischen zwei Zellen verläuft über Diffusion durch den cytoplasmatischen Raum innerhalb des Plasmodesmos. Das betrifft die kleinen Metabolite. Doch auch wesentlich größere Moleküle (Proteine, Nucleinsäuren) können durch die Plasmodesmen ausgetauscht werden. Dazu benötigen sie Helferproteine, die den Cytoplasmakanal um den Desmotubulus herum bei Bedarf öffnen können und den Transport der Fracht zwischen den Zellen vermitteln (**Abb. 2.56 C**). Auf diese Weise können Proteine, mRNA-Proteinkomplexe und miRNAs zwischen den Zellen ausgetauscht werden und so zur Zell-Zell-Kommunikation und Genregulation (z. B. durch den Austausch von Transkriptionsfaktoren) beitragen. Regulatorische Proteine müssen also nicht immer in der Zelle, in der sie gebildet wurden, ihre Funktion ausüben, sondern können auch in benachbarten Zellen wirken (so funktioniert beispielsweise die Steuerung der Blütenbildung einer Pflanze). Sogar Viren können von einer Zelle in die andere gelangen und sich mit dem Phloemstrom über die ganze Pflanze ausbreiten, man spricht hier von einer **systemischen Ausbreitung**. Dazu besitzen die Viren sogenannte Movementproteine, die an die Rezeptoren der Plasmodesmen binden und den Kanal öffnen.

Merksatz

Über Plasmodesmen können Einzelzellen eines Gewebes stofflich miteinander kommunizieren. Es entsteht ein symplastisches Kontinuum, der Symplast. Hingegen umfasst der Apoplast die Gesamtheit aller Zellwände, also den wässrigen Extrazellularraum.

2.14.6 | ## Funktionen

Die Aufgaben der Zellwand sind sehr vielfältig und gehen weit über Abgrenzung und Stabilität hinaus:

- Die Zellwand stellt das feste Exoskelett der Zelle dar. Sie gibt dem empfindlichen Protoplasten Stabilität und bestimmt Größe und Form einer Zelle. Sie grenzt die Zelle nach außen und gegen andere Zellen ab. Oft bleiben die Zellwände nach Absterben des Protoplasten bestehen und erfüllen dann als Festigungsgewebe ihre Hauptfunktion.

- Die Zellwand ist das Widerlager für den Turgor. Ohne die Zellwand würde die Wasseraufnahme der Vakuole die Zelle platzen lassen.
- Die Zellwand schließt die Zellen zu Zellverbänden und Geweben zusammen.
- Die Zellwand dient in vielen Fällen als Verdunstungsschutz (Cuticula).
- Sie dient auch als Überhitzungschutz, denn sie kann durch aufgelagerte Wachse das auffallende starke Sonnenlicht reflektieren.
- Die Zellwand schützt die Zelle nicht nur mechanisch vor pathogenen Mikroben und Pilzen, sie liefert auch Informationen über den Angreifer. Wird die Zellwand z. B. von Pilzen attackiert, so setzen Enzyme in der pflanzlichen Zellwand Oligosaccharide aus der Zellwand des Pilzes frei, die von Rezeptoren in der pflanzlichen Plasmamembran erkannt werden. In der Zelle wird dann die Synthese von Abwehrstoffen (**Phytoalexinen**) gestartet, die in die pflanzliche Zellwand abgegeben werden, wo sie das Pilzwachstum hemmen. Auch die hydroxyprolinreichen Proteine werden nach Pathogeninfektion oder Verwundung vermehrt gebildet und in die Zellwand eingebaut.
- Die Glycoproteine in der Zellwand tragen zur Zellerkennung und Signaltransduktion bei. Beispielsweise erkennen die N_2-fixierenden symbiontischen Bodenbakterien die Wurzelhaare ihrer Wirtspflanze an Glycoproteinen (Lectinen) in der Zellwand.

Protoplasten

2.14.7

Man kann durch Einsatz von Cellulasen, Hemicellulasen und Pektinasen die Zellwand einer Zelle künstlich abbauen und den nackten Protoplasten freisetzen. Protoplasten nehmen wegen des Fehlens der formgebenden Zellwand eine Kugelgestalt an. Sie sind äußerst empfindlich und nur im Zellkulturmedium lebensfähig, denn Protoplast und Zellkulturmedium müssen das gleiche osmotische Potenzial haben, also isotonisch sein. Anderenfalls würde der wandlose Protoplast Wasser aufnehmen, sich aufblähen und schließlich platzen. Binnen 24 Stunden synthetisiert sich der Protoplast eine neue Zellwand, was man daran erkennt, dass er die Kugelgestalt verliert und eine ovale gestreckte Form annimmt. Im **Kapitel 13.1.4** wird der Einsatz von Protoplasten in der modernen Zellforschung genauer besprochen.

3 | Zellteilung

Inhalt

Die Teilung einer eukaryontischen Zelle ist der auffälligste und mikroskopisch gut sichtbare Höhepunkt innerhalb ihres Lebenszyklus. Der **Zellzyklus** beginnt mit der Entstehung einer Zelle durch Teilung aus einer Mutterzelle und endet mit der erneuten Teilung in zwei Tochterzellen.

Der Zellzyklus besteht aus Interphase und Mitose, die in noch weitere Phasen unterteilt werden. Die **Interphase** ist die physiologische Arbeitsphase der Zelle, ihr Volumen nimmt zu und die DNA wird verdoppelt. Während der **Mitose**, der Kernteilung, entstehen aus einem Kern zwei identische Tochterkerne, worauf die Teilung der Mutterzelle in zwei Tochterzellen, die **Cytokinese**, folgt. Die Gesamtdauer des pflanzlichen Zellzyklus variiert sehr stark und liegt zwischen drei und 30 Stunden, kann aber auch bis zu 600 Stunden in Anspruch nehmen.

3.1 | Interphase

Die Interphase erhielt ihren Namen, weil sie zwischen zwei aufeinander folgenden Mitosen liegt. Die Zellen besitzen einen intakten Kern und befinden sich in einer Phase intensiver physiologischer Aktivität. Diese Phase ist der längste Abschnitt des Zellzyklus und gliedert sich in drei Teilabschnitte (**Abb. 3.1**). Mit der Entstehung der Zelle durch die vorangegangene Teilung beginnt die **G_1-Phase**, in der die Zelle an Größe zunimmt. Es ist die Phase hoher Stoffwechselintensität, in der die Zelle ihre Organellen, Membransysteme, Ribosomen und Cytoskelettstrukturen vermehrt und in großem Umfang Proteine synthetisiert. Ist die G_1-Phase abgeschlossen, folgt die **S-Phase** mit der DNA-Verdopplung. Auch alle DNA-assoziierten Proteine (vor allem Histone) müssen in der S-Phase gebildet werden. Daran schließt sich die **G_2-Phase** an, in der die letzten Vorbereitungen für die Mitose getroffen werden. G steht für die zeitliche Lücke (engl.: *gap*) zwischen Mitose und DNA-Verdopplung, in der zwar

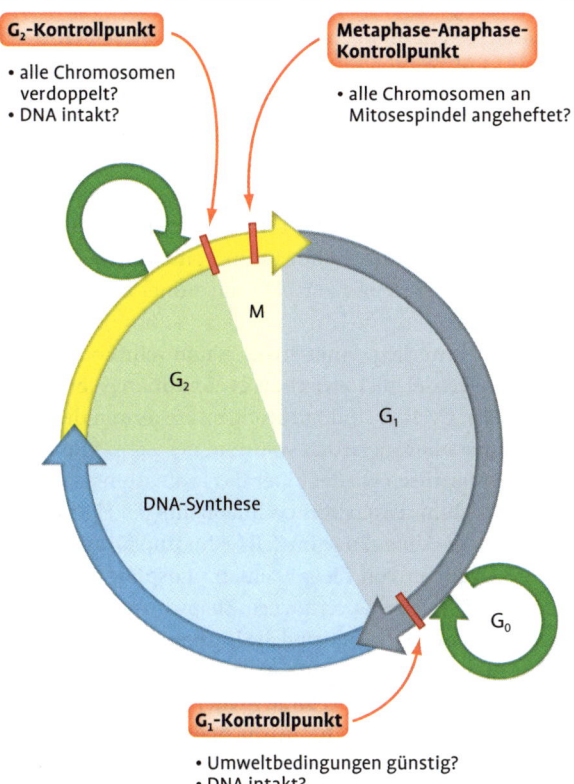

G₂-Kontrollpunkt
- alle Chromosomen verdoppelt?
- DNA intakt?

Metaphase-Anaphase-Kontrollpunkt
- alle Chromosomen an Mitosespindel angeheftet?

M

G₂

G₁

DNA-Synthese

G₀

G₁-Kontrollpunkt
- Umweltbedingungen günstig?
- DNA intakt?

Abb. 3.1

Zellzyklus mit Kontrollpunkten. An den Kontrollpunkten prüft die Zelle, ob alle Voraussetzungen erfüllt sind, in die nächste Phase des Zellzyklus weiterzuschreiten. Am G_1-Kontrollpunkt kann die Zelle zeitweilig oder auf Dauer in den Teilungsruhestand (G_0-Phase) wechseln. Auch am G_2-Kontrollpunkt kann die Zelle so lange pausieren, bis alle Bedingungen erfüllt sind, um in die Mitose (M) einzutreten.

morphologisch keine Veränderungen der Zelle zu beobachten sind, aber die eben beschriebenen umfangreichen Syntheseleistungen ablaufen.

Zellzykluskontrolle

| 3.2

Den Übergangsstellen zwischen den drei Abschnitten der Interphase kommt große Bedeutung innerhalb des Zellzyklus zu, sie heißen deshalb **Kontrollpunkte** (Abb. 3.1). An diesen Punkten prüft die Zelle, ob alle äußeren Bedingungen und inneren Vorbereitungen es gestatten, in die nächste Phase einzutreten. Ist das nicht der Fall, hält das Kontrollsystem den Zellzyklus an und pausiert so lange, bis auch die letzte Voraussetzung erfüllt ist. Der **G₁-Kontrollpunkt** entscheidet darüber, ob eine Zelle sich teilen und damit in die S-Phase eintreten soll (typisch für meristematische, teilungsaktive Zellen) oder ob die Zelle an diesem Punkt aus dem Zellzyklus ausschert und mit der Differenzierung beginnt und damit in den Teilungsruhestand (G_0-Phase) wechselt. Viele Zellen verbleiben, nachdem sie ausgewachsen sind, für ihre ganze Lebensdauer in der **G_0-Phase**. Soll sich jedoch eine Zelle weiter teilen, so wird am G_1-Kontrollpunkt geprüft, ob die DNA intakt ist oder ob noch DNA-Reparaturvorgänge eingeleitet werden müssen, bevor sie in die S-Phase eintritt. Der **G_2-Kontrollpunkt** am Ende der G_2-Phase stellt sicher, dass die DNA vollständig repliziert wurde und beschädigte DNA vorher repariert worden ist. Der **Metaphase-Anaphase-Kontrollpunkt** prüft, ob alle Chromosomen an die Fasern der Mitosespindel angeheftet sind und korrekt angeordnet in der Teilungsebene der Zelle vorliegen.

Der Zellzyklus unterliegt einer strikten und sehr komplexen Regulation durch ein Wechselspiel zwischen **cyclinabhängigen Proteinkinasen** und **Cyclinen**. Cycline sind kurzlebige Aktivatoren der Proteinkinasen und werden stadienspezifisch während des Zellzyklus gebildet und genauso stadienspezifisch wieder (über das Proteasomsystem) abgebaut. Verschiedene Kombinationen von cyclinabhängigen Kinasen und Cyclinen kontrollieren die Übergänge im Zellzyklus und führen dazu, dass unterschiedliche Gruppen von Zielproteinen phosphoryliert werden und sich dadurch in ihrer Aktivität verändern. Zielproteine sind z. B. Transkriptionsfaktoren, aber auch Histone und die Lamine der Kernhülle. Aber auch spezifische inhibitorische Proteine können die Kinasen hemmen und Phosphatasen können die Zielproteine wieder dephosphorylieren. Zudem gibt es eine Fülle von Außenfaktoren, die in den Zellzyklus regulatorisch eingreifen können. Dazu zählen vor allem die **Phytohormone** (vgl. Kapitel 9). Die Phytohormongruppe der Cytokinine fördert die Zellteilung, indem sie die Synthese spezieller Cycline und Kinasen auslösen; daran ist auch die Phytohormongruppe der Auxine beteiligt. Hingegen induziert das Phytohormon Abscisinsäure die Synthese eines Kinaseinhibitors am G_1-Kontrollpunkt und wirkt so hemmend auf die Zellteilung. Praktisch alle Phytohormonklassen greifen auf die eine oder andere Art in die Zellzykluskontrolle ein, indem sie die Ausbildung von Proteinkomplexen aus Kinasen, Cyclinen, Inhibitoren und Phosphatasen beeinflussen und damit der jeweiligen inneren und äußeren Situation im Leben einer Pflanze anpassen (z. B. Wachstumsphase, Nährstoff- und Wasserangebot, Licht, Temperatur, Pathogenangriff, Verwundung). Im Unterschied zu tierischen Zellen können alle Pflanzenzellen unter bestimmten hormonellen Bedingungen aus der G_0-Phase wieder zurück in den Zellzyklus eintreten und sich teilen. Dieser Umstand bildet die Grundlage für die pflanzliche Zellkulturtechnik, wo G_0-Einzelzellen zur Teilung angeregt und zu kompletten Pflanzen regeneriert werden (Pflanzenzellen sind **totipotent**). Darauf wird in Kapitel 13 genauer eingegangen.

Mitose

Die Mitose ist die Kernteilung im eigentlichen Sinne. Sie läuft kontinuierlich ab, man kann sie aber in vier Phasen gliedern, in deren Verlauf das während der S-Phase verdoppelte genetische Material gleichmäßig auf zwei Tochterkerne aufgeteilt wird. Zwischen diesen Phasen gibt es keine Ruhezustände. An die Mitose schließt sich die Cytokinese an, die auch das Cytopasma auf die beiden Tochterzellen verteilt und die beiden neu entstandenen Zellen voneinander trennt. Die einzelnen Mitoseabschnitte sind in **Abbildung 3.2** mikroskopisch und in **Abbildung 3.3** schematisch dargestellt.

Prophase

Die Prophase ist zumeist die längste Phase der Mitose. Die aufgelockerte Arbeitsform des genetischen Materials (Chromatin) beginnt zu kondensieren und es entsteht die kompakte Transportform (Chromosomen), die allmählich auch mikroskopisch sichtbar wird. An diesem Prozess ist ein ATP-abhängiger Proteinkomplex, das Condensin, beteiligt, der die DNA immer weiter verdichtet. Da die DNA bereits in der S-Phase verdoppelt worden ist, sind die Chromosomenarme längsgespalten in zwei identische **Chromatiden**, die sich während der Prophase aber noch nicht trennen und deren Längsspaltung mikroskopisch auch noch nicht sichtbar ist. Die zweite Hälfte der Prophase wird auch als **Prometaphase** bezeichnet. Dieser Begriff zeigt, dass die Übergänge zwischen den Mitosephasen fließend sind. In diesem Abschnitt löst sich die Kernhülle auf. In den **Kapiteln 2.4 und 2.13** wurde bereits darauf eingegangen, dass der Auslöser dieses Prozesses die Depolymerisierung der Kernlamina ist, die die Kernhülle von innen stabilisiert. Durch Phosphorylierung der Lamine (= Intermediärfilament-Proteinuntereinheiten der Kernlamina) zerfallen die Laminfasern in ihre Untereinheiten, wodurch auch die Kernhülle in Vesikel zerfällt. Parallel dazu löst sich der Nucleolus auf. Währenddessen formiert sich im Cytoplasma der Spindelapparat in jenem Bereich, der vorher vom Kern eingenommen wurde. Bei tierischen Zellen gibt es zwei eng fokussierte Spindelpole, von denen aus sich die Mitosespindel tonnenförmig ausbildet. Bei Pflanzenzellen hingegen sind diese Pole nur diffus strukturiert und die Mikrotubuli der Mitosespindel entspringen über einen breiteren Bereich an den beiden Zellpolen. Alle größeren Organellen werden aus dem Spindelbereich an den Rand der Zelle verdrängt und die Proteinsynthese im Cytoplasma wird stillgelegt.

Abb. 3.2

Mitosephasen und Cytokinese einer Pflanzenzelle. Die lichtmikroskopische Aufnahme zeigt die Mitose und Cytokinese einer Zelle aus der Wurzelspitze der Zwiebel. Auf der gegenüberliegenden Seite zeigt Abb. 3.3 dieselben Phasen zum Vergleich in der schematischen Darstellung (Originalaufnahmen R. Hänsch, Braunschweig).

Prophase

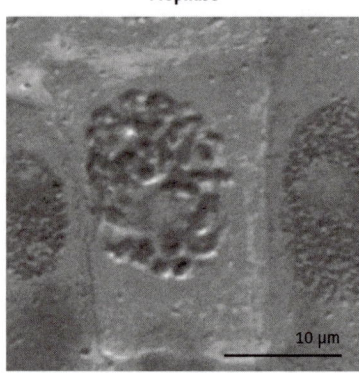

Prometaphase

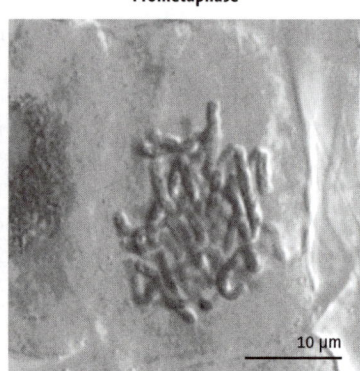

Metaphase

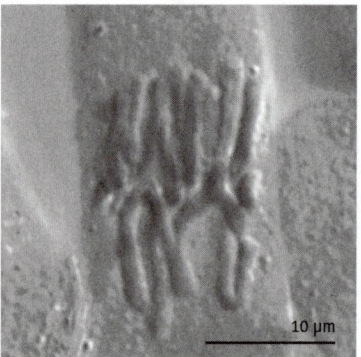

Anaphase

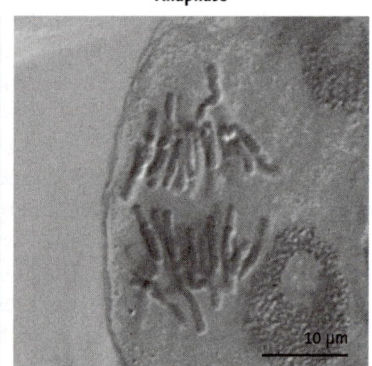

Telophase

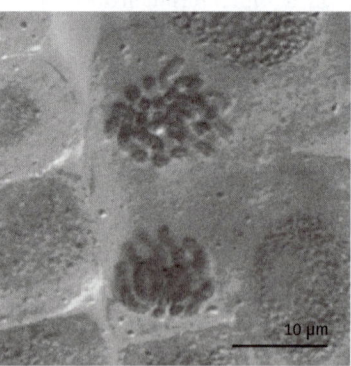

Cytokinese

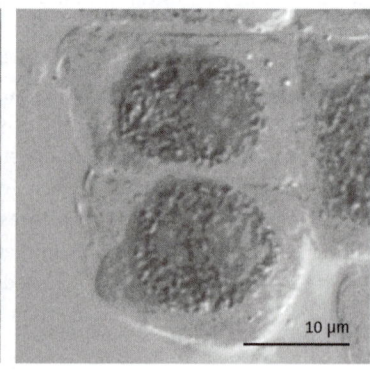

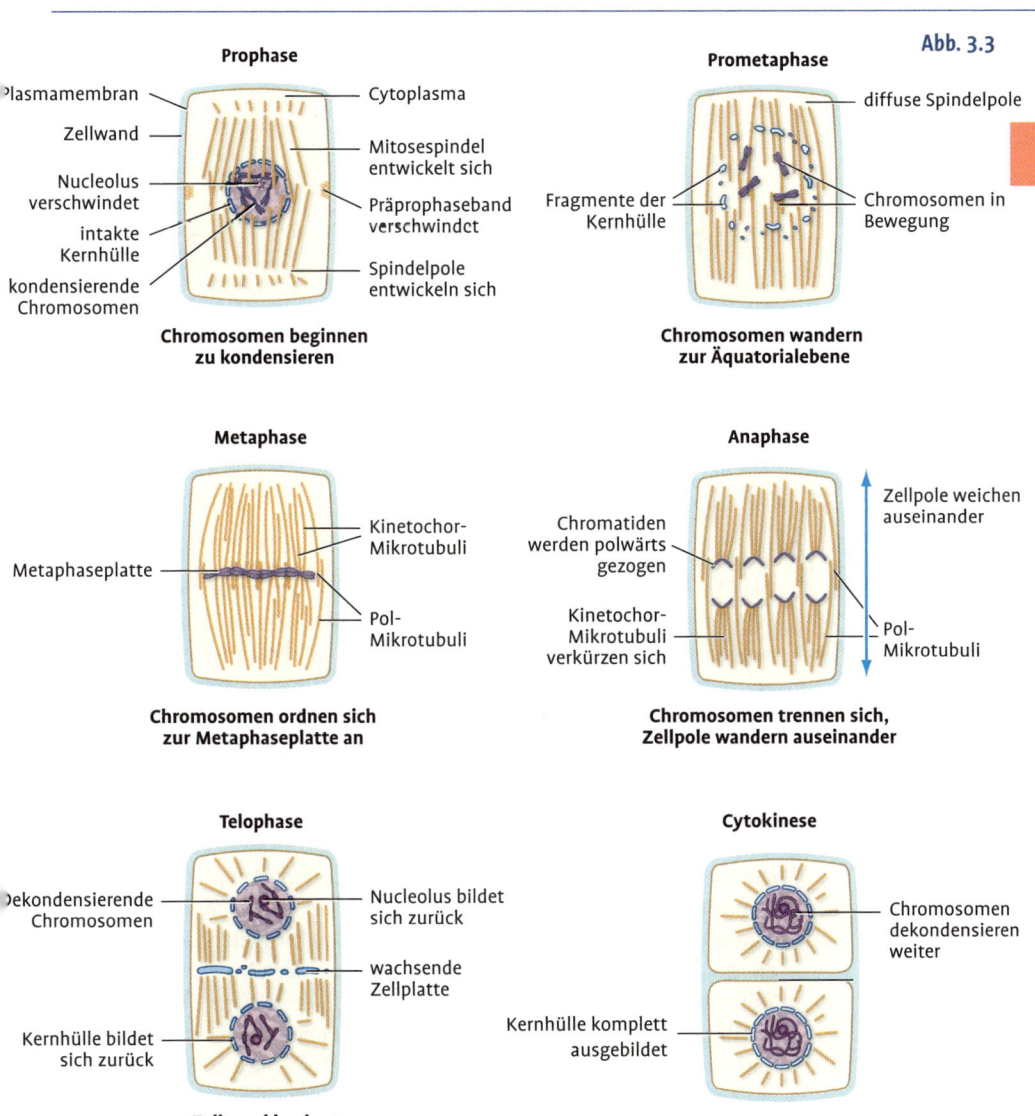

Abb. 3.3

Prophase

Plasmamembran — Cytoplasma
Zellwand — Mitosespindel entwickelt sich
Nucleolus verschwindet — Präprophaseband verschwindet
intakte Kernhülle
kondensierende Chromosomen — Spindelpole entwickeln sich

**Chromosomen beginnen
zu kondensieren**

Prometaphase

diffuse Spindelpole
Fragmente der Kernhülle — Chromosomen in Bewegung

**Chromosomen wandern
zur Äquatorialebene**

Metaphase

Kinetochor-Mikrotubuli
Metaphaseplatte —
Pol-Mikrotubuli

**Chromosomen ordnen sich
zur Metaphaseplatte an**

Anaphase

Zellpole weichen auseinander
Chromatiden werden polwärts gezogen
Kinetochor-Mikrotubuli verkürzen sich — Pol-Mikrotubuli

**Chromosomen trennen sich,
Zellpole wandern auseinander**

Telophase

Dekondensierende Chromosomen — Nucleolus bildet sich zurück
wachsende Zellplatte
Kernhülle bildet sich zurück

**Zellwand beginnt
sich zu bilden**

Cytokinese

Chromosomen dekondensieren weiter
Kernhülle komplett ausgebildet

Mitosephasen und Cytokinese einer Pflanzenzelle. Die einzelnen Phasen der schematischen Abbildung sind im Text erläutert (verändert nach Buchanan et al. 2000).

Abb. 3.4

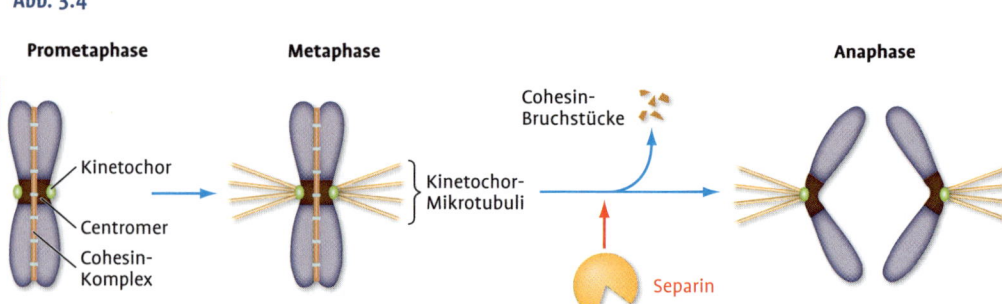

Das Kinetochor und der Cohesinkomplex. Jede Chromatide besitzt ihr eigenes Kinetochor als Ansatzstelle zu den Mikrotubuli. Die beiden Chromatiden werden bis zur Metaphase in ihrer vollen Länge vom Cohesinkomplex zusammengehalten. Dieser wird zum Ende der Metaphase durch die Protease Separin aufgelöst und die Chromatiden trennen sich abrupt voneinander. Die Anaphase hat begonnen (verändert nach Weiler und Nover 2008).

3.3.2 | Metaphase

Die Chromosomen sind nach und nach in der Äquatorialebene der Zelle angelangt. Sie haben zuvor über ihr **Centromer**, die auffällige Einschnürung eines Chromosoms, Kontakt mit den Mikrotubuli der Mitosespindel aufgenommen. Dazu haben die Centromeren spezielle Proteinkomplexe, die **Kinetochoren**, beiderseits am Chromosom gebildet. Jede Chromatide besitzt also ihr eigenes Kinetochor als Ansatzstelle zu den Mikrotubuli (**Abb. 3.4**). Die Längsspaltung des Chromosoms in zwei Chromatiden wird zu diesem Zeitpunkt erkennbar, aber die beiden Chromatiden werden noch in ihrer vollen Länge vom Cohesinkomplex zusammengehalten. Erst in der nachfolgenden Anaphase wird der **Cohesin**komplex durch die spezifische Protease Separin aufgelöst und die Chromatiden trennen sich abrupt voneinander. Die Metaphase dauert vergleichsweise lang, weil die richtige Anodnung der Chromosomen in der Teilungsebene äußerst wichtig ist. Zunächst pendeln die Chromosomen um die Äquatorialebene herum, und zwar so lange, bis alle korrekt in einer Ebene positioniert sind. Was hat das zu bedeuten? Die beiden Kinetochore eines jeden Chromosoms müssen mit Mikrotubuli jeweils entgegengesetzter (!) Spindelpole verbunden sein und diesen Zustand erkennt die Zelle nur daran, dass die Spindelfasern das Chromosom – bei korrekter Anheftung – in beide Richtungen zu ziehen versuchen, es pendelt. Das Gezerre hat erst ein Ende, wenn bei Anodnung in der Äquatorialebene ein Gleichgewicht der Zugkräfte hergestellt ist. In diesem Stadium, das man als **Metaphaseplatte** bezeichnet, ist der gesamte Chromosomensatz mikroskopisch am besten zu beobachten. Hier liegt auch der dritte Kontrollpunkt des Zellzyklus, der **Metapase-Anaphase-Kontrollpunkt**, an dem die Zelle überprüft, ob alle Chromosomen in korrekter Weise an die Spindelmikrotubuli angeheftet und perfekt ausgerichtet sind. Ihre Kinetochore müssen zu den beiden Zellpolen zeigen. Hinken einige Chromosomen zeitlich nach, wartet die Zelle solange, bis die perfekte Anordnung erreicht ist, weil nur dieser Zustand die zuverlässige Verteilung der Chromosomen auf die Tochterzellen garantiert. Jede Abweichung von der Norm würde zu Aneuploidien (Veränderungen in der Chromosomenzahl) führen und hätte schwerwiegende genetische Folgen für die Tochterzellen. Ist dieser Kontrollpunkt überschritten, wird der Cohesinkomplex schnell und synchron abgebaut und die Chromatiden trennen sich schlagartig voneinander. Die Zelle tritt abrupt in die Anaphase ein.

Anaphase   3.3.3

Die selbständig gewordenen Tochterchromosomen bewegen sich mithilfe der Mitosespindel auf die Zellpole zu. Dabei geht das Kinetochor voran (es wird von den angekoppelten Spindelmikrotubuli schnell gezogen!) und die beiden Chromosomenarme hängen V-förmig entgegengesetzt zur Bewegungsrichtung und werden nachgeschleppt, da das gelartige Cytoplasma einen Reibungswiderstand ausübt. Gleichzeitig streckt sich die Spindel, sodass die beiden Zellpole weiter auseinanderrücken. An den Zellpolen kommt die Chromosomenverschiebung schließlich zum Stillstand. Die Anaphase ist das kürzeste Mitosestadium.

Telophase   3.3.4

In der Schlussphase löst sich der Spindelapparat auf und die Kernhülle wird wieder um die Chromosomen herum aufgebaut. Sie war durch die Phosphorylierung der Kernlamina in Vesikel fragmentiert, wobei diese Vesikel immer noch Komplexe mit den einzelnen Laminen bilden (**Abb. 3.5**). Durch Dephosphorylierung der Lamine aggregieren sie wieder zu Laminfasern und ihre „mitgeschleppten" Vesikelfragmente fusionieren miteinander und bilden die neue Kernhülle aus. Die Kernporen werden in die neue Kernhülle eingebaut, im Cytoplasma setzt die Proteinsynthese wieder ein und Kernproteine (Histone, ribosomale Proteine, und die gesamte Transkriptionsmaschinerie) werden in großen Mengen in den Kern befördert. Parallel zum Aufbau der Kernhülle dissoziiert der Condensinkomplex von den Chromosomen ab, sodass sie dekondensieren und sich wieder in ihre genetisch aktive Arbeitsform, das Chromatin, rückumwandeln können. Sehr rasch bildet sich der Nucleolus aus. Infolge der Chromatinauflockerung kann nun die Transkription auch wieder anlaufen. Was jetzt noch fehlt, ist die Aufteilung des Cytoplasmas und die Teilung der Mutterzelle in zwei Tochterzellen.

Abb. 3.5

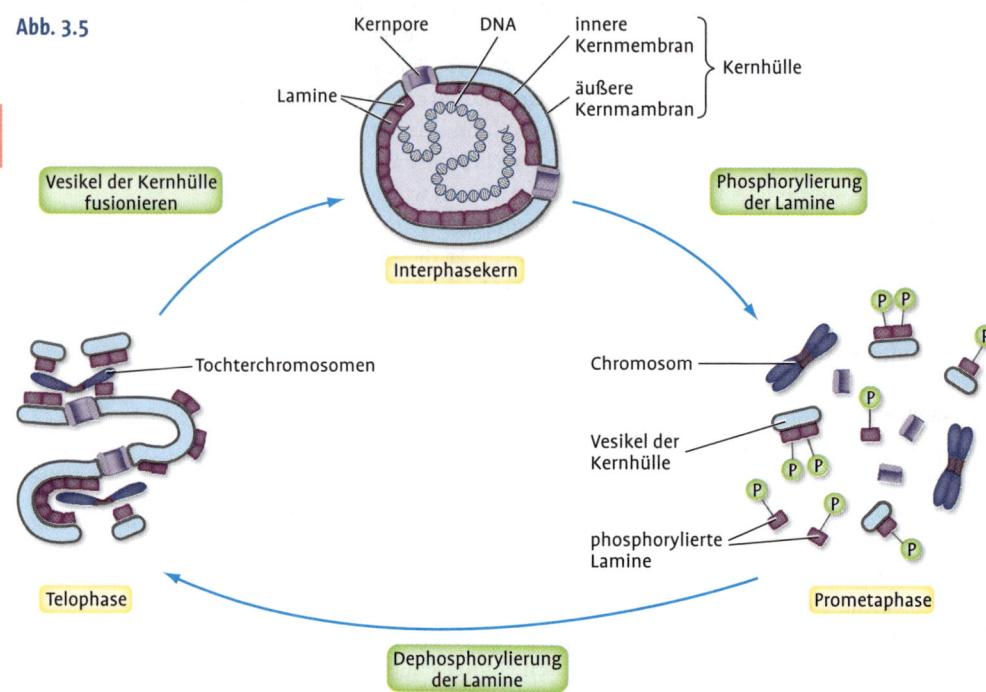

Zerfall und Neubildung der Kernhülle während der Mitose. Durch Phosphorylierung der Laminuntereinheiten der Kernlamina wird der Zerfall der Kernhülle in der Prometaphase eingeleitet. Sie fragmentiert in Vesikel, die Komplexe mit den einzelnen Laminen bilden. Durch Dephosphorylierung der Lamine aggregieren sie in der Telophase wieder zu Laminfasern und ihre „mitgeschleppten" Vesikelfragmente fusionieren und bilden die neue Kernhülle aus (verändert nach Alberts et al. 2005).

3.4 | Cytoskelett und Mitose

Für die Umverteilung der Chromosomen ist das Mikrotubulisystem des Cytoskeletts verantwortlich. Während der Interphase sind die Mikrotubuli in der Zellperipherie gleichmäßig verteilt. Das ändert sich jedoch kurz vor dem Beginn der Prophase. Zu diesem Zeitpunkt wandern sie in die Ebene des Zelläquators, rücken dort eng zu einem schmalen peripheren Gürtel zusammen und bilden das sogenannte **Präprophaseband**, das die spätere Teilungsebene der Zelle markiert. Mit der Bildung der Mitosespindel verschwindet das Präprophaseband, aber nach Vollzug der Mitose wird erstaunlicherweise genau an dieser Stelle die neue Querwand zwischen den beiden Tochterzellen eingezogen. Mikrotubuli werden nur an sogenannten MTOC (Mikrotubuli organisierenden Zentren) gebildet (**vgl. Kapitel 2.13**), aus denen sie mit ihrem Plusende herauswachsen. In tieri-

Abb. 3.6

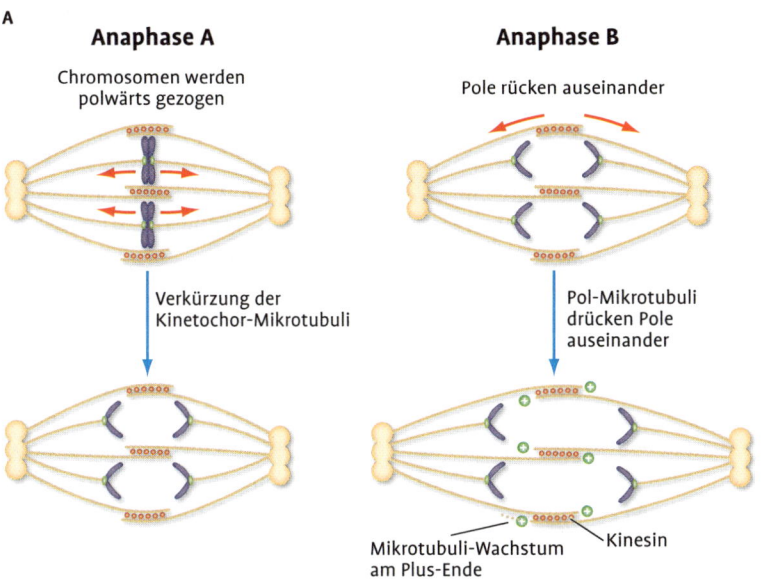

Anaphase A

Chromosomen werden
polwärts gezogen

Verkürzung der
Kinetochor-Mikrotubuli

Anaphase B

Pole rücken auseinander

Pol-Mikrotubuli
drücken Pole
auseinander

Mikrotubuli-Wachstum
am Plus-Ende

Kinesin

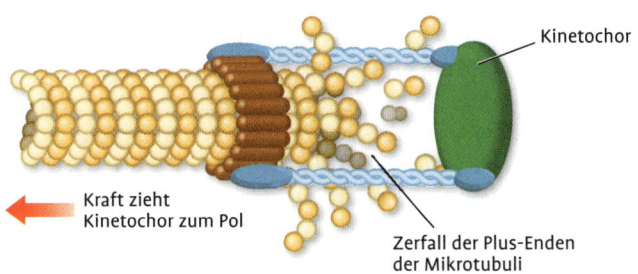

Kinetochor

Kraft zieht
Kinetochor zum Pol

Zerfall der Plus-Enden
der Mikrotubuli

(A) Polwärtsbewegung der Chromosomen in der Anaphase. In der Anaphase A werden die Chromosomen durch Verkürzung der Kinetochormikrotubuli polwärts gezogen. In der nachfolgenden Anaphase B werden die Zellpole auseinandergedrückt, weil das Motorprotein Kinesin die Polmikrotubuli in der Überlappungszone in entgegengesetzte Richtung aneinander vorbeischiebt.
(B) Modellvorstellung zur Funktion des Kinetochors. Es bindet mit einer Ringstruktur an das Ende der Mikrotubuli. Der Ring ist mit Linkerproteinen an der Platte des Kinetochors verankert, sodass dazwischen genügend Platz für der Zerfall oder Neuaufbau der Mikrotubuli bleibt. Die im Mikrotubulus gespeicherte Konformationsenergie soll bei dessen Zerfall ein Weiterrutschen der Ringstruktur am noch intakten Tubulus in Richtung Zellpol bewirken, der Zerfall erzeugt also eine Zugkraft. Beim typischen Pendeln der Chromosomen in der Metaphase zerfallen Mikrotubuli jeweils an dem einen Kinetochor, während am entgegengesetzten Kinetochor des Chromosoms Tubulinuntereinheiten eingebaut werden und den Tubulus verlängern (verändert nach Alberts et al. 2008).

schen Zellen ist das Centrosom das MTOC der Zelle (Achtung: nicht verwechseln mit dem Centromer der Chromosomen!). Es besteht vornehmlich aus Gammatubulin und enthält ein Centriolenpaar (ein **Centriol** hat dieselbe Struktur wie der Basalkörper der Geißeln: Es bildet einen kleinen kurzen Zylinder, dessen Wände aus neun Dreifachmikrotubuli aufgebaut sind). Das Centrosom der tierischen Zelle teilt sich und wandert an die Zellpole, wo aus ihm die Mikrotubuli der Mitosespindel herauswachsen. Die Zellen höherer Pflanzen haben keine Centriolen. Stattdessen bilden sich an den zukünftigen Zellpolen verdichte, relativ breit verteilte Plasmazonen ohne scharfe Begrenzung aus, die von manchen Zellbiologen auch bei Pflanzen als Centrosom bezeichnet werden und von anderen als **Polkappen**. Sie fungieren als MTOC. In **Abbildung 3.3** sieht man, dass die Fasern der Mitosespindel an mehreren Orten am Zellpol entspringen. Die Spindelfasern repräsentieren Bündel aus Dutzenden Mikrotubuli. Es werden zwei Arten unterschieden: **Kinetochormikrotubuli** setzen mit ihren Plusenden an den Centromeren der Chromosomen an, wohingegen **Polmikrotubuli** keinen Kontakt zu Chromosomen haben, sondern parallel zu den Kinetochortubuli von beiden Zellpolen aus in Richtung Zelläquator ziehen und in der Äquatorebene eine Überlappungszone bilden. Die bei Tieren zu beobachtenden **Astralmikrotrubuli**, die vom Centrosom in Richtung Zellperipherie reichen, sind bei Pflanzen kaum anzutreffen.

Wie kommt es zur Bewegung der Chromosomen in der Anaphase? Hier laufen zwei Bewegungsvorgänge synchron zueinander ab. Zunächst verkürzen sich die Kinetochormikrotubuli und bewegen dabei die Chromosomen polwärts (**Abb. 3.6 A**). Überraschenderweise verkürzen sie sich mit ihrem Plusende am Kinetochor, mit dem sie dennoch ständig verbunden bleiben (dazu ist eine Modellvorstellung in **Abb. 3.6 B** gezeigt). Dieser Vorgang bedarf keiner weiteren Energiezufuhr. Die zweite Bewegung entsteht durch das Auseinanderweichen der Zellpole. Die Polmikrotubuli überlappen mit ihren Plusenden in der Ebene des Zelläquators. Somit stehen in dieser Zone die Mikrotubuli der beiden Halbspindeln antiparallel zueinander. Hier beginnt die Funktion des Motorproteins Kinesin, das an einem Mikrotubulus andockt und unter ATP-Verbrauch den gegenüberligenden Mikrotubulus wegscheibt. Gleichzeitig werden die Polmikrotubuli an ihrem Plusende unter GTP-Verbrauch stetig verlängert, sodass die Überlappungszone dynamisch eine gewisse Zeit erhalten bleibt. Die Polmikrotubuli wirken also als Stemmkörper, der die beiden Zellpole voneinander wegdrückt.

Merksatz

Die Chromosomenbewegung in der Anaphase beruht auf zwei Vorgängen: (1) Kinetochor-Mikrotubuli verkürzen sich an ihrer Ansatzstelle (!) am Kinetochor. (2) Polmikrotubuli überlappen mit ihren Plusenden in der Ebene des Zelläquators und drücken die Zellpole voneinander weg.

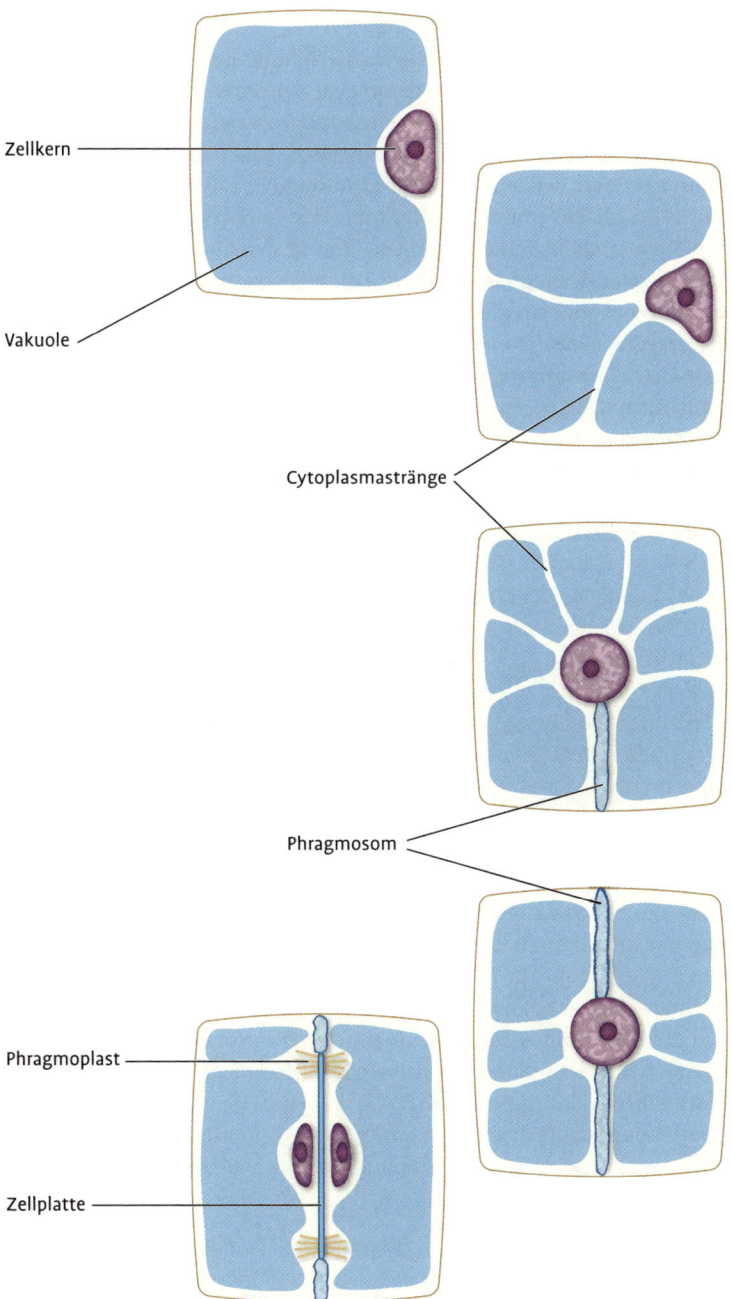

Abb. 3.7

Bildung des Phragmosoms. In einer stärker vakuolisierten Zelle muss der Kern durch Cytoplasmastränge in das Zentrum der Zelle wandern, bevor er in die Mitose eintreten kann. In der zukünftigen Teilungsebene verschmelzen die Plasmastränge zu einer flachen, geschlossenen Plasmaschicht, dem Phragmosom, in dessen Zentrum der Kern liegt. Nach dem Ende der Mitose entsteht in dieser Plasmaschicht der Phragmoplast, der die Zellplatte als Vorstufe der neuen Querwand ausbildet (verändert nach Raven et al. 2005).

Zellkern

Vakuole

Cytoplasmastränge

Phragmosom

Phragmoplast

Zellplatte

3.5 | Cytokinese

Auf die Mitose folgt die Cytokinese, die Teilung der Mutterzelle in zwei Tochterzellen. Vorher muss noch auf eine weitere Besonderheit der Pflanzenzellen am Anfang der Mitose eingegangen werden.

Meristematische Zellen haben nur kleine Vakuolen und der Kern ist meist zentral in der Zelle positioniert. In stärker vakuolisierten Zellen hingegen drückt die große Zellsaftvakuole das Cytoplasma und damit auch den Kern an die Peripherie der Zelle. Damit sich eine vakuolisierte Zelle aber in zwei gleich große Tochterzellen teilen kann, muss der Kern noch vor Mitosebeginn aus dem Cytoplasmasaum in das Zentrum der Zelle verlagert werden (**Abb. 3.7**). Dazu wachsen wenige Stunden vor Beginn der Mitose Cytoplasmastränge in die Vakuole hinein und durchspannen sie schließlich. Durch einen solchen Strang wandert der Kern ins Zentrum der Zelle und erscheint dort wie aufgehängt an Cytoplasmasträngen. Einige dieser Stränge verschmelzen miteinander zu einer flachen, geschlossenen Plasmaschicht, dem **Phragmosom**, das die zukünftige Zellteilungsebene markiert. An seiner Ausbildung sind sowohl Mikrotubuli als auch

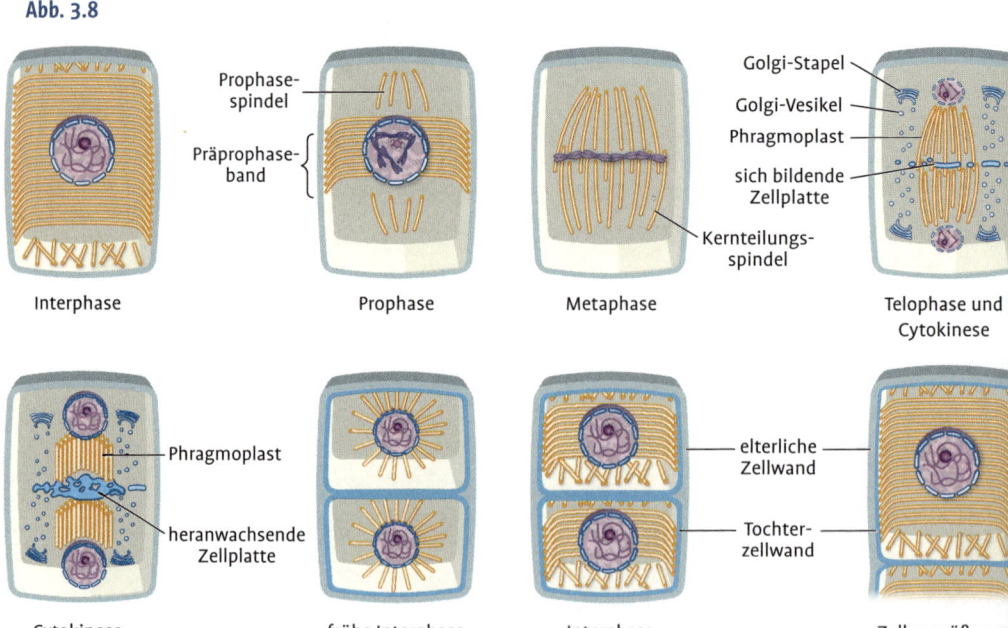

Abb. 3.8

Interphase — Prophase — Metaphase — Telophase und Cytokinese

Prophase-spindel
Präprophase-band
Golgi-Stapel
Golgi-Vesikel
Phragmoplast
sich bildende Zellplatte
Kernteilungs-spindel

Cytokinese — frühe Interphase — Interphase — Zellvergrößerun

Phragmoplast
heranwachsende Zellplatte
elterliche Zellwand
Tochter-zellwand

Anordnung der Mikrotubuli während des Zellzyklus. Erläuterungen im Text (verändert nach Raven et al. 2005).

Actinfilamente beteiligt. Innerhalb des Phragmosoms bilden sich gegen Ende der Mitose der Phragmoplast und die Zellplatte, was schließlich zum Einziehen der neuen Querwand führt. Das Mikrotubulisystem ist nicht nur Voraussetzung für die Bildung der Mitosespindel und für die Chromosomenbewegung, es ist auch essentiell für die Cytokinese. Die Mikrotubuli sind während der Interphase in der Zellperipherie gleichmäßig verteilt, rücken aber kurz vor Beginn der Prophase in der Ebene des Zelläquators zu einem schmalen Gürtel zusammen, dem **Präprophaseband**, das die spätere Teilungsebene der Zelle markiert und mit der Bildung der Mitosespindel wieder verschwindet. Nach Vollzug der Mitose wird genau an dieser Stelle die neue Querwand zwischen den beiden Tochterzellen eingezogen. **Abb. 3.8** zeigt schematisch das Verhalten der Mikrotubuli während der Mitosephasen, der Cytokinese und der Interphase. **Abb. 3.9** gibt parallel dazu die mikroskopischen Bilder wieder. In der Telophase zerfällt die Mitosespindel und es werden in der Teilungsebene neue, relativ kurze Mikrotubuli in großer Zahl aufgebaut, die senkrecht zur Teilungsebene angeordnet sind und deren Plusende zum Äquator zeigt. Ähnlich wie bei der Mitosespindel, gibt es kürzere Mikrotubuli beiderseits der Teilungsebene

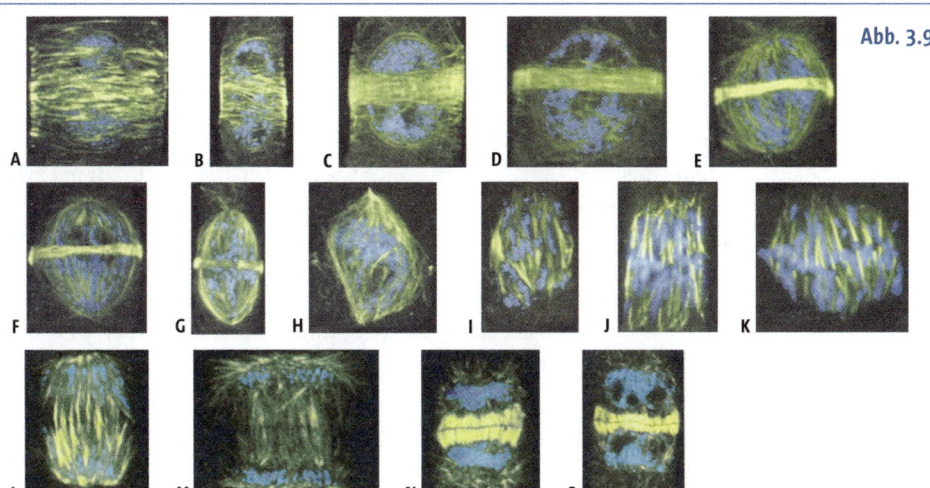

Abb. 3.9

Mikroskopisches Bild der Anordnung der Mikrotubuli in Mitose und Cytokinese. Mikrotubuli von Wurzelzellen des Weizens wurden fluoreszenzmarkiert und erscheinen im Bild grün und gelb, die DNA erscheint blau. (A–E) Cortikale Mikrotubuli rücken zusammen und bilden das Präprophaseband, das sich in (F–H) in der Prometaphase wieder auflöst. In (E–H) erscheinen erste Spindelfasern (die sogenannte Prophasespindel), die sich in (I–K) zur Mitosespindel bündeln. In der späten Anaphase (L) sind die Chromosomen an den Zellpolen angekommen, in der Telophase (M) ist die Mitosespindel zerfallen und der Phragmoplast bildet sich als Band überlappender Mikrotubuli heraus. In (N–O) verkürzen sich die Phragmoplastmikrotubuli. Die dunkle Zone in der Mitte dieses Bandes rührt daher, dass die vielen Vesikel mit Zellwandmaterial die Fluoreszenz der Mikrotubuli in diesem Bereich behindern (Abbildungen aus Buchanan et al. 2000).

Abb. 3.10

Entstehung der Zellplatte. Der Phragmoplast wird von Mikrotubuli gebildet, die randständig um den Zelläquator einen Ring bilden. Daran gleiten mit Zellwandmaterial gefüllte Golgi-Vesikel in Richtung Äquatorebene, wo sie miteinander verschmelzen und die Zellplatte bilden. Die Zellplatte besteht in der Verschmelzungszone zunächst aus einem tubulären Netzwerk, das in Richtung Zentrum zusammenfließt (mit der Fensterplatte als Übergangsstadium), wo die fertige Zellplatte entsteht. Die Zellplatte wächst also vom Zellinneren in Richtung Zellwand (verändert nach Weiler und Nover 2008).

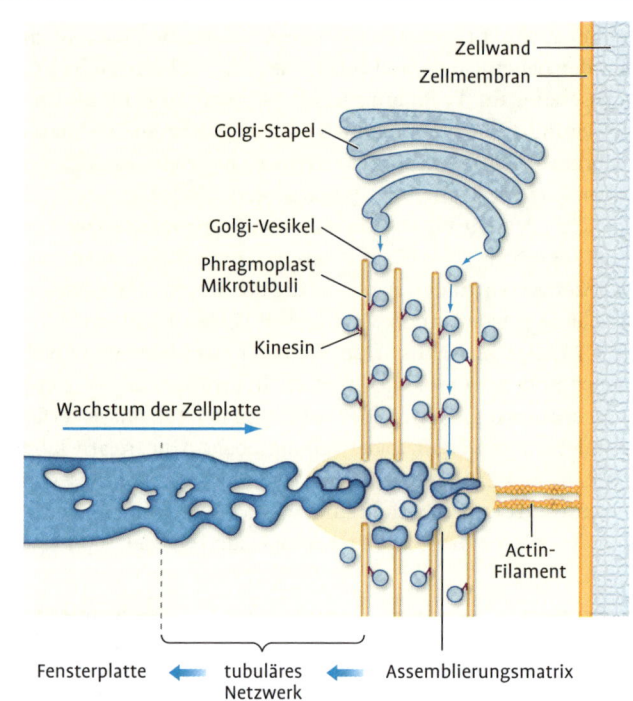

und längere, die im Äquatorbereich überlappen. Diese Struktur hat zylinder- bis tonnenförmige Gestalt und heißt **Phragmoplast**. In der Umgebung des Phragmoplasten sind viele Golgi-Stapel positioniert, die in großen Mengen mit Zellwandmaterial gefüllte Vesikel abschnüren. Diese Vesikel wandern auf den Schienen der Mikrotubuli in Richtung Äquatorebene, wo sie sich in einer Schicht anordnen und miteinander verschmelzen. So entsteht die **Zellplatte**, die vom Zentrum nach außen in Richtung Zellwand wächst und schließlich die Seitenwände erreicht (**Abb. 3.10**).

Die Membranen der Vesikel fließen zusammen und bilden beiderseits der Zellplatte die neue Plasmamembran der Tochterzellen. Der Vesikelinhalt (Pektine und Hemicellulosen) wird zur Mittellamelle der neuen Zellwand und dort, wo Teile des ER die Zellplatte durchziehen, enstehen Plasmodesmen. Die nach außen wachsende Zellplatte erreicht schließlich die Seitenwand der Mutterzelle, wo sie zunächst über Actinfilamente verankert wird, und zwar genau an der Stelle, die zu Beginn der Mitose das Präprophaseband markiert hat. In allen Phasen von Mitose und Cytokinese sind **auch Actinfilamente beteiligt**. Der Anschaulichkeit halber wurden nur die Mikrotubuli vorgestellt, aber wenn man das

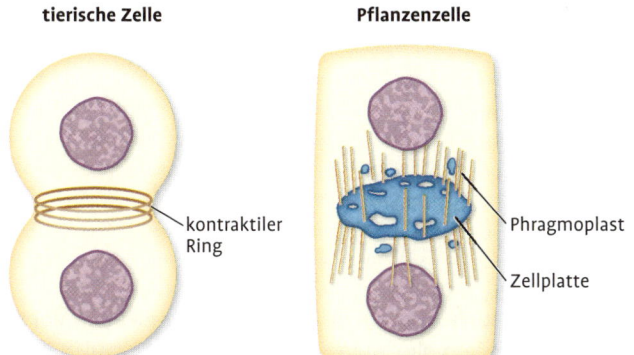

tierische Zelle **Pflanzenzelle**

Abb. 3.11

kontraktiler Ring

Phragmoplast

Zellplatte

Cytokinese einer tierischen und einer pflanzlichen Zelle. Während bei einer tierischen Zelle ein kontraktiler Ring aus Actinfilamenten die Zelle äquatorial einschnürt und dadurch beide Zellen voneinander abteilt, bildet sich in der Pflanzenzelle der Phragmoplast, der als peripherer Mikrotubuliring die Teilungsebene wie ein kreisförmiger Zaun umschließt. Daran gleiten von beiden Polen aus Golgi-Vesikel mit Zellwandmaterial entlang und fließen am Äquator zur Zellplatte zusammen, die vom Zentrum aus nach außen wachsend sich vergrößert, bis sie die elterliche Zellwand erreicht (verändert nach Buchanan et al. 2000).

Actinfilamentsystem während Mitose und Cytokinese markiert und mikroskopisch betrachtet, so wird deutlich, dass es sich analog zu den Mikrotubuli – wenn auch nicht so ausgeprägt – verändert. Es wird angenommen, dass Actinfilamente auch an der Chromosomenbewegung in der Anaphase mitwirken. Als gesichert gilt, dass Actinfilamente an der Bildung des Phragmoplasten ursächlich beteiligt sind und die Golgi-Vesikel gleiten mit dem Zellwandmaterial nicht nur an den Mikrotubuli entlang, sondern bewegen sich auch auf den parallel dazu verlaufenden Schienen der Actinfilamente. Ist die neue Zellwand eingezogen, treten die Tochterzellen in die Interphase ein und die Mikrotubuli umgeben den Kern zunächst strahlenförmig (**Abb. 3.8**), um dann aber die gewohnte Position im Cortex unterhalb der Plasmamembran einzunehmen. Jede Tochterzelle bildet jetzt eine neue eigene Primärwand, die auf der elterlichen Primärwand aufliegt. Die neue Zelle dehnt sich durch Streckungswachstum und schließlich reißt die elterliche Primärwandschicht. Actinfilamente sind auch von zentraler Bedeutung für die Cytokinese der tierischen Zelle, welche sich aufgrund der fehlenden Zellwand anders gestaltet (**Abb. 3.11**). Hat sich hier die Mitose vollzogen, so schnürt ein kontraktiler Ring aus Actinfilamenten die Zelle äquatorial ein, zieht sich zusammen und teilt dadurch beide Zellen voneinander ab. Hingegen sind die grundlegenden Abläufe von Interphase und Mitose bei pflanzlichen und tierischen Zellen sehr ähnlich.

Merksatz

Das Phragmosom markiert die zukünftige Zellteilungsebene. Die Zellplatte entsteht durch Fusion von Golgi-Vesikeln, die mit Zellwandmaterial gefüllt sind und auf den Schienen des von Mikrotubuli gebildeten Phragmoplasten entlangwandern. Auch Actinfilamente sind an der Cytokinese beteiligt.

4 | Proteine

Inhalt

Proteine sind die am häufigsten in der Zelle vorkommenden Makromoleküle. Sie haben die komplexesten Strukturen und sie erfüllen die vielseitigsten Funktionen innerhalb und auch außerhalb der Zelle. Proteine können allein und frei löslich vorliegen oder in zelluläre Membranen integriert sein oder aber auch zu großen multifunktionellen Proteinkomplexen assoziieren. Im folgenden Kapitel wird genauer auf die Faltung der Proteine, ihre posttranslationale Modifikation und ihren Abbau eingegangen.

4.1 | Faltung von Proteinen

Alle Eigenschaften und Funktionen der Proteine beruhen auf der räumlichen Faltung ihrer Polypeptidkette. In **Kapitel 1.1** wurde bereits die Faltungshierarchie der Polypeptidkette von der Primärstruktur bis zur Quartärstruktur besprochen. Im Folgenden werden weitere Details dieses Prozesses vorgestellt.

4.1.1 | Der Faltungsprozess

Die endgültig gefaltete Struktur, die ein Protein einnimmt, bezeichnet man als **Konformation** (dieser Begriff ist in etwa deckungsgleich mit der Tertiärstruktur). Wie wird die Anordnung und Orientierung der Sekundärstrukturen einer Polypeptidkette so bestimmt, dass daraus die unverwechselbare Tertiärstruktur des Proteins entsteht? Rein rechnerisch sind viele Konformationen möglich, aber wie wird die thermodynamisch am meisten begünstigte Struktur erreicht? Noch während der Translation bildet die frisch synthetisierte Polypeptidkette Abschnitte mit Sekundärstrukturen aus. Dieser Prozess läuft im Millisekundenbereich ab. Hingegen dauert das Assoziieren der Sekundärstrukturbereiche zu immer größeren Faltungseinheiten Sekunden bis Minuten. Dieses Assoziieren erfolgt schrittweise über definierte Zwischenzustände. Ist ein solcher Zwischenzustand bei der Faltung erreicht, eröffnet er neue Bindungsmöglichkeiten, die den Faltungsprozess zur nächsten Stufe voranbringen,

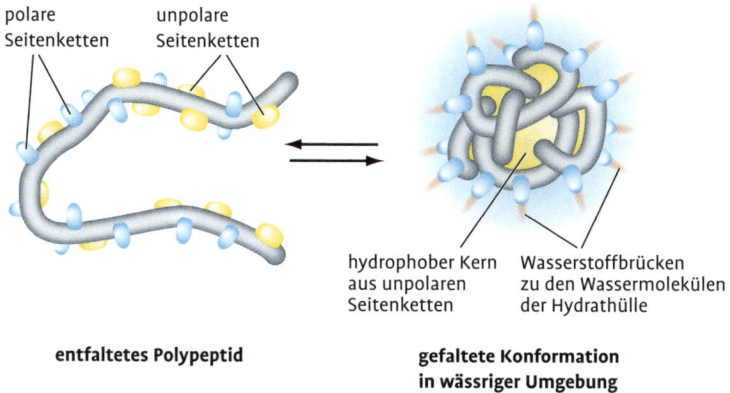

Abb. 4.1

polare
Seitenketten

unpolare
Seitenketten

hydrophober Kern
aus unpolaren
Seitenketten

Wasserstoffbrücken
zu den Wassermolekülen
der Hydrathülle

entfaltetes Polypeptid

**gefaltete Konformation
in wässriger Umgebung**

Hydrophobe Wechselwirkungen bei der Proteinfaltung. Die Polypeptidkette ist entfaltet gezeigt (links) und nach der Faltung im wässrigen Medium (rechts). Unpolare Seitenketten der Aminosäuren bilden über hydrophobe Wechselwirkungen bei der Faltung einen kompakten, hydrophoben Kern, der durch hydrophile Bereiche der Polypeptidkette vom Wasser abgeschirmt ist. Die hydrophilen Seitenketten auf der Proteinoberfläche bilden Wasserstoffbrücken zu den Wassermolekülen der Hydrathülle aus.

Merksatz
Die Proteinfaltung erfolgt schrittweise über definierte Zwischenzustände. Treibende Kraft ist das Erreichen des energieärmsten Zustands und das Streben der Polypeptidkette, ihre hydrophoben Regionen schrittweise der wässrigen Phase zu entziehen und im Molekülinneren zu verbergen.

ohne alle rechnerisch möglichen, aber thermodynamisch instabilen Konformationen durchprobieren zu müssen. Man kann diesen Prozess mit dem Erklimmen eines Berges vergleichen. Mit jedem Schritt sucht man für den Fuß nach einem festen Halt für den nächsten Schritt. Die treibende Kraft ist das Erreichen des energieärmsten Zustands und das Streben der Polypeptidkette, ihre hydrophoben Regionen schrittweise der wässrigen Phase zu entziehen und im Molekülinneren zu verbergen. Hydrophobe Wechselwirkungen sind daher von großer Bedeutung für die Ausbildung der Tertiärstruktur (**Abb. 4.1**). Für zahlreiche Proteine ist das Erreichen ihrer finalen Faltung jedoch so problematisch, dass sie spezielle Faltungshelferproteine, die Chaperone, benötigen (**vgl. Kapitel 4.2**).

Die Rolle von Disulfidbrücken

4.1.2

Zwei Cysteinreste können eine Disulfidbrücke ausbilden (**vgl. Kapitel 1.1**). Diese beiden Aminosäuren liegen oft an ganz verschiedenen Positionen in der Peptidkette und kommen erst im Zuge des Faltungsprozesses in räumliche Nähe. Sie dienen der Quervernetzung innerhalb des Proteins, aber sie können auch zwischen zwei verschiedenen Proteinen entstehen und diese miteinander vernetzen, z. B. die Untereinheiten eines multimeren Proteins (**Abb. 4.2**). Als kovalente Bindungen sind Disulfidbrücken sehr fest und werden oft zum Ende der Faltung als atomare Klammern ausgebildet, um die Tertiärstruktur zu fixieren.

Abb. 4.2

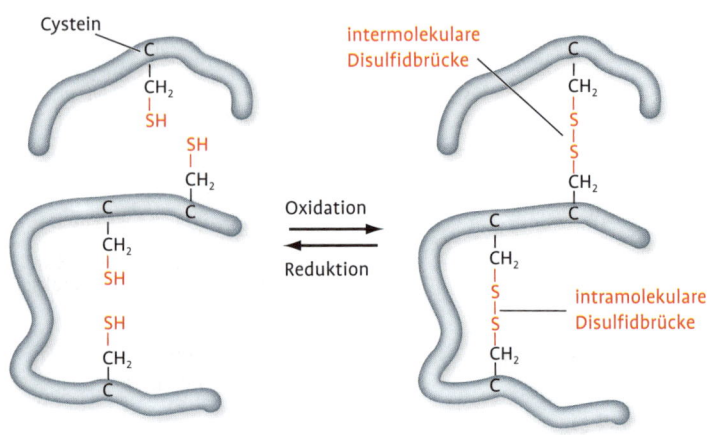

Disulfidbrücken entstehen zwischen Cysteinresten, die oft an ganz verschiedenen Positionen in der Peptidkette liegen und erst im Zuge des Faltungsprozesses in räumliche Nähe kommen. Sie dienen als atomare Klammern, um die Tertiärstruktur zu fixieren.

Disulfidbrücken. Die kovalenten Disulfidbrücken werden durch Oxidation von SH-Gruppen zwischen den Seitenketten von Cysteinresten gebildet. Intramolekulare Disulfidbrücken sind Quervernetzungen innerhalb derselben Polypeptidkette, intermolekulare Disulfidbrücken verknüpfen zwei verschiedene Polypeptidketten.

Proteine sind so präzise konstruiert, dass die Mutation in einer einzigen kritischen Aminosäure die Proteinfunktion ausschalten kann. Insbesondere Cysteinreste nehmen oft solche kritischen Positionen ein, nicht nur, weil einige von ihnen Disulfidbrücken ausbilden können, sondern weil Cysteine auch zum Binden prosthetischer Gruppen dienen und zudem oft Teil des aktiven Zentrums von Enzymen sind. Der Austausch eines Cysteins gegen irgendeine andere Aminosäure führt dann zum Strukturverlust des Proteins, zum Fehlen einer prosthetischen Gruppe oder zu katalytischer Inaktivität (natürlich führen auch der Strukturzusammenbruch des Proteins oder eine fehlende prosthetische Gruppe zur Inaktivität eines Enzyms).

4.1.3 | **Strukturmotive**

Strukturmotive sind Kombinationen von Sekundärstrukturelementen, die eine charakteristische dreidimensionale Struktur bilden. Sie werden auch als Supersekundärstrukturen bezeichnet, aber der weniger sperrige Begriff „Strukturmotiv" setzt sich allmählich durch. Beispiele hierfür sind die Superhelix (zwei oder vier α-Helices winden sich umeinander), das Zinkfingermotiv und das Leucin-Zipper-Motiv (beide kommen in Transkriptionsfaktoren vor und dienen der DNA-Bindung), das Helix-turn-Helix-Motiv (bildet eine scharfe Kurve) und das EF-Hand-Motiv (bindet Ca^{2+}-Ionen). Auch das β-Fass und die Rossmann-Faltung (bindet Nucleotide) kommen in vielen Proteinen als Strukturmotive vor.

Proteindomänen

| 4.1.4

In größeren Proteinen falten sich abgegrenzte Regionen der Polypeptidkette (etwa 50–200 Aminosäuren lang) unabhängig voneinander zu kompakten und stabilen Strukturen, die miteinander durch unstrukturierte Abschnitte verbunden sind. Proteindomänen sind oft für verschiedene Teilfunktionen eines Proteins zuständig. Eine Proteindomäne kann aus vielen α-Helices, β-Faltblättern und anderen Sekundärstrukturelementen bestehen und mehrere Strukturmotive umfassen. Sie stellt die Baueinheit dar, aus der viele größere Proteine aufgebaut sind. Durch vielfältige Wechselwirkungen (vor allem Wasserstoffbrücken und hydrophobe Wechselwirkungen) lagern sich diese Proteindomänen der Aminosäurekette dann zur Tertiärstruktur zusammen. **Abbildung 4.3** zeigt ein Modell für die stufenweise Faltung eines Proteins bis zum Erreichen seiner Tertiärstruktur. Proteindomänen können strukturell definiert sein, Voraussetzung dafür ist, dass man die Struktur des betreffenden Proteins kennt. Das ist jedoch oft nicht der Fall. Deswegen werden Proteindomänen auch aufgrund ihrer Funktion definiert, wenn man die biologische Aktivität eines Proteins mit einem bestimmten Teilabschnitt der Polypeptidkette in Verbindung bringen kann (z. B. Hämbindedomäne, DNA-Bindedomäne, Kinasedomäne) (**Abb. 4.4**). Die funktionelle Definition einer Domäne ist besonders dann hilfreich, wenn die dreidimensionale Struktur des untersuchten Proteins noch nicht bekannt ist. Später stellt sich dann mitunter heraus, dass eine zuvor funktionell definierte Domäne aus mehreren Strukturdomänen bestehen kann. Proteine mit ähnlichen Teilfunktionen (z. B. Dehydrogenasen, die NAD/NADH binden) besitzen für diese Teilfunktion oft eine Domäne mit sehr ähnlicher Aminosäuresequenz und Faltung. Im Fall vieler Dehydrogenasen ist das die NADH-Bindedomäne mit der Rossmann-Faltung als Strukturmotiv. Dieses Baukastenprinzip eröffnet der Natur die Möglichkeit, erfolgreiche Module (= Proteindomänen) in verschiedenen Proteinen einsetzen zu können, ohne gleich völlig neue Domänen für dieselbe Aufgabe entwickeln zu müssen (eine solche Domäne wird als Gen kopiert und anderweitig verwendet). Man bezeichnet diesen evolutionären Prozess als *domain shuffling*, bei dem größere Proteine durch die Neukombination bereits existierender Domänen entstanden sind. Manche Domänen waren besonders mobil in der Evolution (z. B. die Kinasedomäne oder die SH2-Domäne). Kleine Proteine bestehen aus nur einer einzigen Domäne, größere Proteine können hingegen viele Domänen enthalten.

Merksatz

Proteindomänen sind abgegrenzte Regionen der Polypeptidkette, die sich unabhängig voneinander zu kompakten und stabilen Strukturen falten. Im Protein sind die Proteindomänen miteinander durch unstrukturierte Abschnitte verbunden. Sie sind oft für verschiedene Teilfunktionen eines Proteins zuständig.

Abb. 4.3

Zwischenstufen der Proteinfaltung. Noch während der Rest des Proteins am Ribosom fertig synthetisiert wird, beginnt an der neugebildeten Polypeptidkette die Bildung von lokalen Sekundästrukturen. Über weitere Zwischenstufen (Strukturmotive und Domänen) wird die Tertiärstruktur erreicht.

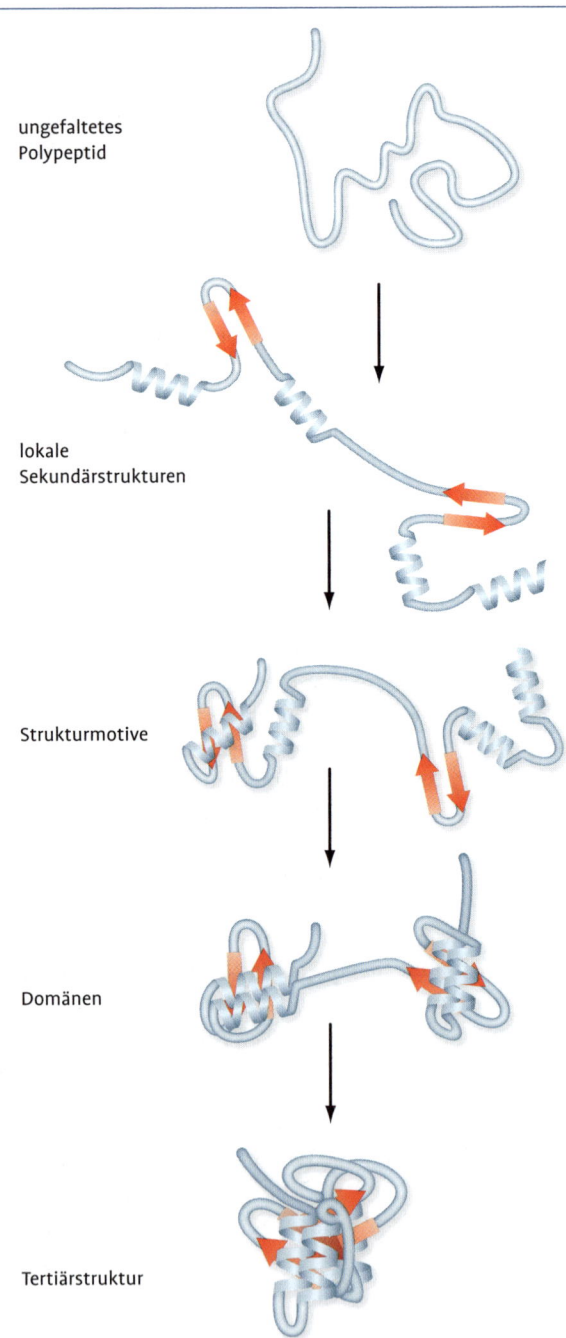

ungefaltetes
Polypeptid

lokale
Sekundärstrukturen

Strukturmotive

Domänen

Tertiärstruktur

Abb. 4.4

Proteindomänen der Nitratreduktase. Das Enzym Nitratreduktase hat in seiner Polypeptidkette vier Domänen ausgebildet, die durch unstrukturierte Bereiche (keine Sekundästrukturen!) miteinander verbunden sind. Auch der N-Terminus zeigt keine besondere Faltung. Drei der vier Domänen binden jeweils eine prosthetische Gruppe (FADH$_2$, Häm, Molybdän-Cofaktor [Moco]). Die Elektronen gelangen vom NADH über FADH$_2$ und Häm zur Moco-Domäne, wo sie im aktiven Zentrum auf Nitrat übertragen werden. Die FAD-Domäne besitzt als Strukturmotiv die sogenannte Rossmann-Faltung (zur Bindung von NADH). Eine separate Dimerisierungsdomäne erkennt ein weiteres Nitratreduktase-Monomer, was zur Bildung eines Homodimers führt – die Nitratreduktase ist nur als Homodimer funktionsaktiv!).

Strukturvorhersage

4.1.5

Die Genome vieler Organismen wurden in ihrer Sequenz bereits aufgeklärt und sind in Datenbanken verfügbar. Auch die atomaren Strukturen (= Tertiär- und Quatärstrukturen) von über 50 000 Proteinen wurden bereits aufgeklärt und in Datenbanken eingespeist. **Box 4.1 Atomare Proteinstruktur** beschreibt, wie man die atomare Struktur eines Proteins aufklären kann. Durch den Vergleich tausender Aminosäuresequenzen mit den jeweiligen dreidimensionalen Strukturen wurden mathematische Algorithmen entwickelt, die es ermöglichen, Abschätzungen für dreidimensionale Strukturen allein auf der Grundlage der Aminosäuresequenz vorzunehmen. Jedoch ist die zuverlässige (!) Vorhersage der tatsächlichen Tertiärstruktur eines Proteins bisher immer noch nicht möglich. Beispielsweise gibt es Proteine, die in ihrer Aminosäuresequenz kaum Ähnlichkeiten aufweisen, jedoch nahezu dieselbe dreidimensionale Struktur besitzen. Obwohl die gesamte Information zur Faltung einer Polypeptidekette in der Aminosäuresequenz enthalten ist, kommen oft zusätzliche Faktoren hinzu, die den Faltungsprozess beeinflussen. Zahlreiche Proteine erreichen ihre endgültige dreidimensionale Struktur erst nach der Bindung von prosthetischen Gruppen, nach dem Einbau in Membranen oder nach der Bildung von Proteinkomplexen. Auch die sogenannten posttranslationalen Modifikationen (**vgl. Kapitel 4.3**) beeinflussen die endgültige Faltung und damit das Erreichen der funktionellen Aktivität eines Proteins. Für die biochemische und strukturelle Analyse werden die Proteine heutzutage nicht mehr aus dem Gewebe des untersuchten Organismus aufgereinigt, sondern ihr Gen wird in Bakterien oder Hefen, die man bequem in großer Menge anziehen kann, exprimiert und aus diesen Organismen gereinigt. Weitere Details dazu sind in der **Box 4.2 Recombinante Proteine** beschrieben.

Box 4.1

Die atomare Proteinstruktur

Röntgenstrukturanalyse

Durch die Genomdatenbanken kennen wir für sehr viele Proteine ihre Aminosäuresequenz. Um die dreidimensionale Struktur (= Tertiärstruktur) des Proteins eindeutig bestimmen zu können, muss man es zuvor in reiner Form isoliert haben. Das geschieht entweder aus dem Organ oder Gewebe (beispielsweise Blätter), in dem das Protein vorkommt oder aber einfacher durch Expression seines Gens in Mikroorganismen (Bakterien oder Hefen). Liegt das Protein endlich in reiner und konzentrierter Form in Lösung vor, muss man es mit viel Geduld dazu bringen, Proteinkristalle zu bilden, die eine hoch geordnete Ansammlung perfekt ausgerichteter Proteinmoleküle darstellen. Wenn man nun einen scharf gebündelten Röntgenstrahl auf den Proteinkristall richtet, so werden die Röntgenstrahlen von den Atomen des Proteins gebeugt und das Beugungsmuster wird von einem Detektor aufgezeichnet (Abb. 4.5). Die Lage und Intensität jedes Punktes des Beugungsmusters enthält Informationen zur Position des Atoms, von dem der Röntgenstrahl abgelenkt wurde. Tausende Punkte müssen ausgewertet werden und ergeben in Kombination mit der Aminosäuresequenz des Proteins ein atomares Modell der Proteinstruktur. Ein solches Modell hat tatsächlich atomare Auflösung, das bedeutet dass man von jedem Atom des Proteinmoleküls die genaue Lage im Molekül kennt. Anschließend versucht man, das Protein zusammen mit seinem Liganden zu kristallisieren, um festzustellen, ob das Protein nach Ligandenbindung eine andere Konformation eingenommen hat. Der größte Makromolekülkomplex, von dem man mittels Röntgenstrukturanalyse die dreidimensionale Struktur ermittelt hat, ist das Ribosom von *E. coli* (Abb. 2.27 zeigt die atomare Struktur der großen ribosomalen Untereinheit dieses Ribosoms).

Abb. 4.5

Aufklärung der atomaren Proteinstruktur durch Röntgenstrukturanalyse.
Erläuterung im Text.

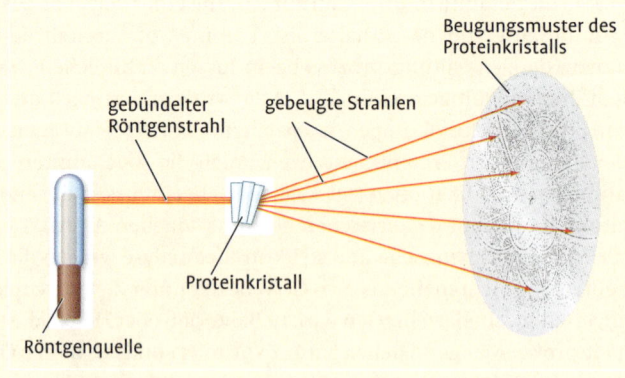

Beugungsmuster des Proteinkristalls

gebündelter Röntgenstrahl

gebeugte Strahlen

Proteinkristall

Röntgenquelle

Grafische Darstellung der atomaren Proteinstruktur

Nachdem man die genaue Lage aller (vielen tausend) Atome innerhalb des Proteinmoleküls kennt, stellt sich die Frage, wie man die dreidimensionale Struktur des Proteins am besten darstellt. Dazu gibt es Standard-Computerprogramme, die alle Koordinaten des Proteins aus Datenbanken abrufen und eine breite Palette von Darstellungsarten bieten (Abb. 4.6).

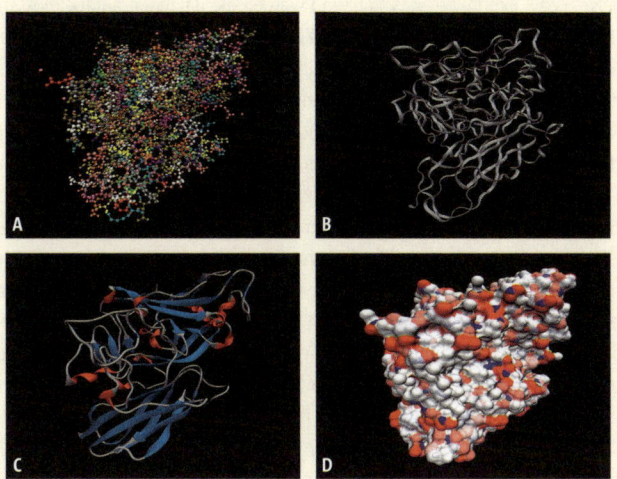

Abb. 4.6

Verschiedene grafische Darstellungsarten der atomaren Struktur des Proteins Sulfitoxidase. Die pflanzliche Sulfitoxidase enthält als prosthetische Gruppe den Molybdän-Cofaktor. Ihre atomare Struktur ist in vier Darstellungsarten gezeigt:
(A) Kugel-Stab-Modell (jede Aminosäure hat ihre eigene Farbe),
(B) Gefaltete Peptidkette,
(C) Sekundärstrukturen (α-Helices in rot, β-Stränge in blau),
(D) Oberflächenstruktur mit Ladungen (Bildbearbeitung T. Kruse, Braunschweig).

(A) Das Kugel-Stab-Modell ist unübersichtlich und daher selten gebraucht.
(B) Die Darstellung des gefalteten Polypeptidrückgrats ist da schon erheblich anschaulicher.
(C) Sehr häufig wird die Darstellung der Sekundärstrukturen gewählt. Die Lage der α-Helices und der Verlauf der β-Stränge sind deutlich erkennbar.
(D) Will man veranschaulichen, wie ein Protein tatsächlich aussieht, so wählt man die Darstellung seiner dem Wasser zugänglichen Oberfläche. Es ist erkennbar, dass die Oberfläche eines Proteins nicht glatt ist, sondern immer Beulen und Höcker aufweist. Zudem zeigt diese Darstellungsweise sehr schön, dass die Oberfläche Ladungen trägt (im Gegensatz zum hydrophoben Kern globulärer Proteine). Die Bereiche mit negativer Ladung sind blau markiert, die mit positiver Ladung in rot.

Box 4.2

Recombinante Proteine

Sollen Proteine für die biochemische und strukturelle Analyse bereitgestellt werden, so erfolgt die Aufreinigung heute kaum noch aus dem Gewebe des untersuchten Organismus. Da in den allermeisten Fällen die für das Protein codierende DNA-Sequenz bekannt ist, wird das Gen heterolog in Bakterien exprimiert, da man Mikroorganismen bequem in großer Menge anziehen kann. Dazu wird die cDNA des Gens (also die intronfreie, in DNA umgeschriebene Sequenz der mRNA) hinter einen starken und regulierbaren bakteriellen Promotor kloniert und dieses Expressionsplasmid im Bakterium (zumeist *E. coli*) exprimiert. Anschließend werden die Bakterien aufgeschlossen und das Protein in hohen Ausbeuten aus dem Zellextrakt gereinigt. Um das Protein jedoch einfach und schnell aus dem Extrakt aufreinigen zu können, wurde es zuvor molekular markiert, indem eine bisher nicht im Protein vorhandene Aminosäuresequenz (= Affinitätsmarker) an seinen N- bzw. C-Terminus angefügt wurde. Diese 6–12 zusätzlichen Aminosäuren stören die Proteinfaltung zumeist nicht und ermöglichen eine schnelle Ein-Schritt-Reinigung des markierten Proteins aus dem Bakterienextrakt mittels Affinitätschromatographie. Auf diese Weise im Reagenzglas gentechnisch veränderte Proteine bezeichnet man als **recombinante Proteine** und da sie nicht in ihrer natürlichen Herkunftszelle exprimiert wurden, nennt man diese Art der Expression **heterologe Genexpression**. Auf diese Weise können auch schnell Proteinvarianten gereinigt werden, in denen der Experimentator Aminosäuren gezielt ausgetauscht hat, um die Funktion des Proteins genauer untersuchen zu können. Allerdings benötigen zahlreiche eukaryontischen Proteine zum korrekten Funktionieren ein natives Muster an posttranslationalen Modifikationen, welches in Bakterien nur schwerlich zu erzeugen ist. In diesen Fällen weicht man auf Hefen oder Insektenzellkulturen als Wirtszellen aus.

4.1.6 | Proteinkomplexe

Wenn sich mehrere, bereits tertiär gefaltete Proteine zu einem übergeordneten strukturellen Komplex zusammenlagern, spricht man von einem Multiproteinkomplex, kurz Proteinkomplex (dieser Begriff ist in etwa deckungsgleich mit dem Begriff der Quartärstruktur). Dieser Vorgang hat zumeist funktionelle Gründe und man kann mehrere Ebenen unterscheiden. Im einfachsten Fall assoziieren zwei identische Proteine, weil sie dann effektiver funktionieren und im Verbund stabiler sind. Man spricht dann von einem **Homodimer**. Zum Beispiel funktioniert die in Abbildung 4.4 gezeigte Nitratreduktase nur als Homodimer, die Monomere allein sind katalytisch inaktiv, obwohl sie alle nötigen prosthetischen Gruppen gebunden haben. Ein Heterodimer besteht hingegen aus zwei unterschiedlichen Proteinuntereinheiten. Es gibt Trimere, Tetramere, Pentamere, Hexamere usw. Das Zentralenzym der photosynthetischen CO_2-Assimilation, die Rubisco, ist ein Sechszehnerkomplex und besteht aus acht identischen kleinen und acht identischen großen Untereinheiten. In Actinfilamenten und in Mikrotubuli sind tausende Monomere vereint, wobei Actinfilamente aus nur einer Art von Monomer bestehen, also **Homomultimere** sind, während Mikrotubuli aus α- und β-Tubulinuntereinheiten zusammengesetzt sind und deshalb als **Heteromultimere** anzusprechen sind. Eine andere Organisationsebene trifft man bei den Enzymen an. Hier können mehrere Enzyme eines gemeinsamen Stoffwechselweges zu einem **Multienzymkomplex** zusammengefasst sein, in dem sie zeitlich und räumlich koordiniert ihre Funktionen ausüben (**Box 4.3 Multienzymkomplexe und Nanomaschinen**).

Box 4.3

Multienzymkomplexe und Nanomaschinen

Enzyme eines gemeinsamen Stoffwechselweges lagern sich oft zu einem Multienzymkomplex zusammen. Welchen Vorteil hat das? Stoffwechselreaktionen sind meistens nicht durch die Katalyserate der Enzyme limitiert, sondern durch die Substratkonzentration. Würde innerhalb eines Stoffwechselweges jedes Enzym sein Produkt ins Medium freisetzen, so würde die Reaktionsgeschwindigkeit des gesamten Weges davon abhängen, wie lange ein im Weg nachfolgendes Enzym das frei diffundierende Produkt des vorgegangenen Enzyms suchen muss. Werden jedoch die beteiligten Enzyme zu einem Multienzymkomplex zusammengefasst, so kann das Substrat von Enzym zu Enzym weitergereicht werden, ohne jemals nach einem Teilschritt frei in Lösung gegangen zu sein. Diese schnelle und effektive Substratübertragung durch einen molekularen Tunnel ist besonders für instabile und empfindliche Intermediate von großem Vorteil und wird im Englischen als **substrate-product channeling** bezeichnet. Die beteiligten Enzyme tragen dazu Bindungsstellen für ihre unmittelbaren Nachbarn, um sich zum Komplex zusammenzufinden. Oft wird ein solcher Komplex auch dadurch stabilisiert, dass er an Strukturen des Cytoskeletts bindet oder an einer Membran verankert ist. Markante Beispiele für Multienzymkomplexe sind der Fettsäuresynthasekomplex und der Komplex des Zitronensäurezyklus in der Mitochondrienmatrix. Werden Mitochondrien schonend lysiert, so findet man die sechs Enzyme des Zitronensäurezyklus nicht als einzelne Proteine vor, sondern zusammengelagert zu einem großen Multienzymkomplex.

Für die kompliziertesten Proteinkomplexe hat man neuerdings den Begriff **Nanomaschinen** oder **Proteinmaschinen** eingeführt. Nanomaschinen bestehen aus zahlreichen verschiedenen Untereinheiten, die jeweils spezielle Teilaufgaben ausführen. Oft bewirkt die Hydrolyse von ATP oder GTP eine geordnete Abfolge von Konformationsänderungen in den Proteinuntereinheiten und ermöglicht dadurch koordinierte Veränderungen im gesamten Proteinkomplex. Die größte Nanomaschine stellt mit etwa 85 Proteinen und vier RNAs das Ribosom dar. Aber auch der DNA-Transkriptionskomplex und der DNA-Replikationskomplex zählen hierzu.

Abb. 4.7

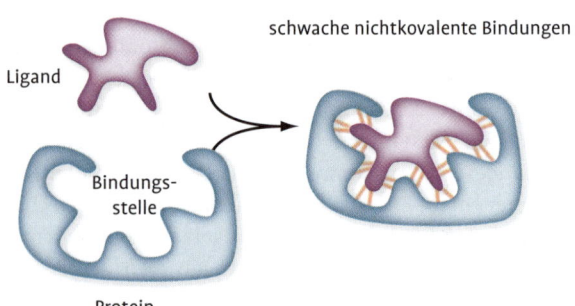

Ligand

schwache nichtkovalente Bindungen

Bindungs-
stelle

Protein

Bindungsstelle und Ligand. Die Bindung eines Liganden an ein Protein ist hoch selektiv. Die Oberflächenkonturen zwischen Bindungsstelle und Ligand müssen komplementär sein, also genau zueinander passen. Passt ein Ligand in die Bindungsstelle, werden zwischen ihm und dem Protein eine Vielzahl nichtkovalenter Bindungen ausgebildet, die den Komplex stabilisieren. Gibt es mehrere ähnliche Liganden zur Auswahl, so testet das Protein alle Liganden, bindet aber nur denjenigen stabil, zu dem es die meisten nichtkovalenten Bindungen herstellen kann.

4.1.7 | Bindungsstelle und Ligand

Der gesamte Stoffwechsel beruht auf Wechselwirkungen zwischen Molekülen, wobei diese Wechselwirkungen eine hohe Spezifität aufweisen. Jedes Protein erkennt unter Tausenden von verschiedenen Molekülen seinen spezifischen Bindungspartner. Einen solchen spezifischen Bindungspartner, egal ob ein Ion, kleiner Metabolit oder Makromolekül, bezeichnet man als **Ligand** des Proteins. Dieser Begriff ist ein operationaler Begriff, beipielsweise ist in einem homodimeren Protein jedes Monomer der Ligand des anderen. Die Ligandenerkennung beruht auf der gleichzeitigen Ausbildung einer Vielzahl von schwachen, nichtkovalenten Bindungen zwischen beiden Partnern. Damit der Ligand selektiv und mit hoher Affinität gebunden werden kann, müssen jedoch die Oberflächenkonturen des Liganden sehr gut zu einer speziellen Region des Proteins passen (Schlüssel-Schloss-Prinzip). Diese Region wird **Bindungsstelle** genannt (Abb. 4.7). Die schon mehrfach erwähnte homodimere Nitratreduktase besitzt für diese Bindungsaufgabe eine spezielle Proteindomäne, die Dimerisierungsdomäne, deren Aufgabe es ist, das andere Monomer zu erkennen und fest zu binden. Ein anderes Beispiel für Homodimersierung ist in Abbildung 4.8 gezeigt, wo die Dimerisierungsregion des Proteins kleiner ist und keine eigene Domäne bildet, dafür aber einen „Finger" aufweist, der beim anderen Monomer genau in einer Vertiefung passt. Bindungsstellen entstehen erst in den letzten Phasen der Proteinfaltung, wenn oft weit entfernte Bereiche der Polypeptidkette zusammenkommen und sich zu einer Bindungstasche oder Bindungsdomäne zusammenlagern.

Merksatz
Der „Ligand" ist ein operationaler Begriff. Er kennzeichnet den spezifischen Bindungspartner eines Proteins, egal ob es sich dabei um ein Ion, Metaboliten oder Makromolekül handelt. Die Ligandenerkennung beruht auf der gleichzeitigen Ausbildung einer Vielzahl von schwachen, nichtkovalenten Bindungen.

Abb. 4.8

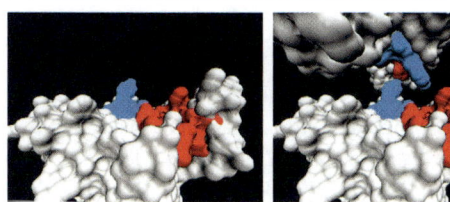

Dimerisierungsregion. Das Molybdäncofaktor-Bindeprotein MoBP3 ist ein Homodimer. Links ist das Monomer dargestellt, dessen Dimerisierungsregion aus einem „Finger" (blau) und einer Vertiefung (rot) besteht. Rechts sind beide Monomere kurz vor ihrer Dimerisierung dargestellt. Der „Finger" des einen Monomers passt genau in eine Vertiefung auf dem jeweils anderen Monomer. Ist die Dimerisierung vollzogen, ist kein Spalt mehr zwischen den beiden Monomeren zu erkennen (Abbildung T. Kruse, Braunschweig).

Einbau von prosthetischen Gruppen

4.1.8

Prosthetische Gruppen werden entweder schon während der Faltung, also cotranslational, oder aber (seltener) posttranslational in die Proteine eingefügt – aus dem Apoprotein wird das Holoprotein. Ist die prosthetische Gruppe nicht korrekt gebunden oder fehlt sie sogar (durch Mutation), kann es zu einer inkorrekten Faltung des Proteins kommen und damit zu seinem vorzeitigen Abbau.

Proteinstabilität

4.1.9

Die stabile Konformation, die ein Protein im funktionsaktiven Zustand in der Zelle einnimmt, wird als seine **native Konformation** bezeichnet. Davon kann ein Protein aber mehrere haben, da alle Aktivitäten des Proteins begleitet sind von kleineren oder größeren Konformationsänderungen, die durch das Lösen und Neubilden von vielen nichtkovalenten Bindungen im jeweiligen Zustand stabilisiert werden. Unter extremen Umständen, z. B. bei höheren Temperaturen, können jedoch diese schwachen und empfindlichen nichtkovalenten Bindungen zusammenbrechen, wodurch das Protein seine native Konformation verliert und funktionsinaktiv wird. Das Protein **denaturiert** (Hühnereiweiß gerinnt beim Erhitzen). Dieser Strukturverlust ist zumeist irreversibel. Der Organismus hat jedoch sogenannte *heat shock* Proteine zur Verfügung, die das Protein vor Denaturierung schützen oder aber die Zelle baut die denaturierten Proteine ab und synthetisiert sie anschließend neu. Ein solcher Abbau erfordert spezielle Enzyme, die **Proteasen**, die in der Lage sind, sehr stabile Peptidbindungen zu spalten. Die Proteinstabilität liegt in einem weiten Rahmen. So überstehen Proteine aus hyperthermophilen Bakterien, die in heißen Quellen leben, Temperaturen von 90 °C, ohne dass diese außergewöhnliche Hitzestabilität bisher zweifelsfrei geklärt ist.

4.2 | Chaperone

Proteine falten sich über mehrere Zwischenstufen mit dem Ziel, ihre hydrophoben Regionen vor der wässrigen Phase im Molekülinneren zu verbergen, um schließlich den energieärmsten Zustand zu erreichen. Es können jedoch mehrere Wege zum Ziel führen. Diese Wege schließen oft metastabile Zwischenstufen ein und können in Sackgassen enden, in denen das Protein in fehlgefaltetem Zustand stecken bleibt. Wie kann es dazu kommen? Die Proteinsynthese am Ribosom ist mit durchschnittlich 10 Aminoäsuren pro Sekunde recht langsam. Da die Ausbildung von Sekundärstrukturen erheblich schneller abläuft, bilden sich am frisch synthetisierten N-Terminus der Polypeptidkette bereits Sekundärstrukturelemente, während der C-Terminus des Proteins noch in Arbeit ist. Man spricht hier von einer **cotranslationalen** Faltung. Da die allgemeine Proteinkonzentration im Cytoplasma sehr hoch ist (etwa 300 mg/ml), gibt es damit zwangsläufig auch sehr viele Faltungsintermediate anderer neu synthetisierter Proteine, die die Faltung eines Proteins stören könnten, indem sich ungewollte intermolekulare Assoziate bilden. Beispielsweise könnten sich die β-Stränge zweier verschiedener Proteine zu einem gemeinsamen β-Faltblatt zusammenlagern, was zum Blockieren der weiteren Faltung beider Proteine führen würde und schließlich zur Entstehung von unlöslichen Aggregaten falsch gefalteter Proteine. Um diese Gefahr abzuwenden, besitzt die Zelle Faltungshelferproteine, die sogenannten **Chaperone**. Sie erkennen faltungsgefährdete Proteine am Auftauchen hydrophober Aminosäuren an der Oberfläche der bereits teilweise gefalteten Polypetidkette. Diese hydrophoben Abschnitte sind mit 8–10 Aminosäuren recht kurz, könnten sich aber ungeordnet zusammenlagern und zu einer unerwünschten Konformation führen. Die Chaperone binden unter ATP-Verbrauch an diese hydrophoben Regionen, schirmen das sich faltende Protein dadurch vor anderen Einflüssen ab und geben ihm Zeit, seine richtige Faltung zu finden. Chaperone haben also kein Universalprogramm, nach dem sie Proteine falten. Sie können lediglich partiell gefaltete Proteine erkennen, binden, vor Aggregation bewahren und damit den Faltungsprozess flankieren. Chaperone kommen in allen Zellkompartimenten vor, in denen es Proteinsynthese gibt (Cytoplasma, ER, Mitochondrien, Chloroplasten). Chaperone gliedern sich in zwei große Gruppen, die in der Literatur unter zahlreichen Begriffen laufen. Sie wurden zuerst in Organismen entdeckt, die man einem Hitzeschock ausgesetzt hatte, was zur Proteinentfaltung und Aggregation führen kann. Sie erhielten daher den Namen *heat shock protein*, abgekürzt Hsp, gefolgt von einer Zahl, die ihrer molekularen Masse in kDa entspricht. Unter Hitzeschockbedingungen bildet die Zelle Chaperone in besonders

Merksatz

Chaperone haben kein Universalprogramm, nach dem sie Proteine falten. Sie können lediglich partiell gefaltete Proteine erkennen, binden, vor Aggregation bewahren und damit den Faltungsprozess flankieren. Sie erkennen faltungsgefährdete Proteine am Auftauchen hydrophober Aminosäuren an der Oberfläche der bereits teilweise gefalteten Polypetidkette.

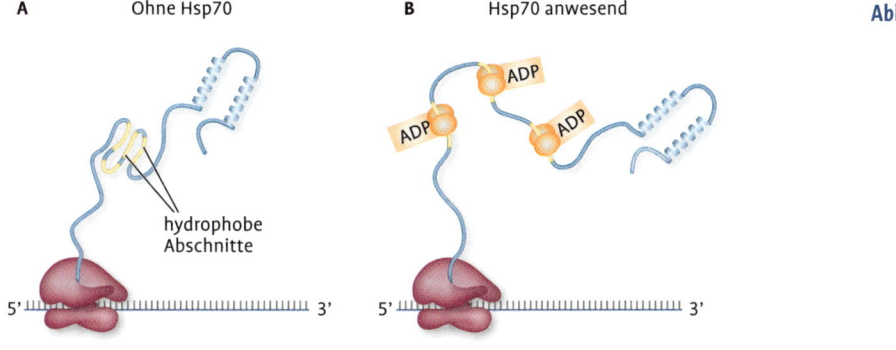

A   Ohne Hsp70   **B**   Hsp70 anwesend

hydrophobe
Abschnitte

5' ‖‖‖‖‖‖‖‖‖‖‖‖‖‖‖‖‖‖‖‖‖‖‖‖‖‖‖‖‖ 3'   5' ‖‖‖‖‖‖‖‖‖‖‖‖‖‖‖‖‖‖‖‖‖‖‖‖‖‖‖‖ 3'

Die Funktionsweise von Hsp70-Chaperonen.
(A) In Abwesenheit von Chaperonen können sich hydrophobe Abschnitte der entstehenden Polypeptidkette zusammenlagern und dadurch den Faltungsprozess blockieren, oder sie können mit
den hydrophoben Abschnitten anderer Proteine unerwünschte Aggregate bilden.
(B) Unter ATP-Spaltung bindet Hsp70 an die hydrophoben Regionen der entstehenden Polypeptidkette und verhindert dadurch ungünstige Faltungszustände (ADP bleibt dabei noch an Hsp70 gebunden). Das Protein hat jetzt Zeit, seine richtige Faltung zu finden. Danach tauschen Helferchape-
rone das gebundenen ADP gegen ATP aus, was zum Ablösen von Hsp70 vom Protein führt
(verändert nach Buchanan et al. 2000).

großer Menge, um ihre Haushaltsproteine von irreversiblen Schäden zu
schützen. Natürlich werden Chaperone auch unter ganz normalen Bedingungen in der Zelle gebraucht.

Chaperone der Hsp70-Klasse

4.2.1

Hsp70-Chaperone binden cotranslational unter ATP-Hydrolyse an hydrophobe Regionen der entstehenden Polypeptidkette und schützen sie vor
Aggregation (**Abb. 4.9**). Unter Beteiligung von Helferchaperonen wird das
an Hsp70 gebundene ADP gegen ATP ausgetauscht und die Hsp70-Mole-
küle lösen sich vom Protein. Gibt es danach immer noch einige falsch
gefaltete Bereiche (erkennbar an oberflächenexponierten hydrophoben
Aminosäureresten), so wiederholt sich der reversible Hsp70-Bindungs-
zyklus und gibt damit dem Protein eine weitere Chance, sich richtig zu
falten. Dieser Prozess wiederholt sich solange, bis das Protein seine endgültige Konformation erreicht hat. Man nimmt an, dass sich ungefähr
70–80 % aller Proteine cotranslational falten, entweder spontan oder mithilfe von Hsp70-Chaperonen. Die restlichen 20–30 % bedürfen jedoch weiterer Hilfe (**Abb. 4.10**).

Abb. 4.10

Zusammenwirken von Hsp70-Chaperonen und Hsp60-Chapronen. Hsp70-Chaperone arbeiten cotranslational und unterstützen Proteine bei ihrer Faltung. Proteine mit sehr komplizierten Faltungsmustern, bei denen die Unterstützung durch Hsp70-Chaperone nicht zur nativen Konformation führt, werden an Hsp60-Chaperone weitergereicht, die posttranslational bei der Faltung helfen (verändert nach Buchanan et al. 2000).

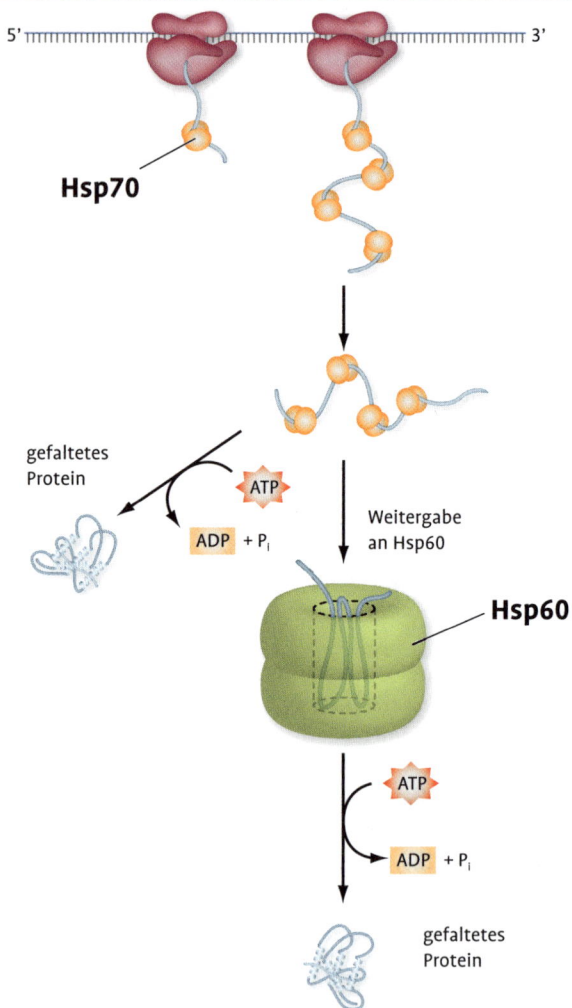

4.2.2 | Chaperone der Hsp60-Klasse

Sind Proteine so komplex gefaltet, dass selbst die cotranslationale Unterstützung durch Hsp70-Chaperone nicht zur nativen Konformation führt, so werden sie an Hsp60-Chaperone weitergereicht (die manchmal auch als **Chaperonine** bezeichnet werden). Diese Chaperonklasse ist völlig anders strukturiert. Ein Hsp60-Chaperon ist eine aus vielen Untereinheiten bestehende Nanomaschine, die die Form eines Fasses hat, in dem das Protein fertig gefaltet wird. Partiell gefaltete Proteine mit einer Größe von 50–60 kDa binden posttranslational (also nach Freisetzung vom Ribo-

Abb. 4.11

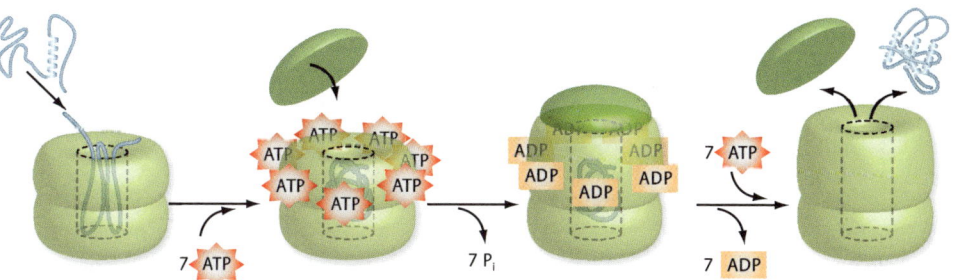

Die Funktionsweise von Hsp60-Chaperonen. Ein partiell gefaltetes Protein bindet mit seinen hydrophoben Regionen an den oberen Rand des Hsp60-Chaperons. Nach ATP-Bindung legt sich eine weitere Untereinheit als Deckel über das Fass. Durch ATP-Hydrolyse streckt sich das Fass und zieht das Protein in sein Inneres, wo es Ruhe hat, sich richtig zu falten. Nach Freisetzung von ADP und Bindung von ATP öffnet sich der Deckel, und das korrekt gefaltete Protein wird entlassen.

som) mit ihren hydrophoben Regionen an den oberen Innenrand des Fasses (**Abb. 4.11**). ATP wird gebunden und eine weitere Untereinheit der Nanomaschine legt sich als Deckel über das Fass. Jetzt erfolgt die ATP-Hydrolyse, wodurch sich die Struktur des Fasses verändert, es streckt sich und zieht dadurch das Protein in sein Inneres, wo es Ruhe hat, sich richtig zu falten. Nach etwa 5 Sekunden öffnet sich der Deckel und das korrekt gefaltete Protein verlässt das Hsp60-Chaperon. Sollte es jetzt immer noch falsch gefaltete Abschnitte aufweisen, wiederholt sich der Zyklus erneut, und zwar soviele Male, bis das Protein endlich korrekt gefaltet vorliegt. Das Hsp60-Chaperon ist demnach ein geschlossener Ruheraum, der einem Protein mit kompliziertem Faltungsmuster die Abschirmung bietet, sich unter ATP-Verbrauch solange hin- und herzufalten, bis es endlich seine native Konformation erreicht hat.

Merksatz

70–80 % aller Proteine falten sich spontan oder mithilfe von Hsp70-Chaperonen. Die restlichen 20–30 % bedürfen der Unterstützung durch die komplexen Hsp60-Chaperone.

Chaperone der Hsp100-Klasse

| 4.2.3

Haben sich durch Fehlfaltung mehrerer Proteine ganze Proteinaggregate gebildet, so gibt es eine weitere Chaperonmaschine, die auf die Auflösung von Proteinaggregaten spezialisiert ist. Der Hsp100-Chaperonkomplex löst aus solchen Aggregaten einzelne Proteine heraus, entfaltet sie und reicht sie weiter an Hsp70-Chaperone, die den Proteinen helfen, ihre native Struktur zu finden.

Proteindisulfidisomerase

| 4.2.4

Zur Stabilisierung der Tertiärstruktur werden im Zuge der Proteinfaltung oft Disulfidbrücken zwischen zwei Cysteinresten ausgebildet. Bei Proteinen mit mehr als zwei Cysteinen besteht jedoch die Gefahr, dass sich

Abb. 4.12

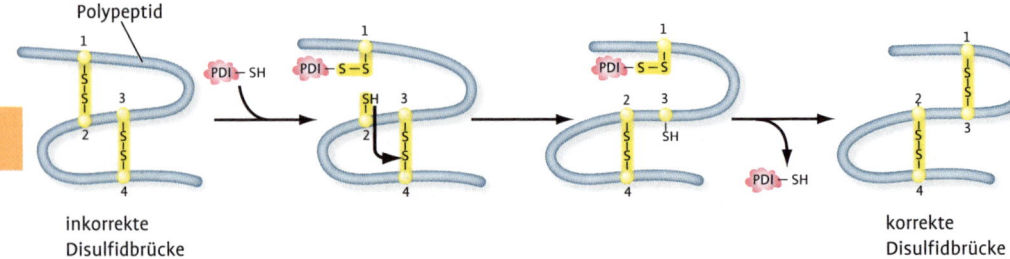

Polypeptid

inkorrekte
Disulfidbrücke

korrekte
Disulfidbrücke

Die Funktionsweise der Proteindisulfidisomerase. Die PDI ordnet Disulfidbindungen um, indem sie zunächst eine Disulfidbrücke öffnet und dadurch eine freie SH-Gruppe schafft. Diese freie SH-Gruppe (2) spaltet eine andere inkorrekte Disulfidbrücke (3–4) und geht mit Cystein 4 eine thermodynamisch günstigere Disulfidbindung (2–4) ein. Schließlich paart Cystein 4 korrekt mit Cystein 1 und setzt dadurch die PDI wieder frei.

inkorrekte Cysteinpaarungen ergeben. Für diesen Fall gibt es das Enzym Proteindisulfidisomerase (abgekürzt PDI), das die nachträgliche Umordnung von Disulfidbindungen katalysiert. Wie schon von den Chaperonen her bekannt, hat dieses Enzym keinen Universalplan, was korrekt oder inkorrekt ist. In den frühen Faltungspasen entstehende spontane Cysteinpaarungen sind oft inkorrekt. Solche frühen Disulfidbrücken werden von der PDI gespalten, wodurch das Protein die Möglichkeit erhält, in einer späteren Faltungsphase seine thermodynamisch günstigste SH-Gruppenpaarung zu erreichen (**Abb. 4.12**). Vor allem Proteine mit Kontakt zum wässrigen Raum (Export- und Zellwandproteine, Proteine in der Plasmamembran, im ER, im Golgi-Apparat und der Vakuole) besitzen Disulfidbrücken, um sie gegen die oft harschen Bedingungen, die in der Außenwelt herrschen, zu stabilisieren. Hinzu kommt, dass der wässrige Raum ein oxidierendes Milieu ist, durch das die Disulfidbrücken weiter stabilisiert werden. Die PDI ist deshalb vor allem im Lumen des rauen ER in großen Mengen vorhanden, um die Proteine beim Erreichen ihrer nativen Konformation zu unterstützen. Cytosolische Proteine besitzen hingegen äußerst selten Disulfidbrücken, da im reduzierenden Milieu des Cytoplasmas solche Bindungen wieder in die SH-Gruppen des Cysteins zurückverwandelt werden würden. Im Cytoplasma der Erkaryonten, besonders der Pflanzen, gibt es mit dem **Glutathion** ein Thiolreduktionsmittel, das SH-Gruppen im reduzierten Zustand stabilisiert. Glutathion ist ein Tripeptid (Glu-Cys-Gly), verfügt über eine freie SH-Gruppe und wird im reduzierten Zustand mit GSH abgekürzt. Im oxidierten Zustand bildet sich zwischen zwei GSH-Molekülen eine Disulfidbrücke aus und es entsteht GSSG. Im Cytoplasma wird GSH enzymatisch ständig in seiner reduzierten Form gehalten und sorgt durch seine hohe Konzentration dafür, dass alle SH-

Merksatz

Im Gegensatz zum reduzierenden Milieu des Cytoplasmas ist das Lumen des ER und Golgi ein oxidierendes Milieu, sodass die Gefahr besteht, dass sich Disulfidbrücken aus inkorrekten Cysteinpaarungen ergeben. Proteindisulfidisomerasen katalysieren die nachträgliche Umordnung von Disulfidbindungen, bis die Proteine ihre native Konformation erreicht haben.

Gruppen von Proteinen in ihrer reduzierten Form verbleiben. Sich kurzzeitig lokal ausbildende Disulfidbrücken werden umgehend von GSH wieder reduziert.

Falsch gefaltete Proteine | 4.2.5

Trotz der Unterstützung durch Chaperone, Proteindisulfidisomerasen und weiterer Proteine, auf die hier nicht weiter eingegangen wird, gibt es zelluläre Zustände (z. B. Stress, Infektion, Mutation), bei denen es manchen Proteinen nicht gelingt, im Zuge der Faltung ihre korrekte Konformation zu erreichen. Schlagen alle Hilfsmaßnahmen schließlich fehl, hat man es mit einem irreversibel falsch gefalteten Protein zu tun. Ein solches Protein ist nicht nur nutzlos, es kann auch gefährlich sein (es sei hier an das mit BSE gekoppelte humane Kreutzfeld-Jacob-Syndrom erinnert!). Zellen haben deshalb vielfältige und genaue Mechanismen entwickelt, solche abnorm gefalteten Proteine zu identifizieren. **Erkennungsmerkmale** sind das Auftreten hydrophober Bereiche auf der Proteinoberfläche, ein inkorrektes Glycosylierungsmuster oder bei multimeren Proteinen ein inkorrekter Oligomerisierungsstatus. Irreversibel falsch gefaltete Protein werden von der Zelle schnell abgebaut (**vgl. Kapitel 4.5**).

Posttranslationale Modifikationen und Proteinregulation | 4.3

Nachdem Proteine synthetisiert wurden und ihre native Faltung erlangt haben, unterliegen sie weiteren Veränderungen, bis sie endlich ihre Funktion aufnehmen können. Viele Proteine müssen zunächst an ihren Wirkungsort zu einem entsprechenden Kompartiment transportiert werden und dabei Membranen passieren. Der interzelluläre Proteintransport wird in den **Kapiteln 5.2–5.9** behandelt. Andere Proteine werden erst durch reversible Modifikationen in einen aktiven Zustand versetzt, sie werden phosphoryliert, acetyliert oder methyliert oder sie binden Nucleotide (ATP, GTP). Wieder andere Proteine unterliegen bleibenden Veränderungen, sie werden beispielsweise glycosyliert oder sie werden erst nach proteolytischer Spaltung aktiv. Allen diesen Prozessen ist gemein, dass sie erst nach Abschluss der Proteinbiosynthese, also posttranslational, ablaufen und dass sie der Proteinregulation dienen.

Glycosylierung | 4.3.1

Im ER werden die frisch synthetisierten Proteine durch kovalente Anheftung von Oligosacchariden in Glycoproteine umgewandelt. Man unterscheidet zwei Glycosylierungsarten. Bei der im Lumen des rauen ER ablaufenden N-Glycosylierung wird das Oligosaccharid auf die Aminogruppe eines Asparaginrestes übertragen (**vgl. Kapitel 2.10**). Danach gelangt das glycosylierte Protein in den Golgi-Stapel, wo die O-Glycosylierung stattfindet, bei der Zucker an die OH-Gruppe von Serin, Threonin oder Tyrosin angeheftet werden (**vgl. Kapitel 2.11**). Die Glycosylierung dient dem Schutz und der Adressierung des Proteins und hilft bei seiner korrekten Faltung.

4.3.2 Phosphorylierung

Bei der Phosphorylierung wird eine Phosphatgruppe enzymatisch an eine Aminosäureseitenkette eines Proteins kovalent angeheftet. Da die Phosphatgruppe zweifach negativ geladen ist, kann ihre Addition eine starke Konformationsänderung des Proteins auslösen und so die Aktivität des Proteins verändern. Die Addition einer Phosphatgruppe kann auch dazu führen, dass diese Region der Proteinoberfläche jetzt als Bindungsort durch andere Proteine erkannt wird, die nur an die phosphorylierte – aber nicht die unphosphorylierte – Form dieses Proteins binden. Die Phosphatgruppe stammt vom ATP und kann auf die OH-Gruppe von Serin, Threonin oder Tyrosin übertragen werden. Diese Reaktion wird von einer Kinase katalysiert (korrekterweise muss es Proteinkinase heißen, aber der Kurzbegriff Kinase hat sich eingebürgert). Die Proteinphosphorylierung ist reversibel. Die umgekehrte Reaktion, also die Entfernung der Phosphatgruppe (= Dephosphorylierung) wird von einer **Phosphatase** (korrekterweise Proteinphosphatase) katalysiert (**Abb. 4.13 A**). Die **reversible Proteinphosphorylierung** ist die häufigste posttranslationale Regulationsart für eukaryontische Proteine (**Abb. 4.13 B**). Man schätzt, dass ein Drittel aller Proteine der Zelle durch Phosphorylierung reguliert werden, und zwar in ihrer Aktivität oder in ihrer Struktur oder in ihrem Aufenthaltsort innerhalb der Zelle. Das Genom der Modellpflanze *Arabidopsis thaliana* codiert etwa 1000 Proteinkinasen, die für die Phosphorylierung einzelner Proteine oder Gruppen von Proteinen spezifisch sind. Ebenso gibt es viele verschiedene Proteinphosphatasen, die entweder hoch spezifisch sind und die Phosphatgruppe von nur einem einzigen Protein entfernen oder aber ein breites Wirkungsspektrum besitzen. Der jeweilige Phosphorylierungszustand eines Proteins hängt somit von den relativen Aktivitäten seiner Kinasen und Phosphatasen ab. Kinasen und Phosphatasen sind hinsichtlich ihrer Struktur modular aufgebaute Proteine. Sie besitzen neben ihrer enzymatisch aktiven Proteindomäne, die eine Phosphatgruppe überträgt oder entfernt, mehrere Interaktionsdomänen, die in ihrer Kombination das jeweilige Zielprotein identifizieren.

Merksatz

Die reversible Proteinphosphorylierung ist die häufigste posttranslationale Regulationsart für eukaryontische Proteine. Kinasen katalysieren die Phosphorylierung, Phosphatasen die Dephosphorylierung.

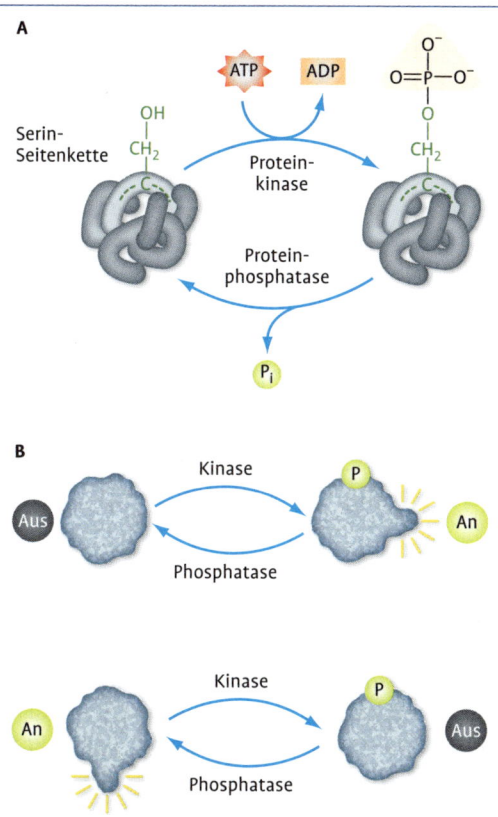

A

B

Abb. 4.13

Proteinphosphorylierung.
(A) Eine Proteinkinase überträgt eine Phosphatgruppe von ATP auf die Aminosäureseitenkette (hier Serin) des Zielproteins. Eine Proteinphosphatase kann diese Phosphatgruppe wieder entfernen.
(B) Je nach Struktur und Funktion kann ein Protein durch Phosphorylierung entweder aktiviert oder aber inaktiviert werden.

GTP-Bindung

4.3.3

Eine weitere Möglichkeit, durch reversible Phosphorylierung Proteine in ihrer Aktivität zu regulieren, findet man bei den **GTP bindenden Proteinen**. In ihrer aktiven Konformation haben sie GTP gebunden, hydrolysieren es dann zu GDP und klappen dadurch in ihre inaktive Konformation um. Nach Abdissoziieren von GDP und erneuter Bindung von GTP werden sie wieder aktiv (**Abb. 4.14**). Im Unterschied zur Proteinphosphorylierung durch Kinasen wird bei den GTP bindenden Proteinen keine Phosphatgruppe auf das Protein übertragen. Die terminale Phosphatgruppe bleibt Bestandteil des gebundenen GTP und wird vom Protein enzymatisch abgespalten. GTP bindende Proteine sind demnach **GTPasen**. Sie werden durch spezielle Regulatorproteine kontrolliert (**Abb. 4.14**). Ein **GTPase aktivierendes Protein (GAP)** löst die Hydrolyse des gebundenen GTP aus, wodurch das Protein in den inaktiven Zustand übergeht. GDP

Abb. 4.14

Regulation eines GTP bindenden Proteins.
Das Protein hat in seinem aktiven Zustand
GTP gebunden. Ein GTPase aktivierendes
Protein (GAP) löst die Hydrolyse des gebundenen GTP aus, wodurch das Protein in seinen inaktiven Zustand übergeht. Ein Guaninnucleotid Austauschfaktor (GEF) setzt
GDP aus dem Protein frei, wodurch ein
neues GTP-Molekül an das Protein binden
kann und das Protein wieder aktiv wird.

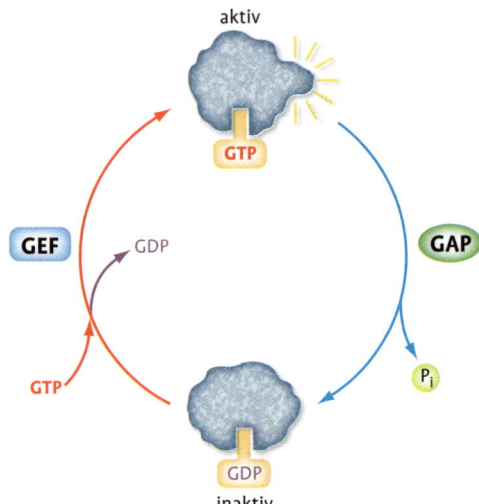

bleibt noch am Protein gebunden. Ein Guaninnucleotid Austauschfaktor
(GEF, engl.: *guanine nucleotide exchange factor*) setzt GDP aus dem Protein
frei. Da die Konzentration von GTP im Cytoplasma etwa zehnmal höher
ist als die von GDP, bindet sofort ein neues GTP-Molekül am Protein, sobald
GDP die Bindestelle geräumt hat. GTP bindende Proteine kommen in der
Zelle in großer Zahl vor und fungieren als molekulare Schalter, indem sie
mit anderen Proteinen in Wechselwirkung treten und dadurch deren
Aktivität kontrollieren.

4.3.4 | Acetylierung und Methylierung

Proteine können an ihren Serin-, Lysin- und Argininresten reversibel acetyliert bzw. methyliert werden. Besonders gut ist dieser Vorgang bei den
Histonen untersucht. Histone sind sehr effektive DNA-Bindeproteine, die
die DNA nicht nur schützen, sondern sie in Nucleosomen organisieren
und während der Zellteilung zu Chromosomen verdichten (**vgl. Kapitel 2.5**).
Durch enzymatische Acetylierung, Methylierung und Phosphorylierung
entsteht ein Geflecht von posttranslationalen Histonmodifikationen, das
große regulatorische Bedeutung für die Chromatinstruktur und -funk-
tion hat. Die Modifikationen bestimmen die Kontakte zur DNA, die Kom-
paktierung oder Auflockerung des Chromatins, damit die Aktivierung
oder Inaktivierung der Genexpression und die Rekrutierung weiterer regu-
latorischer Proteine. Dieser Prozess ist so komplex, weil auch die zeitliche Reihenfolge der Modifikationen eine Rolle spielt. Zum Beispiel kann
die Acetylierung eines Lysins zur Folge haben, dass das benachbarte Serin

nicht phosphoryliert sondern methyliert werden soll. Man spricht bei diesem Netz von Histonmodifikationen vom sogenannten **Histoncode.**

Ubiqutinierung

4.3.5

Die Lebensdauer eines Proteins kann durch Ubiquitinierung gesteuert werden. Ubiquitin ist ein hoch konserviertes, nur 76 Aminosäuren langes Protein, das kovalent an oberflächenexponierte Lysinreste eines Proteins angehängt werden kann. Es ist auch möglich, dass mehrere Ubiquitinmoleküle in Form einer Kette angeheftet werden (**Polyubiquitinierung**). So markierte Proteine sind für den Abbau vorgesehen und werden im Proteasom degradiert (**vgl. Kapitel 4.5**). Ein komplexes Erkennungssystem unter Beteiligung vieler verschiedener Proteine entscheidet in der Zelle darüber, zu welchem Zeitpunkt ein Protein ubiquitiniert wird. Die Funktion eines Proteins kann demnach auch durch seine gezielte Zerstörung reguliert werden. Bestes Beispiel hierfür ist der Zellzyklus. Hier werden die den Zellzyklus regulierden Cycline durch Ubiquitinierung gezielt abgebaut, wodurch der Zyklus in seine nächste Phase übergehen kann. Die Anheftung eines einzelnen Ubiquitinmoleküls muss jedoch nicht immer zum Abbau des markierten Proteins führen, sie kann auch ein regulatorisches Signal sein. Auf diese Weise werden Histone, DNA-Synthese und DNA-Reparatur reguliert.

Nitrosylierung

4.3.6

Ähnlich zur Phosphorylierung handelt es sich bei der Nitrosylierung um eine reversible posttranslationale Modifikation. Das Signalmolekül Stickstoffmonoxid NO bindet an die SH-Gruppe eines Cysteinrests, der sich in unmittelbarer Nähe eines basischen und eines sauren Aminosäurerestes befinden muss. Im Unterschied zur Phosphorylierung verläuft die Nitrosylierung nichtenzymatisch, es handelt sich also um eine Autonitrosylierung der Proteine. NO ist höchst instabil und deshalb kurzlebig (**vgl. Kapitel 9**). Nur an Glutathion gebundenes und dadurch stabilisiertes NO kann die Nitrosylierung ausführen.

Glutathionylierung

4.3.7

Das Tripeptid Glutathion (Glu-Cys-Gly) ist ein starkes Thiolreduktionsmittel, das SH-Gruppen im reduzierten Zustand stabilisiert und in hohen Konzentrationen im Cytoplasma und einigen Organellen vorkommt (**vgl. Kapitel 4.2**). Unter Bedingungen von oxidativem Stress besteht die Gefahr, dass die SH-Gruppen von Proteinen irreversible oxidiert werden. Um das zu verhindern, binden einige Proteine Glutathion an die gefährdeten SH-Gruppen ihrer Cysteinreste. Die Glytathionylierung von Proteinen ist außerdem Teil der zellulären Signalweiterleitung.

4.3.8 | Sumoylierung und Rubylierung

Die kleinen Proteine Sumo und Rub sind strukturelle Verwandte des Ubiquitins. Beide Namen sind Abkürzungen, die aus dem Englischen kommen: Sumo steht für *small ubiquitin-like modifier* und Rub für *related to ubiquitin*. Beide werden nach demselben Mechanismus wie Ubiquitin an Lysinreste der Zielproteine angeheftet, sind aber keine Markierungen für den Proteinabbau. Ihre Addition führt zu Konformationsänderungen des Proteins und damit zu dessen Aktivierung oder Inaktivierung. Sumo und Rub spielen bei vielen Entwicklungsprozessen und Stressreaktionen der Pflanzen eine Rolle.

4.3.9 | Sulfurierung

Durch posttranslationale Übertragung eines Schwefelatoms werden zwei der fünf molybdänhaltigen Enzyme der Pflanze aktiviert. Diese Übertragung folgt einem komplexen Mechanismus, wird von einem speziellen Enzym katalysiert und ist Teil der pflanzlichen Antwort auf abiotische und biotische Stresse.

4.3.10 | Lipidanker

Proteine, die an einer Membran verankert werden sollen, erhalten als posttranslationale Modifizierung einen sogenannten Lipidanker (**vgl. Kapitel 4.4**).

4.3.11 | Proteolyse

Nach Verteilung auf ihre Zielkompartimente werden bei vielen Proteinen die N-terminalen Zielsequenzen durch Proteasen abgespalten. Andere Proteine werden als Proproteine synthetisiert (wie das Phytohormon Systemin, das als Prosystemin synthetisiert wird) und erlangen erst nach proteolytischer Entfernung des Proabschnitts Aktivität. Wiederum andere Proteine (wie die Speichersamenproteine von Hülsenfrüchten) werden als **Prä-Pro-Proteine** synthetisiert (**Abb. 4.15**) und müssen zweimal gespalten werden. Einen sehr interessanten (aber seltenen) Fall stellt das **Proteinspleißen** dar. Nicht nur aus der DNA werden Introns herausgespleißt und die Exons zur reifen mRNA zusammengefügt, der gleiche Vorgang wurde auch bei

Abb. 4.15

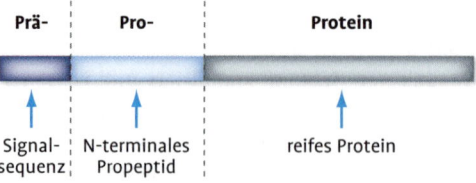

Reifung eines Präproproteins durch proteolytische Spaltung. Präproproteine gehen über den ER-Golgi-Weg. Im ER wird die Signalsequenz abgespalten. Im trans-Golgi und in den von dort abgeschnürten Vesikeln beginnt die proteolytische Entfernung des N-terminalen Propeptids.

Proteinen beobachtet. Die herausgespleißten Proteinsequenzen werden als Inteine (interne Proteinabschnitte) bezeichnet, die zum reifen Protein zusammengefügten als Exteine (externe Proteinabschnitte). Es wurde sogar beobachtet, dass Exteine zweier verschiedener Polypeptidketten zu einem neuen Protein zusammengesetzt wurden. In tierischen Zellen ist das Prinzip der posttranslationalen Aktivierung durch Proteolyse ebenfalls in der Anwendung: Das Hormon Insulin wird als Proinsulin synthetisiert und muss nach erfolgter Faltung und Ausbildung von Disulfidbrücken an einer Stelle gespalten werden. Manche Neurohormone werden als **Polyproteine** synthetisiert, die im Zuge einer proteolytischen Reifung mehrfach geschnitten werden und in mehrere aktive Neuropeptide zerfallen.

Multiple Modifikationen

4.3.12

Multiple posttranslationale Modifikationen sind eher die Regel und nicht die Ausnahme. Man nimmt an, dass Proteine jeweils mehrere und zudem verschiedene Modifikationen tragen, die in ihrer Gesamtheit dem Protein ein unverwechselbares Erkennungsmuster geben. Ein Transkriptionsfaktor kann an mehreren Stellen phosphoryliert sein und an mehreren anderen Stellen acetyliert sein und auch noch an einigen wenigen Stellen Sumo, Ubiquitin und Methylgruppen gebunden haben. Da nicht alle potenziellen Bindestellen für posttranslationale Modifikationen zur selben Zeit genutzt werden, ergeben sich je nach betrachtetem Zeitpunkt enorme Kombinationsmöglichkeiten mit einer Vielzahl möglicher Regulationseffekte. Darauf basiert der oben erwähnte regulatorische Histoncode.

Merksatz
Proteine tragen meist nicht nur eine sondern jeweils mehrere und zudem verschiedene posttranslationale Modifikationen, die dem Protein in ihrer Gesamtheit ein unverwechselbares Erkennungsmuster geben.

Membranproteine

4.4

Die Lipiddoppelschicht der Biomembranen trennt als Permeabilitätsbarriere die Kompartimente voneinander ab, während die eingelagerten Membranproteine die spezifischen Funktionen der Membranen (beispielsweise den selektiven Stofftransport und die Signalübertragung) gewährleisten. Auch für die Energiegewinnung bei der mitochondrialen Atmung oder bei der Photosynthese ist die Membranbindung von Proteinen der Elektronentransportkomplexe die grundlegende Voraussetzung für den Ablauf der Prozesse. Deshalb haben die inneren Membranen von Mitochondrien und Chloroplasten einen Proteinanteil von bis zu 75 %. Jede Membran enthält einen anderen Satz an Proteinen, der für die Ausübung der speziellen Funktionen der jeweiligen Membran notwendig ist. Proteine können auf sehr unterschiedliche Weise an eine Membran gebun-

Abb. 4.16

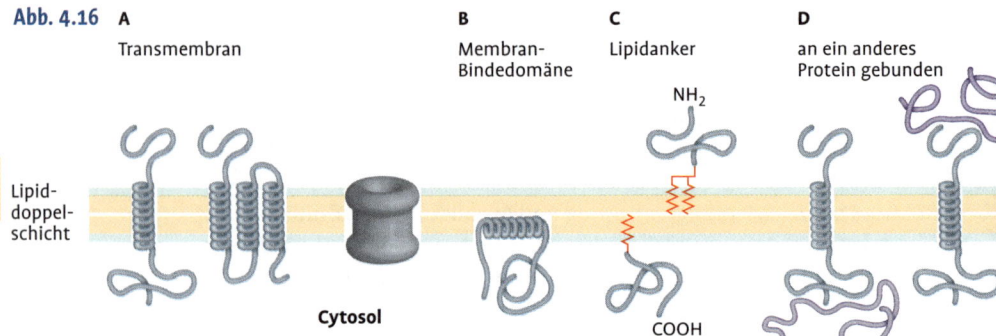

Membranverankerung von Proteinen.
(A) Transmembranproteine können einfach oder mehrfach mit einer α-Helix die Membran durchspannen. Für Kanalproteine ist es ein aufgerolltes β-Faltblatt.
(B) Verankerung über eine Membranbindedomäne auf der cytosolischen Seite der Membran.
(C) Verankerung über einen Lipidanker auf der cytosolischen oder der wässrigen Seite der Membran.
(D) Membranbindung durch Assoziation an andere Membranproteine auf beiden Seiten der Membran (verändert nach Alberts et al. 2008).

Merksatz

Jede Membran enthält einen anderen Satz an Proteinen, der für die Ausübung der speziellen Funktionen der jeweiligen Membran notwendig ist.

den sein. Auf die verschiedenen Arten der Verankerung wird in diesem Kapitel genauer eingegangen.

Membranproteine werden eingeteilt nach der Art und der Stärke ihrer Verankerung an der Membran. Es gibt viele Proteine, die als integrale Membranproteine die Lipiddoppelschicht durchspannen (Transmembranproteine), andere sind durch eine Membranbindedomäne mit der Membran assoziiert, wieder andere sind durch lipophile Anker an der Membran befestigt und schließlich gibt es Proteine, die nicht selbst, sondern über ein anderes Protein an die Membran assoziiert sind (periphere Membranproteine) (**Abb. 4.16**).

4.4.1 | Transmembranproteine

Transmembranproteine sind integrale Bestandteile der Membran und können nur unter Zerstörung der Membranstruktur herausgelöst werden. Transmembranproteine sind funktionell und strukturell asymmetrisch, sie haben eine bestimmte Orientierung in der Membran. Transmembranproteine führen zwar auf beiden Seiten der Membran Funktionen aus, aber die spezielle Funktion diesseits der Membran ist verschieden von derjenigen jenseits der Membran. Zum Beispiel empfängt ein Rezeptorprotein sein Signal auf der einen Seite der Membran und löst auf der anderen Seite eine enzymatische Reaktion aus oder ein Kanalprotein bindet sein Substrat auf der einen Seite der Membran und setzt es auf der anderen Seite frei. Transmembranproteine durchspannen die Membran mit einem Sequenzabschnitt, der reich an hydrophoben Ami-

BOX 4.4

Hydropathie-Plot

Eine Transmembran-α-Helix kann entweder völlig hydrophob sein oder amphipathisch. Diese Eigenschaft ist ein Erkennungsmerkmal, das bei der Untersuchung noch unerforschter Proteine hilfreich ist. An der Aminosäuresequenz des Proteins kann man erkennen, ob es einen oder mehrere Abschnitte von hydrophoben (oder bei amphipathischen Helices abwechselnd hydrophilen und hydrophoben) Aminosäuren besitzt. Solche Cluster müssen 20–30 Aminosäuren lang sein. Dazu wird jeder Aminosäure ein Hydropathie-Index zugeordnet. Per Definition haben hydrophobe Aminosäuren positive Werte, hydrophile bekommen negative Werte. Wird jetzt der Hydropathie-Index jeder Aminosäure gegen die Sequenz des Proteins aufgetragen (= Hydropathie-Plot), so können die hydrophoben Abschnitte leicht identifiziert werden (Abb. 4.17). Die Analyse aller im Genom codierten Proteine hat ergeben, dass bei Eukaryonten ungefähr 20 % aller Proteine Transmembranproteine sein könnten. Natürlich sind das nur computergestützte Vorhersagen, die durch das Experiment im jeweiligen Fall bestätigt werden müssen. Aber eine solche Vorhersage ist dennoch sehr viel wert, da sie ein Anhaltspunkt ist, in welche Richtung man bei der Erforschung des neuen Proteins gehen soll. Ein β-Fass Transmembranprotein kann mit diesem Verfahren jedoch nicht identifiziert werden, da ein β-Strang im Gegensatz zur α-Helix gestreckt ist und damit nur zehn Aminosäuren ausreichen, um die Membran einmal zu durchspannen. Zudem wechseln beim β-Strang ständig hydrophile und hydrophobe Aminosäuren in der Sequenz miteinander ab.

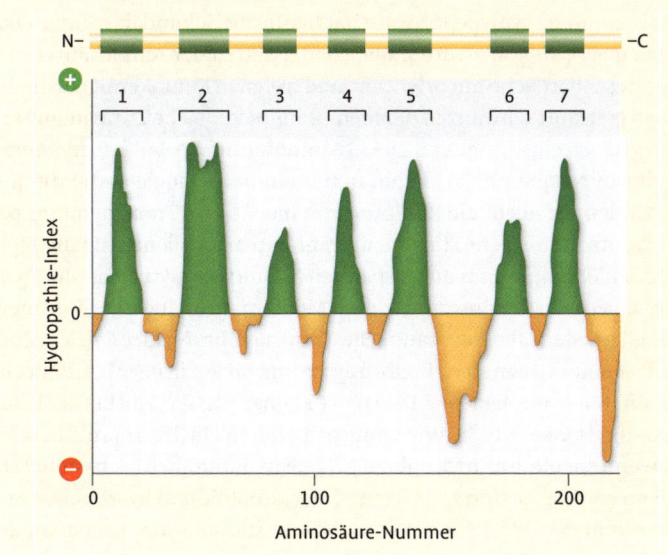

Abb. 4.17

Hydropathie-Plot eines Transmembranproteins. Im oberen Teil ist eine Polypeptidkette mit sieben membranspannenden Domänen (dunkeler Farbton) gezeigt. Im Diagramm ist die Position jeder Aminosäure innerhalb der Polypeptidkette gegen ihren Hydropathie-Index aufgetragen (hydrophobe Aminosäuren haben positive Werte). Es ist erkennbar, dass die membranspannenden Domänen aus hydrophoben Aminosäuren aufgebaut sind.

Abb. 4.18

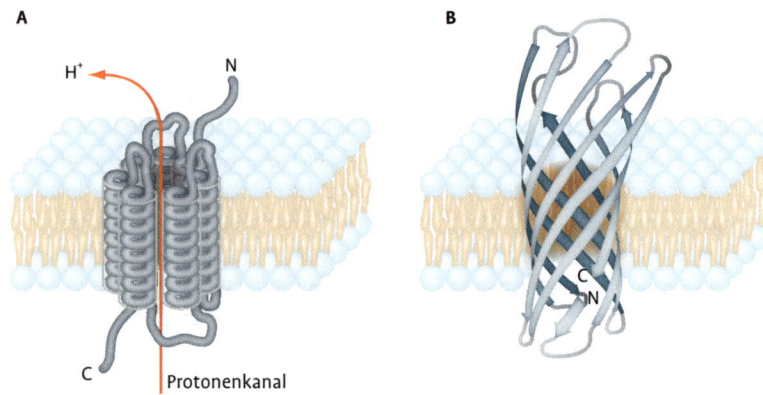

A

H⁺   N

C   Protonenkanal

B

C
N

Zwei Arten von hydrophilen Membranporen.
(A) Ein Multi-path-Transmembranprotein ist gezeigt, dessen sieben Transmembranhelices eine Pore bilden (z. B. für den Protonentransport). Die amphipathischen α-Helices sind durch kurze hydrophile Abschnitte miteinander verbunden. Die hydrophilen N- und C-Termini ragen auf beiden Seiten der Membran heraus.
(B) Der andere Typ einer Membranpore wird von einem β-Faltblatt gebildet, das im gezeigten Beispiel aus acht β-Strängen besteht, die sich zu einem zylindrisch gekrümmten β-Faltblatt anordnen. Solche β-Fassporen können auch aus erheblich mehr β-Strängen aufgebaut sein.

nosäuren ist (Val, Ala, Leu, Ile, Phe), während die hydrophilen Enden des Proteins zu beiden Seiten aus der Membran herausragen. Der Transmembranabschnitt der Polypeptidkette hat häufig die Sekundärstruktur einer α-Helix (**Abb. 4.16**). Die hydrophoben Seitenketten der Aminosäuren sind zur Proteinoberfläche hin orientiert und treten in Kontakt mit den hydrophoben Fettsäureschwänzen der Membranlipide. Solche **Transmembranhelices** haben eine Länge von 20–30 Aminosäuren. Viele Transmembranproteine durchqueren die Membran nur einmal (= Single-path-Proteine), dazu zählen vor allem die Rezeptorproteine. Andere Transmembranproteine besitzen mehrere Transmembranhelices, mit denen sie die Lipiddoppelschicht mehrmals durchspannen (= Multi-path-Proteine). In **Box 4.4 Hydropathie-Plot** ist erläutert, wie man Membranproteine mit Transmembranhelices identifizieren kann. Die Transmembranhelices vieler Multipath-Proteine ordnen sich ringförmig an und bilden in der Membran eine Pore, die für den selektiven Transport kleiner wasserlöslicher Moleküle zuständig ist (**Abb. 4.18 A**). Wie kann sich eine solche hydrophile Pore bilden, wenn sie nur aus hydrophoben Transmembranhelices besteht? Das Problem wird gelöst durch abwechselnd hydrophile und hydrophobe Aminosäuren in der α-Helix. Die hydrophoben Aminosäuren liegen auf derjenigen Seite der Helix, die den Membranlipiden zugewandt ist, die hydrophilen Aminosäuren liegen auf der inneren Seite der Helix, die die Pore auskleidet. Eine solche α-Helix ist demnach **amphipathisch**. Amphipathisch bedeutet, dass ein Molekül sowohl hydrophile als auch hydrophobe Abschnitte besitzt. Es gibt nicht nur Membranproteine mit Transmembranhelices sondern auch solche, deren membranspannender Abschnitt die Sekundärstruktur eines β-Faltblattes hat. Dieses β-Faltblatt ist zu einem Zylinder gekrümmt, der die Form eines Fasses hat und das sogenannte β-**Fass** (β-barrel) bildet (**Abb. 4.18 B**). Auch hier kleiden hydrophile Aminosäuren die Innenseite des Fasses aus, hydrophobe Aminosäuren sind zur Außenseite des Fasses orientiert und stellen den Kontakt zur Lipidschicht her. Es ist auch möglich, dass mehrere Polypeptidketten ein gemeinsames β-Fass bilden. Da ein β-Faltblatt nicht beliebig stark gekrümmt werden kann, bildet es nur weite Poren, während α-Helices nahe aneinander rücken können und dadurch in der Lage sind, auch enge Poren zu bilden. Gekrümmte β-Faltblätter sind zudem relativ starr, während sich die Transmembranhelices einer Pore leicht gegeneinander verschieben lassen und damit Konformationsänderungen gestatten, die den Transport durch die Pore regulieren können. Die weiten β-Fassporen kommen vor allem in den äußeren Membranen von Plastiden und Mitochondrien vor, während in den anderen Membranen der Pflanzenzelle Transmembranproteine mit α-Helices anzutreffen sind.

Merksatz

Viele Transmembranproteine besitzen mehrere Transmembranhelices, mit denen sie die Lipiddoppelschicht mehrmals durchspannen. Diese Helices ordnen sich ringförmig zu einer Pore an.

Wie gelangen Transmembranproteine in die Membran?

Transmembranproteine werden ausschließlich am rauen ER gebildet und bereits während der Translation in die Membran eingebaut. Der einfachste Fall ist die Synthese eines Proteins mit nur einem Membran durchquerenden Segment. Das Signalpeptid dieses Proteins dirigiert zusammen mit dem Signalerkennungspartikel das Ribosom zum ER und die Proteinsynthese läuft an (**vgl. Kapitel 2.10**). Erreicht die Synthese die membranspannende hydrophobe Domäne, so wirkt dieser Sequenzabschnitt als Stoptransfersequenz und die Translation wird angehalten. Jetzt öffnet sich der Translokationskanal seitlich (!) und das hydrophobe Segment der Polypetidkette wird seitwärts in die Lipiddoppelschicht geschoben, wo es eine α-Helix ausbildet und das Protein in der Membran verankert (**Abb. 4.19 A**). Die Translation läuft wieder an und der C-Teminus des Proteins wird auf der cytoplasmatischen Seite der Membran fertig synthetisiert. Gleichzeitig wird das am N-Terminus gelegene Signalpeptid im ER abgespalten. Damit ist auch die Orientierung des Proteins festgelegt: Sein N-Terminus liegt auf der luminalen Seite des ER, sein C-Terminus auf der cytoplasmatischen Seite. Es gibt auch den umgekehrten Fall (N-Terminus auf der cytoplasmatischen Seite, C-Terminus im ER-Lumen), dessen Mechanismus hier jedoch nicht vorgestellt wird.

Abb. 4.19

**Einbau von Transmem-
branproteinen in die ER-
Membran.**
(A) Einbau eines Single-
path-Proteins. Das auf
der cytoplasmatischen
Seite gebundene Ribosom
ist der besseren Über-
sichtlichkeit wegen in A
und B nicht dargestellt.
(B) Einbau eines Multi-
path-Proteins mit zwei
membrandurchspannen-
den Abschnitten. Weitere
Erläuterungen befinden
sich im Text (verändert
nach Alberts et al. 2008).

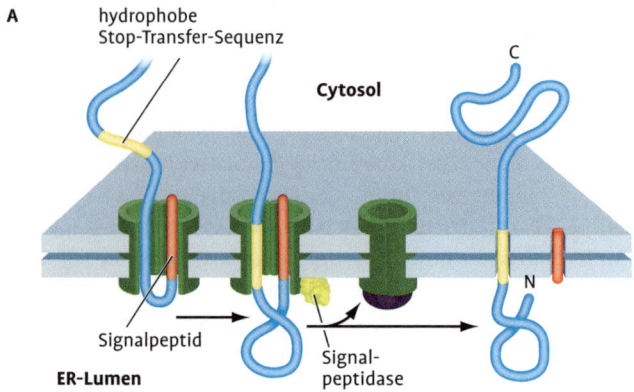

A
hydrophobe Stop-Transfer-Sequenz

Cytosol

C

Signalpeptid

Signal-peptidase

ER-Lumen

N

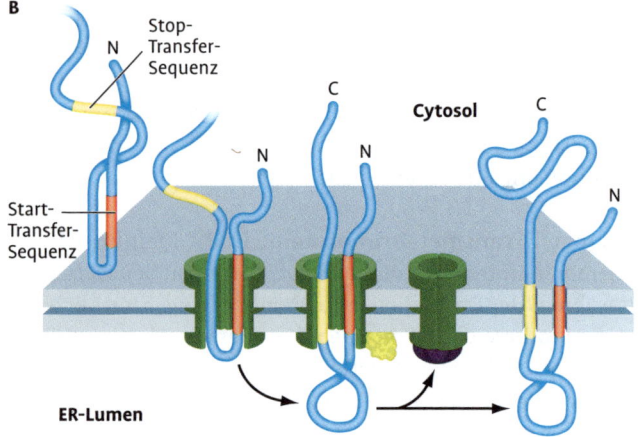

B
Stop-Transfer-Sequenz

N

Start-Transfer-Sequenz

Cytosol

C

C

N

N

N

ER-Lumen

Im Folgenden wird ein Protein mit zwei Membrandurchtritten genauer
betrachtet. Solche Proteine haben anstelle der N-terminalen Signalsequenz eine interne hydrophobe Signalsequenz, die sogenannte Starttrans-
fersequenz (**Abb. 4.19 B**). Diese wird nicht vom Protein abgespalten. Nach
dem Andocken des Ribosoms an das raue ER erkennt der Translokationskomplex diese Sequenz und die Proteinsynthese wird fortgesetzt. Erreicht
die Translation das zweite hydrophobe Segment, so wirkt dieser Abschnitt
als Stoptransfersequenz und die Translation wird angehalten. Beide hydrophoben Sequenzabschnitte werden als Paar seitwärts in die Lipidschicht
geschoben und verankern das Protein. Bei Multi-path-Proteinen mit vielen Membrandurchtritten gibt es zusätzliche Paare von Start- und Stop-

Abb. 4.20

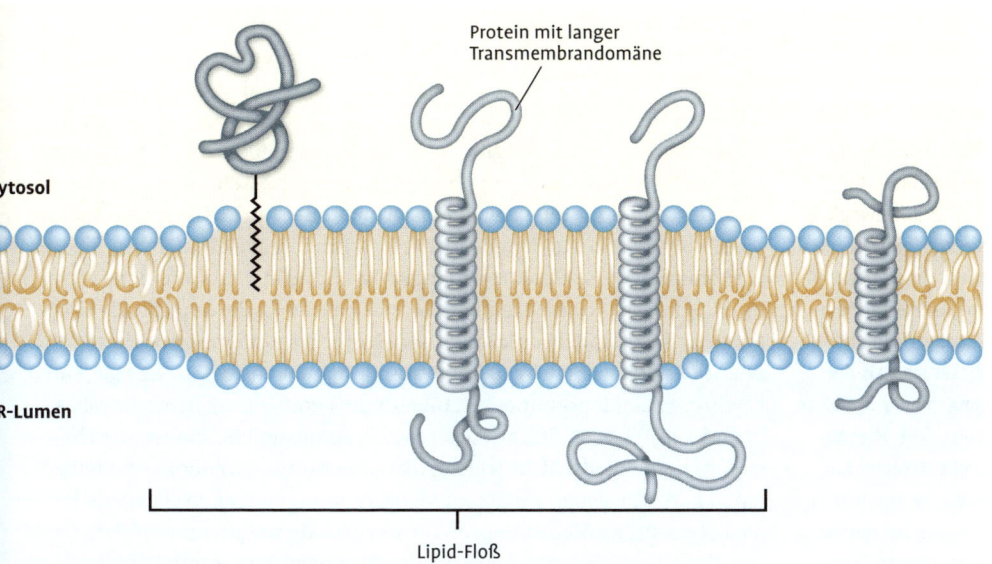

Membranproteine in einem Lipidfloß. Ein Lipidfloß besitzt langkettige und steife Membranlipide, sodass dieser Membranbereich dicker als die umgebende Lipiddoppelschicht ist. Darin reichern sich Proteine mit einer längeren Transmembrandomäne oder mit einem speziellen Lipidanker an. Die Transmembrandomäne des Proteins ganz rechts im Bild ist zu kurz, um im Lipidfloß verankert werden zu können. Es findet deshalb in der „normalen" Lipiddoppelschicht seinen Platz.

transfersequenzen, die die Translation erneut starten und wieder abstoppen, nachdem jeweils das vorangehende Paar hydrophober Segmente vom Translokationskanal seitwärts in die Lipidschicht geschoben worden ist (Arbeitsweise wie bei einer molekularen Nähmaschine). Wie auch bei den Single-path-Transmembranproteinen gibt es für die Multi-path-Proteine Mechanismen, die die Orientierung beim Einbau in die Membran festlegen (N-Terminus auf der cytoplasmatischen oder der luminalen Seite).

Mobilität von Transmembranproteinen

Ist ein Transmembranprotein erst einmal in die Membran eingebaut, kann es seine Ausrichtung (N-Terminus auf der cytoplasmatischen oder der luminalen Seite) nicht mehr ändern. Bei allen nachfolgenden Vesikelabknospungen und Membranverschmelzungen auf dem Wege vom ER über den Golgi-Apparat zu seinem Zielkompartiment behält es seine Ausrichtung in der Membran bei (**vgl. Kapitel 5.6**). Das Transmembranprotein kann also nicht durch Drehung seinen N-Terminus von der einen auf die andere Membranseite bringen, aber es ist dennoch innerhalb der Membran gut beweglich: Es kann wie die einzelnen Membranlipide um seine eigene Achse rotieren und es kann lateral innerhalb der Membran schwimmen. Für manche Proteine, die an einer bestimmten Region der Membran gehalten werden sollen (z. B. Rezeptorproteine), ist diese laterale Beweglichkeit jedoch unerwünscht. Sie werden daher durch Bindeproteine auf der cytoplasmatischen Seite der Membran an Elementen des Cytoskeletts verankert. Es gibt noch eine weitere Möglichkeit, die laterale Beweglichkeit von Transmembranproteinen einzuschränken, die sogenannten Lipidflöße (engl.: *lipid rafts*). Lipidflöße sind kleine spezialisierte Membranbereiche, in denen vor allem Sphingolipide als Membranlipide vorkommen. Diese Lipidart ist langkettiger und steifer als übliche Membranlipide, sodass diese Membranbereiche dicker als die umgebende Lipiddoppelschicht sind. Hier können sich Membranproteine anreichern, die über besonders lange Transmembrandomänen verfügen oder die eine bestimmte Lipidzusammensetzung für die Verankerung in der Membran benötigen (**Abb. 4.20**). Solche dickeren Membranbereiche können wie Flöße in der Lipiddoppelschicht treiben (daher der Name Lipidfloß) und haben einen ganz speziellen Besatz an Membranproteinen an Bord. Sie dienen dazu, bestimmte Membranproteine in einer Membranregion zu konzentrieren, z. B. Rezeptorproteine in der Plasmamembran oder Frachtproteine, die im trans-Golgi in Vesikel verpackt werden sollen.

Merksatz

Transmembranproteine sind lateral in der Membran beweglich, sie können schwimmen. Lipidflöße sind spezialisierte Membranbereiche, die dicker sind als die umgebende Lipiddoppelschicht. Hier können sich Membranproteine anreichern, die über besonders lange Transmembrandomänen verfügen.

4.4.2 | Proteine mit einer Membranbindedomäne

Proteine dieser Gruppe sind auf der cytoplasmatischen Seite der Membran lokalisiert und besitzen eine Bindedomäne, mit der sie in der cytosolischen Hälfte der Lipiddoppelschicht verankert sind (**Abb. 4.16**). Diese Bindedomäne ist eine amphipathische α-Helix auf der Proteinoberfläche. Die amphipathische α-Helix hat ihre hydrophoben Aminosäurereste auf der einen Längsseite der Helix angeordnet und ihre hydrophilen Abschnitte auf der anderen Längsseite. Sie taucht mit der hydrophoben (= lipophilen) Längsseite in die Lipiddoppelschicht ein.

4.4.3 | Proteine mit Lipidankern

Proteine dieser Gruppe sind durch einen lipophilen Membrananker mit der Membran verbunden (**Abb. 4.16**). Es gibt hier jedoch zwei wichtige Unterschiede zu den Transmembranproteinen:

(1) Im Gegensatz zu Transmembranproteinen, die auf beiden Seiten der Lipiddoppelschicht ihre Funktion ausführen sind alle anderen Membranproteine, also auch die durch Lipidanker gebundenen Membranproteine, immer nur auf einer der beiden Seiten einer Membran verankert und üben ihre Funktion daher immer nur auf einer der beiden Seiten einer Membran aus.

(2) Durch Lipidanker gebundene Membranproteine kann man durch enzymatisches Abschneiden des Lipidankers von der Membran abtrennen, ohne die Membranstruktur zu zerstören. Proteine, die zu dieser Klasse zählen, werden zumeist an freien Ribosomen im Cytosol synthetisiert und erhalten danach erst ihren Membrananker. Man unterscheidet drei Arten von Lipidankern:

- **Fettsäurekette**: Ein Myristylsäurerest (C_{14}), ein Stearinsäurerest (C_{16}) oder ein Palmitinsäurerest (C_{18}) dienen als Lipidanker (**Abb. 4.21**). Myristylsäure wird an den N-Terminus des Proteins angeheftet, und

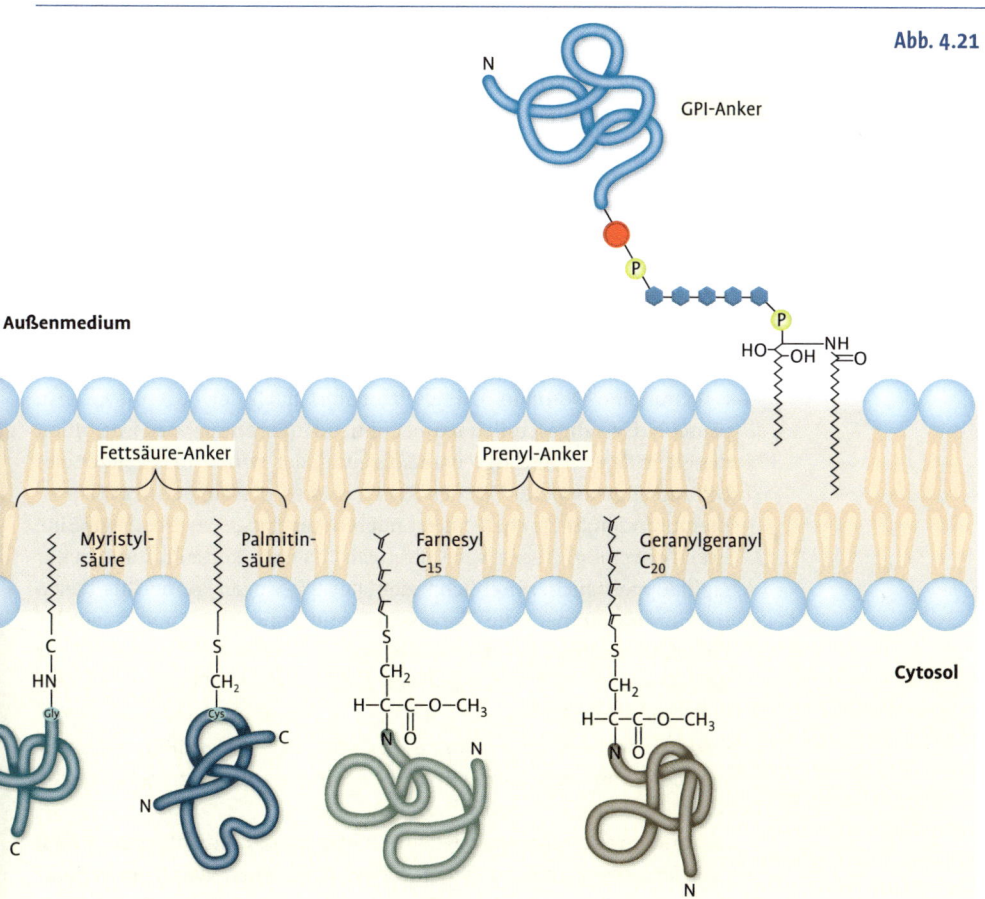

Abb. 4.21

Drei Arten von Lipidankern. Auf der cytosolischen Seite der Membran können Proteine über Fettsäureanker oder über Prenylanker in der Membran verankert sein. Hingegen bindet der GPI-Anker das Protein an die wässrige Seite der Membran (also mit Kontakt zum Außenmedium oder Lumen von ER, Golgi, Vakuole). Der GPI-Anker bindet mit seinen Fettsäureresten an die Membran und koppelt über fünf Zuckerreste das Protein an die Membran (verändert nach Buchanan et al. 2000).

zwar über eine Amidbindung an die freie Aminogruppe eines Glycins. Palmitinsäure wird hingegen über eine Thioesterbindung an Cysteinreste gebunden. So modifizierte Proteine werden zumeist an der cytoplasmatischen Seite der Plasmamembran verankert.

- **Prenylkette**: Prenyle (die etwas ältere Bezeichnung dafür lautet Isoprenoide) sind lipophile Verbindungen, die sich vom C_5-Baustein Isopentenyldiphosphat ableiten (**vgl. Kapitel 1.4**). Als Membrananker dient häufig ein Farnesylrest (C_{15}) oder ein Geranylgeranylrest (C_{20}), der auf ein Cystein nahe dem C-Terminus des Proteins übertragen wird (**Abb. 4.21**).

- **GPI-Anker**: GPI ist die Abkürzung für Glycosylphosphatidylinositol. Dieser komplexe Anker ist über zwei Fettsäurereste in der Membran gebunden und koppelt über eine Kette von Zuckerresten den C-Terminus des Proteins an die Membran (**Abb. 4.21**). Durch GPI verankerte Proteine werden im Gegensatz zu den Lipid-verankerten Proteinen am rauen ER synthetisiert und sind für den Einsatz auf der wässrigen Seite der Membranen vorgesehen, also mit Kontakt zur Außenwelt oder zum Lumen des ER, des Golgi oder der Vakuole. GPI-verankerte Proteine sind stets glycosyliert. Nach Synthese am ER erhalten die zu verankernden Proteine ihren GPI-Anker auf der luminalen Seite des ER. Interessanterweise werden diese Proteine zunächst als Transmembranproteine hergestellt, und zwar mit nur einer membranspannenden C-terminalen Domäne. Diese wird sofort nach der Proteinsynthese proteolytisch abgeschnitten und der neue C-Terminus wird im Lumen des ER an den vorgefertigten und bereits in der Membran festsitzenden GPI-Anker gekoppelt. Welchen Sinn macht es, den einen Anker (Transmembrandomäne) gegen einen anderen Anker (GPI) zu tauschen? Eine Erklärungsmöglichkeit wäre, dass sich GPI-verankerte Proteine in der Lipiddoppelschicht erheblich freier lateral bewegen können als Transmembranproteine. Viele Glycoproteine (Arabinogalactanproteine) der Zellwand werden über den Golgi-Apparat aus der Zelle ausgeschleust und sind über GPI-Anker auf der Außenseite der Plasmamembran befestigt. Auch GPI-gebundene Membranproteine kann man durch enzymatisches Abschneiden des Ankers mittels Phospholipase C von der Membran abtrennen, ohne die Membranstruktur zu zerstören.

Die Verankerung über einen einzigen Lipidanker ist oft nicht ausreichend, deshalb benutzen manche Proteine zwei Lipidanker, wobei ein Protein auch beide Typen von Ankern (Fettsäure- und Prenylanker) verwenden kann. Die Verankerung über diese Lipidanker ist oft reversibel und hängt mit den verschiedenen Funktionszuständen eines Proteins zusammen. Kleine GTP bindende Proteine (GTPasen; **vgl. Kapitel 4.3**) haben eine regulatorische Funktion. Zum Beispiel pendelt die kleine GTPase Arf zwischen Cytosol und ER-Membran hin und her, indem sie ihren Lipidanker im Inneren verbirgt (= freies cytosolisches Protein) oder ihn auswirft (= membrangebundener Zustand). Arf ist an der Abknospung von Vesikeln des ER beteiligt (**vgl. Kapitel 5.7**). Für manche der Lipidanker gibt es kurze charakteristische Motive in der Aminosäuresequenz der Membranproteine, welche von den Proteinen erkannt werden, die für die Ankeranheftung zuständig sind. Kennt man die Sequenz eines neuen, bisher nicht erforschten Proteins, so können solche Sequenzmotive auf eine mögliche Lipidanker-vermittelte Membranbindung hindeuten und damit bei der Funktionsaufklärung des Proteins helfen.

Periphere Membranproteine

4.4.4

Periphere Membranproteine sind nicht direkt in der Membran verankert, sondern über ein anderes Protein an die Membran assoziiert (**Abb. 4.16**). Diese Bindung ist nicht sonderlich stabil und erfolgt über nichtkovalente Bindungen. Deshalb können periphere Membranproteine auch leicht durch milde Extraktionsbedingungen von der Membran abgelöst werden, ohne die Membranstruktur zu zerstören. Periphere Membranproteine werden an freien Ribosomen im Cytoplasma synthetisiert und können auf der cytoplasmatischen oder der wässrigen Seite der Membran gebunden sein.

Proteinabbau

4.5

Der Proteinabbau ist ein wichtiger zellbiologischer Prozess, der einer äußerst komplexen Regulation unterliegt. Die Menge eines Proteins in der Zelle hängt nicht nur von der Stärke seiner Expression (Transkription, Translation) ab, sondern auch von seiner Lebensdauer. Im Extremfall können Strukturproteine mehrere Monate oder Jahre alt werden, während regulatorische Proteine oft nur wenige Minuten leben. Die Zelle hat dazu spezielle Mechanismen für den kontrollierten Proteinabbau entwickelt. Man kann die abzubauenden Proteine in zwei Hauptgruppen unterteilen:

(1) Proteine mit kurzer Lebensdauer, die ihre (zumeist regulatorische) Aufgabe erfüllt haben und deshalb schnell abgebaut werden sollen. Man spricht hier vom regulatorischen Proteinabbau.

(2) Falsch gefaltete, mutierte oder durch Stress (Oxidation, Hitzestress, Infektion) beschädigte Proteine müssen schnell abgebaut werden, da deren Ansammlung für die Zelle gefährlich sein kann.

Natürlich ist der Proteinabbau auch wichtig für das Recycling von Aminosäuren. Proteine werden durch Proteasen abgebaut, die die Polypeptidkette zunächst in kurze Peptide zerlegen und dann weiter zu einzelnen Aminosäuren abbauen. Dieser Vorgang heißt Proteolyse. Eine Pflanzenzelle exprimiert etwa 10 000 verschiedene Proteine zur gleichen Zeit. Sie muss daher über genaue Mechanismen verfügen, um einen unkontrollierten proteolytischen Abbau zu verhindern, aber gleichzeitig selektiv und schnell die abzubauenden Proteine identifizieren und zerlegen. Wie sehen diese Mechanismen aus?

4.5.1 Ubiqutin-Proteasom-System

Die meisten Proteine einer Zelle werden über das Ubiqutin-Proteasom-System kontrolliert abgebaut. Es operiert im Cytoplasma und im Zellkern und läuft in zwei Teilschritten ab. Zuerst werden die abzubauenden Proteine durch Anfügen von Ubiqutin markiert und anschließend im Proteasom zerlegt.

Markierung über Ubiqutin

Ubiquitin ist ein hoch konserviertes, nur 76 Aminosäuren langes Protein, das kovalent an oberflächenexponierte Lysinreste eines Proteins angehängt werden kann. Dieser Markierungsprozess ist höchst komplex, muss vor allem zielsicher sein und erfordert deshalb die Beteiligung zahlreicher Proteine (**Abb. 4.22**). Zunächst wird Ubiquitin unter ATP-Verbrauch an das Enzym E1 gebunden und über den Zwischenträger E2 an den Substraterkennungskomplex E3 weitergegeben. Dieser **E3-Ubiquitin-Ligase-Komplex** legt die Spezifität fest und identifiziert den Abbaukandidaten. Wie kann ein solcher Komplex jedoch zwischen Tausenden verschiedener Zielproteine unterscheiden? Der E3-Komplex besteht aus mehreren Proteinen, von denen die sogenannten F-Box-Proteine die Substraterkennung festlegen. Bei Arabidopsis codieren mehr als 700 Gene F-Boxproteine, sodass in Kombination mit anderen variablen Untereinheiten des E3-Komplexes eine hohe Mannigfaltigkeit bei der Substraterkennung gegeben ist. Nicht alle Lysinreste eines Proteins sind Ziel der Ubiquitinierung. Beschädigte oder falsch gefaltete Proteine exponieren Aminosäurereste auf ihrer Oberfläche, die im nativen Protein im Inneren verborgen sind. Solche Lysinreste werden vom E3-Komplex erkannt. Der E3-Komplex heftet in der Regel nicht nur ein sondern mehrere Ubiquitinmoleküle in Form einer Kette an das Zielprotein an (Polyubiquitinierung). Polyubiquitin-markierte Proteine werden an das Proteasom weitergegeben.

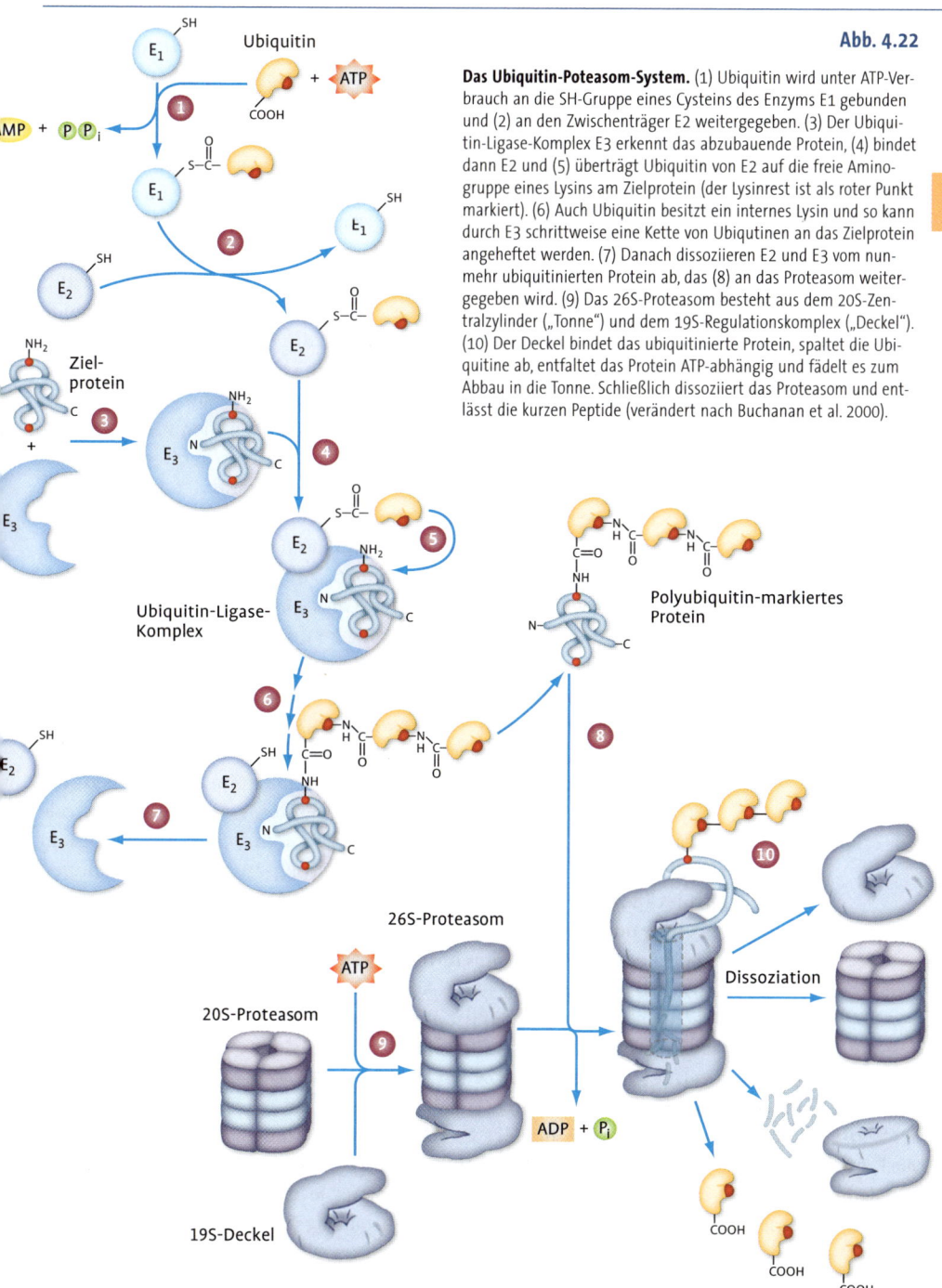

Abb. 4.22

Das Ubiquitin-Poteasom-System. (1) Ubiquitin wird unter ATP-Verbrauch an die SH-Gruppe eines Cysteins des Enzyms E1 gebunden und (2) an den Zwischenträger E2 weitergegeben. (3) Der Ubiquitin-Ligase-Komplex E3 erkennt das abzubauende Protein, (4) bindet dann E2 und (5) überträgt Ubiquitin von E2 auf die freie Aminogruppe eines Lysins am Zielprotein (der Lysinrest ist als roter Punkt markiert). (6) Auch Ubiquitin besitzt ein internes Lysin und so kann durch E3 schrittweise eine Kette von Ubiqutinen an das Zielprotein angeheftet werden. (7) Danach dissoziieren E2 und E3 vom nunmehr ubiquitinierten Protein ab, das (8) an das Proteasom weitergegeben wird. (9) Das 26S-Proteasom besteht aus dem 20S-Zentralzylinder („Tonne") und dem 19S-Regulationskomplex („Deckel"). (10) Der Deckel bindet das ubiquitinierte Protein, spaltet die Ubiquitine ab, entfaltet das Protein ATP-abhängig und fädelt es zum Abbau in die Tonne. Schließlich dissoziiert das Proteasom und entlässt die kurzen Peptide (verändert nach Buchanan et al. 2000).

Proteinabbau im Proteasom

Das Proteasom ist ein hoch konservierter, großer Multiproteinkomplex, eine sogenannte Nanomaschine, die aus 45 Untereinheiten aufgebaut ist. Es hat die Form einer Tonne, die aus vier Ringen besteht, auf deren Innenseiten die proteolytisch aktiven Untereinheiten angeordnet sind (**Abb. 4.22**). Diese Zentraleinheit wird als das 20S-Proteasom bezeichnet. Zur Erinnerung: S steht für Svedberg-Einheit und gibt die Sedimentationsgeschwindigkeit in der Ultrazentrifuge an (**vgl. Kapitel 2.9**). Jede Seite der Tonne ist durch einen weiteren großen Proteinkomplex verschlossen. Dieser regulatorische 19S-Komplex (auch Proteasomen-„Deckel" genannt) erfüllt mehrere Aufgaben: Er erkennt an der Ubiquitinkette das abzubauende Protein, bindet es und entfernt zunächst die Polyubiquitinkette. Dann entfaltet er das Protein in seinem ATPasering unter ATP-Verbrauch. Jetzt ist das Protein soweit entfaltet, dass es in den Innenraum der proteolytischen Tonne geschleust werden kann, wo es zu Peptiden von 5–15 Aminosäuren Länge zerschnitten wird. Danach öffnet sich der Deckel und das Proteasom entlässt die kurzen Peptide, die von Peptidasen in Aminosäuren zerlegt werden. Es ist für die Zelle sinnvoll, die Proteasen im Inneren dieser Proteinabbaumaschine zu halten: Zum einen hat sie damit Kontrolle über den selektiven Proteinabbau, zum anderen schützt sie den Rest der Zelle vor unkontrollierter Proteolyseaktivität im Cytoplasma oder Kern. Das Proteasom hat große Ähnlichkeit mit Chaperonen der Hsp60-Klasse (**vgl. Kapitel 4.2**), die auch aus Tonne und Deckel aufgebaut sind und unter ATP-Verbrauch Proteinen bei der Faltung helfen. Wie die Chaperone, so sind auch die Proteasomen sehr frühe Erfindungen der Natur, denn auch Prokaryonten verfügen über Proteasomen. Im Prinzip konkurrieren Chaperone und das Ubiquitin-Proteasom-System um dieselben Substrate, nämlich um nur teilweise gefaltete Proteine. Sich schnell faltende Proteine haben damit kein Problem, aber Proteine, die sich nur langsam falten, sind besonders gefährdet. Ihre Faltungszwischenstufen können vom Ubiquitin-Proteasom-System fälschlich als Ziel ausgemacht werden, weil sie noch nicht alle Lysinreste im Inneren verborgen haben. Viele dieser Proteine erreichen durch vorzeitigen Abbau nicht ihr Ziel. Diesen Verlust kalkuliert die Zelle jedoch ein, denn das Riskio der Ansammlung tatsächlich falsch gefalteter (und damit potenziell gefährlicher) Proteine ist größer. Der Prozentsatz irreversibel falsch gefalteter Proteine ist nicht gering; von tierischen Zellen wird berichtet, dass bis zu 30 % aller neu synthetisierten Proteine Fehler aufweisen und abgebaut werden müssen. Den Rekord hält hier der Acetylcholinrezeptor, dessen Faltung im Lumen des ER offensichtlich so kompliziert ist, dass 90 % der frisch synthetisierten Moleküle wieder abgebaut werden. Die am rauen ER synthetisierten Proteine unterliegen einer strengen Faltungskontrolle. Nur korrekt gefal-

Merksatz

Das Proteasom ist eine tonnenförmige Proteolysemaschine, die Polyubiquitin-markierte Proteine in kurze Peptide zerlegt.

A Aktivierung eines Abbau-Motivs

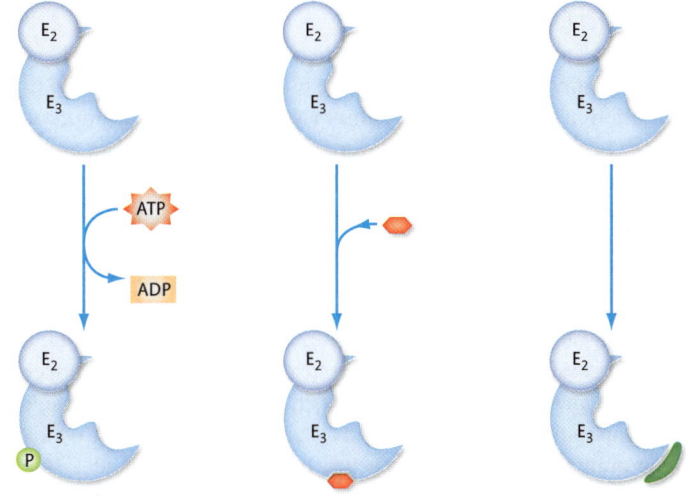

Phosphorylierung

Dissoziation eines maskierenden Liganden

Abspaltung einer Domäne

B Aktivierung des E3-Komplexes

Phosphorylierung

Liganden-Bindung

Bindung einer Untereinheit

Abb. 4.23

Signale zur Auslösung des regulierten Proteinabbaus.
(A) Ein destabilisierendes Sequenzmotiv in einem Protein kann durch verschiedene Mechanismen aktiviert oder freigelegt werden. Beispielsweise kann durch Abspaltung einer Domäne ein neuer N-Terminus erzeugt werden, der vom E3-Komplex erkannt wird.
(B) Eine andere Möglichkeit der Auslösung von reguliertem Proteinabbau besteht in der Aktivierung des E3-Ubiquitin-Ligase-Komplexes durch verschiedene Signale (verändert nach Alberts et al. 2008).

tete Proteine werden in Vesikel verpackt und zum Golgi-Apparat geschickt. Irreversibel falsch gefaltete Proteine, denen auch nicht mehr durch Chaperone zu helfen ist, werden aus dem ER zurück ins Cytoplasma verfrachtet, wo sie sofort vom E3-Komplex als Ziel erkannt und abgebaut werden.

Regulierter Abbau kurzlebiger Proteine

Das komplexe Erkennungssystem des E3-Komplexes entscheidet in der Zelle darüber, zu welchem Zeitpunkt ein Protein ubiquitiniert wird. Die Funktion eines Proteins kann daher nicht nur durch posttranslationale Modifizierung reguliert werden, sondern auch durch seine gezielte Zerstörung. Wer entscheidet jedoch darüber, wann ein kurzlebiges Regulationsprotein markiert und abgebaut wird? Solche Proteine besitzen meist ein **destabilisierendes Sequenzmotiv** (*destruction box*), das im Inneren verborgen ist und nur auf ein zelluläres Signal hin durch Konformationsänderung freigelegt und damit vom E3-Komplex erkannt wird. Solche auslösenden Signale können Phosphorylierungen sein oder die Dissoziation eines Liganden (**Abb. 4.23**). Andererseits ist es auch möglich, dass der E3-Komplex erst durch Phosphorylierung oder durch Bindung eines Liganden/Proteins aktiviert und damit „scharf" gemacht wird und nur in diesem Zustand sein Zielprotein erkennt. Eine bekannte *destruction box* ist die Aminosäurefolge Pro-Glu-Ser-Thr, die sogenannte PEST-Sequenz, die in vielen Transkriptionsfaktoren (die meist kurzlebig sein müssen!) gefunden wurde. Ein weiteres destabilisierendes Sequenzmotiv definiert die N-End-Regel.

N-End-Regel (engl.: N-end rule)

Die N-End-Regel besagt, dass die Lebensdauer eines Proteins entscheidend durch die Aminosäure an seinem N-Terminus bestimmt wird. Alle frisch synthetisierten Proteine tragen an ihrem N-Terminus die Startaminosäure Met, aber bei der Hälfte aller Pflanzenproteine wird dieses Met abgespalten und dadurch ein neuer N-Terminus freigelegt. 12 von den 20 proteinogenen Aminosäuren wirken stabilisierend auf die Lebensdauer des Proteins (z. B. Met, Thr, Ser, Gly), während andere Aminosäuren als destabilisierend bekannt sind (z. B. Arg, Lys, His, Glu, Asp). Letztere werden von speziellen E3-Ubiquitinligase-Komplexen erkannt. Cytoplasmatische Proteine haben oft einen stabilen N-Terminus, während Proteine, die über den ER-Golgi-Weg gehen, meist einen instabilen N-Terminus aufweisen. Man nimmt an, dass das eine Sicherheitsmaßnahme ist, wenn ein solches Protein von seinem Weg über ER und Golgi-Apparat zur Vakuole oder Plasmamembran abweicht und versehentlich im Cytoplasma landet, so wird es sofort vom E3-Komplex erkannt (im Lumen von ER, Golgi-Stapel oder Vakuole kommt das Ubiquitin-Proteasom-System nicht vor!). Der regulierte Proteinabbau hat jedoch noch weitere Varianten entwickelt: Ein abzubauendes Protein kann posttranslational ein Arg als neuen N-Terminus angefügt bekommen (über das Enzym Arg-tRNA-Proteintransferase) und damit für den E3-Komplex sichtbar werden. Andererseits kann die Acetylierung eines N-Terminus die Lebensdauer eines Proteins verlängern.

Merksatz

Kurzlebige Proteine tragen oft destabilisierende Sequenzmotive, die im Inneren des Proteins verborgen sind und erst auf Signale hin freigelegt werden.

Merksatz

Die Aminosäure am N-Terminus eines Proteins bestimmt seine Lebensdauer. Es gibt stabilisierende und destabilisierende Aminosäuren.

Bedeutung des Ubiqutin-Proteasom-Systems

Die selektive Polyubiquitinierung von Proteinen über den E3-Ubiquitin-ligase-Komplex ist ein **zentraler Schalter für viele pflanzliche Entwicklungsprozesse.** Bestes Beispiel hierfür ist der Zellzyklus, bei dem die den Zellzyklus regulierden Cycline durch Ubiquitinierung gezielt abgebaut werden, wodurch der Zyklus in seine nächste Phase übergehen kann. Aber auch Hormonantworten, Blütenbildung, circadiane Rhythmik, Seneszenz, Stressantworten und weitere Entwicklungsprozesse der Pflanze werden von Ubiquitin reguliert. Wird jedoch nur ein einzelnes Ubiquitinmolekül an ein Protein angeheftet, so ist das in der Regel kein Abbausignal sondern ein regulatorisches Signal. Auf diese Weise werden Histone, DNA-Synthese und DNA-Reparatur reguliert. Die kleinen Proteine Sumo und Rub sind strukturelle Verwandte des Ubiquitins und werden nach demselben Mechanismus wie Ubiquitin an Lysinreste der Zielproteine angeheftet, sind aber keine Markierungen für den Proteinabbau, sondern dienen der reversiblen Proteinregulation. Sumo und Rub spielen bei vielen Entwicklungsprozessen und Stressreaktionen der Pflanzen eine Rolle.

Pflanzliche Proteasen

4.5.2

Neben dem Proteasom verfügen Pflanzen wie Tiere über eine große Vielzahl spezialisierter Proteasen. Das Arabidopsis-Genom codiert etwa 600 solcher Proteasen. Diese Proteasen befinden sich im Cytoplasma, in Mitochondrien, Plastiden und Peroxisomen, im ER, Golgi-Apparat und vor allem in großer Vielzahl in der Vakuole. Neben einigen anderen Aufgaben ist die Vakuole auch das lytische Organell der Pflanzenzelle (**vgl. Kapitel 2.12**) und entspricht in dieser Funktion dem tierischen Lysosom. Sie baut Proteine ab und führt die anfallenden Aminosäuren dem Cytoplasma der Wiederverwertung zu. Neben diesen lytischen Vakuolen verfügen Leguminosen und Getreiden in ihren Samen über spezielle Proteinspeichervakuolen, in denen sie Proteine als Nahrungsreserve für dem Keimling speichern. Bei der Samenkeimung werden spezielle Proteasen in die Proteinspeichervakuolen importiert und die Speicherproteine werden von ihnen zu Aminosäuren als Nährstoff für den wachsenden Embryo abgebaut. Proteinabbau ist auch während der Seneszenz wichtig, wenn vor dem Absterben der Blätter deren Zellbestandteile zur Wiederverwertung mobilisiert werden. Auch beim programmierten Zelltod spielt der Proteinabbau eine große Rolle.

Einteilung der Proteasen

Man kann Proteasen ganz allgemein in **Endoproteasen** (schneiden innerhalb der Polypeptidkette) und **Exoproteasen** (bauen das Protein vom N- oder C-Terminus her ab) einteilen. Peptide werden von **Peptidasen** abgebaut. Viele Proteasen zeigen Präferenzen für bestimmte Aminosäuren, an denen sie die Polypeptidkette durchtrennen. Zum Beipsiel spaltet Trypsin nach Arg und Lys, Chymotrypsin hingegen nach Trp, Tyr, Phe und Met. Proteasen werden nach ihrem biochemischen Reaktionsmechanismus in vier Hauptgruppen untergeteilt: Serin-Protease, Cystein-Proteasen, Aspartat-Proteasen und Metalloproteasen. Aber Achtung, die Benennung hat nichts mit der Aminosäure zu tun, nach der geschnitten wird, sondern erfolgt nach dem Reaktionsmechanismus.

Transportvorgänge in der Zelle | 5

Inhalt

Biomembranen sind Permeabilitätsbarrieren, die die Kompartimente voneinander abtrennen. Nur sehr kleine ungeladene Moleküle (wie O_2, CO_2, N_2, H_2O) oder kleine polare Moleküle (wie Harnstoff, Ethanol, Glycerin) können die Lipiddoppelschicht frei über Diffusion passieren, wenn auch mit sehr unterschiedlicher Geschwindigkeit. Für jegliche Ionen, Carbonsäuren, Aminosäuren, Zucker, Nucleotide und für alle Makromoleküle ist die Lipiddoppelschicht jedoch dicht, weshalb die Natur spezielle Transportsysteme entwickelt hat, die den selektiven Stoffaustausch gewährleisten.

Für den Membrandurchtritt der kleinen Verbindungen (Ionen und Metabolite) gibt es andere Mechanismen als für den Membrandurchtritt von Proteinen, welche über eigene Zieladressen verfügen, die von einer komplexen Sortier- und Transportmaschinerie erkannt und ausgeführt werden.

Transportproteine in Biomembranen | 5.1

Für den geregelten selektiven Austausch von Ionen und Metaboliten zwischen Zelle und Außenwelt und innerhalb der Zelle zwischen den Kompartimenten besitzt die Zelle Transportproteine, die in die Membran eingelagert sind. Diese Transportproteine sind hochspezifisch und kommen in großer Vielfalt vor (das Genom von Arabidopsis codiert mehrere Tausend solcher Proteine). Jede Membran eines Kompartiments besitzt eine Ausstattung an Transportproteinen, die für sie charakteristisch ist und sich von anderen Membranen unterscheidet. Diese Ausstattung ist dynamisch, denn die Art und die Menge der Transportproteine kann den zellulären Bedürfnissen schnell angepasst werden. Die Aufteilung der Zelle in Kompartimente bringt es mit sich, dass nahezu alle Stoffwechselabläufe einer Zelle an irgendeiner Stelle vom Metabolittransport durch Membra-

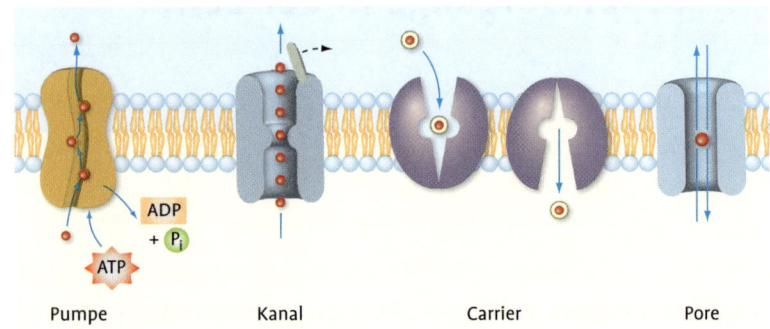

Pumpe   Kanal   Carrier   Pore

nen abhängig sind. Als Beispiele sollen genannt werden: Die Erzeugung von Turgor, die Nährstoffaufnahme durch die Plasmamembran, die Energieerzeugung in Photosynthese und Atmung, der Metabolitaustausch zwischen Geweben und Organen, die Signalweiterleitung oder die Deponie von Stoffwechselabfällen in der Vakuole.

Die Vielzahl unterschiedlicher Transportproteine kann man zum einen nach ihren Transportmechanismen (Pumpen, Kanäle, Carrier und Poren) untergliedern und zum anderen nach energetischen Gesichtspunkten (aktive, energieverbrauchende Transporter und passive Transporter) (**Abb. 5.1**).

5.1.1 | ## Pumpenproteine

Pumpenproteine gehören zu den aktiven Transportern. Sie verbrauchen Energie, um Teilchen gegen ein Konzentrationsgefälle zu pumpen, also vom Ort niedriger Teilchenkonzentration zum Ort höherer Konzentration. Zumeist dient die ATP-Hydrolyse als Energielieferant, die Pumpenproteine sind also **ATPasen**. Die wichtigsten pflanzlichen Transport-ATPasen transportieren Protonen und werden deshalb als Protonenpumpen bezeichnet. Die Transportrichtung dieser **Protonenpumpen** ist immer aus dem Cytoplasma heraus in einen extracytoplasmatischen, wässrigen Raum gerichtet. Die Protonenpumpe im Tonoplasten transportiert Protonen aus dem Cytoplasma in die Vakuole, die Pumpe in der Plasmamembran transportiert Protonen in das Außenmedium und die Pumpe im Golgi-Stapel reichert Protonen in den Zisternen und Vesikeln des Trans-Golgi-Netzwerks an. (**Abb. 5.2**). Da Protonen geladene Teilchen sind, bildet sich über die Membran nicht nur ein **Konzentrationsgradient** aus (bei Protonen also ein pH-Gradient), sondern es entsteht auch ein **Ladungsgradient**, also eine elektrische Potenzialdifferenz zwischen beiden Seiten der Membran, die man als **Membranpotenzial** bezeichnet. Das Cyto-

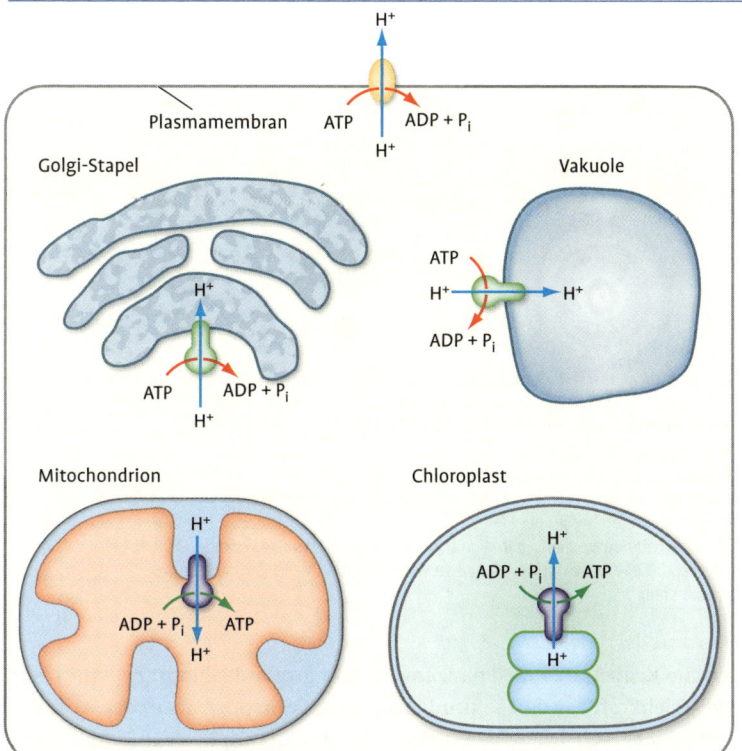

Abb. 5.2

Protonenpumpen und ATP-Synthasen. Man unterscheidet drei Arten. Die V-Typ-ATPase kommt im Tonoplasten und im Golgi-Stapel vor, die P-Typ-ATPase in der Plasmamembran. Die in der inneren Mitochondrienmembran und in der Thylakoidmembran sitzenden F-Typ-ATP-Synthasen sind keine Protonenpumpen, sondern funktionieren umgekehrt: ein Protonengradient treibt die ATP-Synthese an.

plasma verarmt an Protonen, wodurch auf der cytoplasmatischen Seite der Plasmamembran eine negative und auf der Außenseite eine positive Ladung entsteht. Dies führt dazu, dass positiv geladene Teilchen in die Zelle hineingezogen werden und negativ geladene aus ihr herausgetrieben werden. Jeder Konzentrationsgradient und jeder Ladungsgradient kann deshalb prinzipiell Arbeit verrichten und damit Antriebskraft für andere Transportvorgänge sein.

Diese Antriebskraft bezeichnet man als **elektrochemisches Potenzial** (auch elektrochemischer Gradient genannt), dessen Nettogröße sich aus der chemischen Komponente (= Konzentrationsgradient) und der elektrischen Komponente (= Ladungsgradient) zusammensetzt. Je nach Teilchenladung können Konzentrationsgradient und Membranpotenzial in dieselbe Richtung wirken oder bei entgegengesetztem Verlauf einander behindern (**Abb. 5.3**).

Das elektrochemische Potenzial, das von Protonenpumpen erzeugt wird, bezeichnet man als protonenmotorische Kraft. Die **protonenmoto-**

Abb. 5.3

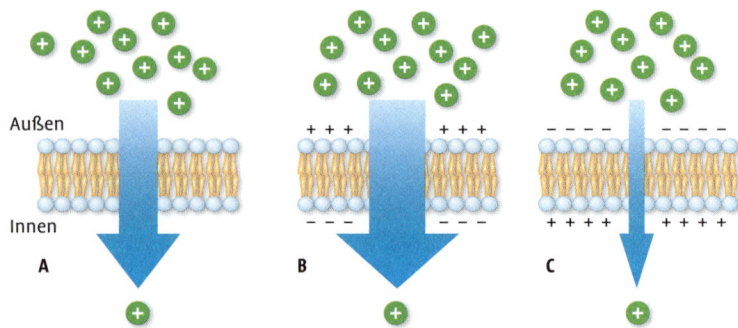

Das elektrochemische Potenzial. Das elektrochemische Potential ist die Summe der Antriebskräfte für den Transport eines geladenen Teilchens durch die Membran. Er setzt sich zusammen aus dem Konzentrationsgradienten des Teilchens und der Spannung zwischen den beiden Seiten der Membran (dem Membranpotenzial).
(A) elektrochemischer Gradient ohne Membranpotenzial.
(B) Konzentrationsgradient und Membranpotenzial wirken in dieselbe Richtung, die Antriebskräfte ergänzen sich (breiter grüner Pfeil).
(C) Konzentrationsgradient und Membranpotenzial wirken in entgegengesetzte Richtung, die Antriebskraft des Konzentrationsgradienten wird durch das Membranpotential verringert (schmaler grüner Pfeil).

rische Kraft ist für die Pflanzenzelle von großer Bedeutung, denn sie ist die Triebkraft für den **sekundär aktiven Transport** über passive Transporter (**Abb. 5.4**). Die ATP getriebene Protonenpumpe in der Plasmamembran baut einen pH-Gradienten zwischen Cytoplasma und Außenmedium auf und erzeugt damit eine protonenmotorische Kraft. Die Protonen haben das Bestreben, entsprechend ihrem Konzentrations- und Ladungsgradienten wieder zurück ins Cytoplasma zu gelangen. Ein passiver Transporter nutzt dieses Bestreben und gibt den Protonen die Möglichkeit, zurück ins Cytoplasma zu strömen. Gleichzeitg nutzt er die protonenmotorische Kraft, um ein anderes Substrat gegen dessen Konzentrationsgradienten durch die Membran zu transportieren und auf der anderen Seite anzureichern.

Spezielle Protonentransporter in den Thylakoidmembranen der Chloroplasten und in der inneren Membran der Mitochondrien funktionieren in umgekehrter Richtung. Der während der photosynthetischen Lichtreaktion und der mitochondrialen Atmung aufgebaute pH-Gradient treibt die ATP-Synthese durch diese Transporter an, die deshalb als **ATP-Synthasen** zu bezeichnen sind. Neben den Protonenpumpen gibt es noch andere Transport-ATPasen, die als Ca^{2+}-Pumpen die Ca^{2+}-Konzentration im Cytoplasma niedrig halten, indem sie es ins ER-Lumen und die Vakuole pumpen.

Merksatz
Ein Konzentrationsgradient oder/und Ladungsgradient bilden die Antriebskraft für Transportvorgänge.

Abb. 5.4

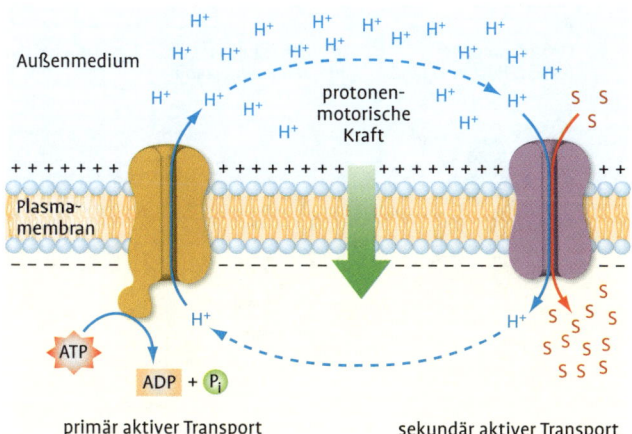

Primär und sekundär aktiver Transport an der Plasmamembran. Der primär aktive Transport erfolgt durch die ATP-getriebene Protonenpumpe, die einen pH-Gradienten aufbaut und dadurch ein elektrochemisches Potential (protonenmotorische Kraft) erzeugt. Ein passiver Protonen-Substrat-Symporter nutzt den Protonenrückfluss, um ein anderes Substrat gegen dessen Konzentrationsgradienten durch die Membran zu transportieren.

Zur Klasse der ATP-getriebenen Pumpen gehört auch die große Gruppe der **ABC-Transporter** (ABC steht für *ATP binding cassette*). Charakteristisch für diese Proteinfamilie ist die katalytische ATP-Bindungsdomäne. ABC-Transporter kommen in den Membranen der Kompartimente vor und transportieren nicht nur Ionen sondern je nach Typ auch Aminosäuren, Zucker, Peptide, Xenobiotika (= Fremdstoffe, die entgiftet werden müssen) und selbst größere Moleküle.

Kanalbildende Proteine

Diese gehören zu den Transporterklassen, die passiv arbeiten. Solche Transporter erlauben einem kleinen Molekül, die Zellmembran entsprechend seinem Konzentrationsgradienten zu durchqueren, bis der Konzentrationsausgleich erreicht ist. Da diese Transporter dafür keine Energie aufwenden, spricht man von **passivem Transport** oder erleichterter Diffusion. Kanalbildende Proteine, auch kurz **Kanäle** genannt, sind wassergefüllte Poren in der Membran, die hoch selektiv arbeiten und in der Regel nur eine Teilchensorte durchlassen. Die häufigsten Kanäle sind die Ionenkanäle. Diese Kanäle sind so eng, dass die transportierten Ionen einen Großteil ihrer sie umgebenden Wasserhülle abstreifen müssen, um duch den engsten Teil des Kanals zu passen. Dort ist die Kanalinnenwand mit Aminosäureresten ausgekleidet, deren Atome die durchtretenden Ionen genau auf Größe und Ladung prüfen, sodass tatsächlich nur eine

Merksatz
ATP-getriebene Pumpen transportieren Teilchen (beispielsweise Protonen) gegen ein Konzentrationsgefälle und erzeugen dadurch einen Konzentrationsgradienten.

5.1.2

Abb. 5.5

A	B	C	D
Spannungsreguliert	Ligandenreguliert (extrazellulärer Ligand)	Ligandenreguliert (intrazellulärer Ligand)	Druckaktiviert

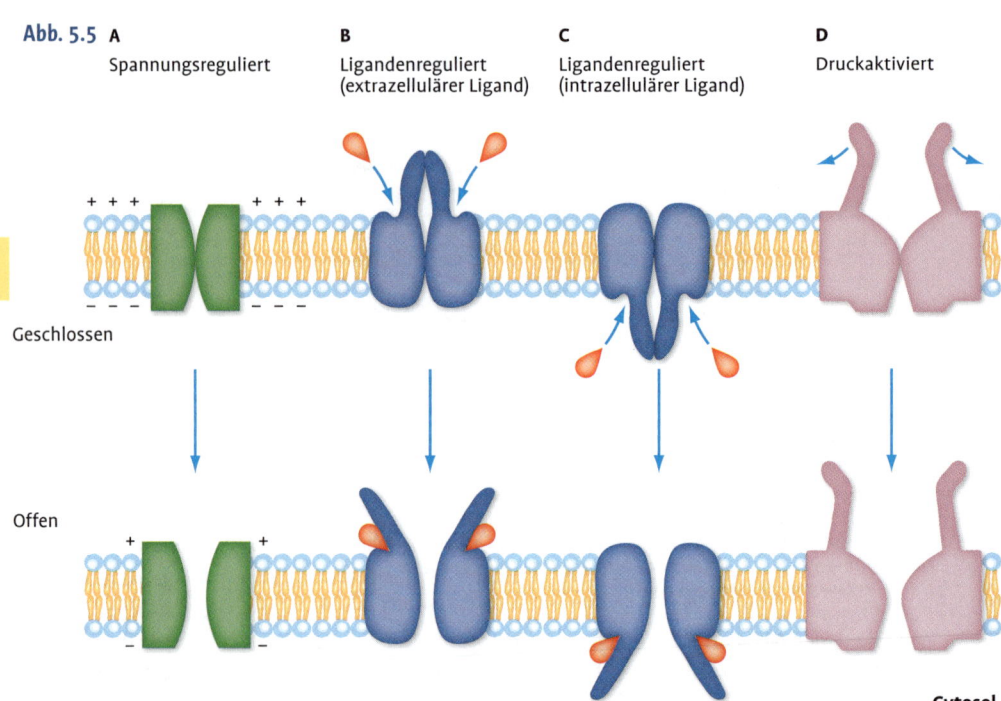

Geschlossen

Offen

Cytosol

Regulation von Ionenkanälen. Verschließbare Ionenkanäle können durch verschiedene Signale geöffnet werden (verändert nach Alberts et al. 2008).

Ionenart den selektiven Filter perlschnurartig passieren kann. Dieser Schritt begrenzt die maximale Transportgeschwindigkeit, sodass Kanäle – wie auch alle anderen Transporterklassen – substratgesättigt werden können und jeweils eine maximale Durchflussrate aufweisen. Neben der hohen Selektivität besitzen Kanäle zwei weitere Eigenschaften: Sie funktionieren meist nur in eine Richtung, sind nicht durchgehend geöffnet und unterliegen damit einer Regulation. Je nach der Signalart, die das Öffnen oder Schließen des Kanals auslöst, unterscheidet man

(1) **spannungsabhängige Kanäle** (sie werden über das Membranpotential reguliert),

(2) **ligandengesteuerte Kanäle** und

(3) **druckaktivierte Kanäle**, die über mechanische Reize reguliert werden (**Abb. 5.5**).

Beispielsweise wird das Umklappen der Fiederblätter der Mimose über spannungsabhängige Kanäle vermittelt, ebenso wie das Schließen der Fangblätter des Sonnentaus, während die Haarsinneszellen im tierischen

Box 5.1

Patch-Clamp-Technik

Die Patch-Clamp-Technik ist so empfindlich, dass sie es ermöglicht, den durch ein einzelnes Kanalprotein fließenden Strom zu registrieren. Dazu benötigt man eine nackte Pflanzenzelle, also einen Protoplasten, dessen Zellwand man zuvor enzymatisch entfernt hat. Auch an einer isolierten Vakuole kann gemessen werden. Eine Glaspipette mit einem Durchmesser an der Spitze von etwa 1 µm wird mit Elektrodenflüssigkeit und einer Elektrode versehen. Die Mikropipette wird mit der Membran des Protoplasten in Kontakt gebracht (Abb. 5.6). Durch vorsichtiges Ansaugen wird die Pipettenspitze mit der Zellmembran stromdicht versiegelt.

(A) Intakter Protoplast. In diesem Zustand misst man den Elektronenfluss zwischen Cytoplasma und Elektrodenlösung in der Pipette, aber man kann die Ionenzusammensetzung auf der cytosolischen Seite nicht ändern. Deshalb reißt man durch leichten Zug der Pipette ein Membranstück (engl.: *patch*, daher der Name) von der Zelle ab.

(B) zeigt den *inside-out*-Modus, wo die cytoplasmatische Seite Kontakt zum Medium hat. Jetzt kann man auf beiden Seiten der Membran die Elektrodenlösung ändern und überprüfen, welche Ionen durch die Kanäle wandern bzw. welche Wirkung gelöste Stoffe auf das Verhalten der Kanäle haben. In diesem Zustand ist die Messung von Einzelkanälen möglich. Man kann aber auch durch Anlegen einer Spannung das Membranpotential einstellen und dadurch das Öffnen und Schließen der Kanäle bewirken.

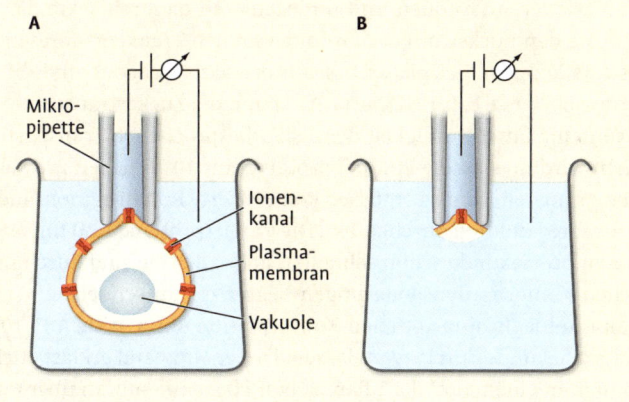

Abb. 5.6

Patch-Clamp-Technik.

Ohr über druckaktivierte Kanäle verfügen, die Schallwellen in elektrische Signale umwandeln. Das Öffnen und Schließen von Ionenkanälen kann man mithilfe der sogenannten **Patch-Clamp-Technik** an der lebenden Zelle messen. Diese Technik ist in der gleichnamigen **Box 5.1 Patch-Clamp-Technik** genauer erläutert. Es zeigte sich, dass ein Kanal nur zwei Zustände aufweist, er ist entweder vollständig geöffnet oder vollständig geschlossen. Zwischenzustände gibt es nicht. Das deutet darauf hin, dass er über bewegliche Domänen verfügt, die zwischen zwei Konformationen hin- und herpendeln, wobei das Öffnen und Schließen im Millisekundenbereich abläuft. Die treibende Kraft für einen Kanal ist entweder der Konzentrationsgradient (die Teilchen strömen zum Ort der niedrigeren Konzentration) oder der Kanal wird sekundär durch das Membranpotenzial aktiviert und transportiert Teilchen gegen ein Konzentrationsgefälle (z. B. reichert der K^+-Kanal die Ionen 1000-fach in der Pflanzenzelle an).

5.1.3 Carrierproteine

Carrierproteine arbeiten ebenfalls passiv. Sie werden mitunter auch als Translokatoren oder Permeasen bezeichnet. Carrier arbeiten stöchiometrisch, sie besitzen eine hoch spezifische Bindungsstelle für ihr Substrat und machen während des Transportvorgangs eine Konformationsänderung durch, wodurch sie sich auf der anderen Membranseite öffnen und das Substrat freisetzen (**Abb. 5.1**). Die Konformationsänderung wird durch die Substratbindung ausgelöst. Man unterscheidet drei Carriersorten: **Uniporter** transportieren nur ein Teilchen, **Symporter** und **Antiporter** transportieren hingegen zwei Teilchensorten, entweder in dieselbe oder in entgegengesetzte Richtungen (**Abb. 5.7**). Wie die Kanäle werden auch die Carrier über den Konzentrationsgradienten angetrieben oder sie cotransportieren Protonen und funktionieren dadurch sekundär aktiv, indem sie den Rückstrom der Protonen an den Transport ihres eigenen Substrats koppeln. Beispiele für sekundär aktive Carrier sind die Anionentransporter (z. B. für NO_3^- und SO_4^{2-}) und die Zuckertransporter.

Wenn die Geschwindigkeit der bisher besprochenen Transporter verglichen wird, so sind die Pumpenproteine mit 10^2 Teilchen pro Sekunde am langsamsten, denn sie müssen komplizierte Konformationsänderungen für ihre Funktion durchlaufen. Die Carrierproteine sind mit etwa 10^3 Teilchen pro Sekunde schon schneller, aber auch sie sind durch ihre zyklischen Konformationsänderungen begrenzt. Am schnellsten sind die Kanalproteine. In ihrer offenen Konformation können sie 10^4–10^8 Teilchen pro Sekunde durchtreten lassen. Dieser Umstand erklärt auch, warum man in einem μm^2 der pflanzlichen Plasmamembran über tausend Pumpenproteine findet, aber nur 1–10 Kanalproteine.

Merksatz

Carrierproteine sind spezifisch für ein Substrat und machen während des Transportvorgangs zyklische Konformationsänderungen durch.

5.1.4 Porenproteine

Porenproteine sind weite, ständig geöffnete Poren in der Membran. Sie funktionieren in beide Richtungen, sind wenig selektiv und vermitteln den Membrandurchtritt von Ionen und organischen Verbindungen. Man findet sie in den äußeren Hüllmembranen von Mitochondrien und Chlo-

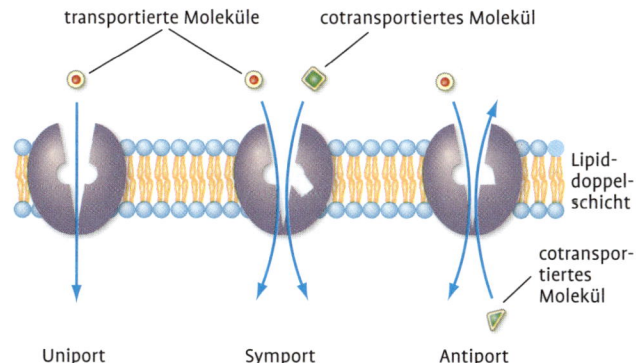

transportierte Moleküle cotransportiertes Molekül

Lipid-doppel-schicht

cotranspor-tiertes Molekül

Uniport Symport Antiport

Abb. 5.7

Uniporter, Symporter und Antiporter. Drei Formen des Carrier-vermittelten Transports. Uniporter transportieren nur ein Teilchen. Symporter und Antiporter transportieren zwei Teilchensorten, wobei der Transport des einen Teilchens an den Transport des anderen Teilchens gekoppelt ist.

roplasten, die die meisten kleineren Verbindungen wenig selektiv passieren lassen. Die bekanntesten Porenproteine sind die wassertransportierenden **Aquaporine**, die in großer Zahl in der Plasmamembran und im Tonoplasten vorkommen. Sie arbeiten passiv, lassen Wassermoleküle in beide Richtungen durchtreten und sind sehr schnell (10^9 Wassermoleküle pro Sekunde!). Im Unterschied zu anderen Poren sind sie hoch selektiv, denn an ihrer engsten Stelle passt jeweils nur ein Wassermolekül durch die Pore. Zudem werden Protonen aufgrund ihrer positiven Ladung am Durchtritt gehindert. Die Zelle kann die Wasserleitfähigkeit von Plasmamembran und Tonoplast verändern, indem sie die Anzahl der Aquaporine in der Membran erhöht oder erniedrigt. Die Wasserpermeabilität des Tonoplasten ist ungefähr einhundertmal höher als die der Plasmamembran, denn die Vakuole muss schnell auf osmotischen Stress reagieren können, um das Cytoplasma vor Schaden zu bewahren. Wassertransport durch Membranen ist die lebenswichtige Grundlage für das Funktionieren der Schließzellen und für das Streckungswachstum, ebenso wie für den Langstreckentransport des Wassers durch die Gewebe und Leitbahnen, um nur einige Bespiele aufzuführen.

Merksatz
Aquaporine sind sehr schnell arbeitende wassertransportierende Poren in der Plasmamembran und im Tonoplasten.

Proteinsortierung im Überblick

| 5.2

Sortierung und zielsichere Verteilung neu synthetisierter Proteine auf ihre Kompartimente ist ein ständig ablaufender Vorgang in der Zelle. Nicht nur die sich teilende oder die wachsende Zelle braucht Proteine, auch in der ausgewachsenen Zelle müssen abgebaute Proteine ständig durch frische Proteine ersetzt werden. Jegliche Proteinsynthese beginnt an freien Ribosomen im Cytoplasma (mit Ausnahme der wenigen Pro-

Abb. 5.8

A   B

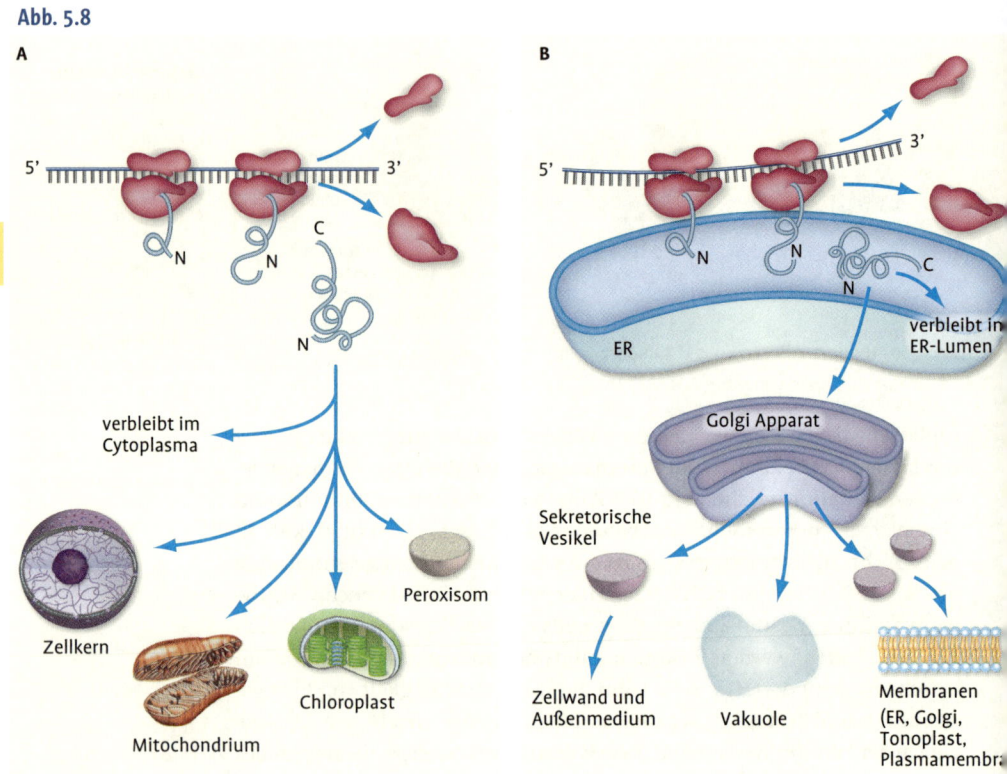

Intrazelluläre Proteinsortierung.
(A) Translation an freien Ribosomen im Cytoplasma und Verteilung auf die gezeigten Kompartimente.
(B) Translation am rauen ER und Verteilung über Vesikeltransport auf die gezeigten Kompartimente.

teine, die in den Plastiden und Mitochondrien hergestellt werden). Die Mehrzahl der Proteine verfügt in ihrer Aminosäurekette über **Zielsequenzen**, die das Protein zum Kompartiment lenken, in dem es benötigt wird. Diese Proteine lassen sich in **zwei Gruppen** einteilen (**Abb. 5.8**).

- Die **erste Gruppe** enthält Proteine für den Kern, die Plastiden, Mitochondrien und Peroxisomen. Diese Proteine werden direkt aus dem Cytosol in ihre passenden Zielorganellen importiert (**vgl. Kapitel 5.3–5.5**). Proteine ohne eine solche Sequenz verbleiben ständig im Cytoplasma.

- Die **zweite Gruppe** von Proteinen verfügt über ein Signalpeptid, das vom Signalerkennungspartikel SRP erkannt wird, wodurch die Translation vorübergehend blockiert und das Ribosom zum rauen ER dirigiert wird, wonach die Translation wieder einsetzt (**vgl. Kapitel 2.10**). Diese Proteine werden mithilfe eines grundlegend anderen Mechanismus

Zielsequenzen für die Sortierung von Proteinen | **Tab. 5.1**

Zielkompartiment	Signal	Lokalisierung im Protein	Signalabspaltung
Kern	NLS (Import) NES (Export)	Mitte oder terminal Mitte oder terminal	(-) (-)
Peroxisom	PTS1 PTS2	C-terminal N-terminal	(-) (+)
Plastiden	Transitpeptid	N-terminal	(+)
Mitochondrien	Transitpeptid/ Präsequenz	N-terminal	(+)
raues ER	Signalpeptid	N-terminal	(+)
Vakuole	VSS (Sortiersignal)	N-terminal oder C-terminal	(+)

verteilt. Ihr Transport erfolgt in Vesikeln, die aus dem Lumen des ER beladen werden, sich abschnüren und mit der Membran des nächsten Kompartiments verschmelzen, wodurch der Vesikelinhalt in das Lumen des nachfolgenden Kompartiments gelangt. Auf diese Weise werden nicht nur lösliche Proteine sondern auch Membranproteine übertragen. Proteine dieser zweiten Gruppe gelangen vom ER über den Golgi-Apparat zur Vakuole, in das Außenmedium bzw. die Zellwand oder sie werden als Membranproteine auf die Plasmamembran und die Membranen von ER, Golgi-Apparat und Vakuole verteilt (**Abb. 5.8**).

Die **Zielsequenzen** haben eine Länge von 10–40 (im Extrem bis zu 100) Aminosäuren und sind in ihrer Aminosäureabfolge nicht (!) festgelegt. Vielmehr sind ihre physikalischen Eigenschaften entscheidend, wie ihre Hydrophobizität, die Lage geladener Aminosäuren oder der Wechsel geladener mit hydrophoben Aminosäuren. Je nach Zielorganell sind die Zielsequenzen an verschiedenen Orten innerhalb der Polypeptidkette platziert (N-Terminus, C-Terminus, Mitte) und je nach Zielorganell werden sie nach erfolgtem Transport von einer Protease abgeschnitten oder verbleiben am Protein (**Tab. 5.1**).

Merksatz

Proteine besitzen Zielsequenzen für ihr passendes Kompartiment. Diese Sortiersignale werden von einer komplexen Transportmaschinerie erkannt und umgesetzt.

Proteintransport durch die Kernporen | 5.3

Der Stoffaustausch zwischen Cytoplasma und Kerninnenraum verläuft über die Kernporen (**vgl. Kapitel 2.4**). Komplette ribosomale Untereinheiten, tRNAs und mRNAs verlassen den Kern durch die Kernporen, während in entgegengesetzter Richtung alle Proteine, die im Kern für die Replikation und Transkription der DNA benötigt werden, sowie Histone

Abb. 5.9

Der Kernporenkomplex.
Der Kernporenkomplex
besteht aus drei Ringen,
die über einen Speichen-
komplex miteinander ver-
bunden sind. Die Spei-
chenproteine ragen
rippenartig in die zentrale, regulierte Porenöff-
nung und verengen sie
dadurch. Acht engere Sei-
tenkanäle führen durch
den Speichenkomplex
hindurch. Der nucleäre
Ring ist an der Kernlami-
na befestigt. Auf beiden
Seiten des Porenkomple-
xes reichen Filamente in
den Raum, die den Kon-
takt zu den zu transpor-
tierenden Frachtprotei-
nen herstellen.

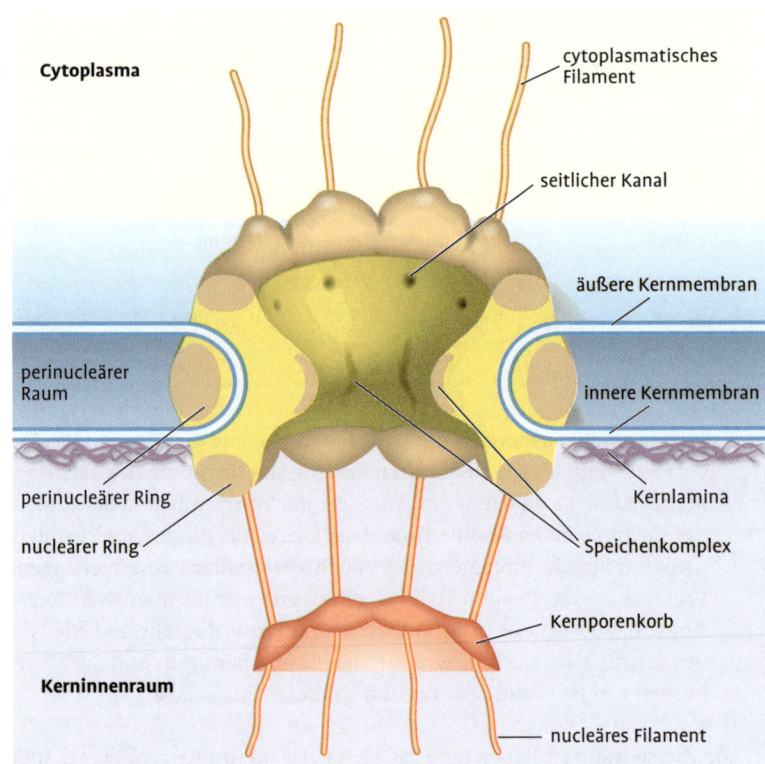

und ribosomale Proteine in den Zellkern importiert werden. Je nach Stoffwechselaktivität kann ein Zellkern mehrere tausend Poren haben, die bis
zu 20 % seiner Oberfläche einnehmen können.

5.3.1 | Der Kernporenkomplex

Die Kernpore ist keine einfache Pore, wie bei den Porenproteinen im voran-
gegangenen Kapitel erläutert wurde. Vielmehr ist sie mit einer Masse von
über 100 Millionen Dalton der größte und komplizierteste Proteinkomplex der Zelle und erreicht ein Vielfaches der Größe eines Ribosoms. Sie
wird deshalb auch als **Kernporenkomplex** bezeichnet. An ihrem Aufbau
sind 30 verschiedene Proteine, die Nucleoporine, in vielfacher Kopienzahl
beteiligt. Der Kernporenkomplex hat eine zylindrische Grundstruktur
und setzt sich aus drei miteinander verbundenen Proteinringen zusammen, die eine 8-fache Symmetrie aufweisen, denn jeweils acht Protein-
einheiten bilden einen Ring (**Abb. 5.9**). Der Ring auf der cytoplasmatischen
Seite trägt acht Filamente, die weit in das Cytoplasma ragen. Sie sind die

ersten Kontaktstellen für Proteine, die in den Zellkern importiert werden sollen. Der mittlere Ring liegt im perinulceären Raum, während der innere Ring an der Kernlamina befestigt ist und zum Kerninnenraum zeigt. Von diesem inneren Ring reichen acht Fasern in den Kern hinein, die an ihrem Ende von einer ringartigen Struktur gebündelt werden, welche ihrerseits Filamente trägt, die noch weiter in den Kerninnenraum reichen. Man bezeichnet diese innere Struktur auch als Kernporenkorb (engl.: *nuclear basket*). Die drei Ringe sind über Speichenkomplexe (auch Rippen genannt) miteinander verbunden, welche in das Innere der Porenöffnung ragen und sie dadurch verengen. Neben der zentralen Porenöffnung führen acht engere Seitenkanäle von 9 nm Durchmesser durch die Speichenkomplexe hindurch. Warum ist die Kernpore so groß und komplex? Eine Antwort liegt in der Größe der zu transportierenden Makromoleküle, denn selbst komplette ribosomale Untereinheiten, die aus bis zu 50 Proteinen und drei rRNAs bestehen, müssen passieren können. Eine weitere Antwort mag im großen Umfang des Makromolekülverkehrs liegen, der in beide Richtungen führt und sich scheinbar nicht behindert. Beispielsweise müssen nach vollzogener Zellteilung und Rückbildung der Kernhülle Millionen Histonmoleküle zum Verpacken der DNA in kurzer Zeit die Kernporen durchqueren. Wie jedoch der Andrang auf beiden Seiten der Poren reguliert wird, sodass es zu keinem Frontalzusammenstoß kommt, ist noch unbekannt.

Merksatz

Der Kernporenkomplex besteht aus einer regulierten zentralen Porenöffnung und acht engeren Seitenkanälen.

Kernimport und Kernexport

5.3.2

Art und Größe der die Kernporen passierenden Moleküle sind sehr divers. Es handelt sich um Metabolite, Nucleotide, RNAs und Proteine bis hin zu großen RNA-Protein-Komplexen. Für Ionen gibt es unabhängig von der Kernpore separate Ionenkanäle in der Kernhülle, z. B. für Ca^{2+}. Man nimmt an, dass kleinere Moleküle einschließlich kleiner Proteine durch die acht Seitenkanäle frei in den Kern diffundieren können. Wie sehr die zentrale Porenöffnung zu diesem Transport beiträgt, ist noch offen. Noch vor einem Jahrzehnt hat man angenommen, dass nur Proteine bis zu einer Größe von 20 kDa die Kernporen frei passieren können. Neuere Versuche mit verschieden großen, markierten Proteinen zeigen jedoch, dass die Grenze bei etwa 50–60 kDa liegt. Alle größeren Proteine müssen über eine Zielsequenz verfügen, die ihnen den Durchtritt durch den regulierten zentralen Porenkanal ermöglicht. Für Proteine, die aus dem Cytoplasma in den Kern gelangen, nennt man diese Aminosäuresequenz **Kernlokalisierungssignal** (NLS). Dieses Signal ist in seiner Aminosäureabfolge nicht festgelegt, es enthält jedoch vor allem basische Aminosäuren (Lys und Arg) und ist 8–30 Aminosäuren lang. Das Kernlokalisierungssignal hat keine festgelegte Position innerhalb der Polypeptidkette, es kann also

Abb. 5.10

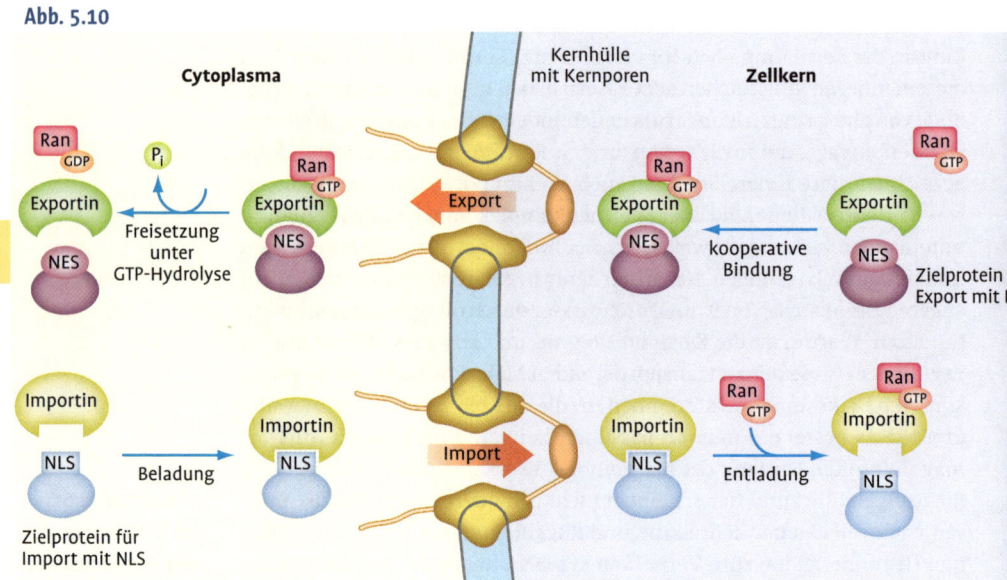

Kernimport und Kernexport von Proteinen. Erläuterungen im Text (verändert nach Weiler und Nover 2009).

am N- oder C-Terminus liegen oder irgendwo in der Mitte der Kette, aber es muss auf der Oberfläche des Proteins für den Erkennungsmechanismus frei zugänglich sein. Es kann auch aus mehreren Teilen bestehen, die über die Polypeptidkette verstreut sind und sich erst in der nativen Konformation zu einem gemeinsamen Motiv zusammenfinden. Das Kernlokalisierungssignal wird nach dem Eintransport in den Kern nicht abgeschnitten, denn nach der nächsten Mitose und der damit einhergehenden Auflösung und Neubildung der Kernhülle muss das betreffende Protein erneut in der Kern transportiert werden. Das NLS wird also mehrfach genutzt.

Für den Kernimport erkennt das **NLS-Rezeptorprotein Importin** im Cytoplasma die NLS-Sequenz des zu importierenden Proteins und geleitet es (ohne dass genau bekannt ist, wie dieser Lotsenprozess aussieht!) zu den äußeren Fibrillen der Kernpore (**Abb. 5.10**). Danach weitet sich die zentrale Porenöffnung soweit, dass der Frachtprotein-Importin-Komplex hindurchpasst. Für die Passage durch die Kernpore müssen die Frachtproteine nicht entfaltet werden, sie können ihre native Konformation beibehalten. Von sehr großen Frachtproteinen ist jedoch bekannt, dass sie eine leicht „quetschende" Konformationsänderung beim Import durchmachen. Im Kerninnenraum angekommen bindet der Frachtprotein-

Importin-Komplex an das **Regulatorprotein Ran**. Ran ist eine kleine GTP-ase, die je nach Beladungszustand mit GTP oder GDP als molekularer Schalter wirkt (**vgl. Kapitel 4.3**). Innerhalb des Kerns liegt Ran als Ran-GTP vor, was die Freisetzung des importierten Proteins von Importin bewirkt. Danach wird Importin zurücktransportiert ins Cytoplasma (als Importin-Ran-GTP-Komplex), wo die GTP-Hydrolyse erfolgt und Importin freisetzt, das jetzt für einen neuen Importzyklus bereitsteht. Ähnlich funktioniert der Kernexport. Hierfür tragen Proteine ein **Kernexportsignal NES**, das vom Rezeptorprotein **Exportin** erkannt wird (**Abb. 5.10**). Exportin kann aber nur dann an NES binden, wenn es zuvor Ran-GTP gebunden hat. Der Frachtprotein-Exportin-Ran-GTP-Komplex wird aus der Kernpore ins Cytoplasma ausgeschleust, wo die GTP-Hydrolyse erfolgt, was zum Zerfall des Komplexes und zur Freisetzung des Frachtproteins führt. Exportin und Ran-GDP kehren zurück in den Kern, wo sie für einen neuen Exportzyklus bereitstehen. Hilfsproteine (**vgl. Kapitel 4.3**) sind sowohl für die Regeneration von Ran-GDP zu Ran-GTP im Kern als auch für die Hydrolyse von GTP im Cytoplasma zuständig. Das Regulatorprotein Ran hat demnach innerhalb des Kernraumes als Ran-GTP zwei Funktionen: für importierte Proteine löst es den Zerfall des Frachtprotein-Importin-Komplexes aus, hingegen bewirkt es für zu exportierende Proteine die Ausbildung des Frachtprotein-Exportin-Komplexes. Importin und Exportin gehören zu Proteinfamilien, deren zahlreiche Mitglieder unterschiedliche Spezifitäten für die zu transportierenden Frachten aufweisen.

Es gibt Proteine, die zwischen Cytoplasma und Kern hin- und herpendeln (Transkriptionsfaktoren). Sie tragen deshalb sowohl ein NLS als auch ein NES. Bei anderen Proteinen bewirken erst posttranslationale Modifikationen des Proteins, wie Phosphorylierung, dass nach entsprechender Konformationsänderung ein zuvor maskiertes NLS auf der Proteinoberfläche frei zugänglich wird und dadurch vom Importmechanismus erkannt werden kann. Es werden derzeit auch alternative Importmechanismen erforscht, die von Importin unabhängig sind.

Merksatz

Für den Kernimport bzw. Kernexport müssen Proteine über eine Zielsequenz (Kernlokalisierungssignal bzw. Kernexportsignal) verfügen, die von Rezeptorproteinen erkannt wird. Die Ausschlussgrenze der Kernpore für den Import liegt bei 60 kDa.

Proteinimport in Plastiden und Mitochondrien

| 5.4

Als semiautonome Organellen können Plastiden und Mitochondrien zwar selbst Proteine synthetisieren, aber das betrifft nur einen Bruchteil der in diesen Organellen vorkommenden Proteine. Mehr als 95 % der Plastiden- bzw. Mitochondrienproteine werden vom Kern codiert, an freien Ribosomen im Cytoplasma synthetisiert und müssen danach in die Organellen importiert werden. Die grundlegenden Importmechanismen sind für Plastiden und Mitochondrien ähnlich, dehalb werden wir sie anhand

Abb. 5.11

Subkompartimente eines Chloroplasten. Der Chloroplast verfügt über drei Reaktionsräume: Intermembranraum (zwischen äußerer und innerer Hüllmembran), Stroma und Thylakoidlumen. Die drei zugehörigen Membranen (äußere Hüllmembran, innere Hüllmembran, Thylakoidmembran) besitzen eine eigene charakteristische Proteinausstattung.

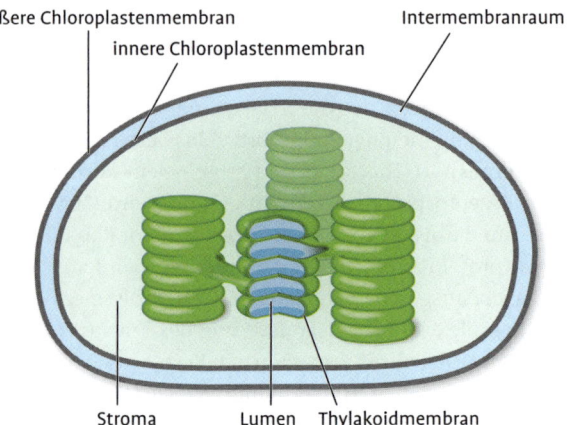

Chloroplast

äußere Chloroplastenmembran — innere Chloroplastenmembran — Intermembranraum

Stroma — Lumen — Thylakoidmembran

des Plastidenimports exemplarisch besprechen und auf die Mitochondrien nur kurz eingehen.

5.4.1 | Proteinimport in Plastiden

Für die Plastiden ist der Proteinimport nicht nur ein logistisches Sortierproblem sondern auch ein Mengenproblem. Ein Beispiel mag das illustrieren: Das Enzym Rubisco (es katalysiert die CO_2-Fixierung während der Photosynthese und ist im Stroma lokalisiert) macht etwa die Hälfte aller löslichen Proteine einer Blattzelle aus. Es besteht aus 16 Untereinheiten, von denen die acht kleinen vom Kern codiert sind. Es müssen damit in einer Blattzelle 10^7–10^8 Moleküle der kleinen Untereinheit aus dem Cytoplsma in die Chloroplasten importiert werden. Neben dem Mengenproblem bergen die Plastiden jedoch noch eine weitere Herausforderung für den Proteintransport, denn die Proteine müssen innerhalb des Plastiden auf sechs Subkompartimente verteilt werden. Manche Proteine müssen dazu bis zu drei Membranen passieren (**Abb. 5.11**).

Kerncodierte Plastidenproteine verfügen über eine N-terminale Zielsequenz, die als Targetingsignal oder **Transitpeptid** bezeichnet wird. Das 40–60 Aminosäuren lange Transitpeptid besitzt eine charakteristische Se-

Abb. 5.12

Proteinimport in Chloroplasten. Plastidenproteine verfügen über ein N-terminales Transitpeptid, das nach Passage durch den TOC/TIC-Importkanal abgespalten wird. Proteine für das Thylakoidlumen besitzen ein zweites Transitpeptid, das im Stroma erst nach Entfernen des ersten Transitpeptids freigelegt wird. Die Wege 1–6 sind im Text genau erläutert.

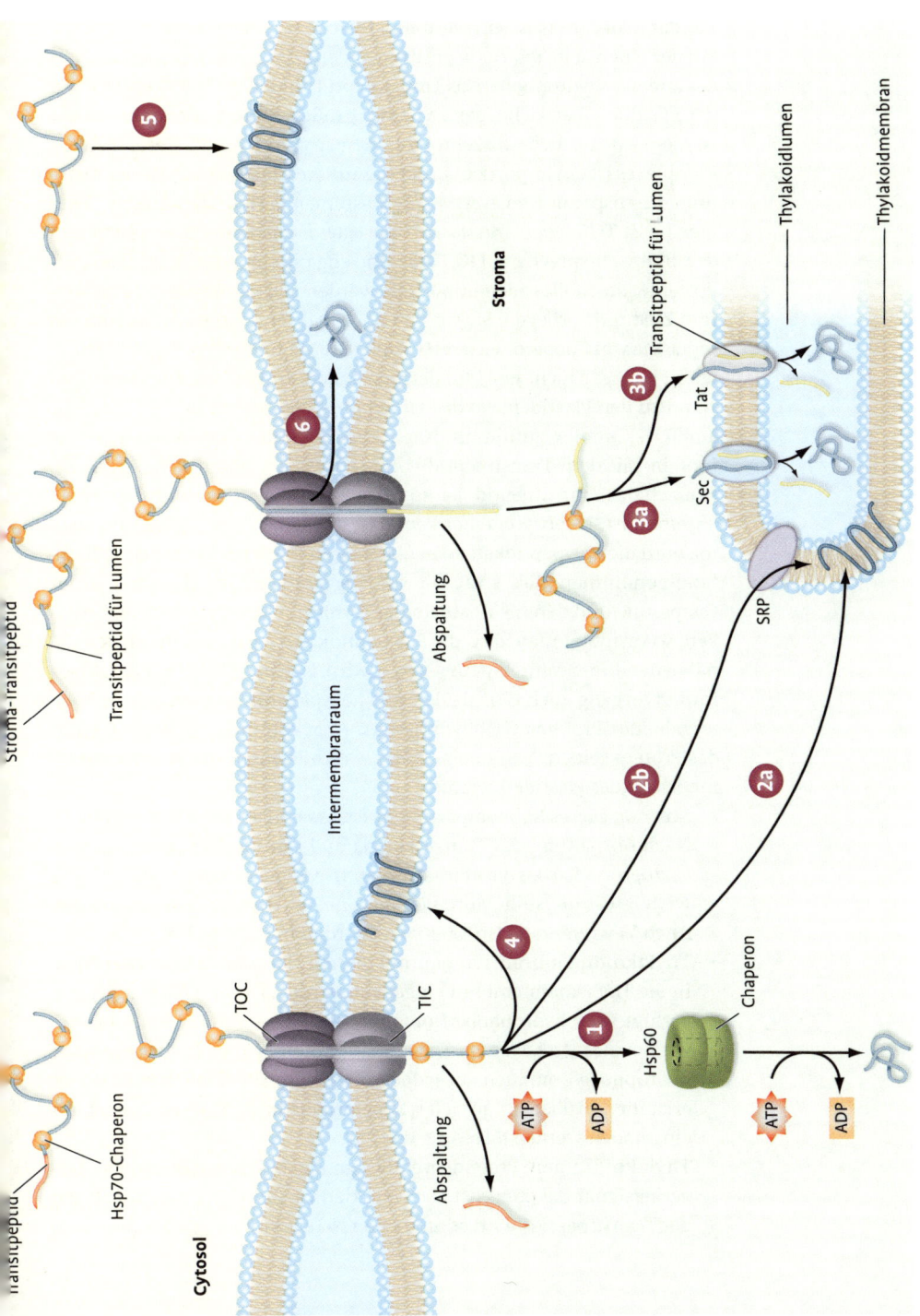

kundärstruktur, es ist eine amphipathische α-Helix (**vgl. Kapitel 4.1**), die auf der einen Seite der Helix positiv geladene Aminosäuren trägt und auf der anderen hydrophobe. Das Transitpeptid bindet an einen Rezeptor auf der Plastidenoberfläche, der Teil eines großen Proteinimportkomplexes ist, der sich aus mehr als zehn Proteinen zusammensetzt. Kernstück des Komplexes ist ein Importkanal, der die äußere und innere Plastidenmembran durchspannt und aus zwei Teilsystemen besteht. Der äußere Komplex heißt **TOC** (engl.: *translocon of the outer membrane of chloroplasts*) und der innere entsprechend **TIC**. Beide sind eng miteinander verbunden. Alle Proteine, die in Plastiden importiert werden sollen, müssen in **entfaltetem Zustand** vorliegen. Sie werden noch während ihrer Synthese im Cytoplasma von Chaperonen der Hsp70-Klasse gebunden (**vgl. Kapitel 4.2**) und falten sich gar nicht erst, sondern gelangen im Hsp70-gebundenen Zustand zu den Plastiden, wo das Transitpeptid Kontakt mit dem Rezeptor am TOC-Komplex aufnimmt. Nach Abstreifen der Chaperone wird das Protein mit dem Transitpeptid voran durch den Importkanal gefädelt, wonach das Transitpeptid, kaum dass es auf der Innenraumseite angekommen ist, sofort von einer Peptidase abgespalten wird. Hier im Stroma wird die Polypeptidkette von plastidären Hsp70-Chaperonen in Empfang genommen (**Abb. 5.12**). Die sofortige Anlagerung der plastidären Chaperone und deren ATP-abhängige Konformationsänderungen bewirken, so vermutet man, dass die Polypeptidkette regelrecht durch den Kanal in den Innenraum hineingezogen wird. Neben ATP verbraucht dieser Importvorgang auch GTP, da der TOC-Komplex für Erkennung und Weitergabe des Proteins GTP hydrolysiert. Angekommen im Stroma, kann das Protein seinen Weg zu einem der verschiedenen Subkompartimente innerhalb des Plastiden nehmen.

- **Stroma**: Dieses Subkompartiment ist das einfachste (**Abb. 5.12, Weg 1**). Nach Abspaltung des Transitpeptids und Faltungshilfe durch Hsp70-Chaperone ist das Protein am Ziel. In vielen Fällen ist jedoch eine weitere Faltungshilfe durch Chaperone der Hsp60-Klasse notwendig. Auch Vertreter der Hsp100-Klasse wurden hier gefunden.
- **Thylakoidmembran**: Proteine mit diesem Ziel können über zwei Wege in die Thylakoidmembran eingebaut werden. Die eine Proteingruppe verfügt über hydrophobe Domänen, die eine spontane Insertion bewirken (**Abb. 5.12, Weg 2a**). Die andere Proteingruppe besitzt ebenfalls hydrophobe Domänen, die jedoch von einem SRP-ähnlichen Rezeptor erkannt und über ein spezielles Kanalprotein in die Thylakoidmembran eingefädelt werden (**Abb. 5.12, Weg 2b**).
- **Thylakoidlumen**: Proteine mit diesem Ziel besitzen ein zweites Targetingsignal, das zunächst noch maskiert ist. Erst durch die Abspaltung des Transitpeptids wird es am neuen N-Terminus freigelegt (**Abb. 5.12,**

Weg 3a und 3b). Je nach Art der zweiten Transitsequenz wird das Protein entweder über den Sec-Kanal (ATP verbrauchend) oder über den Tat-Kanal (die Energie liefert der Protonengradient zwischen Stroma und Thylakoidlumen) ins Thylakoidlumen importiert. Dort wird das zweite Transitpeptid abgespalten und das Protein faltet sich.

- **Innere Hüllmembran**: Nach Abspaltung des Transitpeptids werden hydrophobe Domänen freigelegt, die eine spontane Insertion aus dem Stroma in die innere Hüllmembran bewirken (**Abb. 5.12, Weg 4**).
- **Äußere Hüllmembran**: Die Proteine verfügen über hydrophobe Domänen und werden spontan aus dem Cytoplasma in die äußere Hüllmembran eingebaut (**Abb. 5.12, Weg 5**).
- **Intermembranraum**: Die Proteine durchqueren nur den TOC-Komplex in der äußeren Hüllmembran und werden dann direkt in den Intermembranraum entlassen, wo man ebenfalls Chaperone der Hsp70-Familie gefunden hat (**Abb. 5.12, Weg 6**).

Proteinimport in Mitochondrien

Der Proteinimport in Mitochondrien ist dem der Plastiden sehr ähnlich. Erstaunlich ist jedoch, dass die Proteine der mitochondrialen Importmaschinerie trotz analoger Funktionen keinerlei Homologien zu den plastidären Proteinen besitzen. Offensichtlich sind beide Transportsysteme im Verlaufe der Evolution unabhängig voneinander entstanden. Mitochondrien haben nur **vier Subkompartimente**: Matrix, Intermembranraum, äußere und innere Hüllmembran. Wie bei den Plastiden unterscheidet man zwischen dem Transportkomplex in der äußeren Mitochondrienmembran **TOM** und dem in der inneren Membran **TIM**. Cytoplasmatische Hsp70-Chaperone halten das zu importierende Protein in entfaltetem Zustand, das Transitpeptid (mitunter auch Präsequenz genannt) wird noch während des Imports auf der Matrixseite abgespalten. Für die innere Mitochondrienmembran gibt es eine zweite, hydrophobe Targetingsequenz. Mitochondriale Hsp70-Chaperone „ziehen" das Protein in die Matrix und helfen beim Falten, oft gefolgt von Hsp60-Chaperonen. Nur der Import in den Intermembranraum verläuft etwas abweichend, denn anders als bei den Chloroplasten ist der mitochondriale Intermembranraum der angesäuerte Reaktionsraum. Proteine für den Intermembranraum können auf drei Wegen dorthin gelangen:

(1) Nach Durchqueren des TOM-Komplexes werden sie direkt in den Intermembranraum entlassen.

(2) Sie werden zunächst in die Matrix transportiert und gelangen über einen speziellen Kanal aus der Matrix in den Intermembranraum.

(3) Sie werden, wie z. B. Cytochrom c, direkt durch die äußere Mitochondrienmembran importiert, also ohne Beteiligung des TOM-Komplexes.

Merksatz

Der Chloroplast besitzt sechs Subkompartimente, die auf speziellen Transportwegen innerhalb des Organells mit Proteinen versorgt werden. Das N-terminale Transitpeptid wird abgespalten.

5.4.2

Merksatz

Mitochondrien besitzen vier Subkompartimente. Die Transportwege innerhalb des Organells sind analog zu denen der Plastiden. Das N-terminale Transitpeptid wird abgespalten.

Es wurden zudem noch weitere Variationen dieser drei Transportwege beobachtet.

5.4.3 | Transitpeptide sind „notwendig und ausreichend"

Die Transitpeptide für Plastiden und Mitochondrien sind als **Zielsequenzen notwendig und ausreichend**, um Proteine an ihr Ziel zu bringen. Was bedeutet diese Aussage?

Zunächst zum „notwendig". Mit molekularbiologischen Techniken kann der Zellbiologe das Transitpeptid von einem Plastiden- oder Mitochondrienprotein entfernen (dazu wird die DNA-Sequenz vom entsprechenden Gen abgeschnitten). Wenn jetzt dieses Gen mittels Gentransfer in eine Pflanzenzelle eingeführt und dort exprimiert wird, dann findet dieses Protein nicht mehr sein Zielorganell und verbleibt im Cytoplasma.

Nun zum „ausreichend". Für diesen experimentellen Nachweis fusioniert man das Transitpeptid an den N-Terminus eines Proteins, das über keine Zielsequenz verfügt und im Cytoplasma lokalisiert ist (d. h. man fusioniert seine Gensequenz an die Gensequenz des cytoplasmatischen Proteins). Als cytoplasmatisches Protein wird dazu oft das *green fluorescent protein* GFP genommen. Nach dem Gentransfer in eine Pflanzenzelle beobachtet man, dass GFP nicht mehr im Cytoplasma nachzuweisen ist, sondern von der Sortier- und Transportmaschinerie der Zelle in dasjenige Organell dirigiert wurde, zu dem das Transitpeptid gehört.

Die Schlussfolgerung aus diesen beiden Versuchen lautet: Der Besitz eines Transitpeptids ist **notwendig**, um in Plastiden oder Mitochondrien zu gelangen, und der Besitz des Transitpeptids allein ist **ausreichend**, um das zelluläre Ziel zu erreichen (weitere Signale sind nicht notwendig).

5.5 | Proteinimport in Peroxisomen

Im Gegensatz zu Plastiden und Mitochondrien sind Peroxisomen von nur einer Membran umhüllte Organellen. Ihre Proteinausstattung liegt bei etwa 250 verschiedenen Proteinen (zum Vergleich: Plastiden haben eine Ausstattung von mehr als 2000 verschiedenen Proteinen). Die Proteine der Peroxisomen werden vom Kern codiert, an freien Ribosomen im Cytoplasma synthetisiert und anschließend in Präperoxisomen importiert, die sich zuvor vom ER abgeschnürt hatten. Durch den Proteinimport nehmen die Peroxisomen an Volumen zu, wodurch das reife Peroxisom entsteht, das sich schließlich durch einfache Abschnürung teilt. Die dabei entstehenden Tochterperoxisomen können durch Proteinimport wieder wachsen, bis sie sich ebenfalls teilen (**vgl. Kapitel 2.7**). Ähnlich zum Proteinimport in den Zellkern werden bei Peroxisomen die Proteine in **gefalte-**

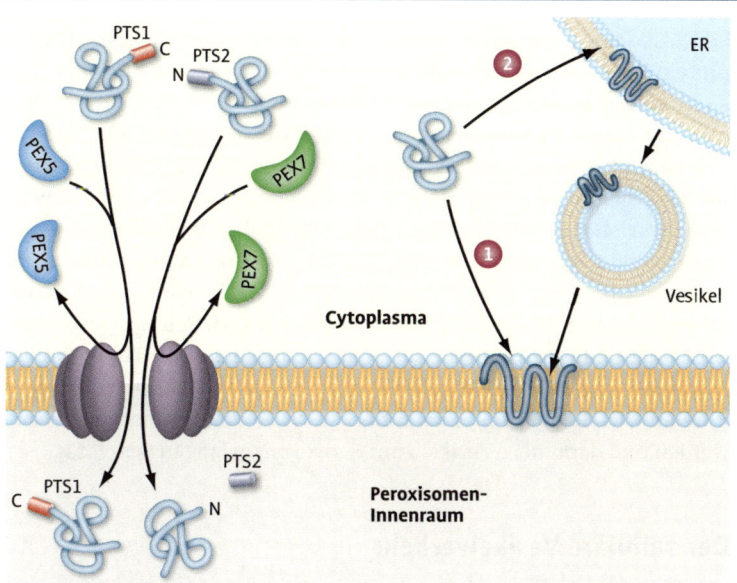

Abb. 5.13

Proteinimport in Peroxisomen. Peroxisomenproteine werden an freien Ribosomen synthetisiert und in gefaltetem Zustand aus dem Cytoplasma importiert. Die C-terminale Zielsequenz PTS1 wird vom Rezeptorprotein Pex5 erkannt und nach Import nicht abgespalten. Andere Proteine tragen die N-terminale Zielsequenz PTS2, die der Rezeptor Pex7 erkennt. PTS2 wird nach Import abgespalten. Peroxisomale Membranproteine werden direkt integriert (Weg 1), oder sie werden zunächst in die ER-Membran eingebaut und gelangen dann über Vesikel zum Peroxisom (Weg 2).

tem Zustand importiert. Die Adressierung kann über die zwei unterschiedlichen Zielsequenzen PTS1 und PTS2 erfolgen (engl.: *peroxisomal targeting signal*). PTS1 sitzt am äußersten C-Terminus und besteht nur aus den drei Aminosäuren Ser-Lys-Leu (SKL). PTS1, das nach dem Import nicht abgespalten wird, ist als Zielsequenz notwendig und ausreichend, um ein Protein zu den Peroxisomen zu dirigieren. Entfernt der Zellbiologe PTS1 von einem peroxisomalen Protein, verbleibt es im Cytoplasma. Fügt er jedoch PTS1 an den C-Terminus eines cytoplasmatischen Reporterproteins (z. B. GFP) an, wird dieses Protein dadurch zu Peroxisomen dirigiert und von ihnen aufgenommen. Wenige Peroxisomenproteine besitzen statt PTS1- eine PTS2-Zielsequenz. Sie ist etwa neun Aminosäuren lang, liegt am N-Terminus des Proteins und wird nach dem Import von einer Protease im Innenraum der Peroxisomen abgespalten. Die Zielsequenzen der zu importierenden Proteine werden im Cytoplasma von löslichen Rezeptorproteinen erkannt und an den Docking-Komplex in der Peroxisomenmembran angelagert (**Abb. 5.13**). Der Docking-Komplex ist Teil eines

Translokationsapparates, der im Ruhezustand einen engen Porenkanal bildet und nur Ionen passieren lässt. Nach Bindung des Rezeptor-Fracht-protein-Komplexes öffnet sich der Porenkanal auf maximal 9 nm und lässt das Frachtprotein passieren, während der Rezeptor durch ATP-Hydro-lyse vom Translokationsapparat ins Cytoplasma freigesetzt wird und für eine neue Importrunde zur Verfügung steht. Vom PTS1-spezifischen Rezep-tor weiß man inzwischen, dass er über Ubiquitinierung reguliert wird (vgl. Kapitel 4.3). Monoubiquitinierung macht ihn bereit für eine neue Importrunde, Polyubiquitinierung jedoch dirigiert ihn zum Proteasom, wo er abgebaut wird. Membranproteine für die Peroxisomenhülle ver-fügen weder über PTS1 noch PTS2, sie besitzen jedoch interne hydrophobe Domänen und werden direkt aus dem Cytoplasma in die Peroxisomen-membran eingebaut. In einigen Fällen wurde auch beobachtet, dass diese Proteine aus dem Cytoplasma zunächst in die ER-Membran eingebaut werden und dann über Vesikel zum Peroxisom gelangen (Abb. 5.13).

Merksatz
Peroxisomale Protei-ne werden in gefalte-tem Zustand impor-tiert und verfügen zur Adressierung über zwei unter-schiedliche Zielse-quenzen.

5.6 | Der zelluläre Vesikelverkehr

Die am rauen ER produzierten Proteine (Abb. 5.8) gelangen über den Golgi-Apparat zu ihren Zielkompartimenten: zur Vakuole, in das Außenme-dium bzw. die Zellwand oder sie werden als Membranproteine auf die Plasmamembran und die Membranen von ER, Golgi-Apparat und Vakuole verteilt. Ihr Transport erfolgt in Vesikeln, die aus dem Lumen des ER bela-den werden, sich abschnüren und mit der Membran des nächsten Kom-partiments verschmelzen, wodurch der Vesikelinhalt in das Lumen des nachfolgenden Kompartiments gelangt. Auf diese Weise wird nicht nur die Proteinfracht übertragen, sondern auch die Membran des Vesikels und die darin eingelagerten Membranproteine.

Beim Vorgang von Vesikelabschnürung und anschließender Vesikel-verschmelzung **bleibt die Topologie der Membran strikt erhalten** (Abb. 5.14): Die im Ausgangskompartiment auf der Cytoplasmaseite lie-gende Domäne eines Transmembranproteins zeigt auch im Transportve-sikel zur Cytoplasmaseite und gleichfalls im Zielkompartiment. Genau-so verbleibt ein luminales Frachtprotein im Lumen des Transportvesikels und des Zielkompartiments. Da beim Vesikelverkehr auch Membranen übertragen werden, spricht man vom zellulären **Membranfluss**, der nach genauen Regeln für die Beladung und Abschnürung der Vesikel am Aus-gangskompartiment und ebenso für die Fusion am Zielkompartiment ab-laufen muss.

Der Golgi-Stapel ist dafür ein eindrucksvolles Beispiel. Er ist ein dyna-misches Organell, das sich im Membranfließgleichgewicht befindet (vgl.

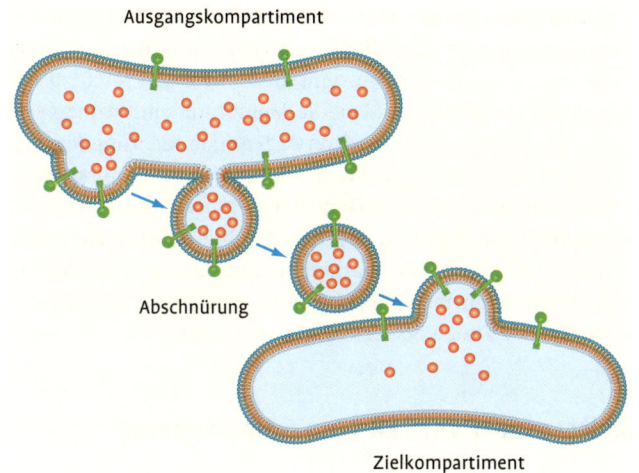

Ausgangskompartiment

Abschnürung

Zielkompartiment

Abb. 5.14

Vesikeltransport. Die Topologie der Membran bleibt beim Vesikeltransport strikt erhalten. Ihre cytoplasmatische Seite bleibt auch im Vesikel und im Zielkompartiment auf der Cytoplasmaseite. Dasselbe gilt für Transmembranproteine mit Domänen auf beiden Seiten der Membran. Auch die luminalen Frachtproteine verlassen beim Transport nicht den luminalen Raum (verändert nach Alberts et al. 2008).

Kapitel 2.11). Durch Abschnürung von Vesikeln auf seiner trans-Seite verliert der Golgi-Stapel ständig Membranmaterial, das vom ER zu seiner cis-Seite nachgeliefert werden muss, sodass sein Aussehen trotz ständiger Materialzu- und -abfuhr unverändert bleibt. Diese Beschreibung ist etwas simplifiziert, denn der Golgi-Stapel wird auch mit Vesikeln aus der Plasmamembran beliefert. Man unterscheidet bei der Beschreibung des Vesikeltransports und dem damit verbundenen Membranfluss zwei Transportrichtungen innerhalb der Zelle: Der **anterograde Transport** führt vom ER über cis- und trans-Golgi zum Zielkompartiment, während der **retrograde Transport** die Gegenrichtung bezeichnet.

Für jedes Zielkompartiment und für jede Transportrichtung gibt es Zieladressen, und zwar sowohl auf Proteinebene als auch bei den Vesikeln auf ihrer Oberfläche. Für einen ordnungsgemäßen Vesikelverkehr ist es unerlässlich, dass ein Vesikel nur Proteine mitnehmen darf, die für das jeweilige Ziel bestimmt sind, aber keine andere Fracht. Auch das Vesikel selbst darf nur mit der Membran des Zielkompartiments verschmelzen. Für beide Vorgänge, also für die Auswahl der richtigen Proteinfracht als auch für die Erkennung des zellulären Ziels, gibt es in der Vesikelmembran **Marker- und Rezeptorproteine**. Anterograder und retrograder Transport sind Teil eines hochdynamischen zellulären Netzwerks von Membranfluss und Proteinaustausch, das nicht nur Material zwischen den Kompartimenten hin- und herbefördert, sondern auch den Stoffaustausch mit der Außenwelt bewerkstelligt. Es bedarf eines hohen Maßes

Merksatz

Beim Vesikelverkehr zwischen den Kompartimenten wird nicht nur die Proteinfracht übertragen sondern auch die Membran des Vesikels und die darin eingelagerten Membranproteine. Dabei bleibt die Topologie der Membran strikt erhalten.

an (erst in den Ansätzen verstandener) Regulationsvorgänge, dass trotz des unaufhörlichen Membranflusses die **Membranidentität** der einzelnen Kompartimente erhalten bleibt, denn jedes Kompartiment weist eine für das jeweilige Kompartiment typische Lipid- und Proteinzusammensetzung seiner Membran auf. Für die Membranidentität mag entscheidend sein, dass ihre Dicke vom ER (etwa 5 nm) in Richtung Plasmamembran (etwa 8 nm) zunimmt, sodass Membranproteine so lange am Vesikelfluss teilnehmen, bis die Dicke der Membran die Länge ihrer Transmembrandomänen überschreitet. Als Membranmarker dient auch das spezielle Membranlipid Phosphatidylinositol, das von spezifischen Kinasen einfach oder mehrfach phosphoryliert wird und dann als Anker von Proteinen auf der Vesikeloberfläche erkannt wird.

Merksatz

Der anterograde Transport führt vom ER über cis- und trans-Golgi zum Zielkompartiment, während der retrograde Transport die Gegenrichtung bezeichnet.

5.7 | Vesikeltransport vom ER zum Golgi-Apparat

Im Folgenden werden die einzelnen Abschnitte des zellulären Vesikeltransports erläutert. Gestartet wird mit dem Proteinaustausch zwischen ER und Golgi-Apparat.

5.7.1 | Gütekontrolle im Lumen des ER

Die am rauen ER synthetisierten Proteine werden im Lumen des ER glycosyliert, schrittweise gefaltet, z. T. weiteren posttranslationalen Modifikationen unterzogen und liegen schließlich in ihrer fertigen Konformation vor. Dabei werden sie von ER-spezifischen Chaperonen (z.B. Calreticulin und Calnexin) unterstützt und auch von Proteindisulfidisomerasen, die mit den Chaperonen oft einen gemeinsamen Faltungskomplex bilden und eine korrekte SH-Gruppenpaarung während des Faltungsprozesses herstellen (**vgl. Kapitel 4.2**). Das Lumen des ER ist ebenso wie das Lumen des Golgi und der Vakuole ein wässriger Raum und stellt damit das topologisches **Äquivalent zum Außenraum** dar (**vgl. Kapitel 2.3**). Dieser luminale Raum ist im Gegensatz zum Cytoplasma ein **oxidierendes Milieu**, durch das die Ausbildung von Disulfidbrücken weiter gefördert wird, um die Proteine zu stabilisieren für die oft harschen Bedingungen, die in der wässrigen Außenwelt herrschen. Proteindisulfidisomerasen kommen deshalb im Lumen des rauen ER in großen Mengen vor. **Abbildung 5.15** zeigt die SH-Gruppenpaarung eines Transmembranproteins, das Domänen auf beiden Seiten der ER-Membran besitzt.

Merksatz

Das Lumen des ER ist ein oxidierendes Milieu. Es ist ein wässriger Raum (= topologisches Äquivalent zum Außenraum). Auch das Lumen von Golgi und Vakuole gehört zum wässrigen Raum.

Nur korrekt gefaltete Proteine werden auf den anterograden Transportweg geschickt. Inkorrekt gefaltete Proteine werden erkannt an hydrophoben Bereichen auf der Proteinoberfläche, an einem inkorrekten Glycosylierungsmuster oder bei multimeren Proteinen an einem inkor-

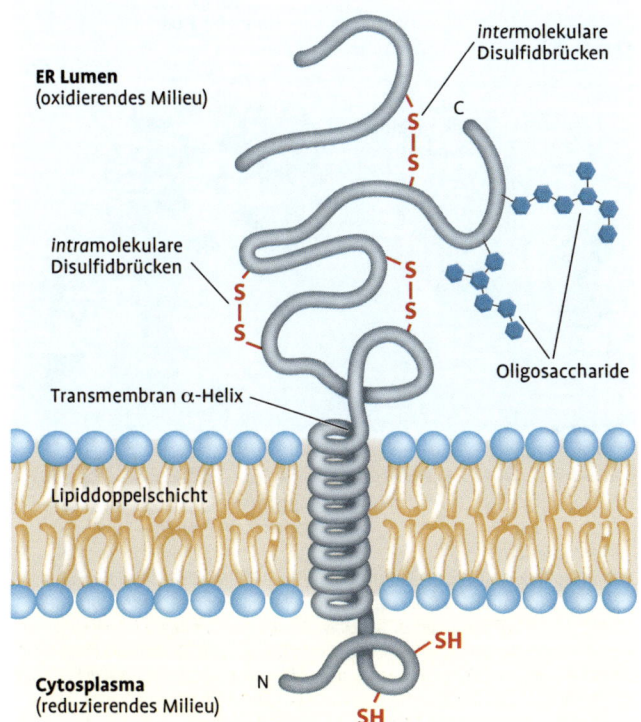

Abb. 5.14

Transmembranprotein in der ER-Membran. Ein Transmembranprotein (single-pass) mit Domänen auf beiden Seiten der ER-Membran ist dargestellt. Das Cytosol ist ein reduzierendes Milieu, deshalb liegen die SH-Gruppen der cytoplasmatischen Domäne reduziert vor. Hingegen ist das wässrige Lumen des ER ein oxidierendes Milieu. Die SH-Gruppen der luminalen Proteindomäne liegen deshalb oxidiert vor und haben sich zu *intra*molekularen Disulfidbrücken gepaart. Ein zweites Protein ist über *inter*molekulare Disulfidbrücken an die luminale Domäne gebunden. Die luminale Proteindomäne ist glycosyliert (verändert nach Alberts et al. 2008).

rekten Oligomerisierungsstatus. Gelingt es diesen Proteinen trotz wiederholter Faltungshilfe durch Chaperone und Proteindisulfidisomerasen nicht, ihre korrekte Konformation zu erreichen, so werden sie von einem membranständigen Rezeptor erkannt und retrograd über den Translokationskomplex (an dem üblicherweise das Ribosom andockt) ins Cytoplasma entsorgt, wo sie ubiquitiniert werden und zum Abbau ins Proteasom gelangen. Der Prozentsatz irreversibel falsch gefalteter Proteine ist nicht gering und kann bis zu 30 % ausmachen.

Merksatz
Nur korrekt gefaltete Proteine werden auf den anterograden Transportweg geschickt.

Vesikelbildung an der ER-Membran (COPII)

5.7.2

Bevor sich ein Vesikel vom ER abschnürt, müssen sich die Frachtproteine an bestimmten Membranbereichen des ER auf der luminalen Seite sammeln, wo sie von Rezeptorproteinen in der ER-Membran gebunden werden, die die Signale in der Zuckerhülle der glycosylierten Proteine erkennen (**Abb. 5.16**). Teilgefaltete oder inkorrekt gefaltete Proteine zeigen nicht

Abb. 5.16

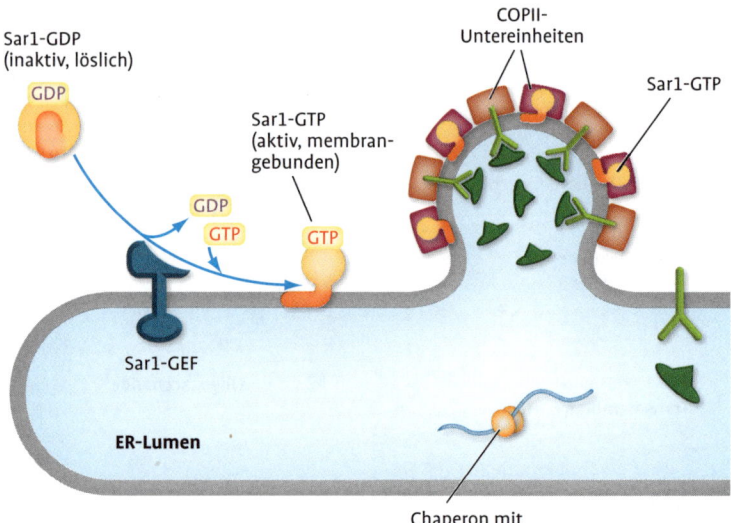

Bildung von COPII umhüllten Vesikeln. Die lösliche GTPase Sar1-GDP wird durch Bindung an den membranständigen GEF aktiviert und über ihre amphipathische Ankerhelix in der Membran verankert. Hier rekrutiert sie COPII-Proteine, deren sukzessive Aneinanderlagerung zur Ausbildung eines Proteinkäfigs führt, in dessen Innerem das Vesikel geformt wird. Die COPII-Proteine binden die cytoplasmatischen Domänen der Frachtrezeptoren in der ER-Membran. Auf der luminalen Seite des Vesikels sind die Frachtproteine an die Rezeptoren gebunden. Ungefaltete Proteine sind an Chaperone gebunden und werden daher nicht mit verpackt (verändert nach Alberts et al. 2008).

das passende Glycosylierungsmuster und sind zudem noch an Chaperone gebunden, sodass sie nicht verpackt werden. Im nächsten Schritt muss genau am Sammelpunkt unserer Frachtproteine ein Vesikel gebildet werden, das die Fracht in sein Inneres aufnimmt. Vesikel können sich jedoch nicht selbst bilden und von einer Membran abschnüren, sondern benötigen dazu eine spezialisierte Proteinmaschinerie. Den Start gibt die kleine **GTPase Sar1**. GTPasen sind als Regulatorproteine bereits in vorangegangen Kapiteln erklärt worden. Im GTP-beladenen Zustand sind sie aktiv, mit GDP beladen inaktiv. Sar1 liegt im Cytoplasma frei löslich als Sar1-GDP inaktiv vor. Ein in der ER-Membran lokalisierter GEF (Guaninnucleotid-Austauschfaktor; **vgl. Kapitel 4.3**) bindet Sar1-GDP und tauscht das GDP gegen GTP aus. Dieser Austausch löst in Sar1 eine Konformationsänderung aus, wodurch eine verborgene amphipathische Helix als Membrananker freigelegt wird, die zur Membraninsertion von Sar1-GTP führt. Das nunmehr membrangebundene Sar1-GTP wirkt als Keimzelle für die Ausbildung einer Proteinhülle an dieser Stelle der ER-Membran. Sar1-GTP rekrutiert aus dem Cytoplasma Proteinuntereinheiten, deren Struktur so gekrümmt ist, dass ihre sukzessive Aneinanderlagerung zur Bildung eines kugeligen Proteinkäfigs führt (**Abb. 5.16**). Die Hüllproteine binden zum einen an Sar1-GTP, zum anderen an die aus der Vesikeloberfläche herausragenden cytoplasmatsichen Domänen der Transmembranrezeptorproteine, die auf ihrer luminalen Seite die Fracht gebunden haben. Auf diese Weise ziehen die Hüllproteine sukzessive eine Membranblase aus der ER-Membran, was schließlich zur Abschnürung eines mit Proteinen umhüllten Vesikels führt. Jetzt hydrolysiert Sar1 das GTP, wodurch seine amphipathische Ankerhelix wieder eingezogen wird und die Proteinhülle abfällt. Auch Sar1-GDP ist wieder frei und bereit für eine neue Funktionsrunde. Die eben beschriebene Hülle trägt die Bezeichnung COPII-Hülle (engl.: *coatomer protein*) und die proteinumhüllten Vesikel heißen dementsprechend COPII-Vesikel. Die COPII-Hülle setzt sich aus mehreren verschiedenen Untereinheiten zusammen.

Merksatz
Rezeptoren in der ER-Membran binden die Proteinfracht. COPII-Hüllproteine formen ein Vesikel, das von der Membran abgeschnürt wird. Danach fällt die Proteinhülle ab.

Vesikelfusion mit der Zielmembran

5.7.3

Nachdem ein Transportvesikel von seiner Ausgangsmembran abgeschnürt worden ist, bewegt es sich mithilfe von Motorproteinen **auf den Bahnen des Cytoskeletts** durch das Cytoplasma. Es muß das passende Zielkompartiment finden, um dort seine Fracht abliefern zu können. Dazu muß es das Zielkompartiment erkennen, dort andocken, mit der Zielmembran verschmelzen und dabei seine Fracht entladen. Wir können diesen Prozeß in zwei Teilschritten untergliedern.

Erkennung

Transportvesikel tragen auf ihrer Oberflächen Markerproteine, die von Rezeptorproteinen auf der Oberfläche des passenden Zielkompartiments erkannt werden. Wieder spielen hierbei monomere GTPasen als Regulatorproteine eine entscheidende Rolle. Diesmal handelt es sich um die Gruppe der **Rab-Proteine**, die sowohl auf der Vesikeloberfläche sitzen als auch auf der Oberfläche der Zielmembran. Ähnlich zu Sar1 liegen Rab-Proteine entweder inaktiv als Rab-GDP im Cytoplasma vor oder als aktives Rab-GTP, das durch einen Lipidanker in der Membran verankert ist. Das membrangebundene Rab-GTP stellt den ersten Kontakt zwischen Vesikel und Zielmembran her, indem es an ein fadenförmiges langes Bindeprotein (= Rab-Rezeptor) andockt, welches nach passenden Vesikeln „fischt". Passt das Ziel zum Vesikel, wird der Fusionsvorgang eingeleitet (**Abb. 5.17**).

Abb. 5.17

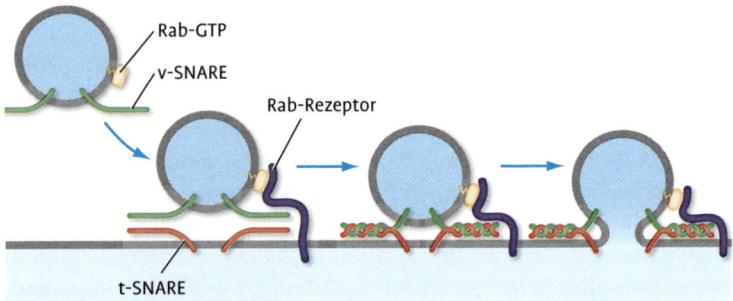

Vesikelfusion. Das Vesikel trägt auf seiner Oberfläche die monomere GTPase Rab und das Fusionsprotein v-SNARE. Rab-GTP nimmt mit dem Rab-Rezeptor in der Zielmembran Kontakt auf, wonach v-SNARE an sein komplementäres t-SNARE bindet. Die Interaktionsdomänen von v- und t-SNARE winden sich umeinander und ziehen dabei das Vesikel so dicht an die Zielmembran heran, dass die Lipiddoppelschichten miteinander fusionieren. Der dabei aktive Fusionsproteinkomplex ist nicht darstellt.

Fusion

Das Andocken war noch relativ einfach, denn dabei müssen lediglich zwei aus den Membranoberflächen herausragende Proteine miteinander in Wechselwirkung treten. Die Membranfusion ist weitaus schwieriger, denn sie ist energetisch äußerst ungünstig, weil sich die Membranen von Vesikel und Zielkompartiment so nahe kommen müssen, dass das Wasser im Raum zwischen den beiden hydrophilen Membranoberflächen verdrängt wird. Dieses Aneinanderziehen der beiden Membranen wird von spezialisierten Fusionsproteinen ausgeführt, die ebenfalls in Vesikel- und Zielmembran sitzen und SNARE-Proteine (oder kurz SNAREs) heißen. Man unterscheidet zwischen v-SNAREs auf der Vesikeloberfläche und t-SNAREs (t steht für engl.: *target*) auf der Zielmembran. Beide sind zueinander komplementär und leiten die Fusion nur dann ein, wenn sie tatsächlich zueinander passen. Für jeden Vesikeltyp und jede Zielmembran gibt es unterschiedliche SNAREs. SNAREs verfügen über lange, helikale Interaktionsdomänen, die sich, wenn sie den richtigen SNARE-Partner gefunden haben, umeinander wickeln und dadurch die beiden Membranen wie eine Winde aneinander ziehen (**Abb. 5.17**). Jetzt kommen weitere Proteine hinzu, die den Fusionskomplex ausbilden, mit dessen Hilfe die Energieschranke überwunden werden kann. Haben sich die Membranen auf 1,5 nm angenähert, bewerkstelligt der Fusionskomplex unter ATP-Hydrolyse das Zusammenfließen der beiden Lipiddoppelschichten. Das SNARE-Paar wird danach entflochten und die v-SNAREs (auf noch ungeklärte Weise) zum Ausgangskompartiment rückgeführt. Parallel dazu hydrolysiert Rab sein GTP, zieht dadurch seinen Lipidanker ein und verlässt die Membran, um für eine neue Funktionsrunde zur Verfügung zu stehen.

Merksatz

Rab-Proteine erkennen das Zielkompartiment. Nachfolgend ziehen komplementäre SNARE-Proteine, die an Vesikel und Zielmembran sitzen, die beiden Partner so dicht aneinander, dass die Membranen miteinander fusionieren.

Rückführung von ER-Proteinen aus dem Golgi-Apparat

| 5.7.4

Wie kommt es, dass Proteine, die im ER-Lumen als lösliche Proteine lokalisiert sind und dort ihre Aufgaben erfüllen (z. B. Chaperone, Proteindisulfidisomerasen), nicht mit in COPII-Vesikel verpackt werden? Zum einen liegt das daran, dass ihnen die entsprechenden Signale in ihrer Glycosylhülle fehlen, sodass sie von Verpackungsrezeptoren nicht erkannt werden. Zum anderen kommen lösliche ER-Proteine in so hohen Konzentrationen im ER vor, dass sie aneinander binden und Komplexe bilden, die zu sperrig für das Verpacken sind. Dennoch passiert es ständig, dass ein gewisser Prozentsatz mit in ein Transportvesikel gerät und zum cis-Golgi transport wird. Für diese Ausreißer gibt es einen Rückholmechanismus. ER-ständige Proteine verfügen nämlich an ihrem äußersten C-Terminus über ein sogenanntes ER-Retentionssignal, das sie als lösliche ER-ständige Proteine ausweist. Dieses Signal ist die Aminosäuresequenz Lys-Asp-Glu-Leu (**KDEL** im Einbuchstabencode), welche von einem speziellen Rezeptorprotein (dem **KDEL-Rezeptor**) im cis-Golgi erkannt wird.

Abb. 5.18

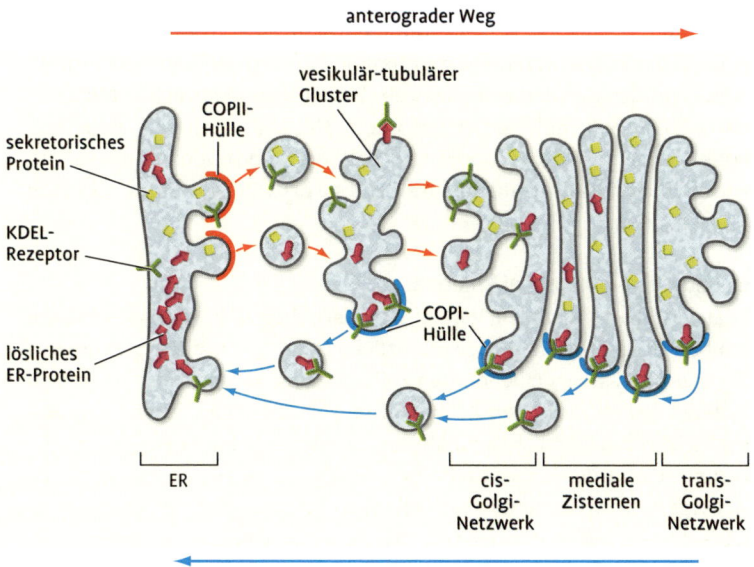

Rückführung von ER-Proteinen aus dem Golgi. Aus dem ER entwichene ER-Proteine werden vom KDEL-Rezeptor an ihrer C-terminalen KDEL-Sequenz erkannt. Der KDEL-Rezeptor sitzt im vesikulär-tubulären Cluster, im cis-Golgi und in den medialen Golgi-Zisternen. Er bindet die ER-Proteine und wird zusammen mit ihnen in COPI-Vesikeln zum ER transportiert. Dort entlässt er seine Fracht und kehrt in COPII-Vesikeln zurück zum vesikulär-tubulären Cluster und zum Golgi. Vesikel für den anterogarden Transportweg werden von COPII-Hüllproteinen geformt, Vesikel des retrograden Weges von COPI-Hüllproteinen (verändert nach Alberts et al. 2008).

Der membranständige KDEL-Rezeptor prüft mit seiner luminalen Domäne die ankommende Vesikelfracht auf ausgerissene ER-Proteine, erkennt sie an ihrer KDEL-Sequenz, fischt sie heraus und leitet die Verpackung in Vesikel ein, die den Rücktransport zum ER durchführen. Auch in den mittleren Zisternen des Golgi-Stapels ist der KDEL-Rezeptor zu finden, um ER-Proteine, die bei der Prüfung im cis-Golgi übersehen wurden, zu binden. Vesikel, die für den retrograden Transport vom Golgi zum ER vorgesehen sind, werden jedoch nicht von COPII-Proteinen geformt, sondern von **COPI-Hüllproteinen**, die mit COPII-Proteinen nicht verwandt sind (**Abb. 5.18**). Da der KDEL-Rezeptor mit auf die Reise zum ER geht, wird er von dort in COPII-Vesikel verpackt und wieder zurück zum Golgi geschickt, um dort seine Wächterfunktion zu erfüllen. Der KDEL-Rezeptor pendelt also ständig zwischen ER und Golgi. Aufgrund des leicht sauren pH-Wertes im Golgi hat der KDEL-Rezeptor dort eine hohe Affinität zu seiner Fracht, während der neutrale pH-Wert im ER seine Affinität erniedrigt, sodass er im ER seine Fracht entlässt. Nun kommen wir noch zu einer besonderen zellulären Struktur zwischen ER und cis-Golgi. Dort liegt der sogenannte **vesikulär-tubuläre Cluster**, ein unregelmäßig aus Vesikeln und Röhren geformtes Zwischenkompartiment zwischen ER und Golgi. Da alle Vesikel, die vom ER abschnüren, dasselbe Ziel haben (= cis-Golgi), fusionieren sie miteinander kurz nach dem Abschnüren vom ER und bilden den vesikulär-tubulären Cluster, der sich in Richtung cis-Golgi bewegt, mit dem er fusioniert (**Abb. 5.18**). In diesem Zwischenkompartiment ist auch schon der KDEL-Rezeptor positioniert, um so früh wie möglich Ausreißer aufzuspüren und sie in COPI-Vesikeln zurück zum ER zu senden.

Merksatz
Aus dem ER entwichene ER-Proteine werden im cis-Golgi von einem Rezeptor an ihrer KDEL-Sequenz erkannt, in COPI-Vesikel verpackt und zum ER zurücktransportiert.

5.7.5 | ER und Golgi-Apparat bei Pflanzen

Pflanzenzellen besitzen im Vergleich zu tierischen Zellen eine viele höhere Zahl an Golgi-Stapeln, da der pflanzliche Golgi-Apparat der Syntheseort der in großen Mengen benötigten Zellwandpolysaccharide ist. Wieder im Unterschied zu tierischen Zellen halten sich die pflanzlichen Golgi-Stapel nicht vorwiegend in Kernnähe auf, sondern sind über die ganze Zelle verteilt, damit der Bedarf an Zellwandmaterial an allen Orten der Zelle sichergestellt ist. Zudem ist von Pflanzen bekannt, dass ihr ER ein dichtes Netzwerk bildet, das sich über die ganze Zelle erstreckt. Transportvesikel, die zwischen ER und Golgi-Stapel pendeln, haben es deshalb nicht sehr weit. Zudem sind Golgi-Stapel im Cytoplasma beweglich. Man hat bei ihnen eine eigentümliche „stop-and-go"-Dynamik beobachtet, was zu der Annahme geführt hat, dass der Golgi-Stapel in der Nähe vom ER pausiert, um Nachschub an ER-Vesikeln aufzunehmen.

Vesikeltransport vom Golgi-Apparat zum Endosom | 5.8

Nachdem die vom ER kommenden Proteine im cis-Golgi eingetroffen sind, werden sie sie bei der Wanderung durch den medialen Teil des Golgi-Stapels in ihrer Kohlenhydrathülle weiter modifiziert (O-Glycosylierung; **vgl. Kapitel 2.11**). Die Transportvesikel für den anterograden und (!) den retrograden Transport innerhalb des Golgi-Stapels sind vom COPI-Typ. Proteine, die Ziele jenseits des Golgi-Apparates haben, sind durch spezielle Sortiersignale markiert. Signal bedeutet in diesem Kontext immer ein räumliches Zusammenspiel zwischen Aminosäuresequenz und Kohlenhydrathülle des Glycoproteins. Diese Signatur wird von Rezeptorproteinen auf der luminalen Seite des trans-Golgi-Netzwerks erkannt, wo sie klassenweise konzentriert werden, denn nur Proteine mit derselben Zieladresse werden zusammen in ein Vesikel verpackt und auf die Reise geschickt. Sind genügend Proteine mit derselben zellulären Adresse in einer trans-Golgi-Zisterne versammelt, wird an dieser Stelle ein Vesikel abgeschnürt.

Vesikelbildung am trans-Golgi (Clathrin) | 5.8.1

Es wurde bereits erläutert, dass die Vesikelbildung am ER von COPII-Hüllproteinen übernommen wird und dass COPI-Hüllproteine für den retrograden Verkehr Golgi → ER zuständig sind. Die Vesikelbildung am trans-Golgi wird von einer dritten Art von Hüllproteinen durchgeführt, von den Clathrinen. **Clathrine** besitzen eine dreiarmige, gebogene Struktur (**Abb. 5.19**) und können sich allein aufgrund ihrer Form zu einer korbartigen Käfigstruktur zusammenlagern. Wie die COP-Proteine ziehen sie bei ihrem sukzessiven Aneinanderlagern eine Blase aus der Membran. Soll also ein Vesikel am trans-Golgi geformt werde, so befindet sich an dieser Membranstelle eine Ansammlung von Rezeptoren, die auf ihrer luminalen Seite Fracht mit derselben Adresse gebunden haben und mit ihrer cytoplasmatischen Domäne aus der Oberfläche der Golgi-Membran herausragen (**Abb. 5.19**). Genau diese cytoplasmatischen Domänen werden von Adaptermolekülen (den **Adaptinen**) erkannt, die daran binden und ihrerseits Clathrinmoleküle rekrutieren, sodass sich der Clathrinkäfig formen kann. Reguliert wird dieser Prozess wieder von einer GTPase (mit der Bezeichnung Arf), die ähnlich zu Sar1 über einen Membrananker verfügt, mit dem sie als Arf-GTP in die Golgi-Membran integriert und die Vesikelformung auslöst. Kurz vor der Abschnürung legt sich das Protein Dynamin (unterstützt von weiteren Proteinen) um den Vesikelhals, zieht sich unter GTP-Hydrolyse zusammen und zwickt dabei das Vesikel von der Membran ab. Die Clathrinhülle der Vesikel wird von Chaperonen vom Hsp70-Typ unter ATP-Verbrauch abgesprengt und die Clathrine ste-

Merksatz

Am trans-Golgi werden Vesikel durch Clathrin-Hüllproteine gebildet. Adaptine koppeln die Clathrine an Erkennungsdomänen der Frachtrezeptoren. Nach der Vesikelabschnürung fällt die Proteinhülle ab.

Abb. 5.19
Clathrin

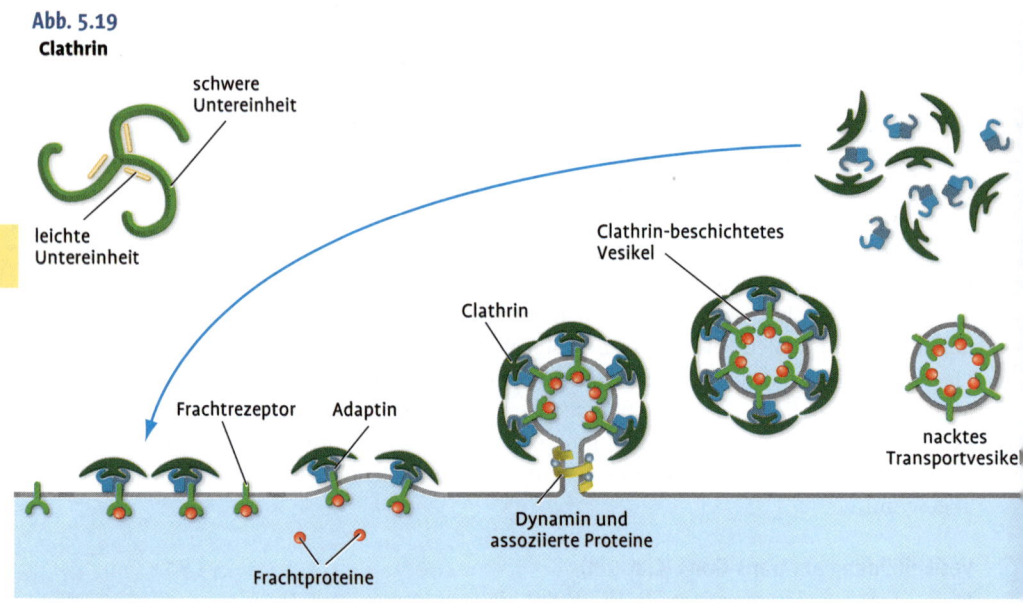

Bildung von Clathrin-beschichteten Vesikeln. Links oben ist das dreiarmige Clathrin-Triskelion gezeigt. Es besteht aus drei leichten und drei schweren Untereinheiten. Durch die gebogene Struktur führt die Zusammenlagerung mehrerer Clathrine zur Bildung eines Käfigs. Adaptine erkennen die Frachtrezeptoren und rekrutieren auf der cytosolischen Seite der Membran Clathrinmoleküle, die das Vesikel formen. Dynamin schnürt das Vesikel ab. Die Clathrinhülle wird von Hsp70-Chaperonen entfernt (verändert nach Alberts et al. 2008).

hen für eine weitere Vesikelformung zur Verfügung. Clathrin-beschichtete Vesikel bilden sich nicht nur am trans-Golgi, sondern auch an der Plasmamembran und am Endosom. Deshalb kommt den Adaptinen bei der Vesikelbildung eine besondere Bedeutung zu, denn sie sind es, die über die Auswahl der Rezeptoren entscheiden, an welche sie binden. Die Adaptinkomplexe bestehen aus mehreren verschiedenen Untereinheiten und man kennt mindestens drei verschiedene Adaptinkomplexe mit Spezifität für den trans-Golgi bzw. die Plasmamembran oder das Endosom.

5.8.2 | Das endosomale Kompartiment (Endosom)

Proteine, die in Vesikeln über den ER-Golgi-Weg transportiert werden, können folgende Ziele haben: Lösliche Proteine gelangen in die Vakuole oder als sekretorische Proteine ins Außenmedium bzw. die Zellwand. Membranproteine werden bereits bei ihrer Synthese am rauen ER in die Lipiddoppelschicht eingefädelt und gelangen als Teil der Vesikelmembran zur Plasmamembran. Sie können auch Teil der Membranen des ERs, Golgi-

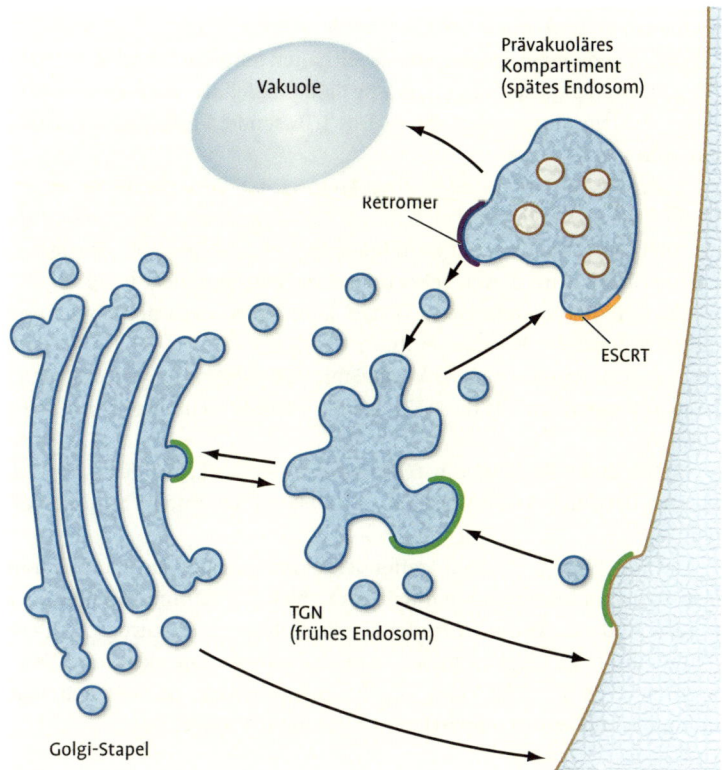

Abb. 5.20

Das endosomale Kompartiment. Erläuterungen finden sich im Text. Die Art der für die Vesikelbildung verantwortlichen Hüllproteine ist angegeben: Clathrin (grün), Retromer (lila), ESCRT (orange).

Apparats oder der Vakuole werden (**vgl. Kapitel 5.2**). Für die damit verbundenen komplizierten Sortieraufgaben gibt es jenseits des Golgi-Apparates ein weiteres Kompartiment, das **Endosom**. Das endosomale Kompartiment ist heterogen und es herrscht eine weitgehende Sprachverwirrung hinsichtlich der Bezeichnungen seiner einzelnen Teilbereiche bei pflanzlichen und tierischen Zellen, weil in jüngster Zeit immer weitere Subkompartimente des Endosoms entdeckt wurden. Bei pflanzlichen Zellen ist das trans-Golgi-Netzwerk im Unterschied zu tierischen Zellen nur lose oder gar nicht mit den Zisternen des trans-Golgi assoziiert und wird deshalb zum endosomalen Kompartiment gerechnet. **Abbildung 5.20** fasst die einzelnen Teile des Endosoms schematisch zusammen.

Trans-Golgi-Netzwerk (TGN)
Nahezu alle Vesikel, die vom trans-Golgi abknospen, fusionieren mit dem TGN. Das TGN trägt auch die Bezeichnung **frühes Endosom**. Das TGN ist in pflanzlichen Zellen die Hauptsortierstation für den Vesikelverkehr, und

zwar sowohl für die abgehenden Vesikel als auch für die von der Plasmamembran eintreffenden Vesikel. Auf diese eintreffenden Vesikel wird in **Kapitel 5.9** genauer eingegangen. Sie enthalten Material für die Zellernährung, aber auch Rezeptor-gebundene Signalmoleküle und Membranproteine, die abgebaut werden sollen. Das TGN sendet Vesikel an drei zelluläre Adressen:

(1) Zunächst einmal sind es die sekretorischen Vesikel mit Exportproteinen oder Membranproteinen für die Plasmamembran, die von hier abgeschickt werden. Besitzen Proteine kein weiteres spezielles Sortiersignal, werden sie auf diesen **sekretorischen Weg** geschickt (engl.: *default pathway*). Einige sekretorische Vesikel können jedoch unter Umgehung des TGN direkt zur Plasmamembran wandern.

(2) Zum anderen schickt es Vesikel mit Vakuolenfracht zum prävakuolären Kompartiment, da diese Vesikel die Vakuole nicht direkt ansteuern können.

(3) Das dritte Ziel der vom TGN abgehenden Vesikel ist der trans-Golgi, denn dorthin müssen Membranen und Rezeptorproteine recycelt werden.

Das TGN empfängt die eintreffenden Vesikel von der Plasmamembran (**Abb. 5.20**) und sortiert deren Inhalt zum Abbau in Richtung Vakuole oder es recycelt die dabei mit eintreffenden Rezeptorproteine zurück zur Plasmamembran. Es empfängt aber auch Vesikel vom prävakuolären Kompartiment, die zumeist Rezeptorproteine enthalten, die zwischen TGN und prävakuolärem Kompartiment hin- und herpendeln.

Prävakuoläres Kompartiment

Das prävakuoläre Kompartiment ist ein Zwischenkompartiment zwischen TGN und Vakuole (**Abb. 5.20**) und trägt auch die Bezeichnung **spätes Endosom**. Es empfängt Frachtvesikel mit Nachschub an Vakuolenproteinen und mit Membranproteinen für den Tonoplasten. Vakuolenproteine besitzen ein sogenanntes **vakuoläres Sortiersignal (VSS)** am N-Terminus oder am C-Terminus, das von Sortierrezeptoren erkannt und nach dem Import abgespalten wird. Da die Vakuole das abbauende Organell der Pflanzenzelle ist und in dieser Funktion dem tierischen Lysosom entspricht, handelt es sich bei Vakuolenproteinen zum großen Teil um saure Hydrolasen, die Proteine, Nukleinsäuren und Polysaccharide abbauen. Dieses abzubauende Material wird von Frachtvesikeln angeliefert, die an der Plasmamembran beladen wurden und im TGN zum Abbau in die Vakuole sortiert worden sind. Schließlich werden auch Membranproteine der eigenen Plasmamembran vom TGN auf den Abbauweg geschickt, denn das TGN entscheidet darüber, ob es z. B. einen Rezeptor recycelt und zur Plasmamembran zurückschickt, oder ob es ihn zum Abbau sortiert, weil er zum gegebenen Zeitpunkt nicht mehr benötigt wird oder defekt ist. Eine weitere Rezeptorenart pendelt zwischen prävakuolärem Kompartiment und TGN. Diese Sortierrezeptoren mit Spezifität für Vakuolenproteine müssen nach Entladung ihrer Fracht im prävakuolärem Kompartiment in Vesikeln zum TGN recycelt werden. Für die Bildung dieser retrograden Vesikel (also für die Richtung prävakuoläre Kompartiment → TGN) hat man einen weiteren Typ von Hüllproteinen gefunden, die **Retromere**.

Das prävakuoläre Kompartiment wird auch als *multi vesicular body* bezeichnet, da es eine bemerkenswerte Form und Eigenart besitzt: Innerhalb (!) dieses membranumhüllten rundlichen Kompartiments liegen viele kleine Vesikel vor (daher der Name), also viele kleine innerhalb eines großen Vesikels. Da Transmembranproteine (Rezeptoren, Kanäle, ATPasen etc.) immer membrangebunden sind, müssen sie zusammen mit ihren Membranbereichen abgebaut werden. Nach Ankunft und Fusion mit dem prävakuolären Kompartiment sind sie Teil von dessen Membran. Von dort werden sie ins Innere (!) des prävakuolären Kompartiments als luminale Vesikel abgeknospt, woran eine weitere Sortier- und Vesikelformungsmaschinerie mit der Bezeichnung ESCRT beteiligt ist (**Abb. 5.20**). Schließlich fusioniert das prävakuoläre Kompartiment mit der Vakuole und entlädt seine lösliche Proteinfracht und seine Vesikelfracht ins Lumen der Vakuole.

Eine Besonderheit in mehrfacher Hinsicht stellen die **Proteinspeichervakuolen** in Samengeweben dar, deren Proteine offensichtlich unter Umgehung des Golgi-Apparates vom rauen ER in Vesikeln abknospen und direkt zur Speichervakuole gelangen. Andere Speicherproteine gehen zwar über den Golgi-Weg, aber sie werden am trans-Golgi bzw. TGN nicht in Clathrin beschichtete Vesikel verpackt, sondern in sogenannte *dense vesicles*, deren Hüllproteine man bisher noch nicht kennt. Die Speicherproteine werden während ihrer Passage zur Speichervakuole bereits proteolytisch prozessiert, um ihre finale Struktur und Packungsdichte zu erhalten.

Merksatz

Das endosomale Kompartiment liegt jenseits des Golgi und ist die Hauptsortierstation für den Vesikelverkehr zwischen Golgi, Plasmamembran und Vakuole. Vakuolenproteine besitzen ein Sortiersignal und gelangen über das prävakuoläre Kompartiment in die Vakuole.

Exozytose und Endozytose | 5.9

Exozytose | 5.9.1

Der sekretorische Weg des Vesikeltransports endet an der Plasmamembran. Hier werden Proteine für die Zellwand oder den Apoplasten in die Außenwelt entlassen oder es wird Nachschub an Proteinen für die Plasmamembran angeliefert. Dieser Prozess heißt **Exozytose**. Die Proteinfracht hat einen langen Weg hinter sich und wurde mehrfach je nach

Abb. 5.21

Endozytose und Exozytose. Bei der Exozytose und Endozytose bleibt die Toplogie der Membran erhalten. Der grüne Rezeptor zeigt mit seiner Ligandenbindungsdomäne in die Außenwelt. Nach Endozytose zeigt seine Domäne ins Lumen des Endozytosevesikels. Dabei wird auch der Ligand (roter Kreis) mit aufgenommen und im Recycling-Endosom vom Rezeptor getrennt. Der grüne Rezeptor wird zur Plasmamembran recycelt, der Ligand wird über den TGN zum Abbau sortiert. Das RecyclingEndosom wird als Teilbereich des TGN angesehen; die Grenzen sind fließend. In unserem Beispiel wird der grüne Rezeptor über Clathrinvesikel endozytiert, der lila Rezeptor über unbeschichtete (Lipidfloß-) Vesikel. Der lila Rezeptor kann recycelt oder zum Abbau sortiert werden.

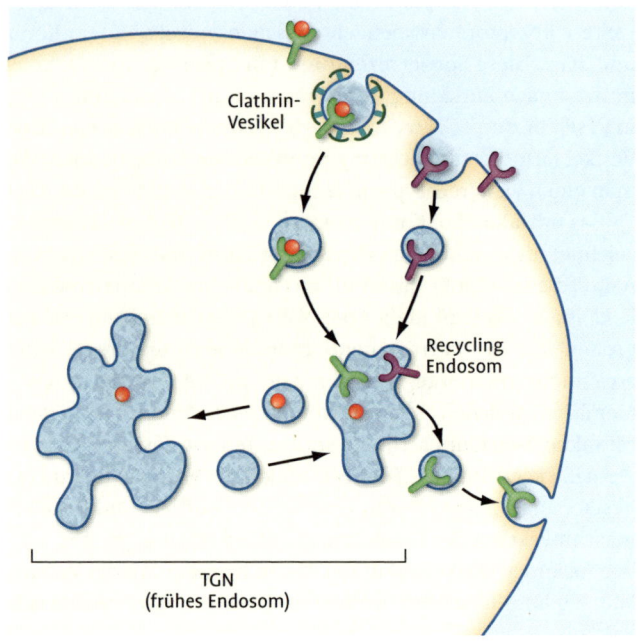

Clathrin-
Vesikel

Recycling
Endosom

TGN
(frühes Endosom)

Zwischenstation in verschiedene Arten von Transportvesikeln verpackt (COPII-Vesikel am ER, COPI-Vesikel innerhalb des Golgi-Stapels, Clathrinvesikel am Trans-Golgi und TGN). Angekommen an der Plasmamembran, nehmen die Rab-GTPasen der Vesikel Kontakt zu den fadenförmigen Bindeproteinen (= Rab-Rezeptoren) auf, die an der Innenseite der Plasmamembran sitzen und nach passenden Vesikeln fischen (**vgl. Kapitel 5.7**). Danach kurbeln die komplementären SNARE-Paare das Vesikel so dicht an die Plasmamembran heran, bis es zur Fusion beider Membranen kommt. Bei der Fusion bleibt die Topologie der Membran erhalten (**vgl. Kapitel 5.6**): Ein im wässrigen Lumen des Vesikels transportiertes Frachtprotein wird in das wässrige Außenmedium abgegeben. Genauso zeigt eine zur luminalen Seite des Transportvesikels gerichtete Domäne eines Transmembranproteins nach der Fusion mit der Plasmamembran zur Außenseite der Plasmamembran, also zur wässrigen Außenwelt (**Abb. 5.21**). Man unterscheidet zwischen der **konstitutiven Exozytose** (ein ankommendes Vesikel fusioniert unverzüglich mit der Plasmamembran) und der **regulierten Exozytose**, bei der das Transportvesikel so lange in der Nähe der Plasmamembran wartet, bis es auf ein Signal (z. B. ein Hormon)

Merksatz

Exozytose ist die Vesikel-vermittelte Ausschleusung von Proteinen in den extrazellulären Raum.

hin mit der Plasmamembran fusioniert. Die regulierte Exozytose hat bei Tieren große Bedeutung bei der signalgesteuerten Ausschüttung von Vesikel-verpackten Neurotransmittern in der Synapse.

Polare Exozytose

Werden Membranproteine durch Exozytose in die Plasmamembran integriert, so ist es oft nicht egal, auf welcher Seite der Zelle sie Teil der Plasmamembran werden. Die Zelle ist immer Teil eines Zellverbandes, also eines Gewebes, und hat deshalb immer eine Orientierung innerhalb dessen. Beispielsweise wird Wurzelwachstum vor allem durch das Phytohormon Auxin veranlasst. Auxin muss in Richtung des Spitzenwachstums der Wurzelhaare transportiert werden, wofür der Efflux-Transporter PIN in der Plasmamembran verantwortlich ist. PIN darf daher nur auf der in die Wachstumsrichtung zeigenden Seite der Wurzelzellen integriert werden, d. h. die Transportvesikel müssen nur zu einer Seite der Plasmamembran, also polar wandern. Diese Richtungsvorgabe wird von Rab-GTPasen bestimmt, die polar in der Zelle verteilt sind und nur dort die PIN-Vesikelfusion mit der Plasmamembran gestatten. Die PIN-Lokalisierung bestimmt daher die Richtung des zellulären Auxintransports und damit die polare Entwicklung des Gewebes. Das schnelle Spitzenwachstum der Wurzelhaare benötigt zudem einen schnellen Nachschub an Zellwandmaterial. Auch diese Transportvesikel müssen polar dirigiert werden und dürfen nur am Ort des Bedarfes ihre Fracht entladen. Wiederum erledigen spezielle Rab-GTPasen, die nur am Ort des Bedarfes vorliegen, die spezifische Erkennung.

Endozytose

5.9.2

Eukaryontische Zellen nehmen Ionen und Metabolite über membranintegrale Transportproteine auf. Sie verfügen jedoch noch über einen weiteren Aufnahmeweg, über den sie ständig kleine Moleküle und Makromoleküle aus der Außenwelt aufnehmen können, und zwar durch die Abschnürung von Vesikeln an der Plasmamembran (Endozytose) **(Abb. 5.21)**. Dieser Vorgang ist von grundlegender Bedeutung für die Nährstoffaufnahme und das Empfangen von extrazellulären Signalen, aber auch für das Recycling der Plasmamembran. Bei der Exozytose wird nämlich nicht nur Proteinfracht entladen, sondern es wird die Vesikelmembran auch Teil der Plasmamembran. Obwohl das zu einer starken Vergrößerung der Zelloberfläche führen müsste, bleibt die Fläche der Plasmamebran relativ konstant, weil gleichzeitig Membranbestandteile in anderen Bereichen durch Endozytose ins Zellinnere abgeschnürt werden. Membranzuführung an der Plasmamembran durch Exozytose und Membranrückgewinnung durch Endozytose müssen deshalb streng koordiniert ablaufen.

Abb. 5.22

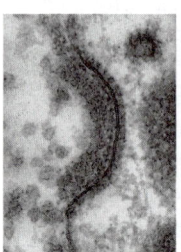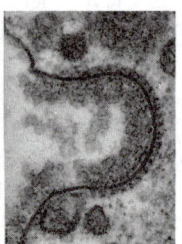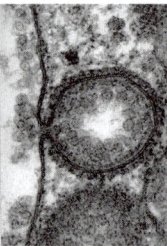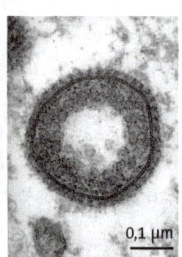

0,1 μm

Bildung eines Clathrin-Vesikels an der Plasmamembran. Die Serie elektronenmikroskopischer Aufnahmen illustriert die einzelnen Teilschritte der Formung eines Clathrin-beschichteten Vesikels an der tierischen Plasmamembran. Die zunehmende Rundung der sich bildenden Membranblase basiert auf der gebogenen Form der sich aneinander lagernden Clathrin-Hüllproteine. Nach Abknospung von der Plasmamembran wird die Clathrin-Hülle rasch abgesprengt (hier nicht gezeigt). Sehr gut zu erkennen ist die Proteinfracht, die an die Rezeptoren in der Plasmamembran gebunden ist und die Innenwand des Vesikels auskleidet. (aus Perry and Gilbert, 1979).

Bei tierischen Zellen unterscheidet man zwischen der **Phagozytose** (hier werden große Partikel, z.B. Bakterien, in Vesikel eingehüllt) und der **Pinozytose**, bei der kleine flüssigkeitsgefüllte Vesikel abgeschnürt werden. Ziel der Vesikel ist das Lysosom, wo der aufgenommene Inhalt abgebaut wird. Das Vorkommen der Phagozytose ist bei Pflanzenzellen noch umstritten, hingegen wird Vesikelabschnürung im Sinne der Pinozytose ständig beobachtet. Ziel dieser Vesikel ist bei Pflanzen die lytische Vakuole.

Vesikelbildung an der Plasmamembran

Es werden zwei Arten der Vesikelbildung an der Plasmamembran beobachtet. Für die überwiegende Mehrzahl der Vesikel ist es die Vesikelformung durch Clathrin, die bereits am trans-Golgi und dem TGN besprochen wurde (**Abb. 5.22**). Zum anderen gibt es die Abschnürung von Vesikeln ohne erkennbare Proteinhülle. Man nimmt an, dass es sich hierbei um Lipidflöße handelt (**vgl. Kapitel 4.4**), also spezialisierte Membranbereiche, die vor allem längerkettigere Sphingolipide als Membranlipide enthalten, sodass diese Membranbereiche dicker als die umgebende Lipiddoppelschicht sind und deshalb Membranproteine anreichern, die über besonders lange Transmembrandomänen verfügen. Bei tierischen Zellen kommt in diesen Membranmikrodomänen das Protein Caveolin vor, das zusammen mit den speziellen Membranlipiden des Floßes die Abschnürung von kleinen Vesikeln (= Caveolae) bewirkt, ohne dass dabei ein separater Hüllproteinmechanismus beteiligt ist. Ein ähnlicher Mechanismus scheint bei Pflanzenzellen zu existieren (bisher wurde Caveolin bei Pflanzen nicht nachgewiesen). Die Lipidflöße haben demnach eine zweifache Aufgabe:

Merksatz
Endozytose ist die Vesikel-vermittelte Aufnahme von Makromolekülen und Nährstoffen in die Zelle. Die meisten Vesikel werden über Clathrin-Hüllproteine gebildet. Der Vesikelinhalt wird über den TGN zum Abbau in die Vakuole sortiert.

Sie dienen als Plattformen für die selektive Ansammlung von Proteinen und sie sind beteiligt an der Vesikelabschnürung während der endosomalen Proteinaufnahme.

Endozytose von Rezeptoren

Pflanzen haben eine große Zahl verschiedener Rezeptorproteine auf der Außenseite der Plasmamembran lokalisiert, um Veränderungen im Nährstoffangebot zu erkennen, Signale der Zell-Zell-Kommunikation zu empfangen und die Umwelt zu überwachen (Pathogene!). Details zu Rezeptoraufbau und Signalweiterleitung werden in **Kapitel 8** besprochen. Im Zuge nahezu aller Lebensprozesse der Pflanze (wie Wachstum, Differenzierung, Nährstoffaufnahme, Kommunikation, Abwehr) stehen die Zellen vor der Aufgabe, relativ zügig Rezeptorproteine und Transportproteine auf der Zelloberfläche zu positionieren bzw. ihre Anzahl auch wieder schnell zu reduzieren. Bindet ein Ligand an den zugehörigen Rezeptor auf der Zelloberfläche (= ein Signal wird aus der Außenwelt empfangen), gibt es zwei Möglichkeiten der Reaktion:

(1) Die Ligandenbindung kann auf der cytoplasmatischen Seite des Rezeptorproteins eine chemische Reaktion auslösen.

(2) Der Ligand muss erst in die Zelle aufgenommen werden, um dort eine Reaktion/Antwort auszulösen.

Dazu wird der Rezeptor zusammen mit dem Liganden endozytiert, man spricht in diesem Fall von der **Liganden induzierte Rezeptorendozytose**, und der Ligand löst im TGN spezifische Reaktionen aus. Es wäre jedoch Verschwendung, den endozytierten Rezeptor in Richtung Vakuole zum Abbau zu schicken, deshalb fusionieren die Endozytosevesikel zunächst mit einem Teilbereich des TGN, dem **Recycling-Endosom** (**Abb. 5.21**), wo durch den leicht sauren pH der Ligand vom Rezeptor dissoziiert. Der Ligand wird in Richtung TGN sortiert, der Rezeptor wird in Richtung Plasmamembran recycelt. Damit wird der Vesikelverkehr noch etwas komplizierter, denn das Recycling-Endosom kreuzt den sekretorischen Transportweg. Über das Recycling-Endosom reguliert die Zelle die Anzahl der Rezeptoren, ATPasen und Kanäle auf ihrer Oberfläche. Manche dieser Proteine werden nicht sofort recycelt, sondern eine Zeit lang gelagert bis sie, je nach Bedarf der Zelle, wieder neu auf die Zelloberfläche gelangen und dort ihre Funktion aufnehmen. Das betrifft auch den Cellulosesynthasekomplex, der schnell endozytiert werden kann (= kein weiteres Wachstum der Zellwand) und bei Bedarf wieder in die Plasmamembran integriert wird (Zellwandwachstum wird fortgesetzt).

Merksatz
Während der Endozytose aufgenommene Rezeptorproteine werden zumeist über das Recycling-Endosom zur Plasmamembran zurückgeführt.

Transzytose

Die Transzytose ist ein Vorgang, bei dem ein Rezeptor auf der einen Seite der Zelle endozytiert und über das Recycling-Endosom zu einer anderen Seite verfrachtet wird, je nach den physiologischen oder Umweltnotwendigkeiten. Zum Beispiel erfordert die Änderung des Wurzelwachstums in Richtung neuer Nährstoffe ein vergleichsweise rasches Handeln der Zelle durch Umorientierung des zellulären Auxin-Fluxes in diese Richtung. Das wird bewerkstelligt durch Transzytose des Auxin-Efflux-Transporters von der einen Seite zur anderen Seite der Zelle, sodass letztendlich das Wachstum der Wurzel in die neue Richtung veranlasst wird.

Autophagie und Zelltod | 6

Inhalt

Unter Autophagie versteht man den Abbau zelleigener Bestandteile. Zumeist handelt es sich dabei um verbrauchte Organellen, die zur Rückgewinnung von Baumaterial (Aminosäuren, Lipide, Kohlenhydrate, Metallionen etc.) in ihre Bausteine zerlegt werden.

Als erstes wird das Organell auf noch unbekannte Weise für den Abbau markiert. Danach wird es in eine doppelte Membranhülle eingeschlossen (**Abb. 6.1**), die sich durch Fusion von Vesikeln um das Organell herum bildet. Der Ursprung dieser Vesikel ist noch ungeklärt (ER?). Das so entstandene Kompartiment wird als **Autophagosom** bezeichnet. Im nächsten Schritt fusioniert die äußere Hülle des Autophagosoms mit der Vakuolenmembran und entlässt dadurch den in die Innenmembran des Autophagosoms eingehüllten Körper ins Lumen der Vakuole, wo er samt Inhalt abgebaut wird. Man hat Autophagosomen mit eingeschlossenen Chloroplasten, Peroxisomen, Mitochondrien oder aggregierten Proteinen beobachtet. Autophagie ist während der Blattseneszenz von Bedeutung zur

Abb. 6.1

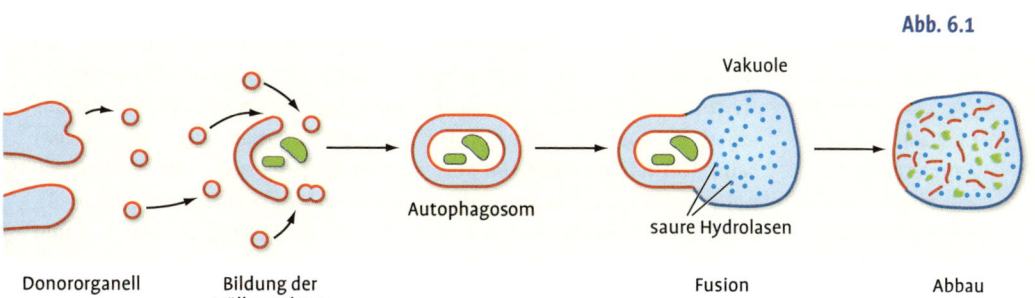

Vakuole

Autophagosom

saure Hydrolasen

Donororganell   Bildung der Hüllmembran   Fusion   Abbau

Teilschritte der Autophagie. Das abzubauende Organell wird in eine doppelte Membranhülle eingeschlossen, es bildet sich das Autophagosom. Die äußere Hülle des Autophagosoms fusioniert mit der Vakuolenmembran und entlässt das in die Innenmembran des Autophagosoms eingehüllte Organell ins Lumen der Vakuole, wo es abgebaut wird (verändert nach Alberts et al. 2008).

Rückgewinnung von Baustoffen, z.B. enthalten Chloroplasten 80 % des zellulären Stickstoffs. Aber auch Nährstoffmangel kann die Autophagie aktivieren. Ebenso werden durch Umweltstress oxidierte Proteine über diesen Weg degradiert, denn im Unterschied zum Abbau über Proteasomen handelt es sich bei der Autophagie um einen Massenabbauweg

Autophagie kann jedoch auch Teil des **programmierten Zelltods** sein. Darunter versteht man die geordnete und kontrollierte Abtötung einer Zelle in einer Reihe von aufeinanderfolgenden Schritten. Der programmierte Zelltod ist Teil vieler Entwicklungsvorgänge der Pflanze (z.B. Pollenreifung, Xylembildung, Absterben der Blütenorgane nach der Befruchtung, Absterben der Blätter im Herbst), er tritt aber auch als Abwehrreaktion gegenüber Pathogenen auf. Bei tierischen Zellen spricht man beim programmierten Zelltod auch von **Apoptose**, bei der ein zelleigenes Todesprogramm abläuft, das zum Kollabieren des Cytoskeletts, zur Auflösung der Kernhülle und zur Fragmentierung der DNA führt. Auf diese Weise sterbende Zellen werden von Makrophagen erkannt und phagozytiert. Bei pflanzlichen Zellen schließt allein das Vorhandensein der Zellwand einen solchen Prozess aus. Sollen pflanzliche Zellen kontrolliert sterben, tritt Autophagie in großem Maße auf. Zusätzlich zu den Autophagosomen, die sich in großer Zahl bilden und viele Zellbestandteile und Organellen enthalten, tauchen Vesikel auf, die mit inaktiven Vorstufen von Proteasen gefüllt sind. Diese Vesikel fusionieren genau wie die Autophagosomen mit der Vakuole, wo ihre Proteasefracht aktiviert wird und den Inhalt der Autophagosomen abbaut. Schließlich wird der Tonoplast brüchig, Protonen strömen ins Cytoplasma, wodurch weitere Proteasen aus speziellen Vesikeln freigesetzt werden und das Cytoplasma angreifen. Das durch den Abbau gewonnene Baumaterial wird zu den Nachbarzellen mobilisiert oder im Falle des herbstlichen Blattsterbens über die Leitgewebe zu den Speicherorganen der Pflanze (Samen, Wurzeln, Stamm) weitergeleitet. Der programmierte Zelltod steht unter Kontrolle von Phytohormonen (Ethylen fördert ihn, Cytokinin hemmt ihn) und ist begleitet von der Aktivierung einer Vielzahl von Genen, deren Aktivwerden (z.B. während der Blattseneszenz) das Programm des Zelltods einleitet. Programmierter Zelltod kann aber auch als Folge von starkem Nährstoffmangel auftreten oder als lokale Antwort auf den Versuch eines Pathogens, ein Gewebe anzugreifen. Bei letzterem Fall (hypersensitiver Zelltod) werden lokal umgrenzt die z.B. von einem Pilz angegriffenen Zellen geopfert, um eine weitere Ausbreitung des Pathogens zu verhindern.

Endosymbionten-Theorie | 7

Inhalt

Die Endosymbionten-Theorie besagt, dass Mitochondrien und Plastiden stammesgeschichtlich auf Bakterien zurückgehen, die durch Endozytose in Vorläuferzellen aufgenommen wurden und als intrazelluläre Symbionten eine Coevolution mit der Wirtszelle durchmachten.

Biochemische Untersuchungen und vergleichende Sequenzanalysen der weit über tausend sequenzierten Genome legen nahe, dass die Evolution der Eukaryonten damit begann, dass vor etwa 3 Milliarden Jahren ein anaerobes Ur-Archaebakterium durch Phagozytose ein zum aeroben Stoffwechsel befähigtes Ur-Bakterium (Vorläufer der α-Proteobakterien) aufgenommen hatte. Dadurch war es zur Energiegewinnung nicht mehr allein auf die Glycolyse angewiesen, sondern konnte erheblich mehr Energie erhalten durch die mit dem Bakterium „importierte" Atmungskettenphosphorylierung (**Abb. 7.1**). Das phagozytierte Bakterium wurde so als Endosymbiont zum Vorläufer der Mitochondrien. Parallel dazu entstand das Endomembransystem. In **Kapitel 2.3** wurde bereits erwähnt, dass sich das Endomembransystem sehr wahrscheinlich aus Einstülpungen der Plasmamembran entwickelt hat, die schließlich auch die DNA umhüllten, sodass ein abgetrennter Zellkern und damit die Ur-Eucyte entstanden ist (**Abb. 2.4**). Die Zusammensetzung der heutigen Kernhülle zeigt, dass sie sich vom ER ableitet. Vor 2 Milliarden Jahren kam es dann zum zweiten Endosymbioseereignis: Die Mitochondrien-haltige Ur-Eucyte phagozytierte ein Cyanobakterium, das zur oxygenen Photosynthese befähigt war (**Abb. 7.1**). Diese Entwicklungslinie führte zum stammesgeschichtlichen Ast der grünen Pflanzen, während die andere Linie zu den Pilzen und Tieren führte. Parallel zu dieser Entwicklung kam es zu einer massiven Verlagerung der Gene aus den Endosymbionten in den Zellkern, wobei sich die Plastiden aufgrund ihrer stammesgeschichtlich späteren Endosymbiose noch eine weitergehende Autonomie bewahrt haben. Der weitaus größte Teil der Proteinausstattung der rezenten Plastiden und Mitochondrien wird vom Kern codiert (etwa 95 % der Plastidenproteine und

Abb. 7.1

Evolution der eukaryontischen Zelle. Es gibt starke molekulare und biochemische Hinweise darauf, dass ein Ur-Archaebakterium durch Phagozytose ein Ur-Bakterium (Vorläufer der α-Proteobakterien) aufnahm, das durch Coevolution mit der Wirtszelle zum Vorläufer der Mitochondrien wurde. Parallel dazu entstanden das Endomembransystem und die Kernhülle durch Einstülpungen der Zellmembran. Diese Ur-Eucyte führte zum stammesgeschichtlichen Ast der Tiere und Pilze. Durch ein zweites Endosymbioseereignis nahm die Ur-Eucyte ein zur Photosynthese befähigtes Cyanobakterium auf, woraus sich die Plastiden entwickelten. Dieser stammesgeschichtliche Ast führte zu den grünen Pflanzen.

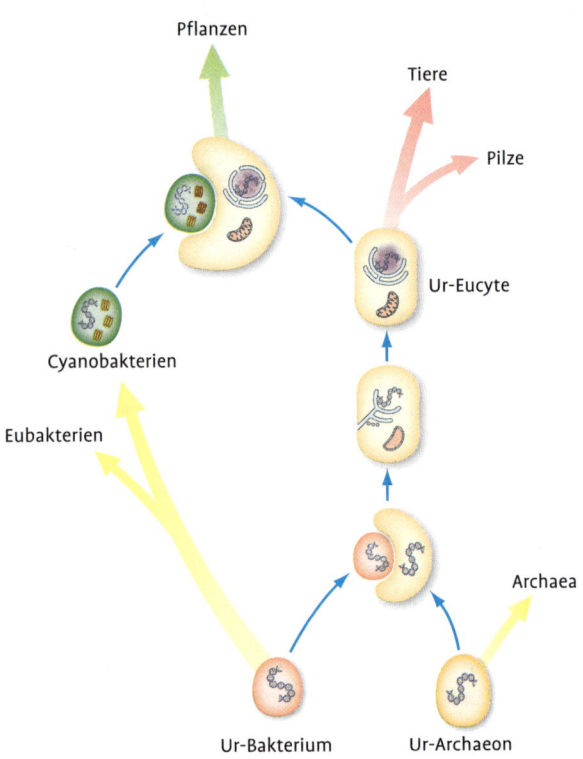

Pflanzen

Tiere

Pilze

Ur-Eucyte

Cyanobakterien

Eubakterien

Archaea

Ur-Bakterium　　Ur-Archaeon

98 % der Mitochondrienproteine) und nach der Biosynthese an freien 80S-Ribosomen des Cytoplasmas in das Organell importiert.

Die Lipidzusammensetzung der beiden Hüllmembranen von Mitochondrien und Plastiden ist ein weiterer Hinweis auf die stattgefundenen Phagozytoseereignisse: Die Außenmembran ähnelt in ihrer Lipidausstattung dem glatten ER, während die Innenmembran das ansonsten nur bei Bakterien vorkommende Cardiolipin als Bestandteil enthält. Im Zuge der Coevolution von Endosymbionten und Wirtszelle kam auch das Prinzip der Oberflächenvergrößerung bei den späteren Plastiden und Mitochondrien zum Tragen. Ihre inneren Membranen wurden durch vielfältige Einstülpungen stark ausgedehnt und bildeten innerhalb dieser beiden Organellen ein Endomembransystem, das den Photosyntheseapparat bzw. die Atmungskette trägt. Hingegen behielten die DNA und Ribosomen der beiden Organellen bis heute ihre bakterientypischen Charakteristika:

- Zirkuläre DNA, die nicht in Histone (sondern in bakterientypische Proteine) eingehüllt ist, in großer Kopienzahl.
- Der genetische Code der mt-DNA weicht in einigen Codons vom eukaryontischen Standardcode ab:
- Die DNA-Replikation in den Organellen verläuft unabhängig vom Zellzyklus.
- Die Ribosomen gleichen den 70S-Ribosomen der Bakterien.
- Translationsstart mit Formylmethionin wie bei Bakterien (bei den cytoplasmatischen 80S-Ribosomen ist es Methionin).
- Die mRNA trägt am 5'-Ende keine Cap-Struktur, am 3'-Ende fehlt die PolyA-Sequenz.
- Sequenzverwandtschaft der mitochondrialen rRNAs zu α-Proteobakterien, der plastidären rRNAs zu Cyanobakterien.

Merksatz

Mitochondrien und Plastiden gehen stammesgeschichtlich auf Bakterien zurück, die durch Endozytose in Vorläuferzellen aufgenommen wurden und als intrazelluläre Symbionten eine Coevolution mit der Wirtszelle durchmachten.

Sekundäre Endosymbiosen

Es gibt einige rezente Algengruppen (z.B. Braunalgen, Cryptomonaden, Euglena), die durch sekundäre Endosymbiose entstanden sind, bei denen zwei eukaryontische Zellen miteinander fusionierten. Dieses Ereignis lässt sich anhand ihrer sogenannten komplexen Plastiden nachweisen, die im Falle der Cryptomonaden vier (!) Hüllmembranen besitzen. Die beiden inneren Membranen gehören dem primären Plastiden des einen Fusionspartners. Diese Zelle wurde von einer Rotalgenzelle phagozytiert, deshalb entspricht die dritte Membran der ursprünglichen Zellmembran der aufgenommenen Zelle. Die vierte Membran leitet sich schließlich von der Plasmamembran der Wirtszelle ab. Zwischen der Doppelmembran des primären Plastiden und der dritten Membran kann man heute noch Reste des Cytoplasmas der aufgenommenen Zelle nachweisen. Es enthält 80S-Ribosomen und einen rudimentären, verkümmerten Zellkern (das Nucleomorph) mit wenigen Chromosomen. Die komplexen Plastiden sind demnach Reste einer eukaryontischen Zelle, die bereits über Plastiden verfügte und von einer anderen eukaryontischen Zelle aufgenommen wurde.

8 | Signaltransduktion

Inhalt

Jede Zelle empfängt Signale aus der Außenwelt. Das können Signale der Nachbarzellen sein, Nährstoffsignale (Substrate), Hormonsignale, abiotische Signale (wie Temperatur, Licht, Schwerkraft) oder Pathogen-Befall. Diese Signale müssen von Rezeptoren aufgenommen werden. Sie werden anschließend ins Zellinnere übermittelt, dort weitergeleitet und lösen bei einer Zielstruktur (zumeist ein Gen) eine Reaktion aus. Die Signalerkennung, -umwandlung und -weiterleitung fasst man unter dem Begriff Signaltransduktion zusammen.

Auf den Organismus treffen ständig Signale, die von der Zelle jedoch nur selektiv wahrgenommen werden. Sie werden nur dort erkannt und weitergeleitet, wo es im Zielgewebe spezifische Rezeptoren auf der Oberfläche der Plasmamembran gibt. Zum Beispiel sind Phytohormone nicht überall im Organismus, wohin sie transportiert werden, auch wirksam. Dazu bedarf es im Zielgewebe spezifischer Rezeptoren. Durch die unterschiedliche Kombination von Rezeptoren vermag die Zelle, nur auf bestimmte Signale zu reagieren. Auch die Signalweiterleitung und die Zielstrukturen können von Zelle zu Zelle unterschiedlich sein. Ein Signal enthält demnach nur 1 Bit an Information (= ja = anwesend), die vielfältigen Reaktionsmöglichkeiten auf das Signal werden jedoch von der Zelle vorgegeben. So kommt es, dass dasselbe Signal je nach Zelltyp völlig verschiedene Reaktionen auslösen kann.

Die Reaktion der Zelle auf ein Signal kann schnell oder langsam erfolgen. Werden Ionenkanäle geschaltet oder Proteine aktiviert, ist die Zellantwort schnell (im Sekundenbereich). Viele Signale wirken jedoch über längere intrazelluläre Signalwege auf die Genexpression, was mehr Zeit in Anspruch nimmt (Minuten- bis Stundenbereich). Diese Signalweiterleitung besteht aus der kaskadenartigen Hintereinanderschaltung von Enzymen, gekoppelt mit sekundären niedermolekularen Signalmolekülen, sodass bei diesem Stafettenlauf die Nachricht von einem intrazellulären Molekül an ein anderes weitergegeben wird, bis schließlich die Ziel-

Merksatz
Durch die unterschiedliche Kombination von Rezeptoren vermag die Zelle, selektiv auf eintreffende Signale zu reagieren. Auch die Signalweiterleitung und die Signalziele können von Zelle zu Zelle unterschiedlich sein, sodass dasselbe Signal je nach Zelltyp völlig verschiedene Reaktionen auslösen kann.

struktur (Stoffwechsel-Enzym, Genregulator-Protein, Cytoskelett) erreicht ist und die zelluläre Antwort auslöst. Im Zuge dieser Signalweiterleitung wird das primäre extrazelluläre Signal meistens verstärkt und mit anderen Signalwegen vernetzt, sodass sich der Signalweg verzweigt und das Signal dadurch mehrere Adressaten erreicht. Auf diese Weise „verrechnet" die Zelle eintreffende Signale und bestimmt ihre daraus resultierende Gesamtantwort.

Rezeptoren | 8.1

Rezeptorproteine, auch Rezeptoren genannt, müssen das externe Signal erkennen und in ein intrazelluläres Signal umwandeln. Sie sind molekulare Schalter, die nach Eintreffen des Signals vom inaktiven in den aktiven Zustand wechseln. Für Signalmoleküle, die aufgrund ihrer Eigenschaften (Ladung, Größe, zu hydrophil) die Plasmamembran nicht passieren können, befinden sich die Rezeptorproteine auf der Zelloberfläche. Für Signale, die die Plasmamembran passieren können, werden die Rezeptoren im Zellinneren, im Cytoplasma oder den Kompartimenten gefunden. Alle Phytohormone (mit Ausnahme der Peptide) können die Plasmamembran prinzipiell passieren. Dennoch findet man spezifische Rezeptoren nicht nur im Zellinneren, sondern auch auf der Oberfläche. Bei den Rezeptorproteinen in der Plasmamembran handelt es sich meistens um Transmembranproteine, die funktionell und strukturell asymmetrisch sind und eine bestimmte Orientierung in der Membran haben. Nach der Art, wie sie intrazelluläre Signale erzeugen, kann man drei Rezeptorfamilien unterscheiden:

- **Enzym-gekoppelte Rezeptoren**: Sie bestehen aus drei Domänen (**Abb. 8.1 A**). Ihre extrazelluläre Domäne erkennt und bindet den Liganden, ihre Transmembrandomäne verankert sie in der Membran und ihre cytoplasmatische Domäne führt eine enzymatische Reaktion aus. Ausgelöst durch die Bindung des externen Signalmoleküls, dimerisieren die Rezeptorproteine und aktivieren dadurch ihre cytoplasmatischen Domänen. Oft handelt es sich um Kinase-Domänen, die wiederum andere Proteine in der intrazellulären Signalkaskade phosphorylieren. Bei Pflanzen herrschen bei den Enzym-gekoppelten Rezeptoren Serin/Threonin-Kinasen vor, bei tierischen Zellen sind es die Tyrosin-Kinasen (**vgl. Kapitel 4.3**).
- **G-Protein-gekoppelte Rezeptoren**: Das sind GTP-bindende Proteine (GTPasen), die in ihrer aktiven Konformation GTP gebunden haben, es dann zu GDP hydrolysieren und dadurch in ihre inaktive Konformation umklappen. Es gibt monomere und trimere G-Proteine. **Abbildung 8.1 B**

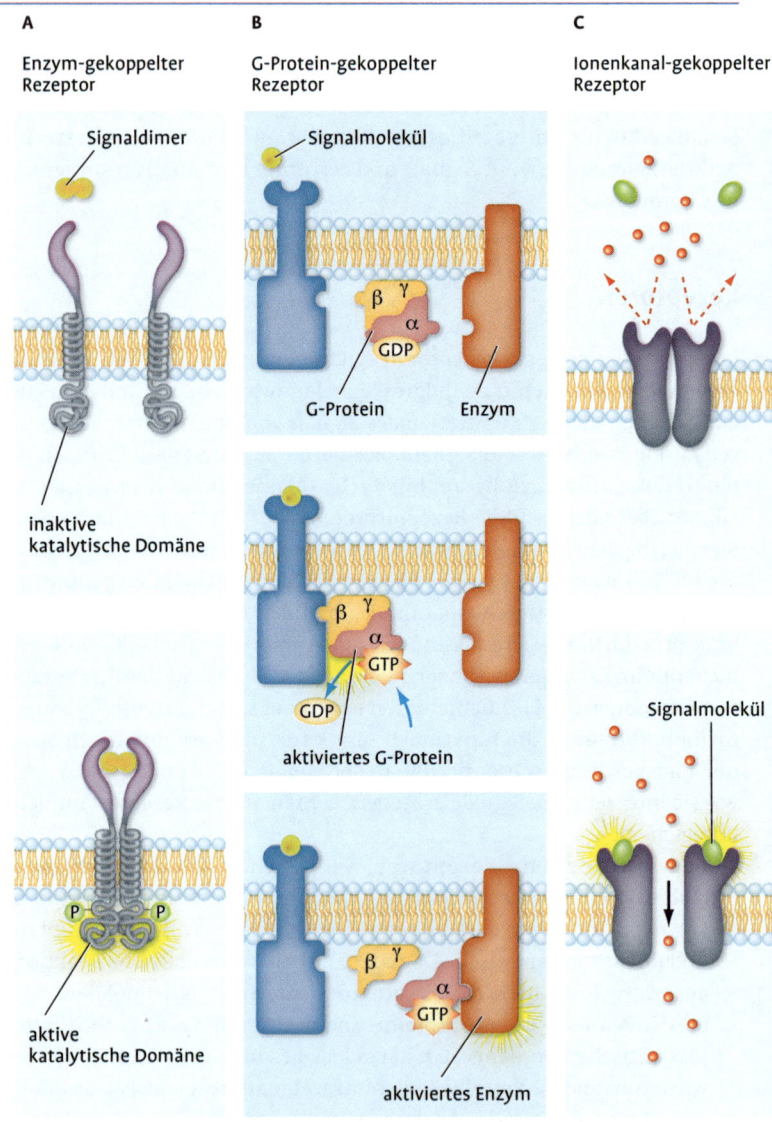

A Enzym-gekoppelter Rezeptor

Signaldimer

inaktive katalytische Domäne

aktive katalytische Domäne

B G-Protein-gekoppelter Rezeptor

Signalmolekül

β γ α GDP

G-Protein

Enzym

β γ α GTP

GDP

aktiviertes G-Protein

β γ α GTP

aktiviertes Enzym

C Ionenkanal-gekoppelter Rezeptor

Signalmolekül

zeigt die Funktionsweise eines trimeren G-Proteins. Seine β- und γ-Untereinheiten sind mit Lipidschwänzen in der Plasmamembran gebunden. Nach Eintreffen des Signals rekrutiert der Rezeptor das eng benachbarte G-Protein, wodurch dessen α-Untereinheit GDP gegen GTP austauscht und in dieser nunmehr aktiven Konformation abdissoziiert und ein Zielprotein (z. B. ein Enzym) aktiviert.

- Ionenkanal-gekoppelte Rezeptoren: Ein Ionenkanal-gekoppelter Rezeptor öffnet sich nach Bindung des Signalmoleküls (**Abb. 8.1 C**). Der dadurch ausgelöste Ionenfluss durch die Membran erzeugt einen elektrischen Strom und eine Veränderung der Membranladung. Ionenkanal-gekoppelte Rezeptoren kommen auch intrazellulär vor. Beispielsweise öffnet sich ein Ca^{2+}-Kanal im ER bzw. der Vakuole nach Eintreffen des Signals und Ca^{2+}-Ionen strömen aus den Speichern ins Cytoplasma ein.

Neben den Rezeptoren in der Plasmamembran gibt es auch intrazelluläre Rezeptorproteine in den Membranen der Kompartimente (wie ER, Golgi, Tonoplast), die den eben besprochenen drei Gruppen zugerechnet werden können. Es gibt jedoch noch eine andere Klasse von intrazellulären Rezeptorproteinen. Diese liegen frei im Cytoplasma vor und warten dort auf ihr Signal. Ein gutes Beispiel hierfür ist der Rotlicht-Rezeptor Phytochrom. Seine Lichtsensordomäne wird durch Bestrahlung mit hellrotem Licht aktiviert, wodurch das dimere Protein eine Konformationsänderung durchmacht. Dadurch wird ein Kernlokalisierungssignal freigelegt, woraufhin das Rezeptorprotein in den Kern transportiert wird und dort mit seiner Kinasedomäne die Genexpression reguliert. Eine weitere Gruppe intrazellulärer Rezeptorproteine bilden die Blaulicht-Rezeptoren (Cryptochrome), die im Zellkern lokalisiert sind und wie die Phytochrome über eine Kinasedomäne verfügen. Auch die Phototropine sind Blaulicht-Rezeptoren, sie sind jedoch auf der Innenseite der Plasmamembran verankert und werden durch das Lichtsignal ins Cytoplasma freigesetzt. Auch sie verfügen über eine Kinasedomäne und gehören damit zur Familie der durch Enzyme gekoppelten Rezeptoren.

Merksatz
Rezeptorproteine wandeln ein externes Signal in ein intrazelluläres Signal um. Nach der Art, wie sie intrazelluläre Signale erzeugen, unterscheidet man drei Rezeptorfamilien. Rezeptorproteine sitzen nicht nur in der Plasmamembran sondern auch intrazellulär in den Membranen der Kompartimente oder frei im Cytoplasma.

Signaltransduktion

| 8.2

Nachdem das externe Signal vom Rezeptorprotein auf der Zelloberfläche erkannt und in ein intrazelluläres Signal umgewandelt worden ist, besteht die Signalweiterleitung in der Regel aus mehreren Schritten. Diese Mehrstufigkeit hat den Vorteil, das Signal in hohem Maße verstärken zu können und darüber hinaus mehrere Signalwege an Kreuzungspunkten miteinander zu verschalten.

Proteinkinasen

| 8.2.1

Proteinkinasen (kurz Kinasen) katalysieren die reversible Proteinphosphorylierung und werden selbst oft von anderen Kinasen phosphoryliert, sodass sie als molekulare Schalter zwischen aktivem und inaktivem Zustand hin und her wechseln. Bekanntestes Beispiel für die Signalwei-

8.2.2

8.2.3

Abb. 8.2

MAP-Kinase-Kaskade. Die drei Kinasen sind zumeist über ein Gerüstprotein zu einer funktionellen Einheit gekoppelt. Erläuterungen im Text.

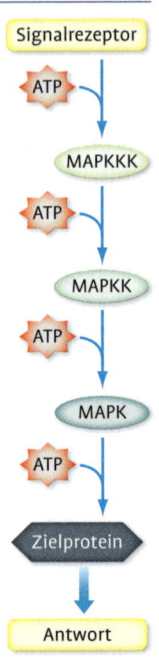

terleitung über Phosphorylierung ist die MAP-Kinase-Kaskade. MAP-Kinasen (engl.: *mitogen activated protein* [Mitogene stimulieren die Zellteilung]) sind auf drei hierarchisch angeordneten Ebenen hintereinander geschaltet. Die MAPKKK (MAP-Kinase-Kinase-Kinase) wird vom Rezeptorignal aktiviert und phosphoryliert die nachfolgende MAPKK (MAP-Kinase-Kinase), die schließlich die MAPK (MAP-Kinase) phosphoryliert (**Abb. 8.2**). Da es bei Arabidopsis nahezu einhundert verschiedene MAP-Kinasen gibt, ist eine Fülle von Kominationen theoretisch möglich. Die MAP-Kinase-Kaskade ist bei Pflanzen oft an der Weiterleitung von Stressignalen und Hormonsignalen beteiligt. Zielproteine sind Transkriptionsfaktoren und Cytosekelettproteine oder auch weitere Kinasen.

Phosphoinositol-Weg

Dieser Weg beginnt mit dem an der Plasmamembran gebundenen Enzym Phospholipase C, das über G-Protein-gekoppelte Rezeptoren aktiviert wird. Phospholipase C spaltet ein in kleinen Mengen vorkommendes Membranlipid (Phosphatidylinositol), dessen Kopfgruppe ein Zuckermolekül auf der cytoplasmatischen Seite der Plasmamembran trägt (**Abb. 8.3**). In seiner aktiven Form liegt es zweifach phosphoryliert vor (über seinen dritten Phosphatrest ist es mit dem Lipid verestert). Phospholipase C spaltet den Zuckerphosphatkopf ab, wodurch zwei kleine Botenmoleküle erzeugt werden: Inositol-1,4,5-triphosphat (IP_3) und Diacylglycerin (DAG). IP_3 ist ein hydrophiles Molekül, diffundiert ins Cytosol und öffnet dort Ca^{2+}-Kanäle in der ER-Membran und im Tonoplasten, sodass Ca^{2+} ins Cytoplasma einströmt. IP_3 hat nur eine kurze Lebensdauer (wenige Sekunden), sodass sich die Ca^{2+}-Kanäle schnell wieder schließen. DAG verbleibt in der Plasmamembran und aktiviert dort die membranständige Proteinkinase C, die Ca^{2+} für ihre Aktivität benötigt. Der Phosphoinositol-Weg ist beteiligt an der Regulation der Schließzellen-Öffnung.

Ca^{2+} und Calmodulin

Ca^{2+}-Ionen spielen eine zentrale Rolle bei der Weiterleitung von Stresssignalen, Hormonsignalen und von Signalen ausgelöst durch Pathogenbefall. Es kommt dabei zu einer schnellen, aber nur vorübergehenden Erhöhung der cytosolischen Ca^{2+}-Konzentration. Damit eine solche Signalübermittlung funktionieren kann, müssen Ca^{2+}-Ionen irgendwo in der

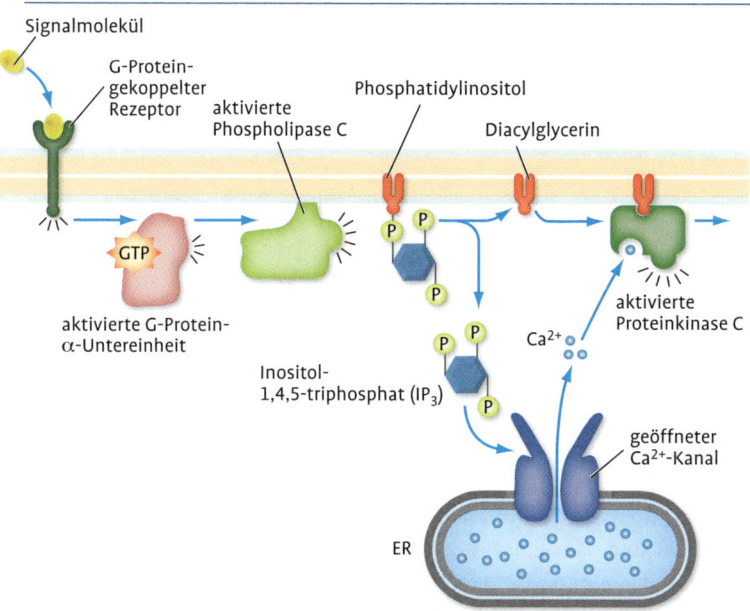

Abb. 8.3

Phosphoinositol-Weg.
Erläuterungen im Text
(verändert nach Alberts
et al. 2008).

Zelle gespeichert und auf ein Signal hin freigesetzt werden. Neben der Vakuole sind das glatte ER, die Mitochondrien und der Apoplast die Hauptspeicher an zellulärem Ca^{2+}. Die cytosolische Ca^{2+}-Konzentration liegt bei 0,0001 mM, während sie im ER etwa 1 mM erreicht. Signalvermittelt (beispielsweise IP_3) werden Kanäle in der ER-Membran kurzzeitig (wenige Sekunden) geöffnet und eine Ca^{2+}-Welle ergießt sich ins Cytoplasma. Danach pumpen spezielle Ca^{2+}-ATPasen die Ca^{2+}-Ionen wieder umgehend in die Speicher zurück und die Ca^{2+}-Konzentration im Cytoplasma geht auf den Ausgangszustand zurück. Welches sind die Ziele in dieser Signalkette? Ca^{2+}-Ionen können direkt an Proteinkinasen oder Phosphatasen binden und sie aktivieren. Sie können jedoch auch an spezielle Ca^{2+}-Rezeptoren binden, die Calmoduline. Diese hoch konservierten Ca^{2+}-bindenden Rezeptorproteine liegen frei im Cytoplasma vor und wurden bei allen Eukaryonten gefunden. Sie werden durch Ca^{2+} aktiviert und können danach eine Fülle von Zielproteinen in deren Aktivität oder Zustand regulieren (Kinasen, Phosphatasen, Cytoskelettproteine, Transkriptionsfaktoren). Eine besonders wichtige Klasse von Zielproteinen sind die von Ca^{2+} und Calmodulin abhängigen Proteinkinasen, die von Calmodulin im Komplex mit Ca^{2+} aktiviert werden und viele Vorgänge in der Zelle beeinflussen, indem sie ausgesuchte Proteine phosphorylieren.

Abb. 8.4

Cyclische Nucleotide. cGMP: Eine Guanyl-cyclase spaltet von GTP Pyrophosphat ab und cyclisiert den verbleibenden Phosphatrest mit der 3'OH-Gruppe der Ribose, sodass cGMP ensteht. cADPR: cyclische ADP-Ribose entsteht aus NAD unter Abspaltung von Nicotianamid, gefolgt von einer Cyclisierung.

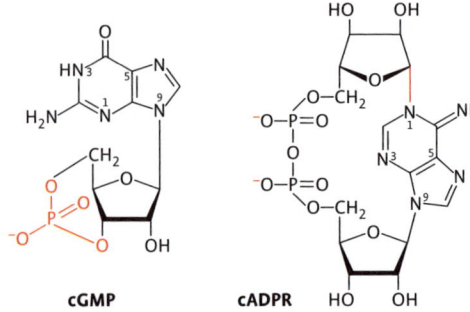

cGMP   **cADPR**

8.2.4 | cyclische Nucleotide

Cyclische Nucleotide fungieren als Mediatoren innerhalb von Signaltransduktionsketten. Das Enzym Guanylcyclase wandelt auf ein Signal hin GTP in cyclisches GMP (cGMP, **Abb. 8.4**) um, das andere Zielproteine aktiviert. Kurz darauf wird cGMP durch eine spezifische Phosphodiesterase zu GMP abgebaut und das Signal ist gelöscht. In tierischen Zellen haben cGMP und das analoge cAMP eine wichtige Rolle als sogenannte *second messenger*, die unmittelbar an der Plasmamembran durch Einwirkung des Primärsignals gebildet werden und am Anfang einer intrazellulären Signalkaskade stehen. Bei pflanzlichen Zellen entsteht cGMP erst später innerhalb einer Kaskade und die Rolle von cAMP ist noch nicht hinreichend geklärt. Ein weiteres cyclisches Nucleotid innerhalb von Signalkaskaden ist die cyclische ADP-Ribose (**Abb. 8.4**). Stimuliert durch cGMP wandelt ein spezielles Enzym NAD in cyclische ADP-Ribose um, die ihrerseits Ca^{2+}-Kanäle anschaltet.

8.2.5 | Wasserstoffperoxid

Wasserstoffperoxid (H_2O_2) gehört zu den reaktiven Sauerstoffspezies und kann durch Radikalbildung Proteine, Nucleinsäuren und Membranlipide angreifen und zerstören. Es entsteht unkontrolliert an den Elektronentransportketten der Mitochondrien und Chloroplasten und wird dort sofort entgiftet. Auch im oxidativen Stoffwechsel der Peroxisomen entsteht H_2O_2 und wird durch die Katalase unschädlich gemacht. H_2O_2 dient jedoch auch als wichtiges Signal innerhalb der zellulären Kommunikation. Ausgelöst durch abiotischen Stress, Pathogenbefall oder Hormonwirkung erzeugt eine NADPH-Oxidase in der Plasmamembran H_2O_2. Aber auch molybdänhaltige Enzyme im Cytoplasma können H_2O_2 bilden. H_2O_2 ist als Glied in Signalketten an vielen Reaktionen der pflanzlichen Zelle beteiligt und stellt auch das zentrale Signal für den programmierten Zelltod dar.

Abb. 8.5

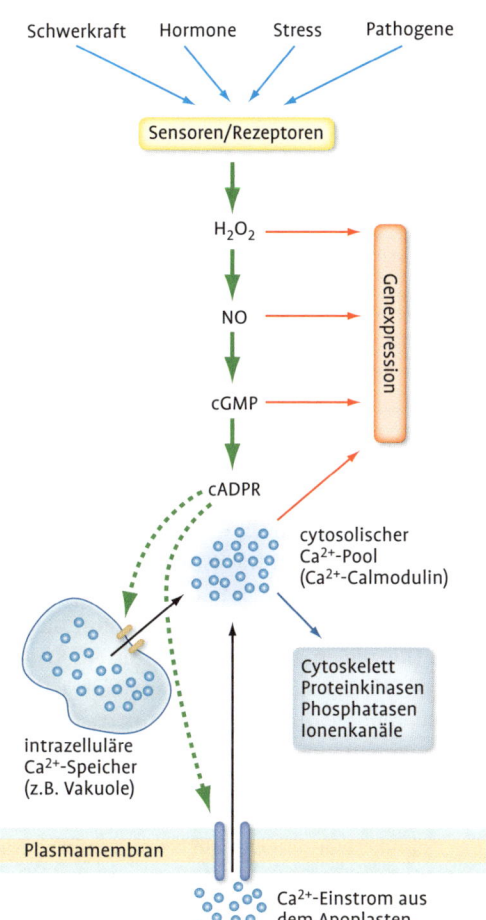

Beispiel für ein Signal-netzwerk. Ziel der ge-zeigten Signalkette sind Ca^{2+}-Kanäle, die die Ca^{2+}-Kaskade auslösen. Jedes Glied der Signalkette kann selbst eine andere Kaskade anschalten (rote Pfeile) und so die Signal-weiterleitung verzweigen. Weitere Erläuterungen im Text (verändert nach Wei-ler und Nover 2008).

Merksatz

Die Signalweiterlei-tung besteht aus mehreren Schritten. Diese Mehrstufigkeit hat den Vorteil, das Signal in hohem Maße verstärken zu können und mehrere Signalwege an Kreu-zungspunkten mit-einander zu verschal-ten. Einzelne Signal-ketten werden dadurch zu ganzen Netzwerken ver-woben und ermögli-chen der Zelle eine Signal-Integration.

Abbildung 8.5 gibt ein Beispiel für die kaskadenartige Hintereinanderschal-tung von Enzymen, die bei jedem Schritt ein anderes niedermolekulares Signalmolekül erzeugen, welches dann wiederum das nachfolgende Enzym aktiviert bis schließlich die Zielstruktur (in diesem Fall Ca^{2+}-Kanäle) erreicht ist und dadurch eine weitere Signalkaskade, die Ca^{2+}-Kaskade, anschaltet. Jedes Glied der Signalkette kann selbst eine andere Kaskade anschalten und so die Signalweiterleitung verzweigen. Einzelne Signal-ketten werden dadurch zu ganzen Netzwerken verwoben und ermögli-chen der Zelle eine Signalintegration, um schließlich die passende Ant-wort auszulösen.

9 | Phytohormone

Inhalt

Phytohormone sind extrazelluläre Botenstoffe, die in sehr niedrigen Konzentrationen (< µM) wirken. Es handelt sich um niedermolekulare Substanzen von sehr unterschiedlicher Struktur, die charakteristische physiologische Reaktionen auslösen.

Manche dieser Botenstoffe sind gasförmig, werden ausgeschieden und können auf benachbarte Pflanzen wirken. Phytohormone wurden durch ihre Wirkung auf das Pflanzenwachstum entdeckt und deshalb anfänglich auch als Wachstumsregulatoren bezeichnet. Später wurde dann der Begriff Phytohormon geschaffen, um diese Substanzen in Analogie zu den tierischen Hormonen als Signalstoffe für die Regulation innerhalb eines vielzelligen Organismus zu charakterisieren. Bei Tieren gibt es eine hormonproduzierende Drüse, das Blut zum Transport des Hormonsignals und das Zielorgan, um dort eine Reaktion auszulösen. Bei Pflanzen gibt es jedoch weder ein festgelegtes Bildungsorgan für ein Hormon, noch ein genau definiertes Zielorgan oder -gewebe. Phytohormone können am Wirkungsort gebildet werden oder auch weit entfernt vom Wirkungsort entstehen. Hinzu kommt, dass ein Phytohormon verschiedene Prozesse beeinflussen kann und – umgekehrt – dass ein gegebener Prozess durch verschiedene Phytohormone beeinflusst werden kann. Vielfach ergänzen sich verschiedene Phytohormone in ihrer Wirkung. Auch tierische Hormone zeigen oft ein multiples Wirkungsspektrum, allerdings nicht in dem großen Ausmaß wie die Phytohormone der Pflanzen.

Phytohormone sind Signalüberträger. Ihr Transport erfolgt unpolar entlang eines Phytohormongradienten über kurze Distanzen, aber auch polar mithilfe hormonspezifischer Transporter sowohl über die Langstreckenbahnen des Phloems als auch über die des Xylems. Für das Hormon spezifische Rezeptoren erkennen das Hormon und bewirken eine intrazelluläre Reaktion (**vgl. Kapitel 8**). Das Phytohormon ist demnach lediglich der Auslöser für eine von der Zelle vorgegebene Reaktion, die je nach Zelle verschieden sein kann. So kommt es, dass dasselbe Hormon je nach

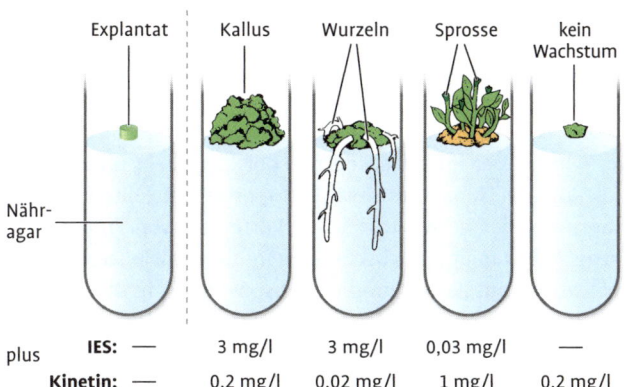

Explantat	Kallus	Wurzeln	Sprosse	kein Wachstum

plus					
IES:	—	3 mg/l	3 mg/l	0,03 mg/l	—
Kinetin:	—	0,2 mg/l	0,02 mg/l	1 mg/l	0,2 mg/l

Nähragar

Abb. 9.1

Zusammenwirken von Auxinen und Cytokininen. Ein Explantat (Teil des Sprosses) wird auf ein Nährmedium gegeben, das verschiedene Mischungsverhältnisse des Auxins Indolylessigsäure (IES) und des Cytokinins Kinetin enthält. Überwiegt Auxin, entsteht aus dem Explantat ein undifferenzierter Zellhaufen (Kallus) oder es entstehen Wurzeln. Überwiegt Kinetin, wird die Sprossregeneration ausgelöst. In Abwesenheit der Phytohormone bleiben Wachstum und Differenzierung aus (verändert nach Schopfer und Brennicke 1999).

Zelltyp völlig verschiedene Reaktionen auslösen kann. Jedes Organ einer Pflanze besitzt sehr unterschiedliche Empfindlichkeiten gegenüber bestimmten Phytohormonen. Die Konzentration eines Phytohormons am jeweiligen Wirkunsort ist immer die Summe aus Synthese, Speicherung durch reversible Derivatisierung, Abtransport und Abbau.

Phytohormonrezeptoren entsprechen nicht immer dem klassischen Modell eines Transmembranrezeptors. Vielmehr mehren sich Hinweise, dass es neben den membrangebundenen Rezeptoren auch solche gibt, die frei im Cytoplasma vorliegen und nach Hormonbindung in den Kern wandern, um dort eine Signalreaktion auszulösen, welche in die Genregulation eingreift. Phytohormone wirken oft als Teil eines Netzwerkes in gegenseitiger Beeinflussung. Das klassische Beispiel hierfür ist das Zusammenwirken von Auxinen und Cytokininen, deren relatives Verhältnis zueinander darüber entscheidet, ob eine Zellkultur Wurzeln, Sprosse oder undifferenzierte Zellhaufen ausbildet (**Abb. 9.1**). Andere Phytohormone wirken als Ein/Aus-Schalter und regulieren dadurch einen speziellen Entwicklungsprozess. Die Hormonwirkung besteht hier oft in der Aktivierung des gezielten Abbaus von Proteinen über den Ubiquitin-Proteasom-Weg (**vgl. Kapitel 4.5**). Bei den abzubauenden Proteinen handelt es sich dann oft um Teile von Signaltransduktionsketten bzw. um Transkriptionsfaktoren.

Auxine

|9.1

Auxine sind zumeist Derivate der Aminosäure Trp (**Abb. 9.2**). Hauptvertreter ist die Indolyl-3-Essigsäure (IES). In der Zelltechnologie werden

Abb. 9.2

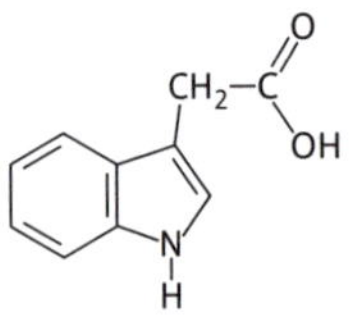

Auxine
(β-Indolessigsäure, IES)

zudem auch die synthetischen Auxine 1-Naphthylessigsäure (NAA) und 2,4-Dichlorphenoxyessigsäure (2,4-D) verwendet. Sie werden in jungen Geweben in der unmittelbaren Umgebung von Meristemen (Spross, Wurzel) gebildet und über zwei Transportwege verteilt. Ihr Langstreckentransport erfolgt über das Phloem basipetal, also von der Sprossspitze in Richtung Wurzel. Der Kurzstreckentransport geschieht hingegen durch polaren zellulären Transport. Diese Transportart ist zellbiologisch sehr interessant, weil sie auf der ungleichen Verteilung von Transporterproteinen in der Plasmamembran beruht. Ein Influx-Translokator in der Plasmamembran erkennt das Auxin und transportiert es in die Zelle hinein. Der Efflux-Translokator jedoch ist nur auf der basalen Seite der Zelle lokalisiert, sodass der Austransport des Auxins nur in eine Richtung, also polar (nämlich basipetal) geschieht. Die allgemeine Bezeichnung Translokator deutet darauf hin, dass der genaue Transportmechanismus von Auxin-Efflux und -Influx noch nicht in allen Details aufgeklärt ist. Angekommen in der Zelle, werden Auxine von einem im ER und an der Plasmamembran lokalisierten Auxin-Bindeprotein erkannt und gebunden. Dieses Bindeprotein reguliert den Ionentransport. Ein weiteres Auxin-Bindeprotein wurde als Teil der Transkriptions-Maschinerie im Kern identifiziert, wo es den Abbau eines Repressorproteins auslöst und damit die Genexpression aktiviert. Der überwiegende Teil des zellulären Auxins liegt in einer inaktiven Speicherform als Konjugat mit Aminosäuren oder Zuckern vor und wird bedarfsgerecht wieder aus dieser freigesetzt.

Die unterschiedlichen Wirkungen von Auxinen:

- Förderung des Streckungswachstums durch Aktivierung einer Protonenpumpe in der Plasmamembran. Diese sorgt für eine Ansäuerung der Zellwand, was zu deren Erweichung führt, damit der Turgor die Zelle strecken kann (**vgl. Kapitel 2.14**).
- Förderung der Teilungsaktivität.
- Förderung der Apikaldominanz (und damit Hemmung des Austreibens von Seitenknospen).
- Förderung der Bildung von Seitenwurzeln.
- Förderung der Fruchtentwicklung.

9.2 | Cytokinine

Cytokinine sind Derivate des Adenins mit einer Seitenkette am N_6 (**Abb. 9.3**). Natürlich vorkommende Cytokinine sind Zeatin und Isopentenyladenin. Der bekannteste synthetische Vertreter ist das Kinetin. Beachte: Die Cytokinine der Pflanzen sind nicht mit den Cytokinen von Tieren zu verwechseln (letztere sind Peptid-Hormone!). Hauptsyntheseort für Cytokinine ist die junge Wurzel, aber auch alle anderen jungen, in Teilung befindlichen Gewebe der Pflanze. Über das Xylem gelangen sie aus der Wurzel in den Spross. Auch Cytokinine werden in vielfältiger Weise konjugiert, beispielsweise durch Bindung von Glucose. Cytokinine werden durch spezifische Rezeptor-Kinasen in der Plasmamembran erkannt. Das Signal wird über eine Phosphorylierungskaskade in den Kern geleitet, wo sogenannte Response-Regulatorproteine die Genexpression aktivieren.

Cytokinine haben eine Schlüsselfunktion im Ablauf des Zellzyklus und spielen besonders bei der Zellteilung eine Rolle, daher auch der Name.

Abb. 9.3

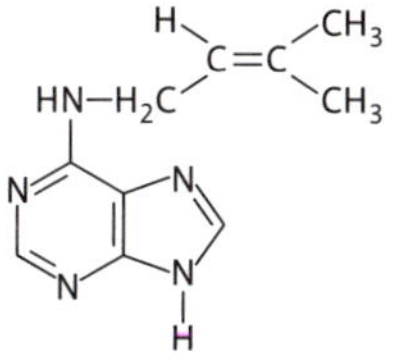

Cytokinine
(N6-Isopentenyladenin, IPA)

Die Wirkungen der Cytokinine:
- Cytokinine fördern allgemein die Zellteilung.
- Als Gegenspieler der Auxine hemmen sie die Apikaldominanz und fördern dadurch das Austreiben von Seitenknospen.
- Aufheben der Keimruhe von Samen.
- Verzögerung der Seneszenz.

Gibberelline

| 9.3

Von den mehr als 100 Vertretern der Gibberellinen haben nur einige wenige eine biologische Wirkung (beispielsweise GA_1, GA_3, GA_4 und GA_7). Strukturell bilden die Gibberelline eine eigene Gruppe, die sich von einer heterozyklischen Verbindung, dem Gibberellan, ableitet (**Abb. 9.4**). Ausgangspunkt des Syntheseweges ist die Isoprenoid-Synthese in den Plastiden, die letzten Teilschritte der Synthese laufen im Cytoplasma ab. Die intrazelluläre Konzentration der Gibberelline wird durch das Gleichgewicht zwischen Synthese und gezieltem Abbau reguliert. Zudem gibt es hier ein enges Wechselspiel mit den Auxinen: Auxine fördern die Gibberellin-Synthese und hemmen ihren Abbau. Offenbar gibt es einen Gibberellin-Rezeptor in der Plasmamembran und einen weiteren im Zellkern. Endpunkt der Signalkaskade ist der gezielte Abbau von Repressorproteinen und damit das Eingreifen in die Genexpression.

Abb. 9.4

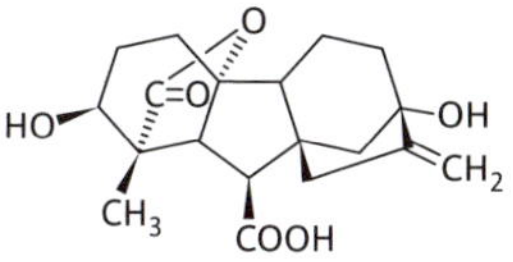

Gibberelline
(Gibberellinsäure GA_1)

Wirkungen der Gibberelline:
- Förderung des Streckungswachstums.
- Aufheben der Keimruhe von Samen.
- Aufheben der Knospenruhe und damit Auslösen der Blütenentwicklung.

9.4 | Brassinosteroide

Abb. 9.5

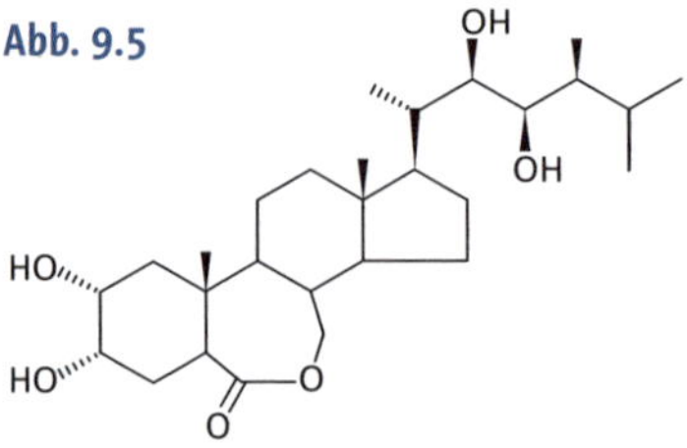

Brassinosteroide
(Brassinolid)

Brassinosteroide gehören zu den Steroidhormonen und leiten sich von den cyclischen Terpenen ab (**Abb. 9.5**). Es gibt zahlreiche inaktive Formen durch Konjugation mit Glucose oder mit Fettsäuren. Inwieweit diese Konjugate Speicherformen sind, also das Hormon wieder freisetzen können, ist noch offen. Wie auch bei den anderen Phytohormonen gibt es Rezeptorproteine in der Plasmamembran. Die Signalkaskade ist jedoch noch nicht völlig geklärt. Im Zellkern gibt es Kinase/Phosphatase-Aktivitätsschalter und spezifische Transkriptionsfaktoren, die in die Genexpression regulierend eingreifen. Brassinosteroide und Auxine sind zwar Antagonisten, aber die ausgelösten Reaktionen sind sehr ähnlich. Deshalb benötigen die von der Zelle erwünschten Reaktionen ein sensibles Gleichgewicht zwischen beiden Hormonen.

Wirkungen der Brassinosteroide:
- Förderung von Zellteilungen und Zellwachstum.
- Förderung des Sprosswachstums.

9.5 | Abscisinsäure

Abb. 9.6

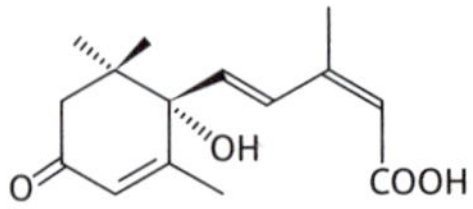

Abscisinsäure

Während es sich bei den bisherigen Phytohormonen um Hormongruppen mit mehreren bis vielen Mitgliedern handelte, liegt mit der Abscisinsäure ein einzelnes Hormon vor. Die Abscisinsäure ist ein Sesquiterpen (**Abb. 9.6**) und leitet sich wie auch die Brassinosteroide vom Isoprenstoffwechsel ab. Die Biosynthese der Abscisinsäure beginnt in den Plastiden und endet im Cytoplasma. Die Regulation des Hormonspiegels erfolgt im Wesentlichen durch das Wechselspiel zwischen Synthese und gezieltem Abbau. Zudem gibt es ein Glucosid als Transport-Konjugat. Mehrere Proteine, die verschiedenen Signaltransduktionsketten angehören, sind als Abscisinsäure-Rezeptoren bekannt, wobei insbesondere ihre Beteiligung an der Stressantwort der Zelle gut untersucht ist.

Wirkungen von Abscisinsäure:
- Abscisinsäure ist das Stresshormon der Pflanze. Abiotischer Stress (Trockenheit, Salz, Kälte) löst umgehend eine stark erhöhte Abscisinsäure-Biosynthese aus, die sowohl über Phosphorylierungskaskaden als auch über die Bildung von ROS/NO/cGMP das Signal in den Kern

leitet, wo ein besonderer Transkriptionsfaktor an spezifische Sequenz-
bereiche bindet, welche alle durch Abscisinsäure regulierten Gene in
ihrem Promotor besitzen.

- Wassermangel führt zum Stomataverschluss. Auch hier ist Abscisinsäure das zentrale Hormonsignal, das von der Wurzel über den Xylem-
strom zu den Blättern transportiert wird. Aber auch die Schließzellen-
autonome Abscisinsäure-Produktion wird diskutiert.
- Abscisinsäure hemmt die Blühinduktion.

Ethylen | 9.6

Ethylen ist ein gasförmiges Hormon und entsteht aus der Aminosäure
Met (**Abb. 9.7**). Der Cu-Ionen enthaltende Ethylen-Rezeptor in der Membran leitet das Signal über eine MAP-Kinase-Kaskade (**vgl. Kapitel 8**) in den
Zellkern weiter, wo spezielle Transkriptionsfaktoren die Genregulation
übernehmen.

Abb. 9.7

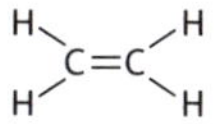

Ethylen

Wirkungen von Ethylen:
- Ethylen ist das Reifungshormon der Pflanze. Es fördert die Fruchtreifung und den Fruchtfall. Ethylen wird daher auch in der Frucht-
technologie eingesetzt, wo durch die Begasung mit Ethylen der Reifungsprozess in unreif geernteten Früchten nachträglich ausgelöst
wird (wie in Bananen, nachdem sie aus Übersee eingetroffen sind).
Andererseits werden auch Inhibitoren des Ethylenrezeptors in großem
Maßstab eingesetzt, um Schnittblumen und Früchte länger frisch zu
halten.
- Ethylen fördert die Blattalterung und den Blattfall.

Jasmonsäure | 9.7

Jasmonsäure ist ein Fettsäurederivat (**Abb. 9.8**) und entsteht durch Abbau
von Linolensäure. Teile des Signaltransduktionsweges und der durch Transkriptionsfaktoren gesteuerten Genregulation sind bekannt. Auch für den
Jasmonsäure-Rezeptor werden Kandidaten diskutiert.

Abb. 9.8

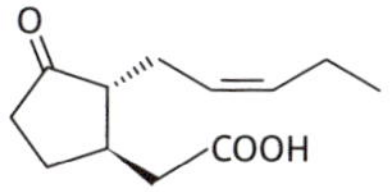

(-)-Jasmonsäure

Wirkungen von Jasmonsäure:
- Jasmonsäure ist ein Stresshormon und dient als Alarmsignal nach
Verwundung (Tierfraß) oder Pathogenbefall.
- Jasmonsäure ist ein Entwicklungshormon und ist an der Entwicklung
von Wurzeln, Samen und der Blattseneszenz beteiligt.

9.8 │ Weitere Signalstoffe

- **Salicylsäure** wurde als Alarmhormon identifiziert und ist beteiligt an der induzierbaren Resistenz gegen Pathogene. Am Infektionsort wird Salicylsäure gebildet und löst eine lokale Abwehrreaktion aus. Die Infektionsnachricht wird jedoch auch durch das Xylem über die ganze Pflanze verteilt (wahrscheinlich über Jasmonsäure als Transportsignal) und löst auch in entfernten Blättern die schützende Sali-cylsäure-Produktion aus.

- **Peptidsignale** entstehen durch den proteolytischen Abbau von Vorläuferproteinen. Es wurde noch vor wenigen Jahren angenommen, dass nur Tiere, aber keine Pflanzen über Peptidhormone verfügen. Mit der Entdeckung von Systemin musste diese Annahme revidiert werden. Das Vorläuferprotein für Systemin wird über den ER/Golgi-Weg gebildet und als Reaktion auf Verwundung durch eine spezifische Endoprotease als 18 Aminosäuren langes Peptid freigesetzt, das die Wundheilung/Pathogenabwehr auslöst aber auch Nachbarzellen über die Verwundung informiert und dort die Synthese von Abwehrproteinen auslöst. Zwischenzeitlich wurde eine ganze Reihe weiterer Peptidsignale in Pflanzen identifiziert.

- **Stickstoffmonoxid (NO)** ist ein kurzlebiges gasförmiges Radikal und in Tieren als potenter Botenstoff gut untersucht. Auch in Pflanzen wurde es nachgewiesen, wo es zusammen mit ROS und cGMP Teil von vielen Signaltransduktionsketten ist. Seine Wirkungen sind vielfältig (beispielsweise Antagonist von Ethylen, Förderung der Samenkeimung, Förderung des Stomataverschlusses).

Merksatz

Phytohormone sind extrazelluläre Botenstoffe, die in sehr niedrigen Konzentrationen (< µM) wirken. Es handelt sich um niedermolekulare Substanzen von sehr unterschiedlicher Struktur, die sowohl über kurze Distanzen aber auch über die Langstreckenbahnen der Pflanze transportiert werden. Spezifische Rezeptoren erkennen das Hormon und bewirken eine von der Zelle vorgegebene Reaktion, die je nach Zelle verschieden sein kann. So kommt es, dass dasselbe Hormon je nach Zelltyp völlig verschiedene Reaktionen auslösen kann.

Besonderheiten der Pflanzenzelle im Vergleich zur tierischen Zelle | 10

Im Unterschied zu Tieren ernähren sich Pflanzen autotroph und haben eine sessile, also ortsgebundene Lebensweise. Daraus leiten sich erhebliche Unterschiede zur tierischen Zelle ab. Wenn hier von der Pflanzenzelle die Rede ist, so ist damit die typische Zelle höherer Pflanzen gemeint. Es sei vermerkt, dass es bei niederen Pflanzen, bei denen man mitunter sogar bewegliche Sonderformen der Zelle antrifft, erhebliche Abweichungen vom hier besprochenen Zelltypus gibt.

- Pflanzenzellen besitzen **Plastiden**.
- Pflanzenzellen besitzen eine **Zentralvakuole**, die als multifunktionelles Kompartiment eine Reihe von sehr diversen Einzelfunktionen hat. Sie erzeugt im Zusammenwirken mit der Zellwand den Turgor, ist Zwischenspeicher für eine ganze Reihe von Metaboliten und Endlager für zahlreiche Verbindungen mit speziellen Aufgaben. Sie ist das Exkretionsorganell der Pflanzenzelle, weil es keine sonstige Entsorgungsmöglichkeit für Abfallprodukte des Stoffwechsels gibt. Sonderformen der Vakuole dienen als Proteinspeicher. Schließlich ist sie das lytische Organell, da Pflanzenzellen **keine Lysosomen** besitzen.
- Pflanzenzellen besitzen eine **Zellwand**, die die Funktion eines Exoskeletts ausübt. Auf der Zellwand beruhen viele Eigenschaften der Pflanzen. Sie ist fest und bestimmt Größe und Form einer Zelle und damit auch indirekt die Gewebestruktur. Sie ist außerdem das Widerlager für den Turgor. Die Zellwand dient in vielen Fällen als Verdunstungsbarriere und schützt die Zelle vor pathogenen Mikroben und Pilzen.
- Pflanzenzellen sind in der Regel erheblich **größer** als tierische Zellen.
- Pflanzenzellen sind **osmotroph**, das bedeutet dass sie Stoffe nur in gelöster Form aufnehmen, im Gegensatz zu den phagotrophen tierischen Zellen, die ihre Nahrung auch in Form von Partikeln aufnehmen können.
- Im Vergleich zu tierischen Zellen enthalten Pflanzenzellen in der Regel **weniger Mitochondrien**, dafür ist jedoch ihre **Stoffwechselaktivität** (Atmung!) generell höher als die tierischer Zellen.

- Das **Mitochondriengenom** ist mindestens zehnmal größer als das tierischer Zellen.
- In den Speichergeweben fettreicher Samen wird der Fettsäure-Abbau von den **Glyoxisomen** übernommen, die eine spezielle Variante der Peroxisomen darstellen und bei tierischen Zellen nicht vorkommen.
- **Oleosomen** und ihre Membranproteine, die **Oleosine**, findet man nur bei Pflanzen, jedoch nicht bei Tieren oder Pilzen.
- Pflanzenzellen besitzen **mehr Dictyosomen** als tierische Zellen. Je nach Zelltyp und physiologischem Zustand kann eine Pflanzenzelle weit über 1000 Golgi-Stapel besitzen. Im Durchschnitt liegt die Zahl aber unter 100. Der **Golgi-Apparat** einer Pflanzenzelle ist der Hauptsyntheseort für Oligo- und Polysaccharide, die für die Bildung der Zellwand benötigt werden. Da die Zellwand mengenmäßig eine große Stoffinvestition der Zelle darstellt, ist es nicht verwunderlich, dass Pflanzenzellen im Vergleich zu tierischen Zellen eine viele höhere Zahl an Golgi-Stapeln besitzen.
- Während sich in tierischen Zellen die Golgi-Stapel in der Nähe des Zellkerns und des ihn umgebenden rauen ERs aufhalten, sind sie in Pflanzenzellen über die ganze Zelle verteilt. Dieser Modus stellt sicher, dass auch in stärker vakuolierten Zellen die benötigten Polysaccharid-Vorstufen ihr Ziel bei der Zellwandsynthse erreichen. Unterstützt wird dieser Prozess durch die Cytoplasmaströmung.
- Das Actinsystem ist verantwortlich für die vor allem in Pflanzenzellen auftretende **Cytoplasmaströmung**.
- Im Unterschied zu tierischen Zellen bildet das **Cytoskelett** nicht die Grundlage für die Festigkeit der pflanzlichen Zelle, denn diese resultiert aus dem Wechselspiel zwischen Turgor und stützender Zellwand.
- Pflanzenzellen nutzen im Unterschied zu tierischen Zellen für den **Transport von Organellen** (Mitochondrien, Plastiden) vor allem das Actinsystem. Peroxisomen werden hier ausschließlich an Actinfilamenten bewegt.
- Pflanzenzellen besitzen **keine Centrosomen**. Stattdessen verfügen sie über zahlreiche, mehr diffuse MTOCs, die sich vor allem im peripher gelegenen Zellcortex befinden und während der Mitose an den Polkappen liegen.
- Pflanzenzellen sind **totipotent**, aus jeder Zelle der Pflanze kann eine neue intakte Pflanze regeneriert werden.
- Pflanzenzellen **teilen sich auf andere Weise** als tierische Zellen.

- Pflanzenzellen verbleiben an dem Ort, wo sie gebildet wurden, sie können innerhalb von Gewebeverbänden also **nicht wandern** so wie tierische Zellen.
- Als **Hormone** nutzen Pflanzenzellen in der überwiegenden Mehrzahl niedermolekulare, nichtpeptische Verbindungen, die nicht wie bei tierischen Lebewesen von einer gesonderten Drüse produziert werden. In vielen Fällen ist der Bildungsort der Phytohomone auch ihr Wirkungsort.

11 | *Arabidopsis thaliana* als Modellpflanze

Arabidopsis thaliana (Ackerschmalwand; annuelles Kraut; Familie der Brassicaceen) entwickelte sich in den vergangenen Jahrzehnten zur Modellpflanze der molekularen Pflanzenforschung (**Abb. 11.1**). Alle Modellobjekte der biologischen Forschung (wie die Fruchtfliege *Drosophila melanogaster*, die Maus, die Hefe *Saccharomyces cerevisiae* und *E. coli*) erfüllen Anforderungen, die ein Modellobjekt definieren: Modellobjekte müssen wenig Platz in der Haltung beanspruchen, einfach und billig zu kultivieren sein, eine kurze Generationszeit besitzen, viele Nachkommen haben und in jeglicher Hinsicht gut charakterisiert sein (genetisch, molekularbiologisch, physiologisch, zellbiologisch, biochemisch etc.). Es ist durchaus sinnvoll, dass sich die internationale Forschergemeinschaft auf einige wenige Modellobjekte geeinigt hat. Wenn weltweit die Mehrzahl aller Labore mit Modellobjekten arbeitet, lassen sich für einen bestimmten Organismus ungleich mehr Daten erheben, als wenn jedes Labor eine andere Spezies bearbeiten würde. Natürlich müssen für einige spezielle Fragestellungen auch Vertreter anderer Arten untersucht werden. In der Pflanzenforschung kann Arabidopsis beispielsweise nicht als Modell für alle höheren Pflanzen herhalten, da es sich um eine zweikeimblättrige (dicotyle) nichtholzige Pflanze handelt. Für die ökonomisch enorm wichtigen einkeimblättrigen Pflanzen (vor allem Getreide) werden deshalb Reis, Gerste und Mais erforscht. Für die Bäume dient die Pappel als Modell. Auch die Sojabohne (Modell für die Körnerleguminosen), *Lotus japonicus* (als Modell für die symbiontische Stickstofffixierung der Leguminosen) und das Moos *Physcomitrella patens* haben Modellstatus erlangt.

Arabidopsis thaliana verfügt über folgende Eigenschaften:
- Klassisches Untersuchungsobjekt der Pflanzengenetiker seit Jahrzehnten. Deshalb ist eine Fülle von genetischen, biochemischen und physiologischen Daten verfügbar.
- Kleiner Wuchs (etwa 20–30 cm mit Blütenstand) und damit geringer Flächenbedarf.
- Selbstbestäubend.

Abb. 11.1

Arabidopsis thaliana.

- Kurze Generationszeit (etwa acht Wochen von der Keimung bis zum reifen Samen).
- Eine Einzelpflanze hat bis zu 10 000 Nachkommen.
- Sie hat nur fünf Chromosomen (1n, haploider Satz).
- Sie hat ein kleines Genom (nur 125 Mb DNA), das vollständig sequenziert ist.

- Das Genom codiert etwa 25 000 Proteine.
- Für etwa zwei Drittel der proteincodierenden Gene konnte durch Vergleich mit anderen Modellorganismen eine Vorstellung gewonnen werden, welche Funktion das hypothetische Protein haben könnte.
- 80 % des Genoms sind unikale Sequenzen, die für Proteine codieren.
- Die restlichen 20 % sind repetitive (also sich wiederholende) Sequenzen, die in großer Kopienzahl tRNAs, rRNAs etc. codieren.
- Das Genom weist eine hohe Gendichte auf, was die Erzeugung von Mutanten erleichtert.
- Arabidopsis ist einfach transformierbar (**vgl. Kapitel 14**)

Datenbanken und „stock center"

Die heutige Molekularbiologie produziert eine derart große Datenflut, dass eine Publikation dieser Daten in Büchern oder Fachzeitschriften nicht mehr sinnvoll und praktikabel ist. Sie werden deshalb in spezialisierten elektronischen Datenbanken abgelegt, die online verfügbar sind. Solche Datenbanken gibt es für DNA-Sequenzen, Genome, Proteinsequenzen, Proteinstrukturen, Transkriptionsaktivitäten und Stoffwechselparameter – und zwar für jeden Modellorganismus! Die online-Nutzerwerkzeuge (*tools*) und Programme sind für alle Organismen vereinheitlicht und die jeweiligen Datenbanken sind miteinander verknüpft. Die drei großen Datenbanken in Europa, den USA und Japan werden täglich abgeglichen. Hat ein Forscher beispielsweise ein neues Gen in Bearbeitung, kann er durch eine Datenbankanfrage binnen Sekunden die Nucleotidsequenz seines untersuchten Gens mit den Sequenzen aller bekannten Gene aller Organismen auf Ähnlichkeiten prüfen lassen. Für Arabidopsis hat man außerdem zwei sogenannte „stock center" eingerichtet, in denen die Samen aller Ökotypen dieser Modellpflanze lagern und zusätzlich die Samen aller bisher isolierten und erzeugten Arabidopsis-Mutanten sowie die DNA-Konstrukte von gängigen Vektorplasmiden für den Gentransfer in Arabidopsis. Das europäische Zentrum ist in Nottingham (GB) angesiedelt, das andere in den USA im Bundesstaat Ohio. Diese beiden Zentren sind für die weltweite Saatguterhaltung und -verteilung zuständig. Die Samensammlungen beider Zentren werden regelmäßig abgeglichen. Außerdem hat man – was den Einstieg sehr erleichtert – für Arabidopsis alle verfügbaren *tools* und *links* auf einer Webseite zusammengefasst (http://www.arabidopsis.org), die von *The Arabidopsis Information Resource TAIR* betrieben wird und alle Daten aufgearbeitet und intuitiv nutzbar darstellt. Für die meisten Gene gibt es sofort Verknüpfungen zu verfügbaren Mutanten (Link zum Stock Center) und zu Publikations-Datenbanken, die genauere Informationen über die Funktion des codierten Proteins bereithalten. Außerdem gibt es inzwischen auch Datenbanken zur

Expression der meisten Arabidopsis-Gene, sodass der Forscher für sein untersuchtes Gen sofort auch die Stärke der Genexpression unter vielen verschiedenen physiologischen Bedingungen abfragen kann. Zudem erfährt er, mit welchen anderen Genen sein untersuchtes Gen coreguliert wird. Die online-Nutzung der großen Datenbanken ist kostenfrei und die Samen werden für einen geringen Betrag von den beiden Saatgutzentren der Forschung zur Verfügung gestellt.

Merksatz

Folgende Eigenschaften machen *Arabidopsis thaliana* zum Modellobjekt: kleiner Wuchs, einfache Haltung, selbstbestäubend, acht Wochen Generationszeit, 10 000 Nachkommen je Pflanze, sehr kleines und vollständig sequenziert Genom (nur 125 Mb DNA), leicht transformierbar.

12 | Das Abbild der Zelle

Der Erkenntniszuwachs der Zellbiologie war eng gekoppelt an die technische Weiterentwicklung von optischen Verfahren zur Darstellung kleinster Bestandteile der Zelle. Dem Zellbiologen steht heute eine Vielzahl von Mikroskopen und computergestützten Bildbearbeitungsverfahren zur Verfügung.

12.1 | Lichtmikroskopie

Das Lichtmikroskop kann Zellen um das Tausendfache vergrößern und Strukturen bis zu einer Größe von etwa 0,2 µm auflösen. Diese Grenze ist durch die Wellennatur des sichtbaren Lichts vorgegeben und kann auch duch die Verwendung von kürzerwelligem UV-Licht und hochempfindlichen Kameras nur wenig verbessert werden. Der entscheidende Vorteil der Lichtmikroskopie liegt in der Möglichkeit der Lebendbeobachtung von Objekten. Allerdings ist die Mehrzahl der Zellstrukturen farblos und muss erst über Färbetechniken sichtbar gemacht werden. Will man die Färbung jedoch umgehen, so gibt es verschiedene optische Verfahren, Kontrastunterschiede auch zwischen nahezu farblosen Zellbestandteilen zu erzeugen.

Phasenkontrast: Beim Durchgang von Lichtwellen durch ungefärbte Zellen werden Dichteunterschiede in Kontrastunterschiede umgewandelt (**Abb. 12.1**).

Differential-Interferenzkontrast (DIC): Bei diesem von Nomarski entwickelten Verfahren werden ebenfalls Dichteunterschiede in Kontrastunterschiede übersetzt. Das Beleuchtungslicht wird in zwei identische Strahlenbündel zerlegt, von denen das eine das Präparat durchdringt, das andere aber nur ein definiertes Medium durchläuft (Referenzstrahl). Hinter dem Objekt werden beide Bündel wieder vereinigt und die Differenzen werden in Kontrastunterschiede umgewandelt, wodurch ein plastisches Bild entsteht (**Abb. 12.1**). Dieses Verfahren wurde auch zur Darstellung der Mitosephasen in Abbildung 3.2 eingesetzt.

Fluoreszenz-Mikroskopie: Manche Verbindungen werden durch Licht einer bestimmte Wellenlänge angeregt und strahlen danach Licht einer

Abb. 12.1

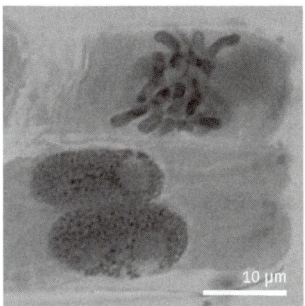 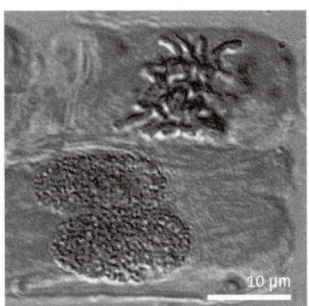 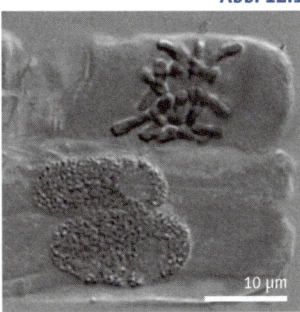

Beobachtung derselben lebenden Zellen mit drei verschiedenen Mikroskopie-Techniken. Lichtmikroskopische Aufnahme von Zellen der Zwiebel im Standard-Durchlicht (links), im Phasenkontrast (Mitte) und im Differential-Interferenzkontrast (rechts). Während sich die obere Zelle gerade in der Mitose befindet, sind in den beiden unteren Zellen die Kerne mit ihren Nucleoli gut erkennbar (Originalaufnahmen R. Hänsch, Braunschweig).

anderen, längeren Wellenlänge ab. Das Fluoreszenz-Mikroskop ist ein technisch modifiziertes Lichtmikroskop. Eine geeignete Filterkombination gestattet es, das Präparat mit kurzwelligem Licht anzuregen und danach nur das emittierte längerwellige Licht zum Beobachter passieren zu lassen. Die markierten Objekte erscheinen in leuchtenden Farben vor einem schwarzen Hintergrund. Wird zum Beispiel Chlorophyll mit blauem (= kurzwelligen) Licht angeregt, so sendet es rotes (= längerwelliges) Licht aus. Diese rote Autofluoreszenz des Chlorophylls geschieht auch bei der Confokal-Mikroskopie. Es gibt jedoch auch **Fluoreszenzfarbstoffe**, die spezifisch an bestimmte Zellmoleküle binden und dabei ihren Aufenthaltsort in der Zelle anzeigen, wenn man sie mit dem Fluoreszenz-Mikroskop untersucht. Der Fluoreszenzfarbstoff DAPI bindet an DNA und wird daher oft zum Detektieren des Zellkerns oder zur Darstellung der Chromosomen während der Mitose eingesetzt (**Abb. 12.2 A**). Fluoreszenzfarbstoffe können auch an Antikörpermoleküle gekoppelt werden, sodass man solcherart markierte Antikörper als hochspezifische Sonden einsetzen kann, die selektiv an Zielmoleküle im Präparat binden und dabei die Verteilung der Zielmoleküle in der Zelle sichtbar machen. Dieses Verfahren bezeichnet man auch als **Immunfluoreszenz**. Für **Abbildung 12.2 B** wurde ein Mikrotubuli-spezifischer Antikörper mit dem Fluoreszenzfarbstoff FITC markiert und danach mit einem Zellpräparat inkubiert, woraufhin die Mikrotubulibündel der Zelle in leuchtendem Grün sichtbar sind.

Confokale Laserscanning-Mikroskopie: Das confokale Mikroskop ist ein hoch gerüstetes Lichtmikroskop, nämlich ein Fluoreszenz-Mikroskop mit einem Laserstrahl als Lichtquelle. Seine Auflösung ist nicht höher als die eines gewöhnlichen Lichtmikroskops, jedoch liegt seine Stärke in der

Abb. 12.2

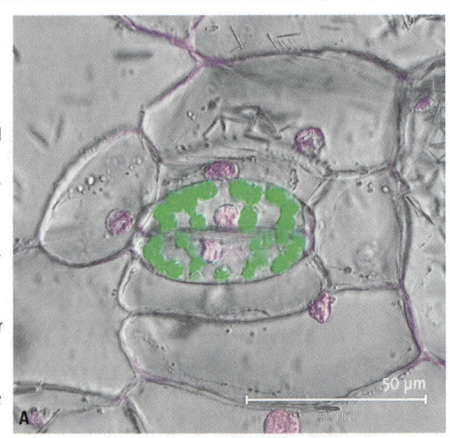

Fluoreszenz-Markierung von Zellbestandteilen.
(A) DAPI-Färbung der Zellkerne von Schließzellen und Epidermiszellen (*Commelina communis*, Tagblume). Der Fluoreszenzfarbstoff DAPI bindet spezifisch an DNA und macht damit die Zellkerne gut sichtbar. Die confokale Aufnahme ist auf die Schnittebene der Schließzellen eingestellt, sodass die Autofluoreszenz der Schließzell-Chloroplasten (statt rot hier grün gefärbt) mit erfasst wird.
(B) Immunfluoreszenz von Mikrotubuli in Hypocotylzellen von *Arabidopsis thaliana*. Die Zellen wurden mit einem Detergens durchlässig gemacht für einen Fluoreszenzfarbstoff-markierten Antikörper, der spezifisch Mikrotubuli detektiert. Zu erkennen ist die Anordnung der Mikrotubuli, die zu dickeren Bündeln zusammengefasst sind und im cortikalen Bereich unterhalb der Plasmamembran liegen (A, Originalaufnahme R. Hänsch, Braunschweig; B, Originalaufnahme I. Adamakis, Thessaloniki).

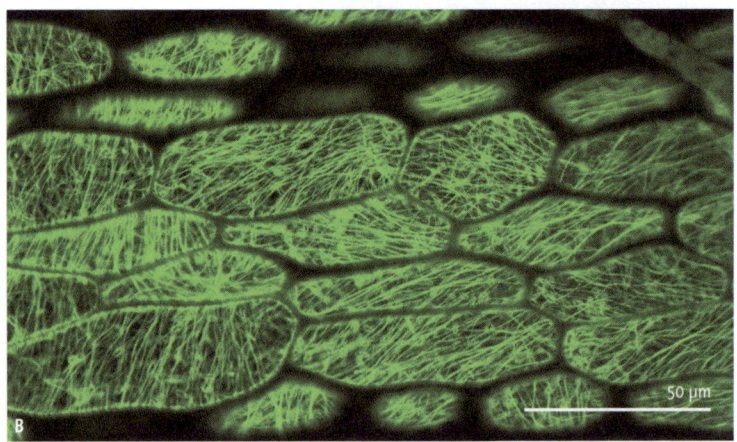

Abb. 12.3

Confokale Mikroskopie.
Aufnahme der Fluoreszenz einer Schließzelle mit einem konventionellen Fluoreszenz-Mikroskop (links) und mit einem confokalen Laserscanning-Mikroskop (rechts). Die Unterschiede sind im Text genauer erläutert (Originalaufnahmen K. Nowak und R. Hänsch, Braunschweig).

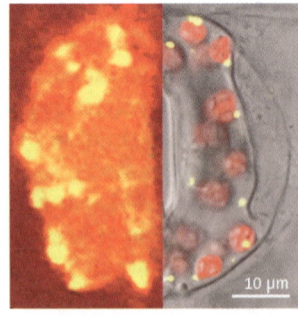

3D-Darstellung zellulärer Strukturen. Ein Laserstrahl wird auf einen bestimmten Punkt innerhalb der Dicke einer lebenden Zelle fokussiert, wodurch die dort vorhandenen Moleküle zur Fluoreszenz angeregt werden. Eine Lochblende (engl.: *pinhole*) vor dem Detektor lässt nur solche Fluoreszenzstrahlen passieren, die genau von der angeregten optischen Ebene abgestrahlt werden. Jeder Punkt der optischen Ebene wird in X- und Y-Achse abgetastet, wodurch schließlich ein 2D-Bild

dieser optischen Ebene der Zelle erscheint: Ein optischer Schnitt durch
die Zelle wurde erstellt. Dann werden schrittweise die darunterliegenden
optischen Ebenen der Zelle abgetastet, wodurch das lebende Präparat –
ohne selbst verändert zu werden – in eine Serie dünner optischer Schnitte zerlegt wird, die vom Computer zu einem 3D-Bild zusammengesetzt
werden. **Abbildung 12.3** zeigt vergleichend die beiden Schließzellen einer
Spaltöffnung im Blatt, links durch ein konventionelles Fluoreszenz-Mikroskop beobachtet und rechts mit dem confokalen Laserscanning-Mikroskop aufgenommen. Die Autofluoreszenz der Chloroplasten erscheint
in rot, die Peroxisomen wurden mit einem fluoreszierenden Protein gelb
markiert. Im konventionellen Fluoreszenz-Mikroskop ist das rote Streulicht der Chloroplasten so stark, dass ihre Konturen zu einem Brei ver-
schwimmen. Auch das Streulicht der gelb markierten Peroxisomen ist so
stark, dass sie erheblich größer erscheinen, als sie in Wirklichkeit sind.
Ganz anders das confokale Bild: Die Serie optischer Schnitte wurde zu einem 3D-Bild rekonstruiert, dessen Konturen klar und scharf sind und das
einen äußerst plastischen Eindruck vermittelt. Ein weiterer Vorteil der
confokalen Mikroskopie ist, dass man für jeden Punkt des Bildes alle drei
Raumkoordinaten (X-, Y-, Z-Achse) besitzt, sodass das Bild am Computer
in alle Richtungen drehbar ist und man das Objekt von jeder Seite aus be-
trachten kann. Die neueste Weiterentwicklung der confokalen Mikroskopie ist die **STED-Mikroskopie** (STED = *stimulated emission depletion*), bei
der mit einem zweiten Laserstrahl die Emission fluoreszierender Moleküle gezielt und punktuell gelöscht wird, sodass nur noch sehr kleine Bereiche des fluoreszierenden Präparates erfasst werden und dadurch sehr
viel feinere Details auflösbar sind. Mit der STED-Mikroskopie wurden dadurch Auflösungen von weit unterhalb 200 nm erreicht – obwohl es sich
in der optischen Einheit immer noch um ein Lichtmikroskop handelt!

Merksatz

**Das confokale Laser-
scanning-Mikroskop
ist ein hoch gerüste-
tes Lichtmikroskop
mit einem Laserstrahl
als Lichtquelle. Seine
Auflösung ist nicht
höher als die eines
gewöhnlichen Licht-
mikroskops, jedoch
liegt seine Stärke in
der 3D-Darstellung
zellulärer Strukturen.
Eine Serie optischer
Schnitte wird am
Computer zu einem
3D-Bild rekonstruiert,
dessen Konturen klar
und scharf sind und
das einen äußerst
plastischen Eindruck
vermittelt.**

Elektronenmikroskopie | 12.2

Das Elektronenmikroskop ähnelt einem umgekehrten Lichtmikroskop,
jedoch erfolgt die Beleuchtung mit Elektronenstrahlen, die erheblich kürzerwellig sind als sichtbares Licht und deshalb höhere Auflösungen gestatten. Beim konventionellen **Transmissions-Elektronenmikroskop (TEM)**
wird die Probe mit schnellen Elektronen durchstrahlt und statt der Glas-
linsen fokussieren magnetische Linsen den Beleuchtungsstrahl. Das ver-
größerte Bild wird auf einem fluoreszierenden Leuchtschirm beobachtet.
Die im Vakuum auf 100 kV beschleunigten Elektronen besitzen eine um
fünf Größenordnungen kürzere Wellenlänge als das sichtbare Licht, sodass
Vergrößerungen von mehr als 100 000-fach möglich sind und Auflösun-

Abb. 12.4

Immuno-Elektronenmikroskopie. Der Ultradünnschnitt einer Zelle von Arabidopsis wurde mit Antikörpern gegen das Enzym Sulfitoxidase inkubiert. Der Sekundärantikörper, der den primären Antikörper detektiert, war mit Goldkügelchen (10 nm Größe) markiert. Das Bild zeigt, dass die Sulfitoxidase eindeutig in den Peroxisomen (P) lokalisiert ist, und nicht in den Mitochondrien (M) oder Chloroplasten (CP) (Originalaufnahme C. Witt und R. Hänsch, Braunschweig).

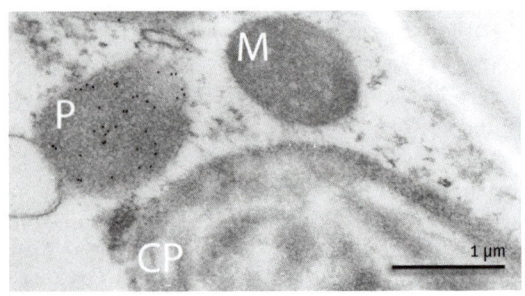

Merksatz

Das Elektronenmikroskop ähnelt einem umgekehrten Lichtmikroskop, jedoch erfolgt die Beleuchtung mit Elektronenstrahlen, die erheblich kürzerwellig sind als sichtbares Licht und deshalb Auflösungen bis zu 2 nm gestatten. Man unterscheidet zwischen der in der Zellbiologie häufig eingesetzten Transmissions-Elektronenmikroskopie und der selteneren Rasterelektronenmikroskopie.

gen bis zu 2 nm in biologischem Material erreicht werden. Allerdings erfordert diese Technik nicht nur ein sehr teures Gerät, sondern auch erheblich dünnere Präparate (von durchschnittlich 50 nm), als sie in der Lichtmikroskopie üblich sind. Um solche Schnitte anfertigen zu können benötigt man wiederum eine recht langwierige Einbettungstechnik für das Präparat und ein **Ultramikrotom** zum Schneiden. Zudem sind Lebendbeobachtungen nicht möglich. Das Problem der Transmissions-Elektronenmikroskopie liegt im geringen Kontrast des durchstrahlten Probenmaterials, da biologische Präparate die beschleunigten Elektronen nur wenig beugen. Deshalb gibt es eine Vielzahl von Verfahren, um den Kontrast der Bilder zu erhöhen, beispielsweise durch Einlagerung von Schwermetallen in die Probe oder Metallbedampfung des Schnittes, da Schwermetalle die schnellen Elektronen viel stärker beugen. Trotz des großen Geräteeinsatzes rechtfertigt die einzigartig hohe Bildauflösung den technischen Aufwand und die Elektronenmikroskopie hat ihren festen Platz in der Zellbiologie. Ein weiteres Verfahren zur Kontrasterhöhung ist die **Gefrierbruchtechnik**: Hier wird die tiefgefrorene Probe aufgebrochen, die Bruchfläche wird mit Schwermetallen bedampft und dann im TEM beobachtet. Dieses Verfahren liefert hervorragend plastische Bilder. Eine andere in der Zellbiologie weit verbreitete (allerdings sehr aufwendige) Technik ist die **Immuno-Elektronenmikroskopie**. Sie gestattet Makromoleküle (zumeist Proteine) in Schnittpräparaten sichtbar zu machen, also herauszufinden, in welchem Kompartiment der Zelle ein Protein lokalisiert ist. Dazu wird der hauchdünne Schnitt durch die eingebettete Zelle mit einem das Zielprotein erkennenden primären Antikörper behandelt. Danach wird ein sekundärer Antikörper auf das Präparat gegeben, der wiederum primäre Antikörper erkennt. Dieser sekundäre Antikörper ist mit einem 10 nm großen Goldkörnchen markiert, das die Elektronenstrahlen stark beugt und deshalb im TEM-Bild tiefschwarz erkennbar ist. Die Ansammlung vieler Goldkörnchen im Schnittbild zeigt dem Beobachter das Kompartiment oder die Membran an, in dem oder an der das

Zielprotein lokalisiert ist (**Abb. 12.4**). Durch Einsatz immer höherer Beschleunigungsspannungen bis zu 1000 kV und entsprechende Digitalisierungstechniken sind auch etwas dickere Präparate beobachtbar geworden. Der Preis eines Elektronenmikroskops entspricht in etwa dem eines confokalen Laser-Scanningmikroskops.

Beim **Rasterelektronenmikroskop (REM)** tastet ein Elektronenstrahl die Oberfläche der Probe zeilenweise ab und ein Detektor misst die gestreuten oder emittierten Elektronen. Das erzeugte Bild erscheint sehr plastisch mit einer großen Tiefenschärfe, allerdings sind die erreichbaren Auflösungen nicht so hoch wie bei der Transmissions-Elektronenmikroskopie, sodass das Rasterelektronenmikroskop in der Zellbiologie immer weniger Anwendung findet.

Fluoreszierende Proteine | 12.3

Das **grünfluoreszierende Protein (GFP)** hat als Fluoreszenzmarker die Zellbiologie im letzten Jahrzehnt revolutioniert. Es entstammt der pazifischen Qualle *Aequorea victoria*, für deren grüne Biolumineszenz es verantwortlich ist. Das 27 kDa große GFP besitzt eine charakteristische Struktur: 11 β-Stränge bilden ein β-Faltblatt, das zu einem Zylinder gekrümmt ist und ein β-Fass (β-barrel) bildet (**Abb. 12.5**). Das Chromophor von GFP ist ein Ringsystem, das aus den drei Aminosäuren Ser-Tyr-Gly besteht und sich nichtenzymatisch durch spontane Faltung ausbildet. Blaue Strahlung regt das Chromophor zu grüner Fluoreszenz an. Der Nachweis des Proteins beruht also nicht auf einer Enzymreaktion, man benötigt daher keinerlei Substrate sondern lediglich anregendes Blaulicht und kann deshalb lebende Zellen und Gewebe auf die Anwesenheit von GFP durchmustern. Wird GFP mit einem Kandidatenprotein fusioniert (= man fusioniert die DNAs für GFP und Kandidatenprotein, führt das DNA-Fusionskonstrukt mittels Gentransfer in eine Zelle ein und exprimiert es dort), so kann man in der lebenden Zelle die intrazelluläre Lokalisation des markierten Proteins bestimmen. Diese Analyse ist zerstörungsfrei und da am confokalen Laserscanning-Mikroskop ein Scan-Vorgang nur wenige Sekunden beansprucht, kann man ihn in regelmäßigen Intervallen wiederholen und so auch dynamische Änderungen in der leben-

Abb. 12.5

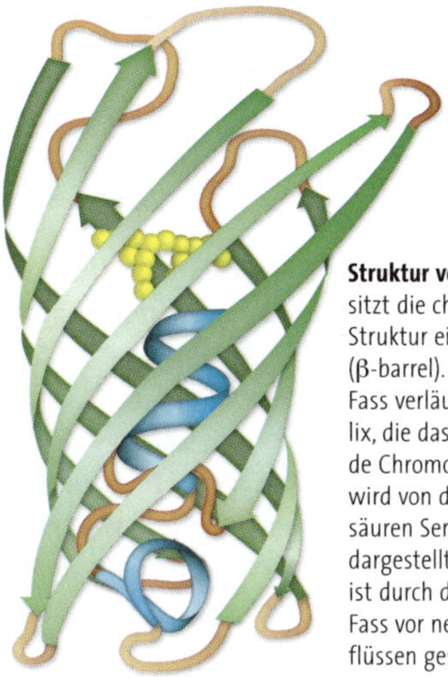

Struktur von GFP. GFP besitzt die charakteristische Struktur eines β-Fasses (β-barrel). Quer durch das Fass verläuft eine α-Helix, die das fluoreszierende Chromophor trägt. Es wird von den drei Aminosäuren Ser-Tyr-Gly (gelb dargestellt) gebildet und ist durch das umgebende Fass vor negativen Einflüssen geschützt.

Abb. 12.6

Expressionsanalyse von GFP. Eine Epidermis-Zelle (Tabak) wurde nach Agrobakterien-vermitteltem Gentransfer mit dem confokalen Laserscanning-Mikroskop untersucht. Die fünf Abbildungen zeigen dasselbe Bild, jeweils in einem anderen Spektralkanal betrachtet. **(A)** Durchlichtkanal (so sieht die Zelle bei Normallicht aus), **(B)** grün (GFP-Fluoreszenz im Cytoplasma), **(C)** rot (Autofluoreszenz der Chloroplasten), **(D)** gelb (Mitochondrien markiert durch Expression eines gelborange fluoreszierenden Proteins), **(E)** Überlagerung aller Kanäle von A–D, „merge" genannt. Erst durch die Aufnahmen in den anderen Kanälen kann Bild E richtig interpretiert werden. In benachbarten Zellen sind auch einige markierte Mitochondrien und Chloroplasten sichtbar. (Originalaufnahme C. Gehl und R. Hänsch, Braunschweig).

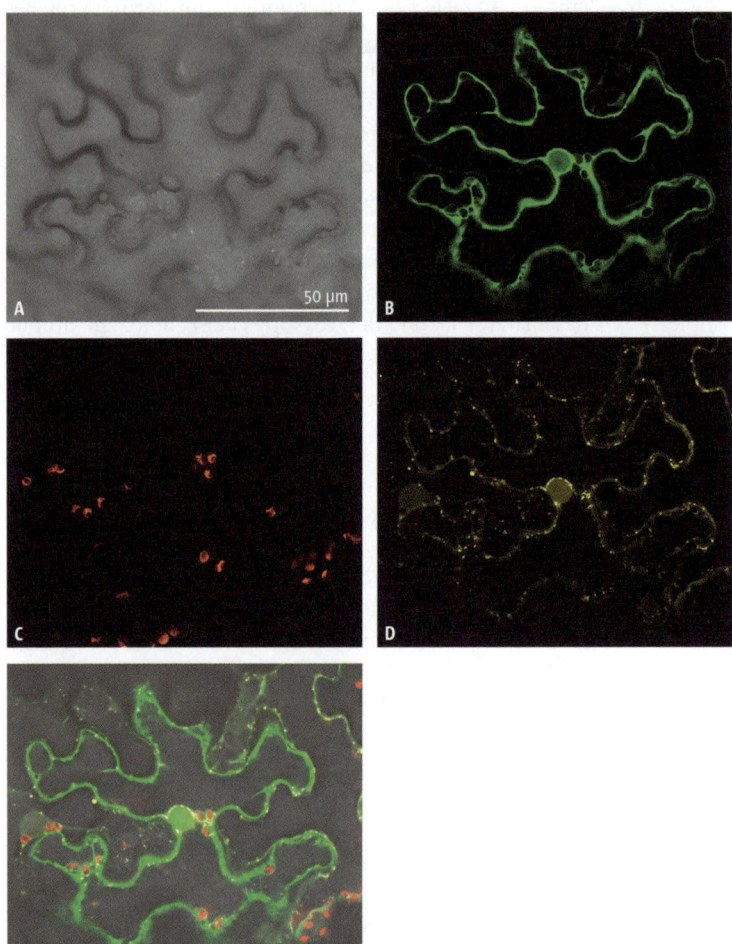

den Zelle beobachten, also beispielsweise den zellulären Weg des Kandidatenproteins verfolgen. Natürlich können mit dieser Technik auch vielzellige Gewebeverbände zerstörungsfrei und schnell untersucht werden (**Abb. 12.6**).

Inzwischen wurden gezielt Farbvarianten des GFP erzeugt, die ein verändertes Emissionsmaximum haben und gelb (**yellow fluorescent protein YFP**), rot (**red fluorescent protein RFP**) oder blau (**cyan fluorescent protein CFP**) fluoreszieren. Auch wurden andere natürliche Fluoreszenzproteine, wie ein RFP in Korallen, gefunden. Derzeit steht dem Zellbiologen ein Repertoir aus über einhundert verschiedenen Varianten fluores-

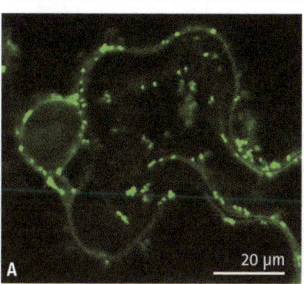 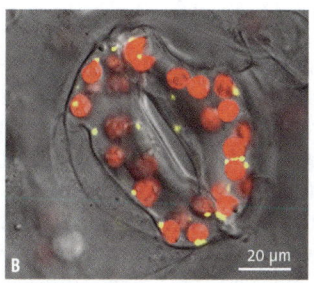 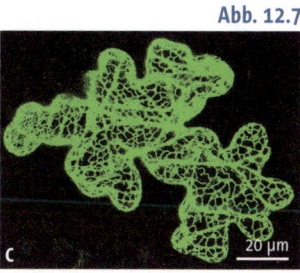

Abb. 12.7

Subzelluläre Lokalisation verschiedener Fluoreszenzprotein-Konstrukte. Die Gene der Fluoreszenzproteine wurden mit den Zielsequenzen der jeweiligen Organellen fusioniert und in Tabak transformiert. Blattzellen wurden mit dem confokalen Laserscanning-Mikroskop analysiert.
(A) Mitochondrien grün markiert mit GFP (Epidermiszelle, Tabak),
(B) Peroxisomen, gelb markiert mit dem gelb fluoreszierenden Protein YFP (Spaltöffnung, Tabak),
(C) ER, grün markiert mit GFP (Epidermiszelle, Tabak)
(Originalaufnahmen: A, C. Gehl und R. Hänsch; B, K. Nowak und R. Hänsch; C, S. Dähne und R. Hänsch, Braunschweig).

Merksatz
Das grünfluoreszierende Protein (GFP) hat als Fluoreszenzmarker die Zellbiologie im letzten Jahrzehnt revolutioniert. Blaue Strahlung regt es zu grüner Fluoreszenz an. Wird GFP mit einem Kandidatenprotein fusioniert, so kann man in der lebenden Zelle die intrazelluläre Lokalisation des markierten Proteins zerstörungsfrei und schnell bestimmen.

zierender Proteine zur Verfügung, das jeden speziellen Anwendungszweck abdeckt. Damit ist auch die gleichzeitige Bestimmung der intrazellulären Lokalisation von zwei oder drei unterschiedlichen Proteinen – jedes mit einem anderen Fluoreszenzprotein markiert – möglich geworden, sodass man leicht feststellen kann, ob sich die Proteine im selben Kompartiment oder unterschiedlichen subzellulären Bereichen aufhalten (**Colokalisation**). Es gibt sogar Varianten, die intrazellulär reifen und mit der Zeit ihre Fluoreszenzfarbe ändern von grün über gelb und orange bis rot und als sogenannte Fluoreszenz-Timer eingesetzt werden. Fluoreszenzproteine dienen aber nicht nur der Analyse des Aufenthaltsortes eines Kandidatenproteins, sondern werden ganz allgemein eingesetzt, um Organellen und subzelluläre Kompartimente zu markieren und damit schnell und einfach im confokalen Lasermikroskop sichtbar zu machen (nachdem man sie mit dem geeigneten zellulären Targetingsignal fusioniert hat). **Abbildung 12.7** zeigt Beispiele für den Einsatz von fluoreszierenden Proteinen bei subzellulären Analysen.

Analyse von Protein-Wechselwirkungen in lebenden Zellen | 12.4

In der Zelle wird das Funktionieren eines Proteins durch die Wechselwirkung mit anderen Proteinen oder anderen großen und kleinen Molekülen kontrolliert und modifiziert. Häufig werden mehrere Enzyme eines gemeinsamen Stoffwechselweges zu Enzymkomplexen zusammengefasst, in denen sie zeitlich und räumlich koordiniert ihre Funktionen ausüben (vgl. Box 4.3 Multienzymkomplexe). Deshalb besitzen Proteine oft Interaktionsdomänen, die keine enzymatische Funktion haben, sondern ausschließlich der Vermittlung von Wechselwirkungen mit anderen Proteinen dienen. Man vermutet, dass jedes Protein 5–15 verschiedene Interaktionspartner hat, sodass sich Interaktionsnetzwerke von enormer Komplexität ausbilden, die zudem über Dynamik verfügen, da die Bindefähigkeit für ausgewählte andere Proteine durch posttranslationale Modifikationen reguliert sein kann. Bei solchen Protein-Interaktionen handelt es sich um nichtkovalente, transiente Interaktionen, das bedeutet, dass es relativ schwache Wechselwirkungen von zumeist kurzer Lebensdauer sind. Zur Analyse von Protein-Wechselwirkungen stehen dem Zellbiologen eine Fülle von Analysemethoden zur Verfügung (immunologische, biochemische, genetische und biophysikalische Verfahren), die zumeist in vitro die Interaktion zwischen zwei Proteinen untersuchen.

12.4.1 | Bimolekulare Fluoreszenz-Complementation (BiFC)

Bei in vitro-Verfahren wird oft kritisiert, dass sie nicht den realen Zustand in der lebenden Zelle widerspiegeln. Will man also die Interaktion zwischen zwei Proteinen in einer lebenden Zelle untersuchen, greift man wieder auf GFP und seine Varianten zurück. Dazu wurde vor wenigen Jahren ein Verfahren entwickelt, das den etwas sperrigen Namen **bimolekulare Fluoreszenz-Complementation** trägt, abgekürzt **BiFC**. Man hatte herausgefunden, dass man GFP in zwei Hälften trennen kann (dann ist das Chromophor zerstört und keine der beiden Hälften zeigt Fluoreszenz), die sich, wenn man sie wieder in räumliche Nähe zueinander bringt, zu einem intakten GFP-Molekül zurückfalten können und das Chromophor rekonstituieren. Dieses Phänomen tritt bei allen GFP-Varianten auf und kann für die Analyse von Protein-Wechselwirkungen genutzt werden, indem die beiden zu untersuchenden Proteine mit dem N-terminalen bzw. dem C-terminalen Fragment von GFP fusioniert werden. Werden dann die beiden Genkonstrukte zusammen in eine Zelle übertragen und dort exprimiert, so rekonstituiert intaktes GFP aus den beiden Fragmenten nur dann, wenn die beiden zu untersuchenden Proteine in vivo auch tatsächlich miteinander interagieren. Der kritische Abstand zwischen beiden Proteinen muss hierbei < 10 nm betragen (**Abb. 12.8**). Das spontane Finden und Rekonstituieren der beiden GFP-Fragmente ohne Unterstützung durch die anfusionierten Kandidatenproteine ist sehr gering, muss jedoch als Kontrolle unter den jeweiligen Bedingungen mitbestimmt werden. Das BiFC-Verfahren hat zwei Vorteile:

(1) Sieht man Fluoreszenz, so weiß man, dass die beiden zu untersuchenden Proteine in der lebenden Zelle tatsächlich miteinander interagieren.

Merksatz

BiFC: GFP kann in zwei Fragmente gespalten werden, die nicht mehr fluoreszieren können. Fusioniert man zwei Kandidatenproteine mit jeweils einem der beiden Fragmente und exprimiert sie in einer Zelle, so rekonstituiert GFP zu einem intakten fluoreszierenden Molekül. Das geschieht jedoch nur dann, wenn die beiden Kandidatenproteine miteinander in Wechselwirkung treten.

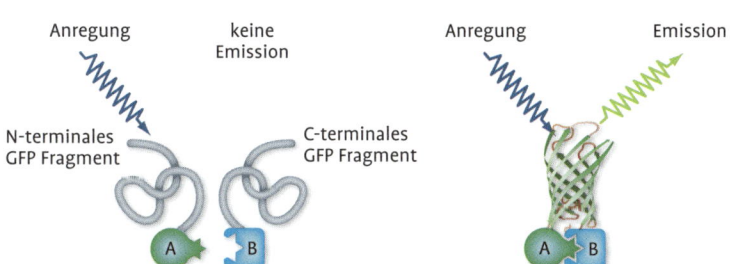

Abb. 12.8

Schematische Darstellung von BiFC. Das N-terminale und das C-terminale Fragment von GFP sind an das Protein A bzw. B fusioniert. Keines der beiden Fragmente zeigt nach Anregung Fluoreszenz. Interagieren jedoch die Proteine A und B miteinander, so faltet sich GFP zu einem intakten Molekül zurück und rekonstituiert dabei sein Chromophor, das nach Anregung mit blauem Licht grün fluoresziert.

(2) Gleichzeitig zeigt das confokale mikroskopische Bild auch den intrazellulären Ort an, wo die Interaktion zwischen den beiden Proteinen stattfindet (**Abb. 12.9**).

Der Nachteil von BiFC ist, dass dieses Verfahren nicht quantitativ arbeitet; man kann nur feststellen, ob zwei Proteine miteinander wechselwirken, aber man kann nicht messen, wie stark oder wie schwach die Wechselwirkung ist. Haben das N-terminale und das C-terminale GFP-Fragment erst einmal zusammengefunden und intaktes GFP rekonstituiert, so bleiben sie fest verbunden und trennen sich nicht wieder. Quantitative oder dynamische Messungen sind mit BiFC leider nicht möglich.

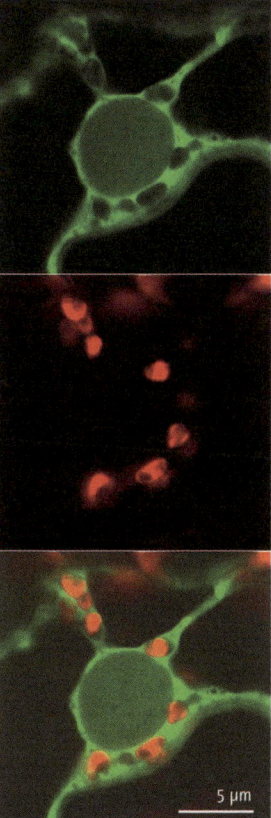

5 μm

Abb. 12.9

BiFC zwischen zwei Proteinen. Ein Blatt des Tabaks (*Nicotiana benthamiana*) wurde mittels Agroinfiltration mit zwei GFP-BiFC-Genkonstrukten transformiert, die für zwei Proteine der Molybdäncofaktor-Biosynthese codieren. Da Fluoreszenz auftritt, interagieren die beiden untersuchten Proteine tatsächlich miteinander in der lebenden Zelle. Die Aufnahme zeigt den Ausschnitt einer Zelle, aufgenommen in drei Spektralkanälen am cofokalen Laserscanning-Mikroskop. (Oben) grün = cytoplasmatische Fluoreszenz um den Zellkern herum und in Cytoplasmasträngen. Ausgespart sind der Kern, die Chloroplasten und andere Organellen. (Mitte) rot = Autofluoreszenz der Chloroplasten. (Unten) Überlagerung „merge" beider Farbkanäle (Originalaufnahme C. Gehl und R. Hänsch, Braunschweig).

Abb. 12.10

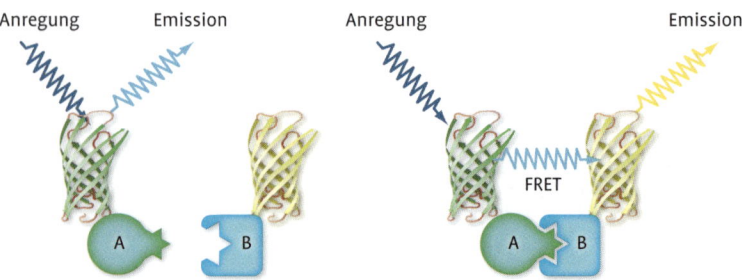

Anregung   Emission   Anregung   Emission

FRET

A   B   A   B

Schematische Darstellung von FRET. Protein A ist mit CFP markiert und wird dadurch zu blauer Emission angeregt. Protein B ist mit YFP markiert. Findet keine Interaktion zwischen A und B statt, fluoresziert nur CFP in blau, YFP fluoresziert nicht. Interagieren A und B jedoch miteinander, überträgt CFP seine Emissionsenergie auf YFP, wodurch dieses gelb fluoresziert. Weitere Erläuterungen im Text.

12.4.2 | Fluoreszenz-Resonanz-Energietransfer (FRET)

Merksatz

Beim FRET-Verfahren werden zwei Kandidatenproteine, die man auf Interaktion testen möchte, mit jeweils einem unterschiedlichen Fluoreszenzprotein fusioniert. Das eine Fluoreszenzprotein dient als Donorprotein, das nach Anregung seine Energie nicht als Licht abstrahlt, sondern auf das Akzeptorprotein überträgt und es dadurch zur Fluoreszenz anregt, sofern sich beide Proteine auf eine kritische Distanz genähert haben.

Beim FRET-Verfahren werden beide Kandidatenproteine, die man auf Interaktion testen möchte, mit jeweils einem kompletten und intakten Fluoreszenzprotein fusioniert. Das eine Fluoreszenzprotein dient als Donorprotein, das nach Anregung seine Energie nicht als Licht abstrahlt, sondern auf ein Akzeptorprotein überträgt und es dadurch zur Fluoreszenz anregt, sofern sich dieses nahe genug am Donorprotein aufhält. Diese räumliche Nähe ist nur dann gegeben, wenn die beiden anfusionierten Kandidatenproteine miteinander in Wechselwirkung getreten sind. **Abbildung 12.10** zeigt schematisch den Ablauf des Verfahrens. Protein A ist mit CFP fusioniert, das nach Anregung blaues Licht emittiert. Unter diesen Bedingungen wird YFP, das an Protein B fusioniert ist, nicht angeregt. Kommt es jedoch zwischen Protein A und B zu einer engen Protein-Wechselwirkung, so nähern sich CFP und YFP auf den kritischen Abstand von < 10 nm an, und es tritt ein Phänomen auf, das als Förster-Resonanz-Energietranfer bezeichnet wird. Die blaue Emissionsenergie des Donorproteins CFP wird kaum noch abgestrahlt, sondern dient als Anregungsenergie für das benachbarte YFP, das dadurch zu seiner charakteristischen gelben Fluoreszenz veranlasst wird. Emissionsspektrum des Donors und Anregungsspektrum des Akzeptors müssen hierbei überlappen. Nach Protein-Wechselwirkung nimmt also die blaue Donoremission von CFP ab, und die gelbe Akzeptoremission von YFP steigt proportional an. FRET kann auch für intramolekulare Interaktionen, beispielsweise zwischen Proteindomänen, eingesetzt werden und hat den großen Vorteil gegenüber BiFC, dass es (semi)quantifizierbare Aussagen liefert, also die Stärke der Proteininteraktion gemessen werden kann. Der Nachteil von FRET liegt in der relativ großen Streuung der Ergebnisse, bedingt

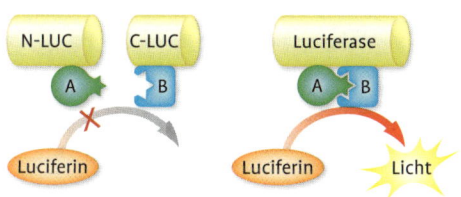

Abb. 12.11

Schematische Darstellung von split-LUC. Die beiden auf Wechselwirkung zu untersuchenden Proteine A und B sind mit jeweils dem N-terminalen bzw. C-terminalen Fragment des Enzyms Luciferase fusioniert. Nur wenn A und B interagieren, kommt es zur Rekonstitution der Luciferaseaktivität, die als Lumineszenz-Licht gemessen werden kann. Weitere Erläuterungen im Text.

duch starke Hintergrundfluoreszenzen, und im engen Messbereich, sodass in jüngster Zeit ein anderes Verfahren zum in vivo-Quantifizieren von Protein-Wechselwirkungen eingesetzt wird: die split-Luciferase.

Split-Luciferase (split-LUC)

12.4.3

Will man nicht nur feststellen, dass zwei Proteine in der lebenden Zelle miteinander interagieren, sondern auch die Stärke der Interaktion messen, so gibt es ein neues Verfahren, das in dieser Hinsicht dem BiFC-Verfahren überlegen ist, aber viel einfacher und reproduzierbarer funktioniert als FRET. Dieses Verfahren trägt die Bezeichnung **Split-Luciferase**, abgekürzt **split-LUC**. Sehr ähnlich zum BiFC-Ansatz hat man das Enzym Luciferase in zwei Fragmente geteilt (ein größeres N-terminales und ein kürzeres C-terminales) und jeweils mit den beiden auf Wechselwirkung zu untersuchenden Proteinen fusioniert. Interagieren die beiden Kandidatenproteine, so kommt es zur Rekonstitution der Luciferaseaktivität (**Abb. 12.11**). Jedoch bleiben die beiden Fragmente der Luciferase nicht auf Dauer miteinander verbunden, sondern befinden sich in einem dynamischen Gleichgewicht von Assoziation und Dissoziation, das von der Nähe der beiden anfusionierten Kandidatenproteine bestimmt wird. Je stärker deren Interaktion, desto höher die Luciferaseaktivität. Das split-LUC Verfahren bietet daher die gewünschte Quantifizierbarkeit bei der Untersuchung von Protein-Wechselwirkungen unter in vivo-Bedingungen. Die Messung der Luciferaseaktivität verläuft jedoch anders als bei den bisher besprochenen Fluoreszenzproteinen. Bei der Luciferase handelt es sich um ein Enzym, das aus dem Nordamerikanischen Leuchtkäfer *Photinus pyralis* (besser bekannt als „Glühwürmchen") stammt. Unter ATP-Verbrauch und in Gegenwart von Mg^{2+}-Ionen setzt es das Substrat Luciferin um, wobei gelbrotes Licht emittiert wird (Biolumineszenz), das man mit einem Luminometer messen und quantifizieren kann. Dazu muss man die Zellen oder Gewebe, in denen man nach Gentransfer die Interaktion der beiden zu untersuchenden Proteine messen will, nicht einmal extrahieren, sondern man kann die Lumineszenz an intakten Zellen messen. Alternativ kann man auch eine hochempfindliche Videokamera einsetzen, um die Lumineszenz der Zellen oder Gewebeproben zu quantifizieren.

Merksatz

Das Enzym Luciferase kann in zwei Fragmente gespalten werden, die jedes für sich inaktiv sind. Fusioniert man zwei Kandidatenproteine mit jeweils einem der beiden Fragmente und exprimiert sie in einer Zelle, so rekonstituiert aktive Luciferase. Das geschieht jedoch nur dann, wenn die beiden Kandidatenproteine miteinander in Wechselwirkung treten.

13 | Zelltechnologie

Zelltechnologie ist eine neuere Bezeichnung für die zahlreichen Zell- und Gewebekulturtechniken, die dem Zellbiologen zur Verfügung stehen. Er benutzt diese Verfahren für eine Vielzahl von experimentellen Anwendungen, zum Beispiel um keimfreies Ausgangsmaterial für seine Arbeiten anzuziehen, um Zellkulturen von wichtigen Zelllinien anzulegen, um Gewebe und Organe außerhalb der Pflanze zu kultivieren, um Proteine innerhalb der Zelle zu lokalisieren und um Fremdgene in Zellen zu transferieren und daraus transgene Pflanzen zu gewinnen. An dieser kleinen Auswahl wird deutlich, dass nahezu jeder Zellbiologe neben den Techniken der Molekularbiologie und Proteinbiochemie auch zelltechnologische Verfahren bei seiner täglichen Arbeit einsetzen muss.

Die pflanzliche Zelltechnologie unterscheidet sich grundsätzlich von der für tierische Zellen. Während bei Säugerzellen nur die embryonalen Stammzellen noch das volle Entwicklunspotenzial besitzen, ist bei Pflanzen jede Zelle des Organismus **totipotent**, das bedeutet, dass jede Zelle einer ausgewachsenen Pflanze die Eigenschaft besitzt, nach geeigneter Isolierung und Kultivierung zu einer intakten Pflanze zu regenerieren. Diese Eigenschaft eröffnet dem mit Pflanzen arbeitenden Zellbiologen experimentelle Möglichkeiten, von denen die Säuger-Zelltechnologie noch weit entfernt ist.

13.1 | Pflanzliche Zelltechnik

Zunächst soll das Schema der pflanzlichen Zellkultur erläutert werden (**Abb. 13.1**). Als **Explantat** dient zumeist ein Stück Blattgewebe (aber auch Internodien oder Wurzeln sind möglich), das durch Behandlung mit keimtötenden Agenzien keimfrei gemacht und auf ein steriles Agarmedium gegeben wird. Dieses Kulturmedium enthält Auxine, wodurch das Explantat zur Bildung von Wundkallus angeregt wird. Ausgelöst durch die Ver-

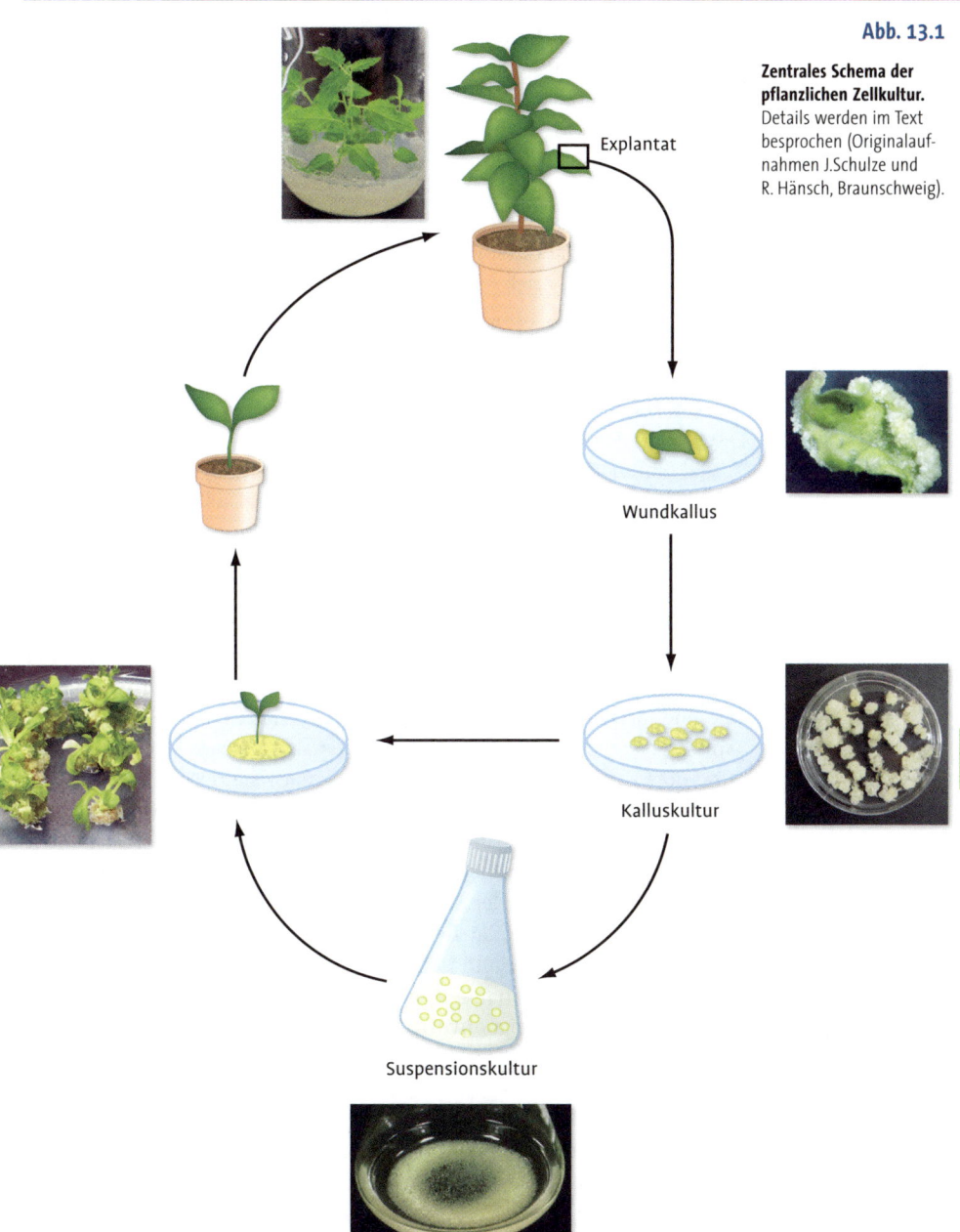

Abb. 13.1

Zentrales Schema der pflanzlichen Zellkultur.
Details werden im Text besprochen (Originalaufnahmen J.Schulze und R. Hänsch, Braunschweig).

Explantat

Wundkallus

Kalluskultur

Suspensionskultur

wundung, bildet pflanzliches Gewebe ein schnell wachsendes Abschlussgewebe, den **Wundkallus**, der vom Explantat abgenommen und separat auf auxinhaltigem Medium weiterkultiviert werden kann. Man erhält amorphe, dedifferenzierte, schnell wachsende Zellhaufen, eine sogenannte **Kalluskultur**, die durch regelmäßiges Subkultivieren zeitlich nahezu unbegrenzt in Kultur gehalten werden kann. Der entstandene Kallus kann aber auch in flüssiges Zellkulturmedium gegeben werden. Er zerfällt zu Zellaggregaten (von je 20–40 Zellen) und bildet eine **Suspensionskultur**, die zur besseren Sauerstoffversorgung auf dem Schüttler gehalten werden muss. Auch die Suspensionskultur muss regelmäßig subkultiviert werden und kann zeitlich nahezu unbegrenzt fortgesetzt werden. Man kann sie durch Umsetzen auf Agarmedium wieder in eine Kalluskultur überführen. Durch Veränderung der Hormonkombination (wenig Auxin, mehr Cytokinin) wird die Kalluskultur zur Sprossregeneration angeregt. Der entstandene kleine Spross wird durch eine veränderte Hormonkombination und schließlich durch hormonfreies Medium zur Wurzelbildung angeregt und anschließend getopft. Der Kreis hat sich geschlossen.

13.1.1 | Vegetative Vermehrung

Um ständig keimfrei gehaltene Pflanzen als Ausgangsmaterial zur Organellenisolierung oder als Rezipienten für einen Gentransfer zur Verfügung zu haben, können Pflanzen in vitro vegetativ vermehrt werden. Haben sie eine entsprechende Größe im Kulturgefäß erreicht, werden ihre Sprossspitzen oder Achselknospen abgeschnitten, auf frisches Medium gesetzt und dort zur Wurzelbildung angeregt, wonach sie normal weiterwachsen, bis sie das Kulturgefäß erneut ausfüllen und dann eine weitere Runde der vegetativen Vermehrung anläuft. Aus einer Ausgangspflanze können in einer Runde (je nach Pflanzenart) problemlos zehn und mehr Pflanzen erzeugt werden, sodass der Experimentator zur schnellen Vervielfachung einer wichtigen Einzelpflanze mit der vegetativen Vermehrung ein ideales Instrument in der Hand hat. Da es sich bei dieser Zucht um erbgleiches Pflanzenmaterial handelt, spricht man bei der vegetativen Vermehrung von **klonaler Vermehrung**. Auch zahlreiche Zierpflanzen werden zu kommerziellen Zwecken seit Jahren klonal vermehrt.

13.1.2 | Erzeugung von Haploiden

Hat der Experimentator eine Mutation in einem Gen erzeugt, ist das Resultat in den meisten Fällen phänotypisch nicht sichtbar, da die allermeisten Mutationen rezessiv sind und in diploiden Zellen die ausgefallene Genfunktion des einen Allels vom intakten zweiten Allel kompensiert wird. Ist eine Zelle jedoch haploid, wird jede erzeugte Mutation phänotypisch sofort sichtbar. **Haploide Pflanzen** sind Sporophyten mit der Chromosomenzahl von Gametophyten. Sie werden in der Regel durch Antherenkultur erzeugt: Antheren werden auf einem auxinhaltigen Medium ausgelegt. Der aus den Pollenzellen herauswachsende Kallus ist haploid und kann zu einer intakten Pflanze regeneriert werden.

Abb. 13.2

Wurzelkultur. Kleine Blattsegmente (Tabak) wurden zur Kallusbildung angeregt (oben und rechts unten gut erkennbar). Anschließend wurde durch eine stärkere Auxingabe die Wurzelbildung ausgelöst (Originalaufnahme J. Schulze, Braunschweig).

Organ- und Gewebekultur

13.1.3

Durch geeignete Kulturmedium- und Hormonwahl können Einzelorgane oder deren Gewebe in der in vitro-Kultur als Kalluskulturen erzeugt und weiterkultiviert werden, ohne daraus eine intakte Pflanze zu regenerieren. Ein Beispiel hierfür sind schnellwachsende Kulturen morphologisch intakter Wurzeln. (**Abb. 13.2**).

Protoplasten-Kultur

13.1.4

Für zahlreiche physiologische Versuche und insbesondere für den gezielten DNA-Transfer stellt die Zellwand eine störende Barriere dar. Sie lässt sich jedoch enzymatisch entfernen, indem man Blätter von in vitro angezogenen Pflanzen in Stücke schneidet und diese mit einem Enyzmgemisch aus Pektinasen und Cellulasen behandelt. Da die Mittellamelle der Zellen hauptsächlich aus Pektinen besteht und die Primärwand aus Cellulose und Hemicellulose (**vgl. Kapitel 2.14**), löst dieses Enyzmgemisch innerhalb weniger Stunden die Zellwände der Explantate auf. Es entstehen zellwandlose Protoplasten (**Abb. 13.3 A**), die eine kugelig runde Gestalt einnehmen, da ihnen die formgebende Zellwand fehlt und die Kugel die energetisch günstigste Form für ein gegebenes Volumen ist. Protoplasten reagieren sehr empfindlich auf osmotische Schwankungen des Zellkulturmediums, da ihrer Vakuole die Zellwand als Gegenspieler fehlt und sich bei Wasseraufnahme ihre Vakuole solange ausdehnt, bis der Protoplast schließlich platzt. Protoplasten müssen daher in einem iso-osmo-

Abb. 13.3

Protoplasten.
(A) Frisch isolierte Protoplasten aus dem Blatt-
mesophyll (Tabak).
(B) Mikrokolonie, die sich
aus einem Protoplasten
entwickelt hat (Tabak).
Die regenerierte Zellwand
wurde mit einem violett-
fluoreszierenden Farb-
stoff sichtbar gemacht,
die rote Autofluoreszenz
der Chloroplasten ist gut
erkennbar. In der linken
Zelle sind die Chloroplasten nicht erkennbar, da
sie nicht in der optischen
Schnittebene des confo-
kalen Mikroskops liegen
(Originalaufnahmen J.
Schulze und R. Hänsch,
Braunschweig).

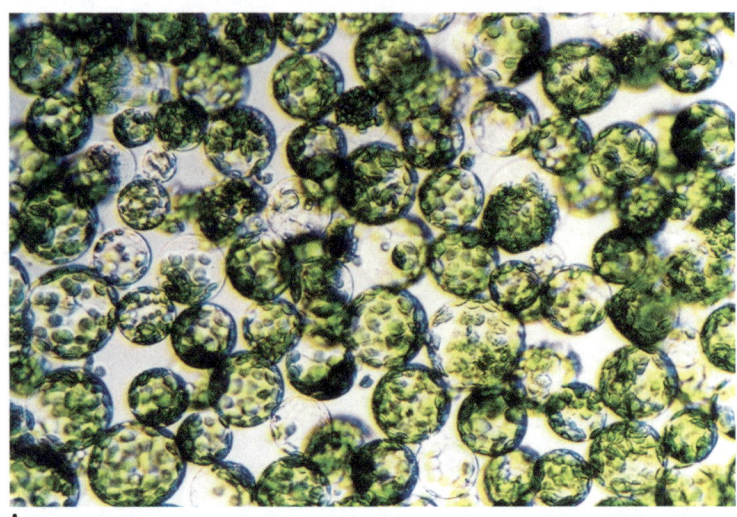

A

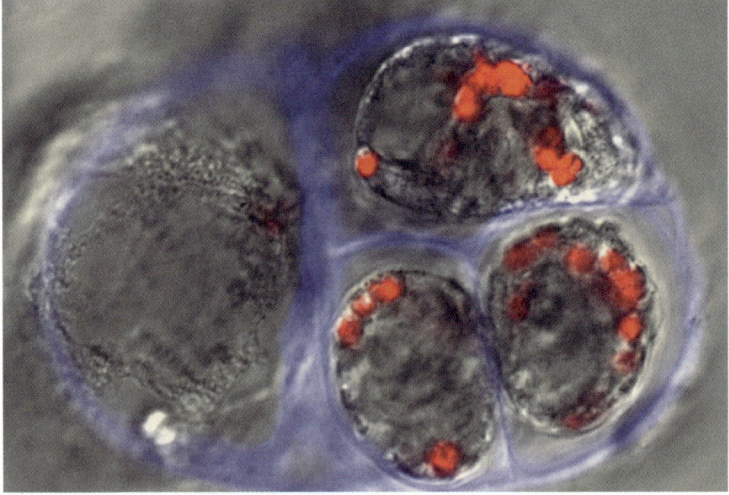

B

tischen Medium kultiviert werden. In diesem Zustand ist der Zellinhalt
lediglich von der Plasmamembran umhüllt, sodass Protoplasten sehr
geeignete Objekte für Aufnahmestudien und für den Gentransfer sind.
Protoplasten wurden auch eingesetzt, um pflanzliche Hybride zu erzeugen, die auf sexuellem Wege aufgrund der zwischen den Arten existie-
renden Kreuzungsbarrieren nicht entstehen können. Dazu wurden Pro-

toplasten der beiden Partner miteinander cokultiviert und mit chemischen Agenzien oder Elektroporation zur Fusion angeregt. Die entstehenden Hybriden werden als somatische Hybdriden bezeichnet, da sie nicht auf generative Zellen zurückgehen. Aber nur bei nahe verwandten Arten (bei der Protoplastenfusion zwischen Tomate und Kartoffel) gelang es, die Fusionshybriden aus dem Zellkulturstadium auch zu vollständigen – allerdings meist sterilen – Pflanzen zu regenerieren. Binnen 24 Stunden nach der Isolierung bildet der Protoplast eine neue Zellwand, was im mikroskopischen Bild daran erkannt werden kann, dass die Zelle nicht mehr kugelig rund ist, sondern eine mehr gestreckte ellipsoide Form angenommen hat und beginnt, sich zu teilen (**Abb. 13.3 B**). In geeigneten Zellkulturmedien bilden sich dann Mikrokolonien und später Kalluskolonien, aus denen intakte Pflanzen regeneriert werden können. Einschränkend muss allerdings angemerkt werden, dass man zwar aus sehr vielen Pflanzenarten und auch Kallus- und Suspensionskulturen Protoplasten isolieren kann, es aber bei nur wenigen Arten gelungen ist, mit erträglichem Aufwand wieder Pflanzen zu regenerieren. Prinzipiell ist das für sehr viele Pflanzen möglich und auch gemacht worden, aber als problemlos funktionierende Routinemethode ist diese Einzelzellregeneration nicht einsetzbar. Hinzu kommt, dass die Protoplastierung einen enormen Stress für die Zelle bedeutet, sodass es zu genetischen Veränderungen kommen kann.

Genetische Veränderungen in der Zellkultur | 13.2

Es wurde beobachtet, dass eine zeitlich länger andauernde in vitro-Kultivierung pflanzlicher Zellen zu negativen Veränderungen führen kann, sodass die Zellen nur noch schwer oder überhaupt nicht mehr zu Pflanzen regenerierbar waren. In anderen Fällen kam es vor, dass nach Regeneration einer größeren Zahl von Pflanzen aus ein und demselben Kallusklon manche Pflanzen im Aussehen oder im Stoffwechsel vom Rest der Regeneratpflanzen abwichen. Diese Abweichungen werden unter dem sehr anschaulichen Begriff der **somaklonalen Variation** zusammengefasst. Genetisch identische Somazellen (Körperzellen) aus demselben Kallusklon können nach längerer Kulturdauer genetische oder epigenetische Veränderungen aufweisen. Die Zellkultur bedeutet für eine Pflanzenzelle erheblichen Stress und führt zur Erhöhung der Mutationsrate um das Hundert- bis Tausendfache, wobei diese Erhöhung von der Art der Zellkultur abhängt. Unbedenklich ist die Anzucht und Weitervermehrung intakter Pflanzen unter Sterilbedingungen auf Kulturmedien. Hingegen bedeutet die Organ- und Gewebekultur schon erhöhten Stress, Kallus-

und Suspensionskultur sind stark stressend und Protoplastierung bedeutet dramatischen Stress für die Zelle. Als Folge können auftreten: Punktmutationen, Verlust von Chromosomenteilen oder ganzen Chromosomen, Sterilität der Regeneratpflanzen oder auch epigenetische Veränderungen, also über Zellgenerationen beibehaltene Veränderungen (zumeist Abschalten) der Expression mancher Gene. Je nach Pflanzenart kann eine Kallusphase problemlos mehrere Monate dauern, ohne Schaden auszulösen. Der Experimentator sollte sie jedoch so kurz wie möglich halten. Auch bei tierischen Zellkulturen kennt man das beschriebene Problem. Tierische Zellen werden deshalb kurzerhand eingefroren, wenn man sie lagern will. Pflanzliche Zellen kann man zwar auch einfrieren, aber wegen ihrer großen Vakuole nur mit großem technischem Aufwand über viele langsame Zwischenschritte und mit nur geringer Erfolgsrate.

Gentransfer | 14

Der zentrale Punkt der zellbiologischen Forschung ist es, nicht nur die Expression von Genen auf RNA- und Protein-Ebene zu untersuchen, sondern die Funktion des untersuchten Proteins aufzuklären, seine subzelluläre Lokalisierung zu bestimmen und seine strukturelle und funktionelle Einbindung in Protein-Netzwerke zu erforschen. Dazu ist es notwendig, gezielt Mutanten des untersuchten Proteins zu erzeugen (welche Domäne des Proteins ist wofür verantwortlich?) und es mit Fluoreszenzproteinen zu markieren, um seinen intrazellulären Weg zu verfolgen. Die Grundvoraussetzung für diese Untersuchungen ist die Rückübertragung des im Reagenzglas mutierten bzw. fusionierten Gens in die Pflanzenzelle und die Analyse seiner Expression in der lebenden Zelle.

Ziel des Gentransfers, also des Einbringens veränderter Gene in eine Pflanzenzelle, ist (1) die schonende Übertragung von Genen (zumeist handelt es sich um veränderte Gene – um **Genkonstrukte** – die der Zellbiologe mithilfe molekularbiologischer Methoden zuvor im Labor erzeugt hat) in die Pflanzenzelle, um sie (2) dort zur Expression zu bringen und sie (3) stabil ins Empfängergenom zu integrieren.

Zum Sprachgebrauch: Man spricht von **Transformation**, wenn man den Gentransfer in eine pflanzliche Zelle bezeichnet. Die daraus hervorgehende Zelle wird als **transgene** Zelle bzw. Pflanze bezeichnet. Auch der Mikrobiologe spricht von Transformation, wenn er Genkonstrukte in Mikroorganismen einbringt. Nur der Zellbiologe, der mit tierischen (vor allem Säuger-)Zellen arbeitet, spricht von Transfektion, weil hier der Begriff der Transformation bereits für die Umwandlung einer Normalzelle in eine Tumorzelle vergeben ist.

Zur Transformation einer Zelle benötigt man drei technische Voraussetzungen:

(1) Gen-Vektoren,

(2) Marker- bzw. Reportergene,

(3) Gentransfer-Verfahren.

Will man aus der transgenen Zelle anschließend eine transgene Pflanze regenerieren, so braucht man auch noch die enstprechenden zelltechnologischen Verfahren.

14.1 | Genvektoren, Markergene, Reportergene

14.1.1 | Genvektoren

In der Regel wird das zu untersuchende Gen nicht im Originalzustand übertragen, sondern in veränderter Form. Man verwendet hierzu die **cDNA** des Gens, also die von Introns freie Kopie der mRNA. Außerdem wird das Gen selten unter Kontrolle seines eigenen Promotors für den Gentransfer eingesetzt. Vielmehr benutzt man **Standardpromotoren**, von denen man weiß, wie stark und wie spezifisch sie die Expression eines Gens steuern. Der bei Pflanzen weltweit am häufigsten eingesetzte Promotor ist der 35S-Promotor aus dem Blumemkohl-Mosaikvirus, der ein nachgeschaltetes Gen constitutiv exprimiert. Solcherart aus verschiedenen Teilen zusammengesetzte Gene werden als **chimärische Gene** bezeichnet (**Abb. 14.1**). Soll das zu untersuchende Protein korrekt exprimiert werden, so muss sich am 3'-Ende der cDNA auch noch eine entsprechende Terminatorsequenz befinden, die zudem die korrekte Polyadenylierung der mRNA bewirkt. Ein **Expressionsvektor** besteht aber nicht nur aus der eben beschriebenen Genkassette, sondern enthält noch weitere genetische Elemente. Genvektoren sind in den allermeisten Fällen bakterielle Plasmide, also relativ kleine ringförmige DNAs. Da alle molekularbiologischen Techniken zur Klonierung und Modifizierung von Genen in *E. coli* durchgeführt werden, muss dieses Plasmid auch noch über einen eigenen Replikationsursprung verfügen sowie über einen Selektionsmarker (beispielsweise das Resistenzgen amp^r) (**Abb. 14.1**).

14.1.2 | Markergene

Expressionsvektoren werden in *E. coli* massenhaft vermehrt, damit man ihre DNA für nachfolgende Arbeiten in Mengen isolieren kann. Um zu wissen, welche Zellen von *E. coli* den Vektor enthalten (manche Zellen „verlieren" ihn), muss man ihn mit einem Resistenzgen markieren. Dieses Resistenzgen vermittelt der Bakterienzelle die Fähigkeit, auf einem Selektionsmedium, das ein für Normalzellen toxisches Antibiotikum enthält, zu überleben. Auf dem Selektionsmedium wachsen daher nur solche Zellen, die den Expressionsvektor mit seinem Resistenzgen enthalten. Deshalb spricht man auch von Markergenen. Das in der Molekularbiologie am häufigsten eingesetzte Markergen zur Selektion in *E. coli*

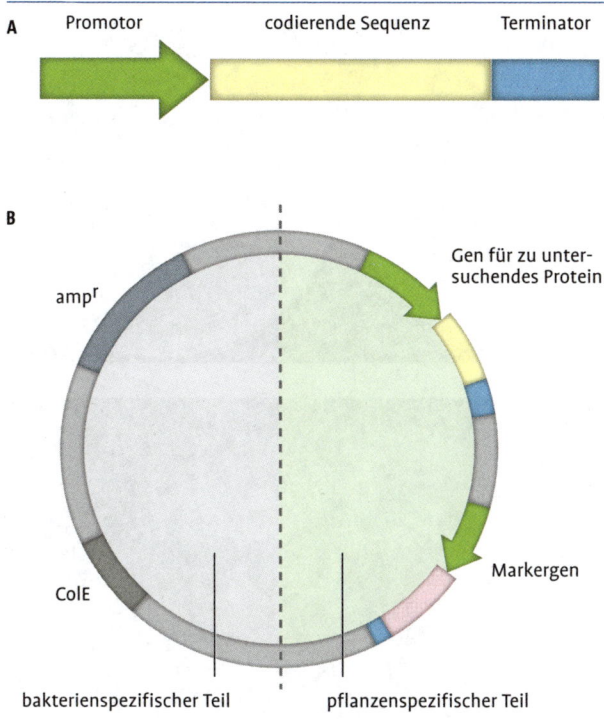

A Promotor · codierende Sequenz · Terminator

B

amp^r

ColE

Gen für zu untersuchendes Protein

Markergen

bakterienspezifischer Teil · pflanzenspezifischer Teil

Abb. 14.1

Chimärisches Gen und Genvektor.
(A) Ein chimärisches Gen setzt sich aus verschiedenen Teilen (Promotor, codierende Sequenz, Terminator) zusammen, die aus ganz verschiedenen organismischen Herkünften stammen können (Bakterien, Eukaryonten, Viren).
(B) Ein Expressionsvektor besteht aus einem bakterienspezifischen Teil zur Konstruktion und Handhabung des Vektors in *E. coli* und einem pflanzenspezifischen Teil (diese Genkonstrukte sind fast immer chimärische Gene).

ist das Gen *amp^r*, das Resistenz gegen das Antibiotikum Ampicillin vermittelt.

Hat man den Expressionsvektor, der die Genkassette mit dem zu untersuchenden Gen enthält, endlich in die Pflanzenzelle übertragen, benötigt man erneut ein Markergen, um die erfolgreich transformierten Zellen von solchen zu unterscheiden, die kein Genkonstrukt abbekommen haben oder bei denen das übertragene Gen nicht erfolgreich exprimiert worden ist. Markergene dienen demnach nicht nur in Bakterien sondern auch in Pflanzen zur Identifizierung transgener Zellen. Jedoch kann man das schon für die *E. coli*-Selektion verwendete *amp^r*-Gen leider nicht einsetzen, da sein bakterieller Promotor in der eukaryontischen Pflanzenzelle nicht funktioniert. Also muss der Expressionsvektor ein zweites, **pflanzenspezifisches Markergen** besitzen, in der Regel ebenfalls ein Resistenzgen, diesmal jedoch unter Kontrolle eines von der Pflanzenzelle erkannten Promotors. Nur solche Zellen überleben in der Zellkultur auf dem Selektionsmedium, die den Expressionsvektor enthalten und das Markergen exprimieren. Neben das Markergen hat der Zellbiologe das Gen für sein zu untersuchendes Protein kloniert. Man geht von

Abb. 14.2

Markergen. Zwei Beispiele für die Selektion mit dem Markergen *nptII*, das Resistenz gegen das Antibiotikum Kanamycin vermittelt.
Oben: Protoplasten der Gerste wurden nach Transformation in Kanamycin-haltiges Medium eingebettet (linke Schale: Transformation ohne Markergen, rechte Schale Transformation mit Markergen). Nur in der rechten Schale wachsen Kanamycin-resistente Kolonien. –
Das untere Bild zeigt Blattsegmente des Tabaks nach Agrobakterien-vermitteltem Gentransfer auf Sproßinduktionsmedium. Die Agrobakterien haben erfolgreich das *nptII*-Gen in die Blattzellen übertragen, und es regenerieren Kanamycinresistente Sprosse, die sogar schon erste Wurzeln bilden. Zur Kontrolle wurde das Blattsegment rechts im Bild mit Agrobakterien ohne *nptII*-Markergen behandelt. Es regeneriert keine Sprosse und bleicht allmählich aus (Originalaufnahmen J. Schulze (oben) und R. Hänsch (unten), Braunschweig).

der allgemein zutreffenden Annahme aus, dass wenn das Markergen erfolgreich übertragen wurde und exprimiert wird, auch das daneben liegende Gen des zu untersuchenden Proteins mitübertragen wurde. Am häufigsten werden folgende pflanzenspezifische Markergene eingesetzt: *nptII* (**Neomycin-Phosphotransferase II**; vermittelt Resistenz gegen das

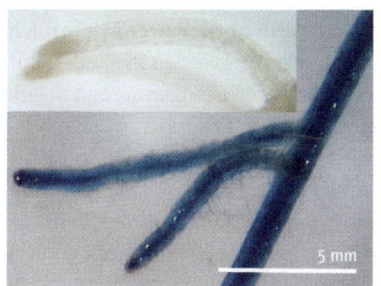

Abb. 14.3

Reportergen β-Glucuronidase (GUS). Eine Pappel-Pflanze wurde mit dem GUS-Gen unter Kontrolle des viralen 35S-Promotors transformiert. Ihre Wurzeln wurden auf GUS-Enzymaktivität angefärbt. Während die nicht-transformierte Kontrollpflanze (links oben) keine Blaufärbung zeigt, exprimieren alle Wurzelzellen das Reportergen. Besonders hoch ist die GUS-Expression in den Bahnen des Leitgewebes und in den Wurzelspitzen (Originalaufnahmen R. Hänsch, Braunschweig). Zum Einsatz von GUS vergleiche auch **Abb. 14.9**.

Antibiotikum Kanamycin) (**Abb. 14.2**), *pat* (**Phosphinothricin-Acetyltransferase**; vermittelt Resistenz gegen das Herbizid Phosphinothricin) und *hpt* (**Hygromycin-Phosphotransferase**; vermittelt Resistenz gegen das Antibiotikum Hygromycin). Diese Gene stammen aus Bakterien und wurden mit einem in der Pflanze funktionierenden Promotor versehen. Auch die Säuger-Zellbiologen verwenden das *nptII*-Gen (hier natürlich unter Kontrolle eines in der Säugerzelle funktionierenden Promotors) als Markergen, aber sie bezeichnen es mit *neo*.

Reportergene

14.1.3

Im Gegensatz zu den selektierbaren Markergenen sind Reportergene nicht selektierbar. Sie haben aber den Vorteil, dass die von ihnen codierten Proteine durch einfache biochemische, photometrische oder histochemische Verfahren leicht nachgewiesen werden können. Reportergene berichten (daher der Name!), beispielsweise nach Anfärbung auf die betreffende Enzymaktivität, dass sie in der Zelle vorhanden sind und exprimiert werden. Natürlich darf diese Enyzmaktivität nicht schon von vornherein in der Pflanzenzelle vorhanden sein. Reportergene werden oft eingesetzt, um die Zell- und Gewebespezifität von Promotoren zu bestimmen: Kloniert man ein Reportergen hinter den zu untersuchenden Promotor und erzeugt mit dem Genkonstrukt eine transgene Pflanze, so kann man beispielsweise durch Anfärben von Gewebeproben der verschiedenen Pflanzenorgane herausfinden, für welches Pflanzenorgan oder -gewebe der Promotor eine Spezifität aufweist. Am häufigsten finden folgende Reportergene bei Pflanzen Anwendung: Das *uidA*-Gen codiert für das Enzym β-**Glucuronidase (GUS)**, dessen Aktivität man sehr einfach und genau in Zellextrakten quantitativ nachweisen kann. Noch einfacher geht der qualitative Nachweis: Man legt eine Gewebeprobe (Wurzelquerschnitt, Teil eines Blattes oder sogar eine ganze Keimpflanze) in eine farblose Färbelösung. Diejenigen Zellen und Gewebe, die GUS exprimieren, färben sich nach einiger Zeit blau (**Abb. 14.3**). Das zweite sehr häufig eingesetzte Repor-

Merksatz

Markergene sind Resistenzgene, die einer Zelle Selektierbarkeit verleihen. Die Zelle kann auf einem Selektionsmedium wachsen, auf dem Normalzellen absterben. Reportergene sind nicht selektierbar, codieren aber für Proteine, die biochemisch oder histochemisch einfach nachweisbar sind. Die am häufigsten verwendeten Reporterproteine sind GUS und GFP.

tergen codiert GFP (*green fluorescent protein*; **vgl. Kapitel 12.3**), das als Reporterprotein den großen Vorteil bietet, dass es zerstörungsfrei in lebenden Zellen und Geweben nachgewiesen werden kann. Werden die Zellen mit blauem Licht angeregt, so fluoreszieren die das GFP exprimierenden Zellen intensiv grün. GFP wird vor allem zur hoch auflösenden intrazellulären Lokalisierung von Proteinen eingesetzt, die zuvor mit GFP markiert worden sind, während GUS häufiger Anwendung findet, wenn man ganze Gewebe oder Organe auf Expression eines Reportergens untersuchen will. Ein drittes, allerdings weniger häufig eingesetztes Reportergen codiert das Enyzm **Luciferase (LUC)**, dessen Aktivität in Zellextrakten quantitativ bestimmt werden kann, das aber auch zerstörungsfrei in intakten Geweben qualitativ nachweisbar ist.

14.2 | Transiente und stabile Transformation

Wenn der Zellbiologe das Gen seines zu untersuchenden Proteins in einen passenden Expressionsvektor kloniert hat, so benötigt er als nächstes ein Verfahren, um den Expressionsvektor schonend in eine Empfängerzelle zu übertragen. Ziel des Gentransfers ist die Expression des zu untersuchenden Proteins in der Zelle. Hier gibt es je nach Fragestellung zwei unterschiedliche Herangehensweisen. Vielen Zellbiologen genügt die transiente Genexpression, andere benötigen die stabile Transformation.

Merksatz

Bei der transienten Genexpression werden zahlreiche Kopien des Expressionvektors in die Empfängerzelle eingebracht und gelangen dort zur Expression, ohne dass sie stabil ins Wirtsgenom integriert worden sind. Die Expression erreicht zwischen dem zweiten und vierten Tag nach Gentransfer ihren Höhepunkt und fällt danach wieder ab.

Transiente Genexpression: Bei der transienten Genexpression werden zahlreiche Kopien des Expressionsvektors in die Empfängerzelle eingebracht und gelangen dort zur Expression, ohne dass sie stabil ins Wirtsgenom integriert worden sind. Von der großen Zahl von Genkopien, die in die Zelle eingeführt worden sind, erreichen nur wenige den Zellkern, wo sie extrachromosomal vorliegen. Der Promotor des Expressionvektors wird vom Transkriptionsapparat des Kerns erkannt, mRNA wird produziert und etwa sechs Stunden nach dem Gentransfer kann man die ersten kleinen Mengen des Reporterproteins nachweisen. Die Expression steigt an, bis sie zwischen dem zweiten und vierten Tag ihren Höhepunkt erreicht hat und danach wieder abfällt, da die nicht integrierte DNA des Expressionsvektors zwischenzeitlich inaktiviert und abgebaut wird. Eine Selektion auf Vorhandensein des Expressionsvektors findet bei diesem Ansatz nicht statt. Die transiente Genexpression genügt jedoch völlig, wenn man die subzelluläre Lokalisierung des zu untersuchenden Proteins bestimmen möchte; zwei Tage nach Gentransfer zeigt das confokale Laserscanning-Mikroskop dem Zellbiologen, in welchem Kompartiment sich das mit GFP fusionierte Protein aufhält. Ist das zu untersuchende Protein ein Enzym, das man zielgerichtet mutiert hat, so zeigt die transiente Genexpression, ob und wie stark es noch aktiv ist im Vergleich zum Kontroll-versuch, wo das Gen für das unveränderte Enzymprotein übertragen wurde. Es gibt viele Anwendungsmöglichkeiten für die transiente Gen-expression, denn dieser Ansatz ist sehr schnell, (vergleichsweise) wenig aufwendig und gestattet viele parallele Wiederholungen. Die transiente Genexpression hat jedoch ihre Grenzen, wenn die Entwicklungsspezifi-tät der Genexpression untersucht werden soll (beispielsweise während der Blütenentwicklung oder der Samenreifung). Dazu eignet sich die stabile Transformation.

Stabile Transformation: Bei der stabilen Transformation selektiert man auf solche Empfängerzellen, die das Expressionskonstrukt stabil in ihr Genom integriert haben und das Markergen erfolgreich exprimieren. Der Zellbiologe geht von der allgemein zutreffenden Annahme aus, dass wenn das Markergen erfolgreich übertragen wurde und exprimiert wird auch das daneben liegende Gen des zu untersuchenden Proteins mit über-tragen und integriert wurde. Die selektierten transgenen Zellen werden mithilfe zelltechnologischer Verfahren zu intakten transgenen Pflanzen regeneriert, die für Analysen zur Verfügung stehen. Die stabile Transfor-mation dauert je nach Pflanzenart Wochen bis Monate. Ziel der stabilen Transformation ist auch die Übertragung der integrierten Transgene auf die nächste Generation, also die Vererbung über Samen, sodass geneti-sche Analysen mit den stabil transformierten Pflanzen möglich werden. Die bei der stabilen Transformation regenerierten Pflanzen sind für das Transgen heterozygot, was in den meisten Anwendungsfällen nicht stört. Durch Selbstung können jedoch relativ schnell auch homozygote trans-gene Pflanzen erzeugt werden.

In der Regel kann man bei der stabilen Transformation nicht vorher-bestimmen, an welchen Ort das Expressionskonstrukt ins Genom der Empfängerzelle integriert wird. Es kann durchaus passieren, dass es zu-fällig unter Kontrolle eines anderen starken Promotors integriert und da-durch die Spezifität des zu untersuchenden Promotors verfälscht wird, man nennt solche Effekte **Positionseffekte**. Bei einer stabilen Transfor-mation ist es deshalb notwendig, nicht nur ein oder zwei transgene Pflan-zen zu regenerieren und zu analysieren, sondern immer eine größere Zahl, um ein statistisches Mittel der gemessenen Genexpression bestim-men zu können.

Merksatz

Bei der stabilen Transformation selek-tiert man auf solche Empfängerzellen, die das Expressionskon-strukt stabil in ihr Genom integriert haben und das Mar-kergen erfolgreich exprimieren. Die Erzeugung stabil transformierter Pflanzen dauert je nach Pflanzenart Wochen bis Monate.

Agrobacterium tumefaciens erzeugt Pflanzentumore   14.3

Der Zellbiologe muss sich nicht nur für das Ziel des Gentransfers ent-scheiden (transiente oder stabile Transformation), er hat zudem die Wahl

Abb. 14.4

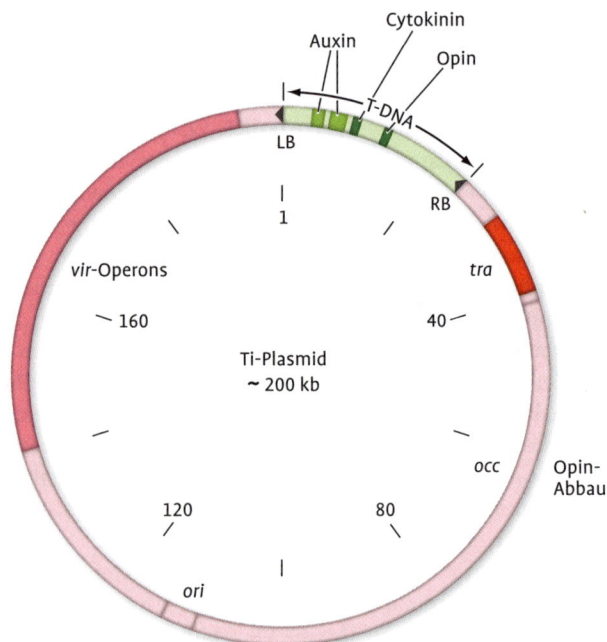

Ti-Plasmid von *Agrobacterium tumefaciens*. Das Ti-Plasmid gehört mit einer Größe von 200 kb zu den Megaplasmiden. Ein genau definierter Bereich seiner DNA, die T-DNA, wird kopiert und in die Pflanzenzelle übertragen. Die T-DNA ist flankiert von der linken und rechten Bordersequenz (LB und RB). Der Bereich der *vir*-Operons codiert eine größere Zahl von Proteinen, die notwendig sind für das Kopieren und die Übertragung der T-DNA. Die *Tra*-Region ist für den konjugativen Transfer des Ti-Plasmids auf plasmidfreie Agrobakterien zuständig. Der *ori* ist für die Plasmidreplikation notwendig und die *occ*-Gene codieren für die Aufnahme und Verwertung von Opinen.

zwischen zwei sehr unterschiedlichen Gentransferverfahren. Zum einen kann er sich eines in der Natur vorkommenden Gentransfersystems bedienen, nämlich des Systems von *Agrobacterim tumefaciens*. Dieses Bakterium überträgt Gene auf Pflanzen. Das bedeutet für den Zellbiologen, dass er zuvor sein Genkonstrukt im Agrobakterium als Zwischenwirt übertragen muss und anschließend das Bakterium sehr präzise den Gentransfer auf die Pflanze erledigen lässt. Das zweite Gentransferverfahren ist der sogenannte direkte Gentransfer, bei dem die DNA des Expressionsvektors direkt in die Pflanzenzelle eingeführt wird.

Das gramnegative Bodenbakterium *Agrobacterim tumefaciens* ist der Verursacher von Pflanzentumoren, der sogenannten Wurzelhalsgallen. Die Aufklärung seines molekularen Infektionsmechanismus durch die beiden belgischen Forscher Jeff Schell und Marc Van Montagu ist ein Meilenstein in der pflanzlichen Molekularbiologie. Beide fanden heraus, dass dieses Bakterium seine Wirtszelle genetisch umprogrammiert, indem es einen Satz seiner Gene in die Pflanzenzelle einschleust und stabil in deren Genom einbaut. Nachdem dieser Mechanismus in den Grundzügen aufgedeckt war, veränderten Schell und Van Montagu das System so, dass sie von Agrobakterium chimärische Gene übertragen ließen, die sie zuvor konstruiert hatten. Diese grundlegenden Arbeiten hatten enorme praktische Bedeutung für die moderne Pflanzenforschung, da Agrobakterien das System der Wahl sind für die Transformation von Pflanzenzellen und die Erzeugung transgener Pflanzen.

Agrobakterien enthalten ein großes **tumorinduzierendes Plasmid (Ti-Plasmid)**, das ein komplexes genetisches Programm zur Infektion, Tumorbildung und bakteriellen Nährstoffnutzung codiert (**Abb. 14.4**). Die auf die Wirtspflanze übertragenen Bakteriengene veranlassen die Pflanze, einen Tumor auszubilden, der in großen Mengen stickstoffreiche Opine synthetisiert, welche den Agrobakterien als N- und C-Quelle dienen. In **Abbildung 14.5** ist dieser Ablauf schematisch dargestellt.

(1) Infektion der Pflanzenzelle: Über Wundstellen (wie Scheuern an der Übergangszone Spross zu Wurzel) gelangen Agrobakterien in die Pflanze. Rezeptoren auf der Bakterienoberfläche erkennen Glykoproteine in der pflanzlichen Zellwand und verankern das Agrobakterium an der Pflanzenzelle. Als Folge der Verwundung erzeugt die Pflanze phenolische Verbindungen wie **Acetosyringon**, die als chemisches Signal weitere Agrobakterien anlocken und zugleich die *vir*-Gene auf dem Ti-Plasmid induzieren.

(2) Aktivierung der *vir*-Operons: In der Hülle der Agrobakterien sitzt das VirA-Protein, der Rezeptor für Acetosyringon. VirA ist eine Sensorkinase, die durch Acetosyringon aktiviert wird und nachfolgend das Protein VirG phosphoryliert. VirG ist ein Transkriptionsfaktor, der in seiner phosphorylierten Form alle *vir*-Operons induziert. Durch dieses Zwei-Komponenten-System wird die *vir*-Region aktiviert.

(3) Erzeugung einer T-DNA Kopie: Der Bereich der T-DNA auf dem Ti-Plasmid codiert Proteine, die die Pflanzenzelle nach den Bedürfnissen des Agrobakteriums umprogrammieren (Details dazu weiter unten). Dazu muss dieser Bereich, der eine Länge von etwa 25 kb hat, in die Pflanzenzelle eingeschleust und dort stabil ins Kerngenom eingebaut werden. Das „T" in T-DNA steht für transferierte DNA. Zu diesem Zweck wird eine Kopie der T-DNA im Bakterium synthetisiert. Das besondere dieses Vorgangs ist, dass es sich um eine **Einzelstrang-DNA-Kopie** handelt, also nicht um die sonst übliche DNA-Doppelhelix. Proteine des *virC*- und *virD*-Operons erzeugen diese Einzelstrangkopie und das Protein VirD2 wird kovalent an das 5'-Ende der T-DNA-Kopie gebunden.

(4) Export der T-DNA: Proteine des *virB*- und *virD*-Operons bilden einen Proteinkanal, der das Bakterium mit der Pflanzenzelle verbindet. Dieser sehr komplexe Multiproteinkanal ist ein weiteres Beispiel für eine ATP getriebene Nanomaschine und wird als **molekulare Injektionsnadel** bezeichnet. Derartige Translokationsmaschinen sind bei pathogenen Bakterien weit verbreitet, um toxische Proteine in ihre Wirtszellen zu

Abb. 14.5

Gentransfer von Agro-bakterien auf Pflanzen.
Die einzelnen Teilschritte sind im Text beschrieben (verändert nach Weiler und Nover 2008).

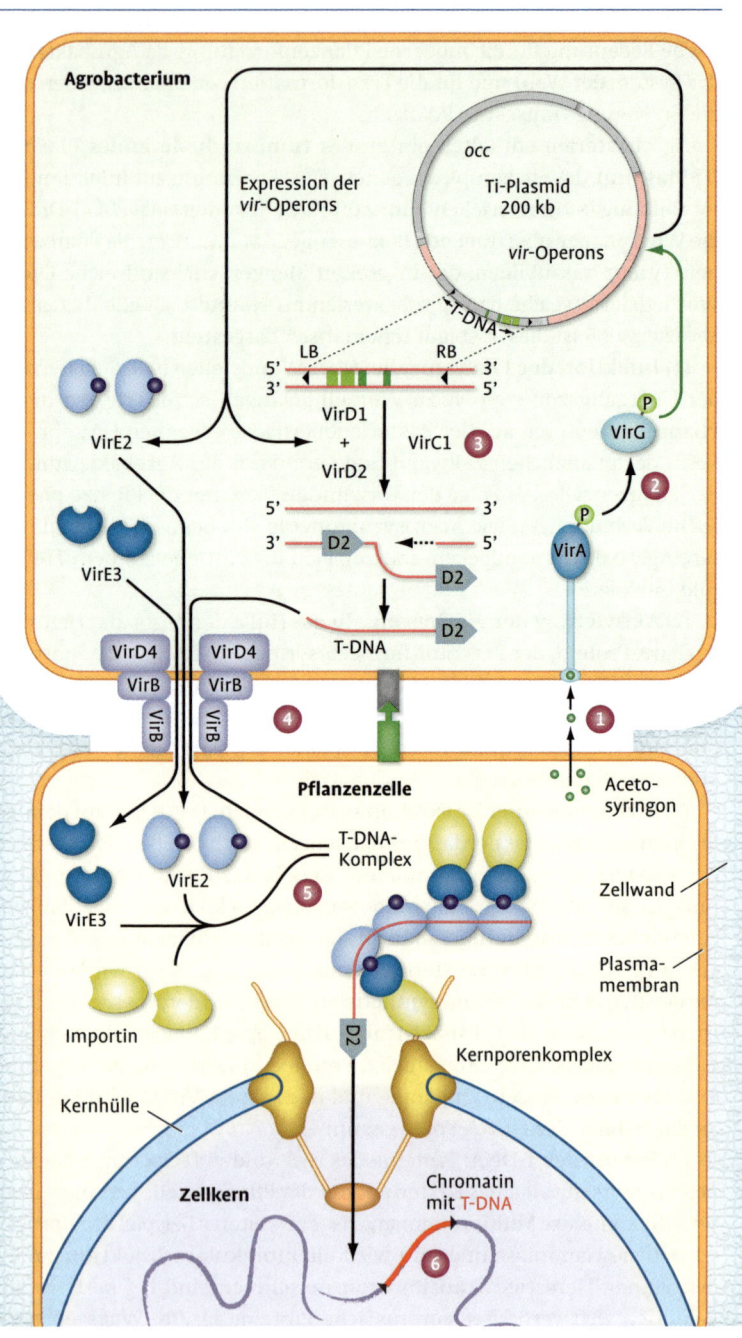

transferieren. Durch diesen Kanal wird unter ATP-Verbrauch der T-DNA-VirD2-Komplex in die Pflanzenzelle transportiert. Zusätzlich gelangen mehrere hundert Kopien des VirE2- und VirE3-Proteins durch den Kanal in die Pflanzenzelle.

(5) Kernimport der T-DNA: Angekommen im Cytoplasma der Pflanzenzelle, muss die empfindliche Einzelstrang-T-DNA geschützt werden. Dazu wird sie in etwa 500 Kopien des VirE2-Proteins verpackt (VirE2 ist ein Einzelstrang-DNA-Bindeprotein), sodass der Komplex die Form eines Wurms annimmt. Dieser große Komplex muss in den Kern geschafft werden. Das am 5'-Ende der T-DNA sitzende Pilotprotein VirD2 besitzt zwar ein eigenes Kernlokalisierungssignal, aber das reicht nicht aus, um einen Komplex von solcher Größe zum Kern zu dirigieren. Deshalb müssen auch die 500 VirE2-Proteine, die die T-DNA einhüllen, für die Kernimportmaschinerie erkennbar gemacht werden. Diese Aufgabe übernimmt das Protein VirE3. Es ist ein Linkerprotein, das auf der einen Seite VirE2 bindet und auf seiner anderen Seite an den Kernimport-Rezeptor Importin (**vgl. Kapitel 5.3**) koppelt.

(6) Integration der T-DNA in das Pflanzengenom: Angekommen im Kern, wird die Einzelstrang-T-DNA unter Beteiligung weiterer Helferproteine ausgepackt und ihr zweiter, komplementärer Strang wird synthetisiert. Diese nun doppelsträngige T-DNA kann an einer **beliebigen Stelle** ins Kerngenom der Pflanzenzelle integrieren. Sie macht das vorzugsweise an Orten, wo die DNA-Reparatursysteme der Pflanze gerade Strangbrüche der Kern-DNA reparieren oder dort, wo Gene gerade transkribiert werden und zu diesem Zweck die Wirts-DNA aufgewunden ist.

(7) Umprogrammierung der Pflanzenzelle und Tumorbildung: Eine Besonderheit der auf der T-DNA lokalisierten Gene liegt darin, dass ihre Promotoren und Terminatoren vom pflanzlichen Transkriptionsapparat erkannt werden und im Eukaryontenkern effizient funktionieren. Sie sind offensichtlich das Produkt einer langen Coevolution zwischen Agrobakterien und höheren Pflanzen. Die T-DNA codiert eine ganze Reihe von Genen, von denen vier in ihrer Funktion genau bekannt sind. Zwei Gene codieren die Biosynthese des Phytohormons Zeatin (Familie der **Cytokinine**) und ein Gen die Biosynthese des Phytohormons Indolessigsäure (Familie der **Auxine**). Die unkontrollierte Überproduktion dieser beiden Hormone führt zu ungehemmtem Wachstum und damit zur Entstehung von Tumoren. Das vierte in seiner Funktion bekannte T-DNA-Gen codiert für eine **Opinsynthase**, die die Aminosäuren Arg bzw. Lys in Opine überführt. Diese Aminosäurederivate kommen in einer Normalzelle nicht vor.

(8) Opinverwertung durch die Bakterien: Die Opine werden in den Wurzelraum ausgeschieden und induzieren bei den dort lebenden Bakterien die auf dem Ti-Plasmid lokalisierten Gene für Abbau und Verwer-

Merksatz

Das Bodenbakterium *Agrobacterium tumefaciens* schleust einen Satz seiner Gene (T-DNA) in die Pflanzenzelle ein und integriert sie dort stabil ins Kerngenom. Dadurch wird die Pflanzenzelle genetisch umprogrammiert und entwickelt sich zu einem Tumor, der Opine produziert, welche den Agrobakterien als N-, C-, und Energie-Quelle dienen.

tung der Opine, welche den Bakterien als **N-, C-, und Energiequelle** dienen. Die Gene für den Opinabbau sind also im Bakterium lokalisiert, die Gene für die Opinsynthese hat das Bakterium hingegen auf die Pflanze übertragen, um deren Aminosäurepool anzuzapfen und dort in eine Nährstoffart umformen zu lassen, von der ausschließlich Agrobakterien leben können. Damit dient die genetisch umprogrammierte Pflanze als Nährstoffbeschaffungssystem für die im Boden lebende Agrobakterien-Population. Jeff Schell, der Entdecker des Agrobakterien-Mechanismus, hat für diese Art des Parasitismus den Begriff **genetische Kolonisierung** geprägt.

14.4 | Agrobakterien-vermittelter Gentransfer

Als Schell und Van Montagu darangingen, das natürliche Gentransfersystem von Agrobakterien umzukonstruieren, sodass der Zellbiologe damit nach Wunsch Gene in die Pflanzen übertragen kann, mussten mehrere Probleme gelöst werden:

(1) Die Tumorbildung war unerwünscht, stattdessen sollten intakte Pflanzen erzeugt werden mit einem ungestörten, normalen Phytohormonhaushalt. Also wurden die drei Hormongene aus der T-DNA entfernt.

(2) Die Opinsynthese war ebenfalls unerwünscht, denn sie lenkt einen großen Teil des Arg- bzw. Lys-Pools der Zelle um, kostet Energie und belastet den Pflanzenstoffwechsel unnötig. Also wurde auch das Opinsynthasegen aus der T-DNA eliminiert. Das Ti-Plasmid wurde damit „entschärft" und es stellte sich heraus, dass man alle Agrobakteriengene zwischen der linken und der rechten Bordersequenz der T-DNA entfernen und stattdessen die im Labor erzeugten chimärischen Konstrukte zwischen beide Grenzmarkierungen einfügen konnte. Der T-DNA-Transfermechanismus erkannte ausschließlich die Bordersequenzen und übertrug alle Gene, die sich dazwischen befanden.

(3) Das Ti-Plasmid mit einer Größe von 200 kb ist so riesig, dass man es nicht routinemäßig für molekularbiologische Klonierungsarbeiten im Reagenzglas handhaben kann. Also wurde ein zweiteiliges Plasmidsystem geschaffen, der **Binärvektor** (Abb. 14.6). Er sieht dem in Abbildung 14.4 gezeigten Expressionsvektor sehr ähnlich, ist jedoch größer und komplexer aufgebaut. Da alle Konstruktionsschritte in *E. coli* durchgeführt werden, besitzt der Binärvektor einen in *E. coli* funktionierenden Replikationsursprung (ori) und ein Markergen zur Selektion in *E. coli* (amp^r). Dieser Vektor muss von *E. coli* auf Agrobakterium übertragen werden, also benötigt man einen weiteren Replikationsursprung für Agrobakterium und ein weiteres Markergen (Streptomycin/Spectinomycin-Resistenz), auf das in Agrobakterium selektiert werden kann (der Replikationsursprung des

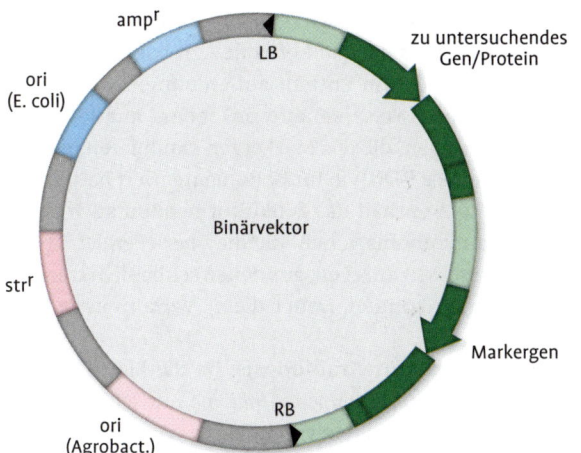

Abb. 14.6

Binärvektor. Der Aufbau eines Binärvektors für den Agrobakterien-vermittelten Gentransfer ist im Text genauer beschrieben. Der grün gezeichnete Bereich zwischen linker und rechter Bordersequenz (LB und RB) wird in die Pflanzenzelle übertragen.

menschlichen Darmbakteriums funktioniert nicht im stammesgeschichtlich weit entfernten Bodenbakterium!). Schließlich besitzt ein Binärvektor denjenigen Bereich, der von rechter und linker Bordersequenz flankiert ist und in die Pflanze übertragen werden soll: Ein Markergen zur Selektion in der Pflanze (zumeist *nptII* oder *pat*) und das chimärische Gen, dessen Genprodukt man nach Expression in der pflanzlichen Zelle untersuchen will. Dieser weniger als 10 kb große Vektor kann bequem im Reagenzglas gehandhabt werden. Die fehlenden *vir*-Gene werden von einem zweiten Plasmid (daher der Name Binärvektor) zur Verfügung gestellt, das man zuvor in Agrobakterium eingeführt hatte.

(4) Es musste ein (zelltechnologisches) System aufgebaut werden, das es gestattete, Zellen mit dem den Binärvektor enthaltenden Agrobakterium zu infizieren und daraus eine transgene Pflanzen zu regenerieren, in der jede Zelle das Transgen enthielt. Es stellte sich heraus, dass für jede Pflanzenart die Verfahren für Agrobakterieninfektion und Pflanzenregeneration modifiziert werden mussten. Insbesondere die wirtschaftlich bedeutsamen Getreide und Körnerleguminosen machten lange Zeit große Schwierigkeiten und erforderten erhebliche Veränderungen in den Protokollen. Für den Agrobakterium-vermittelten Gentransfer sind derzeit drei sehr unterschiedliche Verfahren in Gebrauch, die für den jeweiligen Anwendungszweck entwickelt wurden:

Blattscheiben-Transformation: Aus dem Blatt einer Pflanze werden kleine runde Stücke ausgestanzt und in der Petrischale mit Agrobakterien cokultiviert, sodass an den verwundeten Blatträndern der T-DNA-

Transfer stattfinden kann. Danach werden die Agrobakterien abgewaschen und die Blattscheiben in Gegenwart großer Antibiotika-Mengen auf Agarplatten kultiviert, sodass noch anheftende Agrobakterien abgetötet werden. Das Zellkulturmedium enthält außerdem ein weiteres selektives Antibiotikum, beispielsweise Kanamycin, sodass nur solche Zellen der Blattscheiben überleben, die das Markergen expimieren, welches sie zuvor zusammen mit der T-DNA in ihr Genom integriert hatten. Neben dem Selektivantibiotikum enthält das Zellkulturmedium auch geeignete Auxin- und Cytokininkombinationen, die die überlebenden Zellen zur Regeneration von Sprossen anregen, aus denen schließlich transgene Pflanzen erhalten werden können. Dauer dieses Verfahrens: > 3 Monate (je nach Pflanzenart).

Floral-dip-Methode für Arabidopsis: Da die Blattscheibentransformation der Modellpflanze *Arabidopsis thaliana* nur sehr schlecht funktionierte, wurde für Arabidopsis ein vereinfachtes Verfahren entwickelt, das ohne Zellkulturtechnik auskommt. Junge, in kleinen Töpfen angezogene Arabidopsis-Pflanzen werden kopfüber mit ihrem jungen Blütenstand (die Knospen sind noch geschlossen) in eine Agrobakterien-Suspension getaucht, sodass die Agrobakterien direkt den Ei-Apparat transformieren und im besten Fall ein transgener Embryo im Samen erhalten wird. Nach dem Abreifen werden die Samen auf einem Kanamycin enthaltenden Medium auf die Expression des Markergens selektiert. Etwa 1 % der Samen ist transgen. Dauer dieses Verfahrens: etwa sechs Wochen.

Agrobakterien-Infiltration zur transienten Expression: Ganze Blätter werden an der Pflanze mit einer Agrobakterien-Suspension infiltriert (die Bakterien werden mit einer Spritze ohne Kanüle in die Interzellularen gedrückt) und zwei bis vier Tage nach Behandlung auf transiente Genexpression getestet. Dieses Verfahren funktioniert nur mit einer Tabakart (*Nicotiana benthamiana*) effektiv und ist weit verbreitet für Lokalisierungsstudien mithilfe von Fluoreszenzproteinen.

14.5 | Direkter Gentransfer

Beim direkten Gentransfer wird die DNA direkt – also ohne einen Zwischenwirt wie das Agrobakterium – in die Empfängerzelle eingeführt. Nachdem viel herumprobiert wurde, haben sich zwei Verfahren durchgesetzt, die weltweit Anwendung finden: der Partikelbeschuss und die Protoplasten-Transformation. Die bei der Transfektion tierischer Zellen häufig verwendeten Methoden der Elektroporation und der Mikroinjektion sind bei pflanzlichen Zellen zwar praktikabel, aber wegen der störenden Zellwand sehr aufwendig und schlecht reproduzierbar.

Merksatz
Beim Agrobakterienvermittelten Gentransfer werden entschärfte Agrobakterien eingesetzt, die weder Tumore noch die Opinproduktion in der Empfängerpflanze auslösen. Mithilfe eines Binärvektors werden das zu untersuchende Gen und ein Markergen von Agrobakterium in die Empfängerzelle eingeschleust und dort stabil ins Kerngenom integriert. Aus der Empfängerzelle werden transgene Pflanzen regeneriert, die in jeder Zelle das Transgen enthalten.

Partikelbeschuss

14.5.1

Das spektakuläre Verfahren des Partikelbeschusses wird auch als biolistische Transformation bezeichnet und nutzt Gold-Partikel von 1 μm Durchmsser, die mit der DNA des Expressionsvektors beschichtet werden und mit einer Art Kanone (*particle gun*) direkt in die Empfängerzellen hineingeschossen werden. Dort gelangt ein kleiner Bruchteil der Expressionsplasmide bis in den Zellkern. Davon wird ein noch kleinerer Bruchteil stabil in das Kerngenom an einer zufälligen Stelle integriert. Die restliche Prozedur verläuft ähnlich zum Agrobakterien-vermittelten Gentransfer. Nur diejenigen Zellen überleben auf einem Selektionsmedium, die das Markergen exprimieren, welches sie zuvor mit dem Expressionsvektor in ihr Genom integriert hatten. Schließlich werden die selektierten Zellen zu transgenen Pflanzen regeneriert. Warum hat man dazu eine Kanone konstruiert? Der Knackpunkt des direkten DNA-Transfers liegt in der Überwindung der starren Zellwandbarriere. Entweder muss man die Zellwand enzymatisch entfernen und die so erhaltenen Protoplasten mit DNA behandeln, was jedoch oft problematisch ist, oder man muss die DNA durch die Zellwand hindurch in die Zelle transferieren. Dazu sind Gold-Mikropartikel ideal geeignet. Da Gold eine sehr hohe Dichte besitzt (Gold ist fast doppelt so schwer wie Blei!), verfügen Gold-Partikel nach einer entsprechenden Beschleunigung über eine hohe kinetische Energie und durchschlagen so mühelos die starre Zellwand, ohne einen dauerhaften Schaden zu verursachen. Während eines Beschusses treffen Tausende Goldpartikel als Mikroschrot das Zielgewebe oder die Zellkultur. Beim Eintritt in die Zelle werden die Partikel stark abgebremst und bleiben im Cytoplasma der Zelle stecken. Die DNA-Beschichtung der Partikel löst sich ab und die Expressionsplasmide verteilen sich in der Zelle.

Die Methode des Partikelbeschusses hat wesentliche Vorteile gegenüber dem Agrobakterien-vermittelten Gentransfer: Die benötigten Expressionsvektoren sind einfacher aufgebaut (sie entsprechen dem in **Abb. 14.1** gezeigten Plasmid), der komplizierte Übertragungsweg über Agrobakterium fällt weg und die Methode ist erheblich schneller. Allerdings werden in der Regel mehrere (oft Dutzende) Kopien des Expressionsvektors in das Genom eingebaut, was Recombinationsvorgänge auslösen kann, die die stabile Fremdgenexpression später stören. Agrobakterium hingegen baut in der Regel nur eine einzige Kopie der T-DNA ein und dieser Einbau erfolgt sehr präzise. Der Experimentator muss demnach abwägen, worin sein Ziel besteht und ob er alle zelltechnologischen Voraussetzungen verfügbar hat, um bei der zu transformierenden Pflanzenart auch intakte Pflanzen aus der Zellkultur regenerieren zu können. Die Methode des Partikelbeschusses besitzt jedoch noch weitere Vorteile: Sie ist das einzige Verfahren, um Plastiden und Mitochondrien stabil

Merksatz

Beim direkten Gentransfer wird die DNA direkt in die Empfängerzelle eingeführt. Das bei Pflanzenzellen häufigste Verfahren ist der Partikelbeschuss, bei dem mit DNA beschichtete Goldpartikel in die Empfängerzellen hineingeschossen werden. Diese Methode ist schneller und einfacher als der durch Agrobakterien-vermittelte Gentransfer, allerdings werden beim Partikelbeschuss meist mehrere Genkopien eingebaut, was die spätere Genstabilität stören kann.

Abb. 14.7

Transiente Genexpression nach Partikelbeschuss.
(A) Expression von GFP im Cytoplasma einer Schließzelle von Tabak. Nur die linke Schließzelle der Stomaöffnung exprimiert das Fremdgen, die rechte wurde vom Goldpartikel entweder nicht getroffen oder hat einen Defekt in der Expression. Die rechte Schließzelle ist damit die ideale Negativkontrolle.
(B) Vergleich der transienten Genexpression nach Partikelbeschuss (links) und nach Agroinfiltration (rechts) in der Epidermis von *N. benthamiana*. Während beim Partikelbeschuss immer nur wenige Zellen das Reportergen YFP/GFP erfolgreich exprimieren, ist die Effizienz bei der Agroinfiltration um ein Vielfaches höher (A, Originalaufnahme K. Nowak und R. Hänsch, Braunschweig; B, Originalaufnahme C. Gehl und R. Hänsch, Braunschweig).

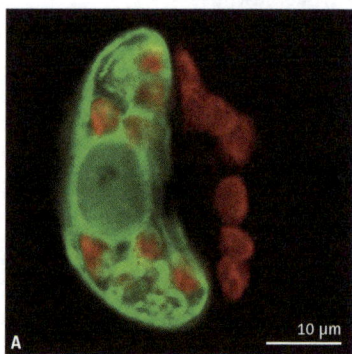

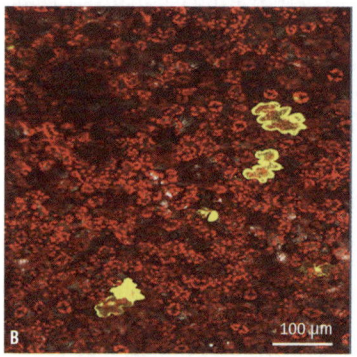

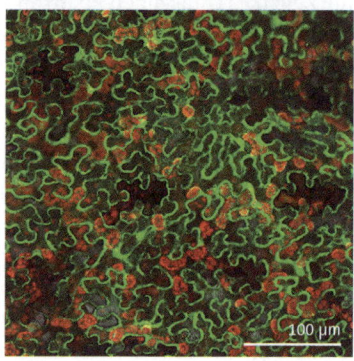

zu transformieren. Zudem kann sie bei vielen Organismen (Pilze, Algen, Bakterien, Insekten, tierische Zellen) erfolgreich angewendet werden. Für die transiente Genexpression ist der Partikelbeschuss die Methode der Wahl, denn die Agroinfiltration ist bisher nur bei *Nicotiana bethamiana* routinemäßig einsetzbar, während der Partikelbeschuss bei allen Pflanzenarten funktioniert und jedes Gewebe und Organ beschossen werden kann (**Abb. 14.7**).

14.5.2 | Protoplasten-Transformation

Die den DNA-Transfer störende Zellwand hat man bei Protoplasten enzymatisch entfernt, sodass sie sehr gute Empfängerzellen für einen direkten Gentransfer darstellen. Mittels chemischer Agenzien oder kurzer Stromstöße (Elektroporation) werden die Protoplasten veranlasst, die DNA der Expressionsplasmide aufzunehmen und an einer zufälligen Stelle in ihr Kerngenom zu integrieren. Wo liegt also das Problem, das die Protoplasten-Transformation in der Anwendung einschränkt? Das Problem steckt nicht im DNA-Transfer sondern in der zelltechnischen Handhabung.

Die Isolierung lebensfähiger und nach dem DNA-Transfer teilungsfähiger Protoplasten ist nicht einfach und die Regeneration intakter Pflanzen aus dem Protoplasten ist schwierig und auch stark von der Pflanzenart abhängig, sodass die Protoplasten-Transformation nur in Spezialfällen angewendet wird. Hingegen ist die Protoplasten-Transformation für die transiente Genexpression gut geeignet und wird für Lokalisierunsgaufgaben häufig eingesetzt (**Abb. 14.8**).

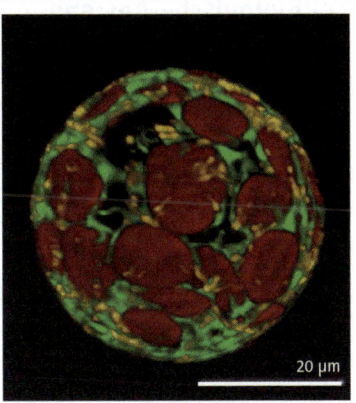

Abb. 14.8

Transiente Genexpression in Protoplasten. Protoplasten von *N. plumbaginifolia* wurden mit einem Genkonstrukt transformiert, das GFP im Cytoplasma exprimiert. GFP (grün), Mitochondrien (gelb markiert mit dem Farbstoff Mitotracker), Chloroplasten (rote Autofluoreszenz)(Originalaufnahme B. Wahl und J. Schulze, Braunschweig).

Nachweiskriterien für einen stabilen Gentransfer   14.6

Da transgene Zellen auf die Expression ihres Markergens selektiert worden sind, sollten sie auch das zu untersuchende Gen exprimieren, das sie zusammen mit dem Markergen erhalten und integriert haben. Dieser Nachweis muss jedoch erst geführt werden. Eine genetisch stabil transformierte Pflanze muss deshalb Nachweiskriterien auf folgenden Ebenen erfüllen:

- **Molekulare Ebene (DNA):** Die übertragene DNA muss stabil in das Kerngenom der Empfängerzelle übertragen worden sein. Kern-DNA der Empfängerzelle wird isoliert und die Kopienzahl der Fremd-DNA wird darin mittels molekularer Methoden detektiert.
- **Biochemische Ebene (Protein):** Die Expression des Fremdgens muss nachgewiesen werden. Dazu reicht es nicht allein aus, die entsprechende mRNA zu detektieren, sondern auch das codierte Protein muss nachgewiesen werden (Immunoblot) und seine Aktivität muss bestimmt werden. Handelt es sich um ein Enzymprotein, braucht man den biochemischen Nachweis seiner Enzymaktivität, bei GFP braucht man die Bestimmung der Fluoreszenz.
- **Phänotypische Ebene:** Dieser Nachweis ist formaler Natur. Die Pflanze muss ein neues Merkmal aufweisen, das sich morphologisch, entwicklungsbiologisch oder biochemisch äußert.
- **Vererbung:** Das neue Merkmal muss sexuell über Samen auf die Nachkommen übertragbar sein. Die Fremd-DNA muss die Meiose überstehen (oft stellt die Meiose eine Sperre für die Weitergabe von Fremd-DNA dar) und in der Folgegeneration exprimiert werden. Die Weitergabe sollte den Mendelschen Regeln entsprechen.

14.7 | Zellbiologische Anwendungen des Gentransfers

Sowohl die transiente Genexpression als auch die Erzeugung stabil transformierter Pflanzen sind methodische Werkzeuge, die als Routinemetho-
den aus der zellbiologischen Arbeit nicht mehr wegzudenken sind. Es gibt
eine Fülle von Anwendungen des Gentransfers, von denen hier nur eine
kleine Auswahl mit zellbiologischer Relevanz erwähnt werden soll.

14.7.1 | Markierung von Kompartimenten

Es gibt für jedes Organell und subzelluläre Kompartiment Markerproteine (Leitenzyme), die charakteristisch für ein Kompartiment sind und
nur dort vorkommen (**vgl. Box 2.2 Leitenzyme**). Fusioniert man diese Markerproteine mit GFP oder stattet man GFP lediglich mit der Zielsequenz
des jeweiligen Markerproteins aus und erzeugt damit stabil transformierte
transgene Zellkulturen oder Pflanzen, so hat man damit einen Satz von
Markerzelllinien, in denen das jeweils interessierende Kompartiment stabil markiert ist und damit schnell und einfach im confokalen Lasermikroskop sichtbar gemacht werden kann. So markierte Zellen dienen als
Referenz in Lokalisierungsexperimenten (**Abb. 12.7**) oder können auch als
Rezipienten für transiente Genexpressionen eingesetzt werden.

14.7.2 | Proteintransport

Durch Markierung mit fluoreszierenden Proteinen kann der Zellbiologe
nach transienter Genexpression sehr schnell feststellen, in welchem subzellulären Kompartiment das Kandidatenprotein lokalisiert ist. Die Com-
puteranalyse seiner DNA-Sequenz kann zwar Hinweise auf mögliche Zielsequenzen geben (diese Hinweise können jedoch je nach verwendetem
Programm schwanken), sodass nur die Expression des Kandidatenproteins den entscheidenden Nachweis erbringen kann. Mit diesem Ansatz
kann aber auch das Funktionieren der Maschinerie für den Proteintransport in Organellen analysiert werden; verändert man Teile dieser Maschinerie, gelangt das Kandidatenprotein nur erschwert oder gar nicht mehr
in sein Zielorganell.

Eine andere Anwendung ist die Beobachtung der Dynamik des Pro-
teintransports. In Zeitreihen wird der intrazelluläre Weg eines Kandidatenproteins verfolgt. Eine weitere Anwendung ist die **ektopische Expression**. Hier stattet der Zellbiologe das Kandidatenprotein mit einer fremden
Zielsequenz aus, die das Protein in ein Kompartiment dirigiert, in dem
es normalerweise nicht exprimiert wird. Der Experimentator untersucht
dann die Folgen der ektopischen Expression für das Protein oder das Kompartiment und dessen Metabolismus.

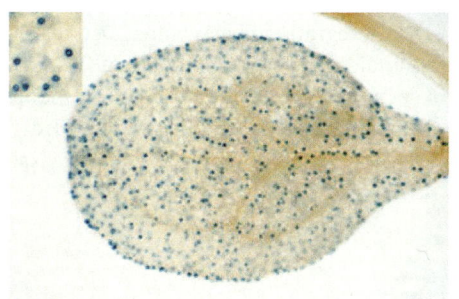

Abb. 14.9

Zelltyp-spezifische Expression des Reportergens GUS. Das Gen für das Reporterprotein GUS wurde unter Kontrolle eines Schließzell-spezifischen Promotors kloniert und stabil in Arabidopsis transformiert. Das Bild zeigt ein Blatt, das histochemisch auf GUS-Enzymaktivität (blau) angefärbt wurde. Die Vergrößerung (kleines Bild links) zeigt einen Ausschnitt, in dem die beiden Schließzellen und die Stomataöffnung deutlich zu erkennen sind. Der Promotor ist hoch spezifisch für Schließzellen, er vermittelt keinerlei Genexpression in den angrenzenden Epidermiszellen (Originalaufnahme P. Benz und N. Crawford, San Diego).

Promotoranalyse

14.7.3

Den Zellbiologen und molekularen Pflanzenbiologen interessiert nicht nur die subzelluläre Lokalisierung des Kandidatenproteins, sondern auch dessen organspezifische, gewebespezifische oder zelltypspezifische Expression in der Pflanze. Schließlich gibt es mehr als einhundert verschiedene pflanzliche Zelltypen. Aber auch die zeitliche Expression im Tagesgang oder in der Pflanzenentwicklung über Embryo, Keimpflanze, adulte und seneszente Pflanze ist von Interesse. Dazu fusioniert man den Promotor des Kandidatengens mit dem Gen für GFP oder für ein anderes Reporterprotein, erzeugt eine stabil transformierte transgene Pflanze und analysiert die Expression des Reportergens (**Abb. 14.9**). Schließlich sind transgene Pflanzen auch ideale Systeme zur Analyse der Signaltransduktion (welche Signale bewirken wann und wo eine Genexpression in der Pflanze?).

Abschalten der Genexpression

14.7.4

Ein Drittel der Gene des Arabidopsis-Genoms sind in ihrer Funktion immer noch nicht aufgeklärt. Um sich an die Funktion eines Kandidatengens heranzutasten, schaltet der Experimentator deshalb die Funktion des Gens ab in der Hoffnung, eine phänotypische Reaktion der Zelle/Pflanze zu bewirken, die einen Anhaltspunkt geben könnte, in welche Richtung er weiterzusuchen hätte. Dazu gibt es die Möglichkeit, die Expression des Kandidatengens durch **Antisense-Expression** oder mittels **Interferenz-RNA-Expression** zu drosseln (selten geht sie dabei auf Null zurück),oder aber das Gen durch gezielte Mutation zu zerstören und damit seine Expression komplett abzuschalten. Letzteres bezeichnet man als **knock-out** des Gens. Dazu bedient man sich des Agrobakterien-vermittelten Gentransfers. Da die T-DNA von Agrobakterium an einen zufälligen Ort im Kerngenom integriert, erzeugt sie im Gen, in das sie eingebaut wird, eine Mutation, die je nach Einbauort (Promotor, Exon, Intron) verschieden schwere

Konsequenzen für das Wirtsgen haben kann. In den meisten Fällen wird seine Expression durch die T-DNA-Integration abgeschaltet. Der gerichtete Einbau von T-DNA in ein Kandidatengen ist bei höheren Pflanzen extrem aufwendig, jedoch gibt es für jedes der mehr als 25000 Arabidopsis-Gene knock-out-Pflanzen, die über T-DNA-Integration erzeugt worden sind und für die Grundlagenforschung zur Verfügung stehen (**vgl. Kapitel 11**).

Weiterführende Literatur

Bildquellen

Alberts, B., et al.: Lehrbuch der molekularen Zell-biologie. 4. Aufl., WILEY-VCH, Weinheim 2007

Alberts, B., et al.: Molecular biology of the cell. 5. Aufl., Garland Science, New York 2008

Becker, W., et al.: The world of the cell. 7. Aufl., Pearson, San Francisco 2009

Bresinsky, A., et al.: STRASBURGER, Lehrbuch der Botanik. 36. Aufl., Spektrum Akadem. Verlag, Heidelberg 2008

Buchanan, B.; et al.: Biochemistry and Molecular Biology of Plants. American Soc. of Plant Physiologists, Rockville, Maryland 2000.

Campbell, N., et al.: Biologie, 8. Aufl., Pearson Studium, München 2009

Heldt, H., Piechulla, B.: Pflanzenbiochemie. 4. Aufl., Spektrum Akadem. Verlag, Heidelberg 2008

Lodish, H., et al.; Molecular cell biology. 6. Aufl., Freeman, New York 2008

Lüttge, U., et al.: Botanik. 5. Aufl., Wiley-VCH, Weiheim 2005

Plattner, H., Hentschel, J.: Zellbiologie, 3. Aufl., Thieme Verlag, Stuttgart, New York 2006.

Raven, P., et al.: Biologie der Pflanzen. 4. Aufl. Walter de Gruyter, Berlin, New York 2006

Taiz, L., Zeiger, E.: Plant physiology. 4. Aufl., Spektrum Akadem. Verlag, Heidelberg 2007

Weiler, E., Nover, L.: Allgemeine und molekulare Botanik. Thieme Verlag, Stuttgart, New York 2008.

Abb. 2.6, B und C, 2.16 B und C, 2.22, 2.34: aus Raven, P., et al.; Biology of Plants, Walter der Gruyter, Berlin, New York 2006. Mit freundlicher Genehmigung von Bedford, Freeman & Worth, New York.

Abb. 2.12: aus Dudkina et al.; Biochim. Biophys. Acta 1797, S. 272–277, 2010. Mit freundlicher Genehmigung von Elsevier GmbH, München.

Abb. 2.16 D, 2.48 A, 2.49, 2.55: aus Bresinsky, A., et al.; Strasburger – Lehrbuch der Botanik, Spektrum Akademischer Verlag, Heidelberg 2008. Mit freund-licher Genehmigung des Springer Verlags, Berlin und J.W. Kadereit, G. Neuhaus, U. Sonnewald, A. Bresinsky

Abb 2.18: aus Natesan et al.; Experimental Botany 56, S. 787–797, 2005. Mit freundlicher Genehmigung der Oxford Journals und J. Gray.

Abb. 2.21: aus Weiler und Nover; Allgemeine und molekulare Botanik, Thieme Verlag, Stuttgart 2008. Mit freundlicher Genehmigung von G. Wanner.

Abb. 2.29 B: aus Weiler und Nover; Allgemeine und molekulare Botanik, Thieme Verlag, Stuttgart 2008. Mit freundlicher Genehmigung von K. Kowallik.

Abb. 2.53 B: aus Weiler und Nover; Allgemeine und molekulare Botanik, Thieme Verlag, Stuttgart 2008. Mit freundlicher Genehmigung von W. Herth und I. Hausser.

Abb. 3.9: aus Gunning, B.E.S., Steer, M.W., Steer, W.W.; Biologie der Pflanzenzelle, Verlag Fischer, 1995. Mit freundlicher Genehmigung des Fischer Verlages.

Abb. 5.22: aus Perry and Gilbert; Journal of Cell Science 39, S. 257–272, 1979. Mit freundlicher Genehmigung von The Company of Biologists, jcs.biologists.org.

Sachregister

Seitenzahlen von Stichwörtern, die sich auf ein komplettes Kapitel oder Unterkapitel beziehen, sind in blau gesetzt

A

α-Helix   18, 151, 174, 178, 206
ABA s. Abscisinsäure
ABC-Transporter   193
Abscisinsäure   31, 134, 246
Acetosyringon   283
Acetylierung   168
Acker-Schmalwand s. Arabidopsis
Actin
- bindendes Protein   104, 105
- F-Actin   102
- G-Actin   102
- Mikrofilament   104, 146, 147, 250
- Organellentransport   250
- Plasmodesmen 129
Adaptin   219
Adenin   24
Adenosin   24
Adenosindiphosphat (ADP)   24
Adenosindiphosphoribose, cyclische
  (cADPR)   240, 241
Adenosinmonophosphat (AMP)   24
- cyclisches (cAMP)   240
Adenosintriphosphat (ATP)   24
- Actin 103
- Atmungskette   53
- Chaperone   161, 162, 205
- Dynein   111
- Kappe   104
- Membranfusion   216
- Motorprotein   105
- Proteasom   183, 184
- Proteinimport   205
- Pumpe   128
- Synthase   55
- Synthese   66
- Zellteilung   142
ADP s. Adenosindiphosphat
Agrobacterium tumefaciens
- Infiltration   288, 290

- Pflanzentransformation   281
- Ti-Plasmid   282
Aldose   27
Aminogruppe   10, 15, 20
Aminosäure   10
- aromatische   12
- hydrophobe   12, 15
- proteinogene   12, 14
- schwefelhaltige   12
- ungewöhnliche   12
AMP s. Adenosinmonophosphat
Amphipathisch   175, 178, 206
Amphiphil   30
Amyloplast   58, 60
Amylose   121
Anaphase   136, 137, 139, 141, 144
Anion   12
Annotation   17
Anterograd   92, 211, 217
Antibiotikum
- Resistenz   276, 288
Antiporter   196, 197
Antisense-Expression   293
Apoplast   128
Apoprotein   21
Apoptose   230
Aquaporine   98, 197
Arabidopsis   252
- Datenbank   254, 294
- Floral-dip-Methode   288
- Genom   254
Archaea   231
Arf-Protein   182, 219
Aspartat-Protease   188
Astralmikrotubuli   142
Atmungskette   53, 54
ATP s. Adenosintriphosphat
ATP-Kappe   104
ATP-Synthase   55, 192
ATPase   50, 98, 190, 193

- Typen   191
Autofluoreszenz, Chloroplasten   258, 259
Autophagie   229, 230
Autophagosom   229
Autotroph   249
Auxine   107, 128, 225, 243, 244, 245, 268, 270
- Efflux-Translokator s. PIN-Efflux-Translokator
- Transport   225, 228
- Tumorbildung   282, 283, 284, 285
- Zellzykluskontrolle   134
Axonema   115

B

β-Faltblatt   18, 151, 160, 174, 175
β-Fass   150
β-Strang   18, 155, 160, 173, 175
Basalkörper   115, 117
Basenpaarung   25
BiFC, Bimolekulare Fluoreszenz-Complementation   264, 265
Binärvektor   286, 287
Bindung
- energiereiche
- glycosidische   28
- hydrophobe   20, 21, 149
- ionische 19, 20
- nicht kovalente   19, 159
- Peptid-   14, 18
- Wasserstoffbrücken- s. Wasserstoffbrückenbindung
Bindungsstelle   158
Biolistische Transformation   289
Biomembran   33, 36
- Evolution   232
- Synthese   87
- Transport   189
Blattscheiben-Transformation   287

Blumenkohl-Mosaikvirus 276
Brassinosteroide 246

C

cADPR (Adenosindiphosphoribose, cyclische) 240, 241
Calcium 89
- Bindungsprotein s. Calmodulin
- Konzentration 89
- Pumpe 192
- Signaltransduktion 238, 241
Calmodulin 238, 239, 241
Capping 104
Carboxylgruppe 10, 15, 20
Cardiolipin 35, 51, 232
Carrier 190, 196
Caveolae 226
Caveolin 226
Cellulase
- Protoplastenbildung 271
Cellulose 120, 127
- Abbau 271
- Aufbau 124, 125
- Polysaccharid 121
Cellulosesynthase 122, 124, 125, 227
Centriol 111, 116, 142
Centromer 46, 138
Centrosom 110, 116, 142, 250
CFP 262, 266
Chaperone 160
- Heat shock protein 160
- Hsp60 162, 163, 184
- Hsp70 161
- Hsp100 163
- Proteinfaltung 160
- Proteinimport 205, 206, 207
Chaperonin 162
Chimärisches Gen 276, 277
Chloroplast 11, 57, 58, 61, 71, 97, 260
- ATP-Synthase
- Autofluoreszenz 259, 262, 265, 272
- Biomembran 87, 88, 204, 207
- Proteinimport 198, 204
Chromatide 46, 135
Chromatin 42, 43, 44
Chromophor 261
Chromoplast 58, 59
Chromosomen 41, 45
- Dekondensation 137
- Kondensation 137
- Verteilung 139, 142
Chromosomensatz 45
Chromosomenstruktur 46

Chromosomenterritorien 47
Clathrin 219, 220, 224
Clathrin-Vesikel 224, 226
Cohesin 138, 139
Colchicin 114
Colokalisation 263
Condensin 135, 139
Confokales Laserscanning-Mikroskop s. Laserscanning-Mikroskop
Consensussequenz
COPI 217, 218, 219
COPII 214, 215, 217, 219
C-Terminus 14, 16, 78, 199
Cutin 127
Cortex 107, 113
Cotranslational 86, 160
Cristae 48, 49, 50, 71
Crosslinking
Cyanobakterien 231, 232
Cyclin 134
Cystein 19, 68, 150, 164
- Eisen-Schwefel-Zentrum 23
Cystein-Protease 188
Cytochrom 23
Cytochrom P450 88
Cytokin 244
Cytokinese 136, 137, 144, 145, 147
Cytokinine 230, 243, 244, 245, 270
- Tumorbildung 282, 284, 285
- Zellzykluskontrolle 134
Cytoplasma 11, 32, 198
- pH-Wert 33
- Stränge 96, 97, 143, 144
- Strömung 33, 107, 250
Cytoskelett 33, 102, 250
Cytosol 32

D

Dalton 16
DAPI 257, 258
Datenbank 16
Denaturierung 159
Desmotubulus 11, 128, 129
Desoxyribonucleinsäure (DNA) 24, 25
- Einzelstrang 283
- mitochrondriale (mtDNA) 49, 51
DIC, Differential-Interferenzkontrast 256, 257
2,4-D, 2,4-Dichlorphenoxyessigsäure 244
Dictyosom 89, 90, 250
Dimerisierung 156, 158, 159
Disaccharid 28

Disulfidbrücke 19, 20, 149, 150, 164, 212, 213
Disulfidisomerase s. Proteindisulfidisomerase
DNA s. Desoxyribonucleinsäure
DNA-Bindeprotein, single strand 284, 285
Dolichol 31, 86
Domäne 151, 152, 185
Domain shuffling 151
Doppelhelix 25
Dunkelreaktion 65, 66, 67
Dynamin 219, 220
Dynein
- Geißel 116
- Mikrotubuli 111, 113, 114

E

E2-Enzym 183
E2-Komplex 183
E3-Ligase 183
E3-Ubiquitin-Ligase-Komplex 182, 185, 186
EF-Hand-Motiv 150
Einzelstrangbindungsprotein 284, 285
Eisen 23
Eisen-Schwefel-Zentrum 22, 23
Ektoplasma 33
Elaioplast 60
Elektronenmikroskopie 259
Elektronentransportkette 54
Elementarfibrille 120, 123, 125
Elongation 78
Endomembransystem 40, 83, 231
Endoplasma 33
Endoplasmatisches Reticulum 11, 43, 81, 263
- glattes 87
- Oleosom 74
- Plasmodesmen 129
- Proteinimport 175, 198
- raues 82
- Retentionssignal 217
- Vesikelbildung 213, 214
Endosom 220
- frühes 221, 224
- Recycling 224, 227, 228
Endosymbionten-Theorie 35, 40, 51, 64, 231
Endosymbiose
- Eucyte 232
- sekundäre 233
Endozytose 224, 225, 227

ER s. Endoplasmatisches Reticulum
Ethylen 230, 247
Etioplast 58, 59, 60
Euchromatin 44
Eucyte 231, 232
Eukaryonten
- Entstehung 232
Evolution
- Chloroplast 64
- Eukaryoten 231
- Mitochondrien 51
- Peroxisomen 74
Exozytose 223, 224
- konstitutive 224
- polare 225
- regulierte 224
Exoprotease 187
Expansin 121, 128
Explantat 243, 268, 269
Exportin 203
Expressionsvektor 276, 277
Extein 171
Extensin 121, 126

F

FAD s. Flavinadenindinucleotid
β-Faltblatt 18
Fensterplatte 146
Fe-S-Zentren 23, 56, 68
Fett 29
Fettsäure 29, 30
- Abbau 70
- Anker 179
- Desaturierung 88
Fettsäuresynthese 68
FITC 257
Flächenwachstum 127
Flagellum s. Geißel
Flavinadenindinucleotid (FAD) 22, 53, 153
Flavinmononucleotid (FMN) 22
Flippase 36, 87
Fluidität, Biomembran 36, 37
Fluoreszenzfarbstoff 257, 258
Fluoreszenz-Mikroskopie 256
Fluoreszierende Proteine 261, 263
- BIFC 264
- CFP 262, 266
- FRET 266
- GFP 261, 263
- RFP 262
- YFP 262, 263, 266
Fluxom 17

FMN s. Flavinmononucleotid
FRET, Fluoreszenz-Resonanz-Energie-transfer 266
Fructose 27, 28, 122

G

G_0-Phase 134
G_1-Phase 132
G_2-Phase 132
Galacturonsäure 28, 120
Gammatubulin 110
GAP-Protein 167
GDP s. Guanosindiphosphat
GEF-Protein 168, 214
Geißel 115
Genexpression
- Abschalten 293
- ektopische 292
- heterologe 156
Genkonstrukt 275
Genomgröße 253, 254
Genomics 17
Gentransfer 275, 286
- Anwendungen 292
- direkter 288
- Nachweiskriterien 291
Genvektor 276, 286
Gerontoplast 58, 60
Gewebekultur 271
GFP s. grünfluoreszierendes Protein
Gibberelline 31, 245
Glucose 27, 28
- Cellulose 120, 122, 124
- Polysaccharid 121
- Stärke 29
Glutathion 164
Glutathionylierung 169
β-Glucuronidase (GUS) 279, 293
Glycerin 29
Glycogen 29
Glycolatweg 72
Glycolyse 52, 55, 231
Glycoprotein 28, 85, 121, 131
Glycolipid 35
Glycosid 28
Glycosidische Bindung 28
Glycosylierung 165
-N-Glycosylierung 85
-O-Glycosylierung 94
Glyoxisom 68, 70, 75, 250
GMP s. Guanosinmonophosphat
Golgi-Apparat 11, 89, 90, 250
- Biogenese 96

- Proteinimport 198, 217
- Zellplatte 122
- Zellwand 122
Golgi-Lumen 83
Golgi-Vesikel 146
GPI-Anker 179, 180
Grana 57, 61
Granathylakoid 61, 62
Grünfluoreszierendes Protein 82, 97, 208, 261, 262, 263, 264, 280, 290
GTP s. Guanosintriphosphat
GTPase 167, 203, 214, 219, 235, 236
- Verankerung 180
GTP-Kappe 109
Guanosindiphosphat (GDP) 167
Guanosinmonophosphat (GMP)
- cyclisches (cGMP) 240, 241
- Signaltransduktion 240, 241
Guanosintriphosphat (GTP) 168
- Bindendes Protein 167, 235, 236
- Hydrolyse 109
- Mikrotubuli 109
- Kernimport 202, 203
- Proteinimport 206
- Translation 80
- Vesikelbildung 214, 219
- Vesikelfusion 215, 216
- Zellteilung 142
GUS s. β-Glucuronidase

H

Häm-Gruppe 23, 56, 68, 153
Haploiden-Erzeugung 270, 271
α-Helix 18
Helix-Turn-Helix-Motiv 150
Hemicellulose 120, 126, 146, 271
Heterodimer 156, 159
Heterochromatin 44
Hexose 27
Histon 44
Histoncode 169
Hitzestressprotein (Hsp-Protein)
- Hsp60 162, 163, 205, 207
- Hsp70 161, 207, 219
- Hsp100 163
- Proteinfaltung 161
- Proteinimport 206
Holoprotein 21
Homodimer 156
Hormone profiling 17
Hsp-Protein s. Hitzestressprotein
Hydrathülle 14, 15
Hydrolasen, saure 222, 229

Hydropathie-Plot 173
Hydrophil 173
Hydrophob 173
Hydrophobe Wechselwirkung 20, 21, 33, 149, 151
Hydroxylradikal 57
Hydroxyprolin 12, 121
Hygromycin-Phosphotransferase 279

I

IAA (Indol-3-essigsäure) s. Auxine
Immunfluoreszenz 257, 258
Immuno-Elektronenmikroskopie 260
Importin 202, 284
In-vitro-Kultivierung
Indol-3-essigsäure s. Auxine
Initiation 78
Inkruste 126
Interferenz-RNA-Expression 293
Intermembranraum 50, 54, 61, 205, 207
Intermediärfilamente 117
Interaktom 17
Interphase 132, 140, 144
Interzellulare 125
Intein 171
Ionenaufnahme 193
Ionenbindung 19, 20
Ionenkanal 193, 195, 236, 237
Ionenpumpe
IP3 238, 239
isoelektrischer Punkt 12, 14
Isopentenyladenin 244, 245
Isoprenoid 31, 245

J

Jasmonsäure 247

K

Kallose 129
Kallus 243, 269, 270
Kalluswachstum 243, 270
Kanal 190
Kanalprotein 193, 194
Kanamycin 288
Katalase 69
- Kristall 69
Kation 12
KDEL-Rezeptor 217, 218
KDEL-Sequenz 217
Kernexport 202
Kernexportsignal (NES) 203
Kerngenom 41, 67

Kernhülle 11, 42, 43
- Evolution 40
- Lamina 42, 118, 119, 200
- Neubildung 137, 140, 202
- Zerfall 135, 137
Kernimport 199, 285
Kernimportrezeptor 202
Kernimportsignal (NLS) 202
Kernlamina 42, 135, 119, 139, 140, 200
Kernlokalisationssignal 199, 201
Kernmembran 200
Kernpore 42, 200
- Kernim-/-export 199, 200, 201, 202
Kernskelett 44
Kerntransport 199
Ketose 27
Kinase s. Proteinkinase
Kinesin 111, 112, 114, 141, 142, 146
Kinetin 243, 244
Kinetochor 46, 137, 138, 139, 141
- Mikrotubuli 138, 141, 142
Knock-out-Pflanze, Arabidopsis 294
Kohlendioxid 65, 67
Kohlenhydrat 26
Kompartiment 35, 292
Kompartimentierung 38, 39, 231
Konformation 148, 159, 196
Kontraktiler Ring 147
Konzentrationsgradient 190, 192, 196

L

Ladungsgradient 190
Lamina 42, 118, 135, 139, 140
Laserscanning-Mikroskop 72, 82, 257, 258, 262, 263, 265
Leitenzym 69, 70
Leucin-Zipper 150
Leucoplast 58, 80
Lichtmikroskopie 256
Lichtreaktion 65, 66, 67
Ligand 158, 185, 194, 224, 227
Lignin 127
Linolensäure 30
Linolsäure 30
Lipid 29
Lipidanker 172, 178, 179
Lipiddoppelschicht 33, 35, 74, 87, 213
Lipidfloß 177, 178, 226
Lipid rafts s. Lipidfloß
Lipidtransferprotein 37, 73, 87, 88
Lipophil 29
Liposom 35

Luciferase 267, 280
Luciferin 267
Lumen, ER 81, 84, 85
Lysosom 95, 249

M

Mannose-6-Phosphat 95
MAP-Kinase
- Kaskade 238
Markergen 276, 277, 278, 287
Matrix
- extrazelluläre 120
- Golgi 91, 92
- Mitochondrien 51
- Primärwand 125
- Sekundärwand 126
Membran s.a. Biomembran
Membrananker s. Lipidanker
Membranfluss 40, 83, 225
Membranfluidität 36, 37
Membranidentität 212
Membranlipid 34
Membranpore 174
Membranpotential 190, 195
Membranprotein 171
- Einbau in Membran 175, 176, 177
- Mobilität in Membran 177
- peripheres 181
- Transport 189, 224
- Verankerung 172
Membranzisterne 82, 89
Messenger-Ribonucleoprotein-Komplex 78, 130
Messenger-RNA (mRNA) 26
- am Ribosom 78, 84
- Cap 79
- Export 107
Metabolomics 17
Metalloprotein 21
Metalloprotease 188
Metaphase 136, 137, 138, 144
- Platte 137, 138
Methionin 68
Methylierung
- Protein 168
Microbodies 68
Mikro-RNA 26
Mikrofibrille 123, 125, 126
Mikrofilament
- Cytoskelett 104
Mikroskopie 256
Mikrosomen 89

Mikrotubuli   108, 257, 258
- assoziierte Proteine (MAP)   110
- Cellulose-Ablagerung   125
- Depolymerisation   110
- Geißel   115, 117
- Instabilität   109
- Polymerisation   110
- Spindelapparat   113, 137, 141, 145, 146
- Spindelgift   114
- Zellwandbildung   125
Mikrotubulus organisierendes Zentrum (MTOC)   110, 114, 140, 250
Milieu
- oxidierendes   212
- reduzierendes   213
miRNA s. Mikro-RNA
Mitochondrien-DNA   51, 233
Mitochondriengenom   51, 250
Mitochondrien   11, 48, 71, 260, 262, 263
- Abstammung   51, 231, 232, 233
- Atmungskette   53
- Biomembran   49, 50, 51, 88
- Entstehung   51
- Genomgröße   51
- Proteinimport   198
- Ribosom   51
- Vermehrung   52
Mitose   41, 118, 119, 135, 137
Mittellamelle   11, 122, 123, 124, 271
Moco, Molybdän-Cofaktor   23, 56, 153, 159, 265
Modellobjekt   252
Modifikation
- multiple   171
- posttranslationale   44, 165
- reversible   166
Molybdän   23
Molybdopterin   23
Monomer   21
Monosaccharid   27
Motorprotein   105, 111
mRNA s. Messenger-RNA
mRNP s. Messenger-Ribonucleoprotein-Komplex
mtDNA s. Mitochondrien-DNA
MTOC s. Mikrotubulus organisierendes Zentrum
Multienzymkomplex   38, 55, 157
Multi-path-Protein   176
Myosin   105, 106

N

NAD, NADH s. Nicotinsäureamid-adenindinucleotid
NADP, NADPH s. Nicotinsäure-amid-adenindinucleotid-phosphat
NADPH-Oxidase   240
Nanomaschine   157
Naphthylessigsäure (NAA)   244
N-End-Regel   186
Neomycin-Phosphotransferase, nptII   278
NES s. Kernexportsignal
Nexin   116
Nicotinsäureamid-adenindinucleotid (NAD, NADH)   53
Nicotinsäureamid-adenindinucleotid-phosphat (NADP, NADPH)   65, 66
Nitratreduktase   153, 158
Nitrosylierung   169
NLS s. Kernimportsignal
NO s. Stickstoffmonoxid
NptII   278
N-Terminus   14, 16, 78, 80, 186, 199, 206, 208
Nucleinsäure   24
Nucleoid   64
Nucleolus   11, 43, 46, 135, 137
- Ribosomensynthese   76
Nucleolus organisierende Region   46
Nucleosid   24
Nucleosom   44, 45
Nucleotid   24
- cyclisches   240
Nucleotidaustauschfaktor s. GEF-Protein

O

Öl   30
Oleosin   74
Oleosom   11, 74, 75
Oligopeptid   14
Oligosaccharid   28, 85, 86
Omics-Technologie   17
Opine   285, 286
Opinsynthase   285
Organstruktur   271
Osmotikum   98
   osmotisch aktiver Stoff   98
Osmotisches Potential   131
Osmotroph   9

P

Paralleltextur   126, 127
Particle gun   289
Partikelbeschuss   289, 290
PAT (Phosphinothricin-Acetyltransferase)   279
Patch-Clamp-Technik   195
Pathogen   230, 241, 247
Pektine   120, 126, 146
Pektinase
- Zellwandverdau   271
Pentose   24, 25, 27, 78
Peptidase   187
Peptidbindung   14, 18
Peptidhormon   248
Peptidsignal   248
perimitochondrialer Raum s. Intermembranraum
Perinuclearzisterne   42, 43, 81, 200
Peroxidase   69
Peroxisom   11, 68, 260, 263
- Biogenese   73
- Entstehung   74
- Importsignal   209
- Photorespiration   72
- Proteine   73, 209
- Proteinimport   198
Peroxules   73
Phagozytose   226, 231
Phase
- plasmatische   39
- wässrige   39, 85, 212
Phasenkontrast   256, 257
Phosphatase   166
Phosphatidylinositol   238
Phosphinothricin-Acetyltransferase (PAT)   279
Phosphoinositol   238, 239
Phospholipase C   238, 239
Phospholipid   30, 33
Phosphorylierung   166, 185, 239
Photorespiration   72
Photosynthese   65
Phragmoplast   143, 144, 146, 147
Phragmosom   143, 144
Phytoalexin   131
Phytochrom   237
Phytohormon   242
- Zellzyklus   134
PIN-Efflux-Translokator
- Auxintransport   225
Pinozytose   226

Plasmamembran 11, 180, 193, 195, 197, 272
- Cellulosesynthase 124
- Proteinimport 198, 224, 225, 226
Plasmodesmos 11, 107, 128, 129
- Assimilattransport 130
- Virusausbreitung 130
- Zell/ Zell-Transport 107, 129
Plastiden 57, 249
- Abstammung 231, 232, 233
- Biomembran 61, 62
- komplexe 233
- Proteinimport
- semiautonome 64
Plastiden-DNA
Plastidengenom s. Plastom
Plastidenimport s. Proteinimport, Plastide
Plastoglobuli 30
Plastom 67
- Arabidopsis 64
Pol-Mikrotubuli 137, 141, 142
Polkappe 142
poly(A)-Schwanz 79, 233
Polyadenylierung 79, 276
Polyribosomen s. Polysomen
Polysaccharid 28
- Syntheseort 94
Polysomen 43, 80, 84
Polyubiquitin 169, 183, 184, 210
Pore 85
Porenprotein 190, 196
Porine 49, 61
Positionseffekt 281
Posttranslationale Modifikation 44, 165
Potential
- elektrochemisches 191, 192
- osmotisches 131
Prä-Pro-Protein 170
Prä-rRNA 77
Präperoxisom 73, 208
Präprophaseband 137, 140, 144, 145
Präribosom 46, 77
Präsequenz 170
Prävakuoläres Kompartiment 222, 223
Prenylkette 180
Primärstruktur
- Protein 15
Primärwand 11, 122, 123, 125, 147
Programmierter Zelltod 230
Prolamellarkörper 60
Prometaphase 135, 136, 137

Promotor 276, 277, 293
Prophase 135, 136, 137, 144
Proplastide 58
Prosthetische Gruppe 21, 22, 53, 159
Protease 159, 170, 187
Proteasom 182
- Struktur 183
Protein 15, 148
- Abbau 181
- Actin bindendes 104
- atomare Struktur 154
- Ca²⁺-bindendes s. Calmodulin
- Domäne 151, 152, 153
- Export 95
- falsche Faltung 165
- Faltung 86, 148, 212
- GTP-bindendes 167
- GTP-spaltendes 167
- kerncodiertes
- Komplex 156
- lösliches 83
- Maschine 157
- Modifikation 165
- Peroxisom 73
- Phosphorylierung 166, 167
- porenbildendes 190
- Primärstruktur 15
- Quartärstruktur 21
- recombinantes 156
- ribosomales 75
- Strukturaufklärung 152, 153, 154
- sekretorisches 198
- Sekundärstruktur 18
- Speicherprotein 101
- Stabilität 159
- Tertiärstruktur 19, 151, 152, 153, 154
- Transitsequenz s. Signalsequenz
- Transmembran 172, 213
- Transportprotein 189
- Wechselwirkung 263, 264, 267
Proteinbiosynthese 77
Proteindisulfidisomerase 163, 164, 212
Proteinfaltung 86, 148, 212
Proteinimport
- Mitochondrion 198
- Peroxisom 208, 209
- Plastide 203, 205, 207
- TIC-System s. TIC-Proteinimport
- TOC-System s. TOC-Proteinimport
Proteinkinase 134, 166, 167, 237
- Ca²⁺-abhängige 239

- MAP- s. MAP-Kinase
Proteinphosphatase 166, 167
Proteinspeichervakuole 170
Proteinspleißen 170
Proteinsortierung 197, 198, 222
Proteintransport
- cotranslationaler 175
- s. Proteinimport
- Vesikel s. Vesikeltransport
Protein-Wechselwirkung 264
Proteolyse 170
Proteom 17
Protofilament 109, 117
Protonengradient 54, 98
Protonenpumpe 190
- ATP-abhängige 190, 191
Protonmotorische Kraft 191, 193
Protoplasma 32
Protoplast 131, 195, 271
- Fusion 273
- Herstellung 271, 272
- Mesophyll- 272
- Regeneration 271
- Transformation 288, 290, 291
Pumpenprotein 190
Purin 24, 25
Pyrimidin 24, 25

Q
Quartärstruktur, Protein 21

R
Rab-Protein 215, 216, 224, 225
Rab-Rezeptor 215, 216, 224
Radikal 69, 73, 240, 248
Ran-Protein 203
Raster-Elektronenmikroskop 261
Reaktionszentrum
Recombinantes Protein 156
Redoxpotential 54
Reportergen 279, 280
Retromer 221, 223
Rezeptor 224, 227, 234, 235, 236, 237, 241
RFP 262
Ribonucleinsäure s. RNA
Ribose 24
Ribosom 11, 43, 46, 75, 82, 233
- freies 82, 83, 84, 198
- membrangebundenes 82, 83, 84, 198
- Prä- 76
- Reifung 77

Ribosom
- Translation 79
- Untereinheit 76, 77, 78, 84
ribosomale RNA 26, 46, 75, 76
ribosomales Protein 46, 75, 76
Ribozym 26, 76, 80
Ribulose 27
RNA (Ribonucleinsäure) 26
Rossmann-Faltung 150
Röntgenstrukturanalyse 154
ROS s. Sauerstoff, reaktiver
rRNA s. ribosomale RNA
rRNA-Gen s. ribosomale RNA
Rub-Protein 170
Rubylierung 170

S
S-Phase 132
Saccharose 28, 122, 124
Salicylsäure 248
Sauerstoff 65
- reaktiver 57, 68, 69, 73
Schließzelle 72
- osmotisches Potential 99
Second messenger 240
Sekretorischer Weg 222
Sekundäre Pflanzenstoffe 100
Sekundärstruktur 18, 148
Sekundärwand 126
Selenocystein 12, 14, 81
Sequenzmotiv, Proteinabbau 186
Semipermeabilität 37
Seneszenz 72, 99
Serin-Protease 188
SH-Gruppe 19, 150, 164
Signalerkennungspartikel (SRP) 83, 84
Signalpeptid 83, 84, 85, 198, 199, 205, 208
Signalsequenz 84, 170, 176
- Kern 199
- Mitochondrion 199
- Peroxisom 199
- Plastiden 199, 204, 205
- Vakuole 199, 222
Signalpeptidase 84, 85, 205
Signaltransduktion 234
Single-path-Protein 177
SNARE-Protein 216
snRNA 26
Solenoid 45
Somaklonale Variation 273
Sortierung s. Proteinsortierung
Speicherfett 30, 70

Speicherlipid 29
Speicherprotein
- Proteinspeichervakuole 101, 187, 223
Spiegelbild-Isomere 10
Sphingolipid 35
Spindelapparat 137
Spindelgift 114
Spindelpol 137, 138
split-LUC, Split-Luciferase 267
SRP s. Signalerkennungspartikel
Stammbaum 16
Stärke 28, 63, 121
STED-Mikroskopie 259
Steroid 31, 35, 37
Stickstoffmonoxid (NO) 241, 248
Streckungswachstum 99, 127, 128
Stress 246, 247
- Signal-Kaskade 241
Stresshormon
- Abscisinsäure 246
- Jasmonsäure 247
Streuungstextur 125, 126
Stroma 61, 63, 205, 206
- pH-Wert 65
Stromathylakoid 61, 62
Stromules 63
Strukturlipid 30
Strukturmotiv 150, 152
Strukturpolysaccharid 28
Strukturvorhersage 153, 154
Suberin 127
Substrate-product channeling 157
Subzelluläre Lokalisation 263
Sulfhydrylgruppe s. SH-Gruppe
Sulfitoxidase 19, 155
Sulfolipid 31, 35
Sumo-Protein 170
Sumoylierung 170
Superhelix 150
Superoxid 57
Suspensionskultur 269, 270
Svedberg-Einheit 76
Symplast 128
Symporter 193, 196, 197
Systembiologie 17
Systemin 170, 248
Systemische Ausbreitung 130

T
T-DNA 283, 284, 286
Teilungswachstum 128
Telomer 46

Telophase 136, 137, 139, 144
TEM s. Transmissions-Elektronen-mikroskop
Termination 78
Tertiärstruktur, Protein 19, 151, 152, 153, 154
Tetrose 27
TGN s. Trans-Golgi-Netzwerk
Thiolgruppe s. SH-Gruppe
Thylakoid 35, 61, 62, 205, 206
Thylakoidinnenraum 62, 65, 66, 205, 206
TIC-Proteinimport 206
TIM-Proteinimport 207
Ti-Plasmid
- Gentransfer 282, 283, 284, 286
TOC-Proteinimport 206
TOM-Proteinimport 206
Tonoplast 71, 96, 98, 198, 230
- Transportsystem 197
Totipotenz 9, 134, 250, 268
Transfer-RNA 26, 80
Transformation
- Blattscheiben 287
- Pflanze 275
- stabile 280, 281, 291
- transiente 280, 288
Transgene Zelle 275
Trans-Golgi-Netzwerk 91, 92, 221, 222, 224, 227
Transiente Genexpression 280, 290, 291
Transitpeptid s. Signalpeptid
Transkriptomics 17
Translation 78, 79, 84
Translocon 85
Transmembranhelix 174
Transmembranprotein 83, 172, 173, 177, 213, 224
Transmissions-Elektronenmikroskop (TEM) 259
Transport
- aktiver 193
- anterograder 92, 211, 217
- durch Plasmodesmos 130
- Kernpore 199
- passiver 193
- retrograder 92, 211, 217
- sekundär aktiver 99, 192, 193
Transportprotein 189, 190
Transzytose 228
Triglycerid 29, 74
Trimming 86
Triose 27

tRNA s. Transfer-RNA
Tubulin 108
Tüpfel 130
Tumor, Pflanzentumor 281, 285
Tumor-DNA 282
Turgor 98, 128

U

Ubiquitin 182, 187
Ubiquitin/Proteasom-System
  s. Proteasom
Ubiquitinierung 169, 182, 210
UDP-Glucose 124
Uniporter 196, 197
Ur-Archaebakterium 231, 232
Ur-Eucyte 231, 232
Ur-Bakterium 231, 232
UTR, untranslierte Region 79

V

Vakuole 11, 71, 83, 96, 97, 143, 249,
  271
- Autophagie 229, 230
- Biogenese 101
- Importsignal 199, 222
- lytische 99, 187
- pH-Wert 99
- Proteinimport 198
- Proteinspeicher 101, 187, 223
- Proteintransport 199, 221, 222, 223
Vesikel 35, 37, 91
- Clathrin-beschichtete 220, 226

Vesikeltransport 107, 113, 114, 198
- Bildung (Caveolae) 226
- Bildung (COPII) 213, 214
- Bildung (Lipidfloß) 226
- Endozytose 224, 225
- ER-Golgi 212
- Exozytose 224
- Fusion 215
- Golgi-Endosom 219, 220
- Membranfluss 210
- Topologie 210, 211, 224
- Transzytose 229
- Verkehr 211, 223
Vektor s. Genvektor
Vermehrung, vegetative 270
Vesikulär-tubuläre Cluster 218
Vir-Operon 283, 284
Vir-Protein 283, 284

W

Wachse 31
Wasserstoffbrückenbindung 18, 20
- Aminosäure 18
- Cellulose 123, 126
- DNA 25
- Protein 149, 151
Wasserstoffperoxid 57, 69
- Signal 240, 241
Wundkallus 270

Y

YFP 72, 262, 266

Z

Zeatin 244
Zelle
- Bestandteile 10
- Größe 9
Zellgift 108
Zellkern 41
- Evolution 40
- Hülle s. Kernhülle
- Proteinimport 198
- Teilung s. Zellteilung
Zellplatte 123, 143, 144, 146, 147
Zellstreckung 127, 128
Zelltechnologie 268
Zellteilung 132
Zellteilungsgift s. Colchicin
Zelltod, programmierter 230
Zellwand 119, 249, 271
- Aufbau 123
- Bildung 122
- Chemie 120
- Funktion 130
Zellwandprotein 126, 198
- Expansine 121
- Extensine 121
- Glycoproteine 121
Zellzyklus 133
- Kontrollpunkt 133, 134, 139
- Phytohormone 144
Zielsequenz s. Signalsequenz
Zitratzyklus 55,
Zwitterion 12, 15

Prof. Dr. Ralf-R. Mendel studierte Biochemie an der Humboldt-Universität Berlin, promovierte an der Martin-Luther-Universität Halle und habilitierte sich dort für das Fach Genetik. 1992 wurde er auf den Lehrstuhl für Botanik am Institut für Pflanzenbiologie der Technischen Universität Braunschweig berufen. Seit 1993 ist er Direktor dieses Instituts. Von 1991 bis 1998 war er zudem beratend als Adjunct Research Professor an der University of Tennessee in den USA tätig. Prof. Mendels Forschungsschwerpunkt ist die Zellbiologie und molekulare Biochemie des Metallstoffwechsels bei Pflanzen und beim Menschen mit Schwerpunkt Molybdän.

Bibliografische Information der deutschen Nationalbibliothek
Die Deutsche Nationalbibliothek verzeichnet diese Publikation in der Deutschen Nationalbibliografie; detaillierte bibliografische Daten sind im Internet über http://dnb.d-nb.de abrufbar.

ISBN 978-3-8252-3423-2 (UTB)
ISBN 978-3-8001-2918-8 (Ulmer)

© 2011 Eugen Ulmer KG
Wollgrasweg 41, 70599 Stuttgart (Hohenheim)
E-Mail: info@ulmer.de
Internet: www.ulmer.de
Lektorat: Alessandra Kreibaum, Kristina Maier
Zeichnungen: Sabine Seifert, Stuttgart
Herstellung: Jürgen Sprenzel
Entwurf Umschlag und Innenlayout: Atelier Reichert, Stuttgart
Satz: Bernd Burkart, www.form-und-produktion.de
Druck und Bindung: Freiburger Graphische Betriebe, Freiburg i.B.
Printed in Germany

ISBN 978-3-8252-3423-2 (UTB-Bestellnummer)